2025年版

全国一级造价工程师职业资格考试培训教材

建设工程造价管理

◎ 全国造价工程师职业资格考试培训教材编审委员会　编

中国计划出版社

·北　京·

图书在版编目（CIP）数据
建设工程造价管理 / 全国造价工程师职业资格考试培训教材编审委员会编. -- 4版. -- 北京 : 中国计划出版社, 2025. 5. -- (2025年版全国一级造价工程师职业资格考试培训教材). -- ISBN 978-7-5182-1794-6
Ⅰ. TU723.3
中国国家版本馆CIP数据核字第2025LA4518号

建设工程造价管理

JIANSHE GONGCHENG ZAOJIA GUANLI

责任编辑：张文征　　封面设计：韩可斌

中国计划出版社出版发行
网址：www. jhpress. com
地址：北京市西城区木樨地北里甲 11 号国宏大厦 C 座 4 层
邮政编码：100038　电话：(010) 63906433（发行部）
北京市科星印刷有限责任公司印刷

787mm × 1092mm　1/16　23.75 印张　589 千字
2025 年 5 月第 4 版　2025 年 5 月第 1 次印刷

定价：88.00 元

编　写　组

主　　编：刘伊生　北京交通大学

副 主 编：王雪青　天津大学

编写人员：	刘伊生	北京交通大学	编写第三章，合编第一、六章
	舒　宇	中国建设工程造价管理协会	合编第一、六章
	赵振宇	华北电力大学	编写第二章
	许远明	重庆大学	编写第四章，合编第六章
	王雪青	天津大学	编写第五章

审查人员：陈建国　卢立明　王福恒

前　　言

根据《国家职业资格目录》，为统一造价工程师职业资格的设置和管理，提高工程造价从业人员素质，提升建设工程造价管理水平，2018年7月20日住房城乡建设部、交通运输部、水利部、人力资源社会保障部印发了《造价工程师职业资格制度规定》《造价工程师职业资格考试实施办法》（建人〔2018〕67号），明确国家设置造价工程师准入类职业资格，工程造价咨询企业应配备造价工程师，工程建设活动中有关工程造价管理岗位应按需要配备造价工程师。

2025年4月，《全国一级造价工程师职业资格考试大纲》进行了局部修订，主要变化为：一是“建设工程造价案例分析”（土木建筑工程、安装工程）科目增加了客观题的类型；二是“建设工程技术与计量（安装工程）”科目不再区分管道和设备工程、电气和自动化控制工程2个专业组，取消了选考的规定。

为帮助工程造价从业人员学习、掌握一级造价工程师职业资格考试的内容，提升职业能力，全国造价工程师职业资格考试培训教材编审委员会依据2025年版考试大纲，编写了2025年版全国一级造价工程师职业资格考试培训教材。

本教材的编写充分吸收了最新颁布的有关工程造价管理的法规、规章、政策、标准，力求体现行业最新发展水平和一级造价工程师职业资格考试特点。

本教材的编写参考了许多专家、学者的研究成果，并在编审过程中得到了编审专家的大力支持与配合，在此一并致谢！

因工程造价管理工作涉及面广，专业技术性强，本教材在使用中如存在不足之处，请读者提出宝贵意见和建议。

全国造价工程师职业资格考试培训教材编审委员会

2025年5月

兑换增值服务说明

为了提供更优质、更高效的知识服务，我社为购买正版造价工程师考试用书的读者提供网上视频增值服务，由专业老师对考试的相关内容进行讲解，帮助读者掌握理解，提高应试水平。网上增值服务使用方法如下：

1. 移动端用户

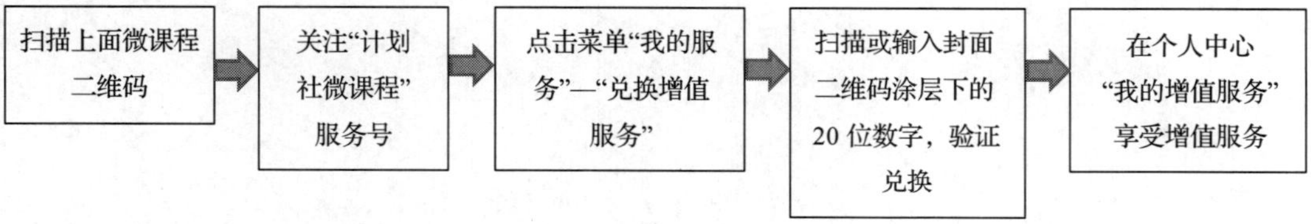

2. 计算机用户

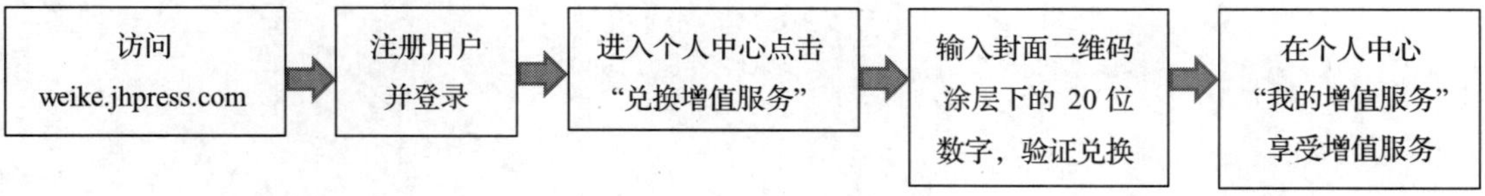

注：增值服务从兑换之日起 12 个月内有效，提供形式为在线观看。如果输入卡号或扫码后无法通过验证，可扫码联系客服。

3. 联系我们

客服微信：

网上增值服务如有不完善之处，敬请广大读者提出宝贵意见和建议！

目　录

免费听课

第一章 工程造价管理及其基本制度

实施工程造价管理，需要了解工程造价的基本内容、工程造价管理的组织系统和主要内容，理解我国工程造价管理的基本制度，了解国内外工程造价管理发展情况。

第一节 工程造价基本内容

一、工程造价及计价特征

（一）工程造价含义

工程造价是指工程项目在建设期（预计或实际）支出的建设费用。由于视角不同，工程造价有两种含义。

含义一：从投资者（业主）角度看，工程造价是指建设一项工程预期开支或实际开支的全部固定资产投资费用。投资者为了获得投资项目的预期效益，需要对项目进行策划决策、建设实施（设计、施工）直至竣工验收等一系列活动。在上述活动中所花费的全部费用，即构成工程造价。从这个意义上讲，工程造价就是建设工程固定资产总投资。

含义二：从市场交易角度看，工程造价是指在工程发承包交易活动中形成的建筑安装工程费用或建设工程总费用。显然，工程造价的这种含义是指以建设工程这种特定的商品形式作为交易对象，通过招标投标或其他交易方式，在多次预估的基础上，最终由市场形成的价格。这里的工程既可以是整个建设工程项目，也可以是其中一个或几个单项工程或单位工程，还可以是其中一个或几个分部工程，如建筑安装工程、装饰装修工程等。随着经济发展、技术进步、分工细化和市场的不断完善，工程建设的中间产品也会越来越多，商品交换会更加频繁，工程价格的种类和形式也会更为丰富。

工程发承包价格是一种重要且较为典型的工程造价形式，是在建筑市场通过发承包交易（多数为招标投标），由需求主体（投资者或建设单位）和供给主体（承包商）共同确认或确定的价格。

工程造价的两种含义实质上就是从不同角度把握同一事物的本质。对投资者而言，工程造价就是项目投资，是“购买”建筑产品需支付的费用；同时，工程造价也是投资者作为市场供给主体“出售”建筑产品时确定价格和衡量投资效益的尺度。

（二）工程计价特征

由工程项目特点决定，工程计价具有以下特征。

1. 计价的单件性

建筑产品的单件性特点决定了每一工程项目都必须单独计算造价。

2. 计价的多次性

工程项目需要按程序进行策划决策和建设实施，工程计价也需要在不同阶段多次进行，以保证工程造价计算的准确性和控制的有效性。多次计价是一个逐步深入和不断细化，最终确定实际工程造价的过程。工程多次计价过程如图 1.1.1 所示。

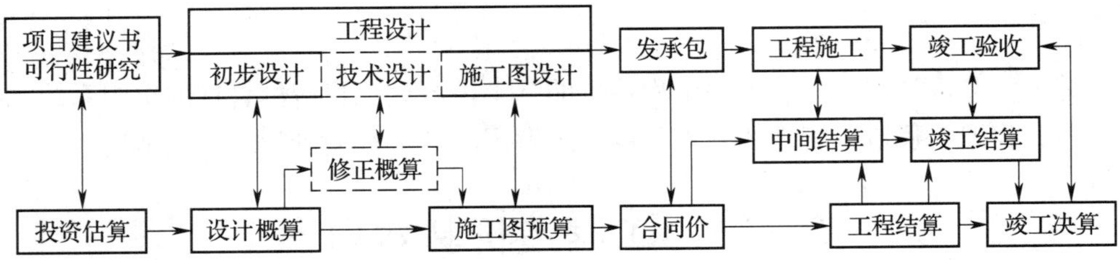

图 1.1.1　工程多次计价示意图

注：竖向箭头表示对应关系，横向箭头表示多次计价流程及逐步深化过程。

（1）投资估算：是指在项目建议书和可行性研究阶段通过编制估算文件预先测算的工程造价。投资估算是进行项目决策、筹集资金和合理控制造价的主要依据。

（2）设计概算：是指在初步设计阶段，根据设计意图，通过编制设计概算文件，预先测算的工程造价。与投资估算相比，设计概算的准确性有所提高，但受投资估算的控制。设计概算一般又可分为：建设项目总概算、各单项工程综合概算、各单位工程概算。

（3）修正概算：是指在技术设计阶段（如果有），根据技术设计要求，通过编制修正概算文件预先测算的工程造价。修正概算是对初步设计概算的修正和调整，比设计概算准确，但受设计概算控制。

（4）施工图预算：是指在施工图设计阶段，根据施工图纸，通过编制预算文件预先测算的工程造价。施工图预算比设计概算或修正概算更为详尽和准确，但同样要受前一阶段工程造价的控制。

（5）合同价：是指在工程发承包阶段通过签订合同所确定的价格。合同价属于市场价格，它是由发承包双方根据市场行情通过招投标等方式达成一致、共同认可的成交价格。但应注意：合同价并不等同于最终结算的实际工程造价。由于计价方式不同，合同价内涵也会有所不同。

（6）工程结算：工程结算包括施工过程中的中间结算和竣工验收阶段的竣工结算。工程结算需要按合同约定，同时按合同调价范围和调价方法，对实际发生的工程量增减、设备和材料价差进行调整，并考虑工程索赔、其他相关费用后确定结算价格。工程结算反映的是工程项目实际造价。工程结算文件一般由承包单位编制，由建设单位审查，也可由建设单位委托的工程造价咨询机构进行审查。

（7）竣工决算：是指工程竣工决算阶段，以实物数量和货币指标为计量单位，综合反映竣工项目从筹建开始到项目竣工交付使用为止的全部建设费用。竣工决算文件一般是由建设单位编制，报送相关主管单位审查。

3. 计价的组合性

工程造价的计算与建设项目的组合性有关。工程项目是一个综合体，可按单项工程、单位工程、分部工程、分项工程等不同层次分解为许多有内在联系的组成部分。建设项目的组合性决定了工程计价的逐步组合过程。工程造价的组合过程是：分部分项工程造价→

单位工程造价→单项工程造价→建设项目总造价。

4. 计价方法的多样性

工程项目的多次计价各有其不同的计价依据，每次计价的精度要求也各不相同，由此决定了计价方法的多样性。例如，投资估算可采用设备系数法、生产能力指数估算法等，概预算可采用单价法、概算指标法和类似工程预算法等。不同方法有不同的适用条件，计价时应根据具体情况加以选择。

5. 计价依据的复杂性

工程造价的影响因素较多，决定了工程计价依据的复杂性。计价依据主要可分为以下几类：

(1) 设备和工程量计算依据。包括项目建议书、可行性研究报告、设计文件、有关标准等。

(2) 人工、材料、机械等实物消耗量计算依据。包括投资估算指标、概算指标、概预算定额、造价指数、有关标准等。

(3) 工程单价计算依据。包括人工单价、材料费、施工机具费、物价指数、有关标准等。

(4) 设备单价计算依据。包括设备原价、设备运杂费、进口设备关税、有关标准等。

(5) 措施费、间接费和工程建设其他费用计算依据。主要是相关费用定额、指标、有关标准等。

(6) 政府规定的税、费。

二、工程造价相关概念

(一) 静态投资与动态投资

静态投资是指不考虑物价上涨、建设期贷款利息等影响因素的建设投资。静态投资包括：建筑安装工程费、设备和工器具购置费、工程建设其他费、基本预备费，以及因工程量误差而引起的工程造价增减值等。

动态投资是指考虑物价上涨、建设期贷款利息等影响因素的建设投资。动态投资除包括静态投资外，还包括建设期贷款利息、涨价预备费等。相比之下，动态投资更符合市场价格运行机制，使投资确定和控制更加符合实际。

静态投资与动态投资密切相关。动态投资包含静态投资，静态投资是动态投资最主要的组成部分，也是动态投资的计算基础。

(二) 项目总投资与固定资产投资

项目总投资是指工程项目在建设期（预计或实际）投入的全部费用总和。按用途不同，工程项目可分为生产性项目和非生产性项目。生产性项目总投资包括固定资产投资和流动资产投资两部分；非生产性项目总投资只包括固定资产投资，不含流动资产投资。工程项目总造价是指项目总投资中的固定资产投资总额。

固定资产投资是投资主体为达到预期收益的资金垫付行为，与工程造价在量上是等同的。其中，建筑安装工程投资也就是建筑安装工程造价，二者在量上也是等同的。从这里也可以看出工程造价两种含义的同一性。

（三）建筑安装工程造价

建筑安装工程造价亦称建筑安装产品价格。从投资者角度看，它是项目投资中的建筑安装工程投资，也是工程造价的组成部分。从市场交易角度看，建筑安装工程造价是发包人和承包商双方共同认可的、由市场形成的价格。

第二节 工程造价管理的组织和内容

一、工程造价管理的基本内涵

（一）工程造价管理

工程造价管理是指综合运用管理学、经济学和工程技术等方面的知识与技能，对工程造价进行预测、计划、控制、核算、分析和评价等的过程。工程造价管理涵盖宏观层面的工程建设投资管理和微观层面的工程项目费用管理。

1. 工程建设投资管理

工程建设投资管理是指政府部门根据社会经济发展需求，利用法律、经济和行政等手段规范市场主体的价格行为、监控工程造价的系统活动。

2. 工程项目费用管理

工程项目费用管理是指工程参建主体根据工程计价依据和市场价格信息等，预估、确定、控制、核算工程造价等的系统活动。

（二）建设工程全面造价管理

按照国际造价管理联合会（International Cost Engineering Council，ICEC）给出的定义，全面造价管理（Total Cost Management，TCM）是指有效地利用专业知识和技术，对资源、成本、盈利和风险进行的规划和控制。结合工程建设特点，建设工程全面造价管理应包括全寿命期造价管理、全过程造价管理、全要素造价管理和全方位造价管理。

1. 全寿命期造价管理

建设工程全寿命期造价是指建设工程初始建造成本和建成后的日常使用及拆除成本之和，包括策划决策、建设实施、运行维护及拆除回收等各阶段费用支出。由于在建设工程全寿命期的不同阶段，工程造价存在诸多不确定性，因此，全寿命期造价管理主要是作为一种实现建设工程全寿命期造价最小化的指导思想，指导建设工程投资决策及实施方案的选择。

2. 全过程造价管理

建设工程全过程造价是指覆盖建设工程策划决策及建设实施各阶段的费用支出。针对全过程造价进行的管理活动即为全过程造价管理。包括：策划决策阶段的项目策划、投资估算、项目经济评价、项目融资方案分析；设计阶段的限额设计、方案比选、概预算编制；招投标阶段的标段划分、发承包模式及合同形式的选择、最高投标限价或标底编制；施工阶段的工程计量与中间结算、工程变更控制、索赔管理；竣工验收阶段的结算与决算等。

3. 全要素造价管理

传统的建设工程造价主要考虑人工费、材料费、施工机具使用费、措施费、管理费等建设工程本体建造成本，相应地，工程造价管理也主要考虑对上述建造成本的确定和控制。由于影响建设工程造价的因素有很多，因此，建设工程造价管理不应仅考虑建设工程本身的建造成本，还应同时考虑工期成本、质量成本、安全成本和绿色成本，从而实现建设工程成本、工期、质量、安全、绿色目标的集成管理。全要素造价管理的核心是按照优先性原则，协调和平衡工期、质量、安全、绿色与成本之间的对立统一关系。

4. 全方位造价管理

从管理主体角度考虑，建设工程造价管理不仅是建设单位和承包单位的任务，还应是政府主管部门、行业协会、设计单位及有关监理、咨询单位的共同任务。尽管相关各方的职责地位、利益追求、层级角度等有所不同，但必须在政府主管部门及行业协会的监管下，通过建立完善的协同工作机制，才能实现对建设工程造价的科学管理。

二、工程造价管理的组织系统

为开展科学有效的工程造价管理活动，我国设置了由多部门、多层级工程造价管理机构组成的组织系统，并规定了各层级造价管理机构的管理权限和职责范围。

（一）政府行政管理系统

政府部门是工程造价的宏观管理主体，同时也是政府投资项目的微观管理主体（多为建设单位角色）。就宏观管理角度而言，国务院有关部门及各省、自治区、直辖市均设有工程造价管理机构，规定了其管理权限和职责范围。

（1）国务院建设主管部门工程造价管理机构。主要职责包括：

1）组织制定工程造价管理有关标准、制度并监督实施；

2）组织制定全国统一的工程定额、计价规则、造价指数指标确定方法；

3）制定并监督实施本部门所管辖的建设工程标准定额；

4）制定并监督执行全国工程造价管理专业人员职业资格准入标准。

（2）国务院其他部门工程造价管理机构。包括：水利水电、公路、水运、电力、石油、石化、机械、冶金、铁路、航空、煤炭、建材、林业、有色金属、核工业等行业及军事工程造价管理机构。主要职责包括：修订、编制和解释相应的工程建设标准定额，有的工程造价管理机构还担负本行业大型或重点建设项目的概算审批、调整等职责。

（3）各省、自治区、直辖市工程造价管理机构。主要职责包括：修编、解释当地工程造价指数指标、相关计价标准和制度等。此外，还有开展工程造价审查（核）、提供造价信息、协助处理合同纠纷等职责。

（二）企事业单位管理系统

企事业单位工程造价管理属微观管理范畴，是指建设单位、设计单位、承包单位及咨询单位实施的工程造价管理。设计单位、咨询单位等的工程造价管理职责有：按照建设单位或投资方意图，在可行性研究和规划设计阶段合理确定和有效控制建设工程造价，通过限额设计等手段实现设定的造价管理目标；在招标投标阶段编制招标文件、最高投标限价或标底，参加评标、合同谈判等工作；在施工阶段进行工程计量与支付、工程变更与索赔管理等。

工程承包单位的造价管理职责有：参与企业投标决策，并通过市场调查研究，利用过去积累的经验，研究报价策略，提出报价；在施工过程中，进行工程造价动态管控，注意各种调价因素的发生，及时进行工程价款结算，避免收益的流失，以促进企业盈利目标的实现。

（三）行业协会管理系统

中国建设工程造价管理协会是经建设部和民政部批准成立、代表我国工程造价管理的全国性行业协会。经住房城乡建设部同意，外交部批准，中国建设工程造价管理协会作为中国工程造价管理行业的唯一代表，分别于2003年加入亚太区工料测量师协会（PAQS）、2007年加入国际造价管理联合会（ICEC），成为两大国际专业组织的正式成员。主要职责包括：在政府部门指导下，开展理论研究、国家及团体标准制修订，完善行业约束与惩戒机制，搭建会员服务和交流平台，组织专业培训，开展工程造价行业纠纷调解、国际交流与合作等。

为加强对各地工程造价行业管理，各省、自治区、直辖市先后成立了工程造价管理协会。全国性造价管理协会与地方造价管理协会是平等、协商、相互支持的关系，地方协会接受全国性协会的业务指导，共同促进全国工程造价行业管理水平的整体提升。

三、工程造价管理的主要内容及原则

（一）工程造价管理的主要内容

在工程建设全过程各不同阶段，工程造价管理有着不同的工作内容，其目的是在优化建设方案、设计方案、施工方案的基础上，有效控制建设工程实际费用支出。

（1）工程投资决策阶段：按照有关规定编制和审核投资估算，经批准即可作为拟建工程的投资限额；基于不同的投资方案进行经济评价，作为投资决策的重要依据。

（2）工程设计阶段：在限额设计、优化设计方案的基础上编制和审核设计概算、施工图预算。经批准的设计概算将作为拟建工程造价的最高限额。

（3）工程发承包阶段：进行招标策划，编制和审核工程量清单、最高投标限价或标底，确定投标报价及报价策略，直至确定承包合同价。

（4）工程施工阶段：进行工程计量及工程款支付管理，实施工程费用动态监控，处理工程变更和索赔。

（5）工程竣工阶段：编制和审核竣工结算，编制竣工决算，处理工程保修费用等。

（二）工程造价管理的基本原则

实施有效的工程造价管理，应遵循以下三项基本原则：

（1）以设计阶段为重点的全过程造价管理。工程造价管理应贯穿于工程建设全过程，但关键在于项目投资决策和设计阶段。为有效控制工程造价，不仅要审核施工图预算、工程价款结算，还要高度重视投资决策和设计阶段的造价控制，将工程造价管理的重点转到建设工程投资决策和设计阶段。而在项目投资决策后，控制工程造价的关键就在于设计。

（2）主动控制与被动控制相结合。长期以来，人们一直将控制理解为目标值与实际值的比较，以及当实际值偏离目标值时，分析其产生偏差的原因，并确定下一步对策。这种立足于“调查—分析—决策”基础之上的“偏离—纠偏—再偏离—再纠偏”的控制是一种被动控制，只能发现偏差，不能预防可能发生的偏差。为尽量减少甚至避免实际值与目标值的偏离，还必须立足于事先主动采取措施，实施主动控制。也就是说，工程造价控制不仅要反映投资决策，反映设计、发承包和施工，被动控制工程造价，更要主动地影响投资决策，影响工程设计、发承包和施工，主动控制工程造价。

（3）技术与经济相结合。要有效地控制工程造价，应从组织、技术、经济等多方面采取措施。从组织上采取措施，包括明确项目组织结构，明确造价管理人员及其任务，明确管理职能分工；从技术上采取措施，包括重视设计多方案选择，严格审查初步设计、技术设计、施工图设计、施工组织设计，深入研究节约投资的可能性；从经济上采取措施，包括动态比较造价的计划值与实际值，严格审核各项费用支出，采取对节约投资有力的奖励措施等。

技术与经济相结合是控制工程造价最有效的手段。应通过技术比较、经济分析和效果评价，正确处理技术先进与经济合理之间的对立统一关系，力求在技术先进条件下的经济合理、在经济合理基础上的技术先进，将控制工程造价观念渗透到各项设计和施工技术措施之中。

第三节　造价工程师管理制度

一、造价工程师素质要求和职业道德

造价工程师是指通过职业资格考试取得中华人民共和国造价工程师职业资格证书，并经注册后从事建设工程造价工作的专业技术人员。根据《造价工程师职业资格制度规定》，国家设置造价工程师准入类职业资格，纳入国家职业资格目录。工程造价咨询企业应配备造价工程师，工程建设活动中有关工程造价管理岗位按需要配备造价工程师。造价工程师分为一级造价工程师和二级造价工程师。

（一）造价工程师素质要求

造价工程师的职责关系到国家和社会公众利益，对其专业和身体素质的要求包括以下几个方面：

（1）造价工程师是复合型专业管理人才。作为工程造价管理者，造价工程师应是具备工程、经济和管理知识与实践经验的高素质复合型专业人才。

（2）造价工程师应具备业务技术能力。业务技术能力是指能应用知识、方法、技术及设备来完成特定任务的能力。

（3）造价工程师应具备沟通协调能力。沟通协调能力是指与人共事、打交道的能力。造价工程师应具有高度的责任心和协作精神，善于与业务工作有关的各方人员沟通、协作，共同完成工程造价管理工作。

（4）造价工程师应具备组织管理能力。造价工程师应能了解整个组织及自己在组织中的角色，并具有一定的组织管理能力，面对机遇和挑战，能够积极进取、勇于开拓。

（5）造价工程师应具有健康体魄。健康的心理和较好的身体素质是造价工程师适应紧张、繁忙工作的基础。

（二）造价工程师职业道德

造价工程师的职业道德又称职业操守，通常是指在职业活动中所遵守的行为规范的总称，是专业人士必须遵从的道德标准和行业规范。

为提高造价工程师整体素质和职业道德水准，维护和提高工程造价咨询行业的良好信誉，促进行业健康持续发展，中国建设工程造价管理协会制定和颁布了《造价工程师职业道德行为准则》，具体要求如下：

(1) 遵守国家法律、法规和政策，执行行业自律性规定，珍惜职业声誉，自觉维护国家和社会公共利益。

(2) 遵守“诚信、公正、精业、进取”的原则，以高质量的服务和优秀的业绩，赢得社会和客户对造价工程师职业的尊重。

(3) 勤奋工作，独立、客观、公正、正确地出具工程造价成果文件，使客户满意。

(4) 诚实守信，尽职尽责，不得有欺诈、伪造、作假等行为。

(5) 尊重同行，公平竞争，搞好同行之间的关系，不得采取不正当的手段损害、侵犯同行的权益。

(6) 廉洁自律，不得索取、收受委托合同约定以外的礼金和其他财物，不得利用职务之便谋取其他不正当的利益。

(7) 造价工程师与委托方有利害关系的应当主动回避；同时，委托方也有权要求其回避。

(8) 对客户的技术和商务秘密负有保守义务。

(9) 接受国家和行业自律组织对其职业道德行为的监督检查。

二、造价工程师职业资格考试、注册和执业

为了加强工程造价管理专业人员的执业准入管理，确保工程造价管理工作质量，维护国家和社会公共利益，国家人事部、建设部在 1996 年联合发布《造价工程师执业资格制度暂行规定》，确立了造价工程师职业资格制度。凡从事工程建设活动的建设、设计、施工、工程造价咨询、工程造价管理等单位和部门，必须在计价、评估、审查（核）、控制及管理等岗位配备有造价工程师职业资格的专业技术管理人员。

《注册造价工程师管理办法》《造价工程师继续教育实施办法》《造价工程师职业道德行为准则》等文件的陆续颁布与实施，确立了我国造价工程师职业资格制度体系框架。2018 年 7 月，《造价工程师职业资格制度规定》《造价工程师职业资格考试实施办法》的发布实施，进一步完善了造价工程师职业资格制度。我国造价工程师职业资格制度如图 1.3.1 所示。

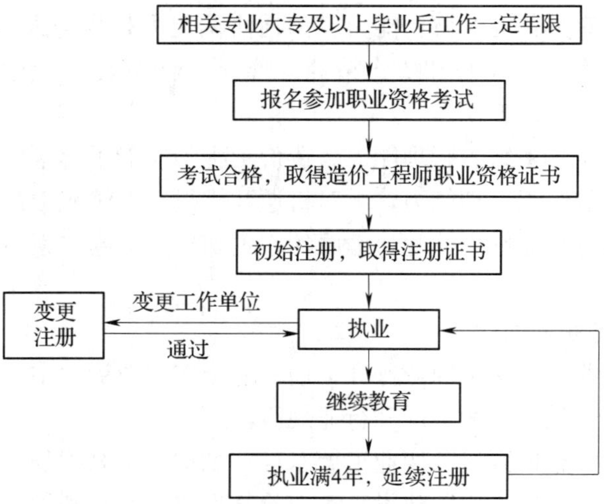

图 1.3.1 造价工程师职业资格制度简图

(一) 职业资格考试

一级造价工程师职业资格考试全国统一大纲、统一命题、统一组织。从 1997 年试点考试至今，每年均举行一次全国造价工程师执业资格考试（除 1999 年停考外）。自 2018 年起设立二级造价工程师。二级造价工程师职业资格考试全国统一大纲，各省、自治区、直辖市自主命题并组织实施。

1. 报考条件

（1）一级造价工程师报考条件。凡遵守中华人民共和国宪法、法律、法规，具有良好的业务素质和道德品行，具备下列条件之一者，可以申请参加一级造价工程师职业资格考试：

1）具有工程造价专业大学专科（或高等职业教育）学历，从事工程造价、工程管理业务工作满 4 年；具有土木建筑、水利、装备制造、交通运输、电子信息、财经商贸大类大学专科（或高等职业教育）学历，从事工程造价、工程管理业务工作满 5 年；

2）具有工程造价、通过工程教育专业评估（认证）的工程管理专业大学本科学历或学位，从事工程造价、工程管理业务工作满 3 年；具有工学、管理学、经济学门类大学本科学历或学位，从事工程造价、工程管理业务工作满 4 年；

3）具有工学、管理学、经济学门类硕士学位或者第二学士学位，从事工程造价、工程管理业务工作满 2 年；

4）具有工学、管理学、经济学门类博士学位；

5）具有其他专业相应学历或者学位的人员，从事工程造价、工程管理业务工作年限相应增加 1 年。

（2）二级造价工程师报考条件。凡遵守中华人民共和国宪法、法律、法规，具有良好的业务素质和道德品行，具备下列条件之一者，可以申请参加二级造价工程师职业资格考试：

1）具有工程造价专业大学专科（或高等职业教育）学历，从事工程造价、工程管理业务工作满 1 年；具有土木建筑、水利、装备制造、交通运输、电子信息、财经商贸大类大学专科（或高等职业教育）学历，从事工程造价、工程管理业务工作满 2 年；

2）具有工程造价专业大学本科及以上学历或学位；具有工学、管理学、经济学门类大学本科及以上学历或学位，从事工程造价、工程管理业务工作满 1 年；

3）具有其他专业相应学历或者学位的人员，从事工程造价、工程管理业务工作年限相应增加 1 年。

2. 考试科目

造价工程师职业资格考试设基础科目和专业科目。

一级造价工程师职业资格考试设 4 个科目，包括："建设工程造价管理""建设工程计价""建设工程技术与计量"和"建设工程造价案例分析"。其中，"建设工程造价管理"和"建设工程计价"为基础科目，"建设工程技术与计量"和"建设工程造价案例分析"为专业科目。

二级造价工程师职业资格考试设两个科目，包括："建设工程造价管理基础知识"和"建设工程计量与计价实务"。其中，"建设工程造价管理基础知识"为基础科目，"建设工程计量与计价实务"为专业科目。

造价工程师职业资格考试专业科目分为 4 个专业类别，即土木建筑工程、交通运输工程、水利工程和安装工程，考生在报名时可根据实际工作需要选择其一。

3. 职业资格证书

一级造价工程师职业资格考试合格者，由各省、自治区、直辖市人力资源社会保障行政主管部门颁发中华人民共和国一级造价工程师职业资格证书，该证书全国范围内有效。

二级造价工程师职业资格考试合格者，由各省、自治区、直辖市人力资源社会保障行政主管部门颁发中华人民共和国二级造价工程师职业资格证书。

（二）注册

国家对造价工程师职业资格实行执业注册管理制度。取得造价工程师职业资格证书且从事工程造价相关工作的人员，经注册方可以造价工程师名义执业。

住房城乡建设部、交通运输部、水利部分别负责一级造价工程师注册及相关工作。各省、自治区、直辖市住房城乡建设、交通运输、水利行政主管部门按专业类别分别负责二级造价工程师注册及相关工作。

经批准注册的申请人，由住房城乡建设部、交通运输部、水利部核发《中华人民共和国一级造价工程师注册证》（或电子证书）；或由各省、自治区、直辖市住房城乡建设、交通运输、水利行政主管部门核发《中华人民共和国二级造价工程师注册证》（或电子证书）。

造价工程师执业时应持注册证书和执业印章。注册证书、执业印章样式以及注册证书编号规则由住房城乡建设部会同交通运输部、水利部统一制定。执业印章由注册造价工程师按照统一规定自行制作。

（三）执业

造价工程师必须遵纪守法，恪守职业道德和从业规范，诚信执业，主动接受有关主管部门的监督检查，加强行业自律。造价工程师不得同时受聘于两个或两个以上单位执业，不得允许他人以本人名义执业，严禁“证书挂靠”。出租出借注册证书的，依据相关法律法规进行处罚；构成犯罪的，依法追究刑事责任。

1. 一级造价工程师执业范围

包括建设项目全过程的工程造价管理与咨询等，具体工作内容有：

（1）项目建议书、可行性研究投资估算与审核，项目评价造价分析。

（2）建设工程设计概算、施工（图）预算的编制和审核。

（3）建设工程招标投标文件工程量和造价的编制与审核。

（4）建设工程合同价款、结算价款、竣工决算价款的编制与管理。

（5）建设工程审计、仲裁、诉讼、保险中的造价鉴定，工程造价纠纷调解。

（6）建设工程计价依据、造价指标的编制与管理。

（7）与工程造价管理有关的其他事项。

2. 二级造价工程师执业范围

二级造价工程师主要协助一级造价工程师开展相关工作，可独立开展以下具体工作：

（1）建设工程工料分析、计划、组织与成本管理，施工图预算、设计概算的编制。

（2）建设工程量清单、最高投标限价、投标报价的编制。

（3）建设工程合同价款、结算价款和竣工决算价款的编制。

造价工程师应在本人工程造价咨询成果文件上签章，并承担相应责任。工程造价咨询成果文件应由一级造价工程师审核并加盖执业印章。

第四节　工程造价咨询管理

工程造价咨询企业是指接受委托，为委托方提供工程造价管理咨询服务的企业。工程造价咨询企业可以为政府部门、建设单位、设计单位、承包单位等提供相关专业技术服务，这种以造价咨询业务为核心的服务有时是单项或分阶段的，也可覆盖工程建设全过程。

工程造价咨询企业从事工程造价咨询活动，应当遵循独立、客观、公正、诚实信用的原则，不得损害社会公共利益和他人的合法权益。同时，任何单位和个人不得非法干预依法进行的工程造价咨询活动。

一、业务承接

（一）业务范围

工程造价咨询业务范围如下：

（1）建设项目建议书及可行性研究投资估算、项目经济评价报告的编制和审核。

（2）建设项目概预算的编制与审核，并配合设计方案比选、优化设计、限额设计等工作进行工程造价分析与控制。

（3）建设项目合同价款的确定（包括招标工程工程量清单和标底、投标报价的编制和审核）；合同价款的签订与调整（包括工程变更、工程洽商和索赔费用的计算）与工程款支付，工程结算、竣工结算和决算报告的编制与审核等。

（4）工程造价经济纠纷的鉴定咨询业务。

（5）提供工程造价信息服务等。

工程造价咨询企业可以为项目投资决策和建设实施提供全过程或者其中若干阶段的造价咨询服务。

（二）咨询合同及其履行

工程造价咨询企业在承接各类工程造价咨询业务时，可参照《建设工程造价咨询合同》（示范文本）（GF-2015-0212）与委托人签订书面合同。

建设工程造价咨询合同（示范文本）由三部分组成，即协议书、通用条件和专用条件。协议书主要用来明确合同当事人和约定合同当事人的基本合同权利义务。通用条件包括下列内容：

（1）词语定义、语言、解释顺序与适用法律；

（2）委托人的义务；

（3）咨询人的义务；

（4）违约责任；

（5）支付；

（6）合同变更、解除与终止；

（7）争议解决；

（8）其他。

专用条件是对通用条件原则性约定的细化、完善、补充或修改。合同当事人可通过协商、谈判确定专用条件。

工程造价咨询企业从事工程造价咨询业务，应按照相关合同或约定出具工程造价成果文件。工程造价成果文件应当由工程造价咨询企业加盖有企业名称、资质等级及证书编号的执业印章，并由执行相应专业咨询业务的注册造价工程师签字、加盖个人执业印章。

二、行为准则与信用制度

（一）行为准则

为了保障国家与公共利益，维护公平竞争的良好秩序以及各方的合法权益，工程造价咨询企业在执业活动中均应遵循行业行为准则：

（1）执行国家的宏观经济政策和产业政策，遵守国家和地方的法律、法规及有关规定，维护国家和人民的利益。

（2）接受工程造价咨询行业自律组织业务指导，自觉遵守本行业的规定和各项制度，积极参加行业组织的业务活动。

（3）具有独立执业能力和工作条件，以精湛的专业技能和良好的职业操守竭诚为客户服务。

（4）按照公平、公正和诚信的原则开展业务，认真履行合同，依法独立自主开展经营活动，努力提高经济效益。

（5）靠质量、靠信誉参加市场竞争，杜绝无序和恶性竞争；不得利用与行政机关、社会团体以及其他经济组织的特殊关系搞业务垄断。

（6）以人为本，鼓励员工更新知识，掌握先进的技术手段和业务知识，采取有效措施组织、督促员工接受继续教育。

（7）不得在解决经济纠纷的鉴证咨询业务中分别接受双方当事人的委托。

（8）不得阻挠委托人委托其他工程造价咨询单位参与咨询服务；共同提供服务的工程造价咨询单位之间应分工明确，密切协作，不得损害其他单位的利益和名誉。

（9）保守客户的技术和商务秘密。

（二）信用制度

工程造价咨询企业应当按照有关规定，向监管部门及行业组织提供真实、准确、完整的工程造价咨询企业信用档案信息。工程造价咨询企业信用档案应当包括：工程造价咨询企业的基本情况、业绩、良好行为、不良行为等内容。违法行为、被投诉举报处理、行政处罚等情况应当作为工程造价咨询企业的不良记录记入其信用档案。任何单位和个人均有权查阅信用档案。

第五节　国内外工程造价管理发展

一、发达国家和地区工程造价管理

（一）代表性国家和地区的工程造价管理

当今，国际上有代表性的工程造价管理模式主要来自英国、美国、日本及我国香港地区。

1. 英国工程造价管理

英国是世界上最早出现工程造价咨询行业并成立相关行业协会的国家。英国的工程造价管理至今已有近400年的历史。在世界近代工程造价管理的发展史上，作为早期世界强国的英国，由于其工程造价管理发展较早，且其联邦成员国和地区分布较广，时至今日，其工程造价管理模式在世界范围内仍具有较强的影响力。

英国工程造价咨询公司在英国被称为工料测量师行，成立的条件必须符合政府或相关行业协会的有关规定。目前，英国的行业协会负责管理工程造价专业人士、编制工程造价计量标准，发布相关造价信息及造价指标。

在英国，政府投资工程和私人投资工程分别采用不同的工程造价管理方法，但这些工程项目通常都需要聘请专业造价咨询公司进行业务合作。其中，政府投资工程是由政府有关部门负责管理，包括计划、采购、建设咨询、实施和维护，对从工程项目立项到竣工各个环节的工程造价控制都较为严格，遵循政府统一发布的价格指数，通过市场竞争，形成工程造价。目前，英国政府投资工程占整个国家公共投资的50%左右，在工程造价业务方面要求必须委托给相应的工程造价咨询机构进行管理。英国建设主管部门的工作重点则是制定有关政策和法律，以全面规范工程造价咨询行为。

对于私人投资工程，政府通过相关的法律法规对此类工程项目的经营活动进行一定的规范和引导，只要在国家法律允许的范围内，政府一般不予干预。此外，社会上还有许多政府所属代理机构及社会团体组织，如英国皇家特许测量师学会（RICS）等进行行业管理，主要对咨询单位进行业务指导和管理从业人员。英国工程造价咨询行业的制度、规定和规范体系都较为完善。

英国工料测量师行经营的内容较为广泛，涉及建设工程全寿命期各个阶段，主要包括：项目策划咨询、可行性研究、成本计划和控制、市场行情的趋势预测；招标投标活动及施工合同管理；建筑采购、招标文件编制；投标书分析与评价，标后谈判，合同文件准备；工程施工阶段成本控制，财务报表，洽商变更；竣工工程估价、决算，合同索赔保护；成本重新估计；对承包商破产或被并购后的应对措施；应急合同财务管理，后期物业管理等。

2. 美国工程造价管理

美国拥有世界最为发达的市场经济体系。美国的建筑业也十分发达，具有投资多元化和高度现代化、智能化的建筑技术与管理的广泛应用相结合的行业特点。美国的工程造价管理是建立在高度发达的自由竞争市场经济基础之上的。

美国的建设工程也主要分为政府投资和私人投资两大类，其中，私人投资工程可占到整个建筑业投资总额的60%～70%。美国联邦政府没有主管建筑业的政府部门，因而也没有主管工程造价咨询业的专门政府部门，工程造价咨询业完全由行业协会管理。工程造价咨询业涉及多个行业协会，如美国造价工程师协会（AACE）、土木工程师协会、总承包商协会、建筑标准协会、工程咨询业协会等。

美国政府部门没有统一发布工程量规则和工程定额，但这并不意味着美国的工程估价无章可循。美国有一套统一的工程分项细目划分标准及编码体系，如美国建筑标准协会（CSI）发布的Masterformat、Uniformat及OmniClass等。这些工程分类和编码体系应用于大多数建筑工程。

美国工程造价管理具有以下特点：

(1) 完全市场化的工程造价管理模式。在没有全国统一的工程量计算规则和计价依据的情况下，一方面，由各级政府部门制定各自管辖的政府投资工程相应的计价标准；另一方面，承包商需根据自身积累的经验进行报价。同时，工程造价咨询公司依据自身积累的造价数据和市场信息，协助业主和承包商对工程项目提供全过程、全方位的管理与服务。

(2) 具有较完备的法律及信誉保障体系。美国工程造价管理是建立在相关的法律制度基础上的。例如，在建筑行业中对合同的管理十分严格，合同对当事人各方都具有严格的法律制约，即业主、承包商、分包商、提供咨询服务的第三方之间，都必须采用合同的方式开展业务，严格履行相应的权利和义务。

同时，美国的工程造价咨询企业自身具有较为完备的合同管理体系和完善的企业信誉管理平台。各个企业视自身的业绩和荣誉为企业长期发展的重要条件。

(3) 具有较成熟的社会化管理体系。美国的工程造价咨询业主要依靠政府和行业协会的共同管理与监督，实行“小政府、大社会”的行业管理模式。美国的相关政府管理机构对整个行业的发展进行宏观调控，更多的具体管理工作主要依靠行业协会，由行业协会更多地承担对专业人员和法人团体的监督和管理职能。

(4) 拥有现代化管理手段。当今的工程造价管理均需采用先进的计算机技术和现代化的网络信息技术。在美国，信息技术的广泛应用，不但大幅提高了工程项目参与各方之间的沟通、文件传递等的工作效率，也可及时、准确地提供市场信息，同时也使工程造价咨询公司收集、整理和分析各种复杂、繁多的工程项目数据成为可能。

3. 日本工程造价管理

在日本，工程积算制度是日本工程造价管理所采用的主要模式。工程造价咨询行业由日本政府建设主管部门和日本建筑积算协会统一进行业务管理和行业指导。其中，政府建设主管部门负责制定发布工程造价政策、相关法律法规、管理办法，对工程造价咨询业的发展进行宏观调控。

日本建筑积算协会作为全国工程咨询的主要行业协会，其主要的服务范围是：推进工程造价管理的研究；工程量计算标准的编制、建筑成本等相关信息的收集、整理与发布；专业人员的业务培训及个人执业资格准入制度的制定与具体执行等。

工程造价咨询公司在日本被称为工程积算所，主要由建筑积算师组成。日本的工程积算所一般对委托方提供以工程造价管理为核心的全方位、全过程的工程咨询服务，其主要业务范围包括：工程项目的可行性研究、投资估算、工程量计算、单价调查、工程造价细算、标底编制与审核、招标代理、合同谈判、变更成本积算，工程造价后期控制与评估等。

4. 我国香港地区工程造价管理

我国香港地区工程造价管理模式是沿袭英国的做法，但在管理主体、具体计量规则的制定，工料测量事务所和专业人士的执业范围和深度等方面，都根据自身特点进行了适当调整，使之更适合香港地区工程造价管理的实际需要。

在我国香港地区，专业保险在工程造价管理中得到了较好应用。一般情况下，由于工料测量师事务所受雇于业主，在收取一定比例咨询服务费的同时，要对工程造价控制负有较大责任。因此，工料测量师事务所在接受委托，特别是控制工期较长、难度较大的项目造价时，都需购买专业保险，以防工作失误时因对业主进行赔偿而破产。可以说，工程保险的引入，一方面加强了工料测量师事务所防范风险和抵抗风险的能力，另一方面也为香港工程造价业务向国际市场开拓提供了有力保障。

从20世纪60年代开始，香港地区的工料测量事务所已发展为可对工程建设全过程进行成本控制，并影响建筑设计事务所和承包商的专业服务类公司，在工程建设过程中扮演着越来越重要的角色。政府对测量事务所合伙人有严格要求，要求公司的合伙人必须具有较高的专业知识和技能，并获得相关专业学会颁发的注册测量师执业资格，否则，领不到公司营业执照，无法开业经营。香港地区的工料测量师以自己的实力、专业知识、服务质量在社会上赢得声誉，以公正、中立的身份从事各种服务。

香港地区的专业学会是众多测量师事务所、专业人士之间相互联系和沟通的纽带。这种学会在保护行业利益和推行政府决策方面起着重要作用，同时，学会与政府之间也保持着密切联系。学会内部互相监督、互相协调、互通情报，强调职业道德和经营作风。学会对工程造价起着指导和间接管理的作用，甚至也充当工程造价纠纷仲裁机构，例如：当发承包双方不能相互协调或对工料测量师事务所的计价有异议时，可以向学会提出仲裁申请。

（二）发达国家和地区工程造价管理的特点

分析发达国家和地区的工程造价管理，其特点主要体现在以下几方面：

1. 政府的间接调控

发达国家一般按投资来源不同，将项目划分为政府投资项目和私人投资项目。政府对不同类别的项目实行不同力度和深度的管理，重点是控制政府投资工程。

在英国，对政府投资工程采取集中管理的办法，按政府的有关面积标准、造价指标，在核定的投资范围内进行方案设计、施工设计，实施目标控制，不得突破。如遇非正常因素，宁可在保证使用功能的前提下降低标准，也要将造价控制在额度范围内。在美国，各地方政府都设有相应的管理机构对政府投资工程进行直接管理。例如，纽约市政府总务办公室（DGS）、美国联邦政府总务署（GSA）等都是代表政府专门负责管理建设工程的机构。美国法律规定，所有的政府投资工程都要通过公开招标方式选择承包商，特定情况下（涉及国防、军事机密等）可邀请招标和议标。但对项目的审批权限、技术标准（规范）、价格、指数等都需明确规定，确保项目资金不突破审批的金额。

发达国家对私人投资工程只进行政策引导和信息指导，而不干预其具体实施过程，体现政府对造价的宏观管理和间接调控。如美国政府有一套完整的项目或产品目录，明确规定私人投资者的投资领域，并采取经济杠杆，通过价格、税收、利率、信息指导、城市规划等来引导和约束私人投资方向和区域分布。政府通过定期发布信息资料，使私人投资者了解市场状况，尽可能使投资项目符合经济发展的需要。

2. 有章可循的计价依据

项目划分、费用标准、工程量计算规则、经验数据等是发达国家和地区计算和控制工程造价的主要依据。如美国，联邦政府和地方政府没有统一的工程造价计价依据和标准，一般根据积累的工程造价资料，并参考各工程咨询公司有关造价的资料，对各自管辖的政府工程制订相应的计价标准，作为工程费用估算的依据。通过定期发布工程造价指南进行宏观调控与干预。有关工程造价的工程量计算规则、指标、费用标准等，一般是由各专业协会、大型工程咨询公司制订。各地的工程咨询机构，根据本地区的具体特点，制订单位建筑面积的消耗量和基价，作为所管辖项目造价估算的标准。

英国的工程量测算方法和标准都是由专业学会或协会进行负责。因此，由英国皇家测量师学会（RICS）组织制订的《建筑工程工程量计算规则》（SMM）作为工程量计算规则，是参与工程建设各方共同遵守的计量、计价的基本规则，在英国及英联邦国家被广泛应用与借鉴。2012 年，RICS 又发布了《新测量规则》（NRM）逐步取代 SMM 系列，成为建筑工程计量和工程量清单编制的主流规则。其目的是规范工程成本管理流程，将工料测量与工程采购结合起来，采用“自始至终法”保持建设工程全寿命期的一致性。NRM 系列由三部分组成：NRM1 为项目各阶段成本估算和成本规划的指导；NRM2 为工料测量算法及编制工程量清单的要求；NRM3 为维护修缮时的工料测量要求。此外，英国土木工程学会（ICE）还编制有适用于大型或复杂工程项目的《土木工程工程量计算规则》（CESMM）。英国政府投资工程从确定投资和控制工程项目规模及计价的需要出发，各部门均需制订并经财政部门认可的各种建设标准和造价指数，这些标准和指数均作为各部门向国家申报投资、控制规划设计、确定工程项目规模和投资的基础，也是审批立项、确定规模和造价限额的依据。英国十分重视已完工程数据资料的积累和数据库建设。每个皇家测量师学会会员都有责任和义务将自己经办的已完工程数据资料，按照规定的格式认真填报，收入学会数据库，同时也取得利用数据库资料的权利。计算机实行全国联网，所有会员资料共享，这不仅为测算各类工程的造价指数提供了基础，同时也为分析暂时没有设计图纸及资料的工程造价数据提供了参考。在英国，对工程造价的调整及价格指数的测定、发布等有一整套比较科学、严密的办法，政府部门要发布《工程调整规定》和《价格指数说明》等文件。

3. 多渠道的工程造价信息

发达国家和地区都十分重视对各方面造价信息的及时收集、筛选、整理以及加工工作。这是因为造价信息是建筑产品估价和结算的重要依据，是建筑市场价格变化的指示灯。从某种角度讲，及时、准确地捕捉建筑市场价格信息是业主和承包商能否保持竞争优势和取得盈利的关键因素之一。如美国，建筑造价指数一般由一些咨询机构和新闻媒介来编制，在多种造价信息来源中，工程新闻记录（Engineering News Record，ENR）造价指数是比较重要的一种。编制 ENR 造价指数的目的是准确地预测建筑价格，确定工程造价。它是一个加权总指数，由构件钢材、波特兰水泥、木材和普通劳动力四种个体指数组成。ENR 共编制两种造价指数，一是建筑造价指数，二是房屋造价指数。这两个指数在计算方法上基本相同，区别仅体现在计算总指数中的劳动力要素不同。ENR 指数资料来源于美国 20 个城市和加拿大 2 个城市，ENR 在这些城市中派有信息员，专门负责收集价格资料和信息。ENR 总部则将这些信息员收集到的价格信息和数据汇总，并在每个星期四计算并发布最近的造价指数。

4. 造价工程师的动态估价

在英国，业主对工程的估价一般要委托工料测量师行来完成。工料测量师行的估价大体上是按比较法和系数法进行，经过长期的估价实践，他们都拥有极为丰富的工程造价实例资料，甚至建立了工程造价数据库，对于标书中所列出的每一项目价格的确定都有自己的标准。在估价时，工料测量师行将不同设计阶段提供的拟建工程项目资料与以往同类工程项目对比，结合当前建筑市场行情，确定项目单价。对于未能计算的项目（或没有对比对象的项目），则以其他建筑物的造价分析得来的资料补充。承包商在投标时的估价一般要凭自己的经验来完成，往往把投标工程划分为各分部工程，根据本企业定额计算出所需人工、材料、机械等的耗用量，而人工单价主要根据各劳务分包商的报价，材料单价主要根据各材料供应商的报价加以比较确定，承包商根据建筑市场供求情况随行就市，自行确定管理费率，最后做出体现当时当地实际价格的工程报价。总之，工程任何一方的估价，都是以市场状况为重要依据，是完全意义上的动态估价。

在美国，工程造价的估算主要由设计部门或专业估价公司来承担，造价工程师（Cost Engineer）在具体编制工程造价估算时，除了考虑工程项目本身的特征因素（如项目拟采用的独特工艺和新技术、项目管理方式、现有场地条件以及资源获得的难易程度等）外，一般还对项目进行较为详细的风险分析，以确定适度的预备费。但确定工程预备费的比例并不固定，随项目风险程度的大小而确定不同的比例。造价工程师通过掌握不同的预备费率来调节造价估算的总体水平。

美国工程造价估算中的人工费由基本工资和附加工资两部分组成。其中，附加工资项目包括管理费、保险金、劳动保护金、退休金、税金等。材料费和机械使用费均以现行的市场行情或市场租赁价作为造价估算的基础，并在人工费、材料费和机械使用费总额的基础上按照一定的比例（一般为10%左右）再计提管理费和利润。

5. 通用的合同文本

合同在工程造价管理中有着重要的地位，发达国家和地区都将严格按合同规定办事作为一项通用的准则来执行，并且有的国家还执行通用的合同文本。在英国，其建设工程合同制度已有几百年的历史，有着丰富的内容和庞大的体系。澳大利亚、新加坡以及我国香港地区的建设工程合同制度都始于英国，国际咨询工程师联合会（FIDIC）合同文件也是以英国的合同文件作为母本的。英国有着一套完整的建设工程标准合同体系，包括JCT（合同仲裁委员会）合同体系、ACA（咨询顾问建筑师协会）合同体系、ICE（土木工程师学会）合同体系、皇家政府合同体系。JCT合同体系是英国的主要合同体系之一，主要通用于房屋建筑工程。JCT合同体系本身又是一个系统的合同文件体系，它针对房屋建筑中不同的工程规模、性质、建造条件，提供各种不同的文本，供业主在发包、采购时选择。

美国建筑师学会（AIA）的合同条件体系更为庞大，分为A、B、C、D、E、F、G系列。其中，A系列是关于业主与施工承包商、CM承包商、供应商之间，以及总承包商与分包商之间的合同文件；B系列是关于业主与提供专业服务的建筑师之间的合同文件；C系列是关于建筑师与提供专业服务的咨询机构之间的合同文件；D系列是建筑师行业所用的文件；E系列是合同和办公管理中使用的文件；F系列是财务管理表格；G系列是建筑师企业与项目管理中使用的文件。AIA合同条件的核心是“通用条件”。采用不同的计价方式时，只需选用不同的“协议书格式”与“通用条件”结合。AIA合同条件主要有总价、成本补偿及最高限定价格等计价方式。

6. 重视工程造价的动态控制

发达国家和地区对工程造价的管理是以市场为中心的动态控制。造价工程师能对造价计划执行中所出现的问题及时分析研究，及时采取纠正措施，这种强调项目实施过程中的造价管理的做法，体现了造价控制的动态性，并且重视造价管理所具有的随环境、工作的进行以及价格等变化而调整造价控制标准和控制方法的动态特征。

以美国为例，造价工程师十分重视工程造价的动态控制，对工程预算执行情况的检查和分析工作做得非常细致，对于建设工程的各分部分项工程都有详细的成本计划，美国的建筑承包商是以各分部分项工程的成本详细计划为依据来检查工程造价计划的执行情况。对于工程实施阶段实际成本与计划目标出现偏差的工程项目，首先按照一定标准筛选成本差异，然后进行重要成本差异分析，并填写成本差异分析报告表，由此反映出造成此项差异的原因、此项成本差异对项目其他成本项目的影响、拟采取的纠正措施以及实施这些措施的时间、负责人及所需条件等。对于采取措施的成本项目，每月还应跟踪检查采取措施后费用的变化情况。若采取的措施不能消除成本差异，则需重新进行此项成本差异的分析，再提出新的纠正措施，如果仍不奏效，造价控制项目经理则有必要重新审定项目的竣工结算。

美国一些大型工程公司十分重视工程变更的管理工作，建立了较为完善的工程变更管理制度，可随时根据各种变化情况提出变更，修改估算造价。美国工程造价的动态控制还体现在造价信息的反馈系统。各工程公司十分注意收集在造价管理各个阶段中的造价资料，并把向有关部门提出造价信息资料视为一种应尽的义务，不仅注意收集造价资料，也派出调查员实地调查。这种造价控制反馈系统使动态控制以事实为依据，保证了造价管理的科学性。

二、我国工程造价管理发展

中华人民共和国成立后，我国参照苏联的工程建设管理经验，逐步建立了一套与计划经济体制相适应的定额管理体系，并陆续颁布了多项规章制度和定额，在国民经济的复苏与发展中起到了十分重要的作用。改革开放以来，我国工程造价管理进入黄金发展期，工程计价依据和方法不断改革，工程造价管理体系不断完善，工程造价咨询行业得到快速发展。近年来，我国工程造价管理呈现出专业化、市场化、标准化、国际化和数智化发展趋势。

（一）工程造价管理专业化

经过长期的市场细分和行业分化，未来工程造价咨询企业应向更加适合自身特长的专业化方向发展。作为服务型的第三产业组成部分，工程造价咨询企业应避免都走“大而全”的规模化道路，大部分企业应朝着集约化和专业化方向发展。企业实施专业化发展的优越性在于：经验较为丰富，人员精干，服务更加专业，更有利于保证工程造价咨询质量，防范专业风险能力较强。在企业专业化的同时，对于日益复杂、涉及专业较多的项目而言，势必引发和增强企业之间尤其是具有不同专长的企业之间的强强联手和相互配合。同时，不同企业之间的优势互补、相互合作，也将给目前大多数公司制造价咨询企业在经营模式方面带来转变。对于实施专业化服务的造价咨询企业，完善和发展合伙制经营，是提高企业竞争力的有效手段。合伙制企业因对其组织方面具有强有力的风险约束性，能够促使其不断强化风险意识，提高咨询质量，保持较高的职业道德水平。正因如此，在完善工程保险制度下的合伙制也是发达国家和地区工程造价咨询企业所采用的典型组织模式。

（二）工程造价管理市场化

为贯彻落实党的十八届三中全会文件精神，发挥市场在资源配置中的决定性作用，住房城乡建设部于2014年发布了进一步推进工程造价管理改革的指导意见，提出要健全市场决定工程造价制度，为“企业自主报价、竞争形成价格”提供制度保障，同时提出要“以工程量清单为核心，构建科学合理的工程计价依据体系”。2020年7月，《住房和城乡建设部办公厅关于印发工程造价改革工作方案的通知》（建办标〔2020〕38号）再次明确，正确处理政府与市场的关系，通过改进工程计量和计价规则、完善工程计价依据发布机制、加强工程造价数据积累、强化建设单位造价管控责任、严格施工合同履约管理等措施，推行清单计量、市场询价、自主报价、竞争定价的工程计价方式，进一步完善工程造价市场形成机制。具体任务包括：①坚持从国情出发，借鉴国际通行做法，改进工程计量和计价规则；②优化概算定额、估算指标编制发布和动态管理，取消最高投标限价按定额计价的规定，逐步停止发布预算定额；③加快建立国有资金投资的工程造价数据库，按地区、工程类型、建筑结构等分类发布人工、材料、项目等造价指标指数；④强化建设单位造价管控责任，引导建设单位根据工程造价数据库、造价指标指数和市场价格信息等编制和确定最高投标限价；⑤加强工程施工合同履约和价款支付监管，引导发承包双方严格按照合同约定开展工程款支付和结算。尽管上述内容为住房城乡建设领域提出的改革思路和任务，但同时也代表着我国其他工程建设各领域造价管理的市场化发展方向。

2024年发布的国家标准《建设工程工程量清单计价标准》GB/T 50500—2024，强化了合同主体自治意识，明确了法定优先、有约从约原则。特别是在最高投标限价的编制依据方面，取消了“国家或省级、行业建设主管部门颁发的计价定额”“工程造价管理机构发布的工程造价信息”的规定，明确为“工程价格信息及造价资讯、工程造价数据及指数”，这些信息、资讯、数据及指数没有特定指向，旨在促进市场主体的工程造价数据积累、建设与应用。

（三）工程造价管理标准化

工程造价管理标准化是指通过制定和实施科学的标准，提升工程造价管理效率，有效降低工程成本，提高造价管理质量，减少工程建设领域的经济纠纷。主要内容包括：计价依据的标准化，即通过制定统一的工程量清单及计价规则，实现工程计价过程的透明与公正；成本控制流程的标准化，即通过建立工程成本预测、核算、分析和控制的标准流程，实现工程成本的可控性；合同管理的标准化，即通过规范合同内容和条款，明确合同参与方的权利和义务，降低各方风险，减少工程经济纠纷的发生。实现工程造价管理标准化，需要强有力的运行及监督机制，以及适应新技术、新材料、新管理模式而不断更新的标准及规则。目前，尽管面临国内不同地区和工程项目差异等带来的诸多挑战，通过持续改进工程造价管理标准化工作模式和方法，将有效推动我国工程造价咨询行业的未来发展。

（四）工程造价管理国际化

随着我国经济日益融入全球资本市场，在我国的外资和跨国工程项目不断增多，这些投资项目大都需要通过国际招标、咨询等方式运作。同时，我国政府和企业在海外投资和经营的项目也在不断增加。国内市场国际化，国内外市场全面融合，“一带一路”倡议的实施，使得我国工程造价管理国际化成为一种趋势。境外工程造价咨询机构在长期市场竞争中已形成自己独特的核心竞争力，在资本、技术、管理、人才、服务等方面均占有一定优势。面对日益激烈的市场竞争，我国工程造价咨询企业应以市场为导向，转换经营模式，增强应变能力，在竞争中求生存，在拼搏中求发展，在未来激烈的市场竞争中取得主动。

（五）工程造价管理数智化

20 世纪 80 年代末期，随着定额管理推广应用工程造价管理软件，我国工程造价管理信息化逐步开始。此后，全国各地及各专业工程造价管理机构陆续建立了工程造价信息管理平台，工程造价咨询企业也大多拥有专业的计算机系统和工程造价管理软件。特别是建筑信息模型（Building Information Modeling，BIM）的开发和应用，为工程造价管理创造了更加便利、直观的条件。但从总体而言，工程造价管理信息化仍停留在工程量计算、汇总及工程造价的初步统计分析阶段。工程造价行业尚未建立统一规划、统一编码的工程造价信息资源共享平台，工程造价咨询企业尚未建立和完善工程造价管理数据库、知识库。随着大数据、物联网、云计算、人工智能及 BIM、地理信息系统（GIS）等新一代信息技术的快速发展和融合应用，以及智能建造和数字交付的发展落地，以人工智能应用和数据驱动为主的工程造价管理数智化已成为必然，迫切需要将工程造价管理与新一代信息技术深度融合，让新一代信息技术为工程造价管理赋能。

免费听课

第二章　相关法律法规

法律法规是实施工程造价管理的重要依据。我国的法律法规包括法律、行政法规和部门规章三个层次，本章主要阐述工程造价管理相关法律和行政法规。其中，法律包括：《中华人民共和国建筑法》（以下简称《建筑法》），《中华人民共和国招标投标法》（以下简称《招标投标法》），《中华人民共和国政府采购法》（以下简称《政府采购法》），《中华人民共和国民法典》（以下简称《民法典》），《中华人民共和国价格法》（以下简称《价格法》）；行政法规包括：《建设工程质量管理条例》《建设工程安全生产管理条例》《中华人民共和国招标投标法实施条例》（以下简称《招标投标法实施条例》）和《中华人民共和国政府采购法实施条例》（以下简称《政府采购法实施条例》）。

第一节　建筑法及相关条例

一、建筑法

《建筑法》主要适用于各类房屋建筑及其附属设施的建造和与其配套的线路、管道、设备的安装活动，但其中关于施工许可、企业资质审查和工程发包、承包、禁止转包，以及工程监理、安全和质量管理的规定，也适用于其他专业建筑工程的建筑活动。

（一）建筑许可

建筑许可包括建筑工程施工许可和从业资格两个方面。

1. 建筑工程施工许可

（1）施工许可证的申领。除国务院建设行政主管部门确定的限额以下的小型工程外，建筑工程开工前，建设单位应当按照国家有关规定向工程所在地县级以上人民政府建设行政主管部门申请领取施工许可证。按照国务院规定的权限和程序批准开工报告的建筑工程，不再领取施工许可证。

申请领取施工许可证，应当具备下列条件：

1）已办理建筑工程用地批准手续；

2）依法应当办理建设工程规划许可证的，已取得建设工程规划许可证；

3）需要拆迁的，其拆迁进度符合施工要求；

4）已经确定建筑施工企业；

5）有满足施工需要的资金安排、施工图纸及技术资料；

6）有保证工程质量和安全的具体措施。

（2）施工许可证的有效期限。建设单位应当自领取施工许可证之日起 3 个月内开工。因故不能按期开工的，应当向发证机关申请延期；延期以两次为限，每次不超过 3 个月。既不开工又不申请延期或者超过延期时限的，施工许可证自行废止。

（3）中止施工和恢复施工。在建的建筑工程因故中止施工的，建设单位应当自中止施工之日起 1 个月内，向发证机关报告，并按照规定做好建设工程的维护管理工作。

建筑工程恢复施工时，应当向发证机关报告；中止施工满 1 年的工程恢复施工前，建设单位应当报发证机关核验施工许可证。

2. 从业资格

（1）单位资质。从事建筑活动的施工企业、勘察、设计和监理单位，按照其拥有的注册资本、专业技术人员、技术装备、已完成的建筑工程业绩等资质条件，划分为不同的资质等级，经资质审查合格，取得相应等级的资质证书后，方可在其资质等级许可的范围内从事建筑活动。

（2）专业技术人员资格。从事建筑活动的专业技术人员，应当依法取得相应的执业资格证书，并在执业资格证书许可的范围内从事建筑活动。

（二）建筑工程发包与承包

1. 建筑工程发包

（1）发包方式。建筑工程依法实行招标发包，对不适于招标发包的，可以直接发包。建筑工程实行招标发包的，发包单位应当将建筑工程发包给依法中标的承包单位。建筑工程实行直接发包的，发包单位应当将建筑工程发包给具有相应资质条件的承包单位。

（2）禁止行为。提倡对建筑工程实行总承包，禁止将建筑工程肢解发包。建筑工程的发包单位可以将建筑工程的勘察、设计、施工、设备采购一并发包给一个工程总承包单位。但是，不得将应当由一个承包单位完成的建筑工程肢解成若干部分发包给几个承包单位。

按照合同约定，建筑材料、建筑构配件和设备由工程承包单位采购的，发包单位不得指定承包单位购入用于工程的建筑材料、建筑构配件和设备或者指定生产厂、供应商。

2. 建筑工程承包

（1）承包资质。承包建筑工程的单位应当持有依法取得的资质证书，并在其资质等级许可的业务范围内承揽工程。

禁止建筑施工企业超越本企业资质等级许可的业务范围或者以任何形式用其他建筑施工企业的名义承揽工程。禁止建筑施工企业以任何方式允许其他单位或个人使用本企业的资质证书、营业执照，以本企业的名义承揽工程。

（2）联合承包。大型建筑工程或结构复杂的建筑工程，可以由两个以上的承包单位联合共同承包。共同承包的各方对承包合同的履行承担连带责任。两个以上不同资质等级的单位实行联合共同承包的，应当按照资质等级低的单位的业务许可范围承揽工程。

（3）工程分包。建筑工程总承包单位可以将承包工程中的部分工程发包给具有相应资质条件的分包单位。但是，除总承包合同中已约定的分包外，必须经建设单位认可。施工总承包的，建筑工程主体结构的施工必须由总承包单位自行完成。

建筑工程总承包单位按照总承包合同的约定对建设单位负责，分包单位按照分包合同的约定对总承包单位负责。总承包单位和分包单位就分包工程对建设单位承担连带责任。

（4）禁止行为。禁止承包单位将其承包的全部建筑工程转包给他人，或将其承包的全部建筑工程肢解以后以分包的名义分别转包给他人。禁止总承包单位将工程分包给不具备资质条件的单位。禁止分包单位将其承包的工程再分包。

3. 建筑工程造价

建筑工程的发包单位与承包单位应当依法订立书面合同，明确双方的权利和义务。建筑工程造价应当按照国家有关规定，由发包单位与承包单位在合同中约定。

发包单位和承包单位应当全面履行合同约定的义务。不按照合同约定履行义务的，依法承担违约责任。发包单位应当按照合同的约定，及时拨付工程款项。

(三) 建筑工程监理

国家推行建筑工程监理制度。实行监理的建筑工程，建设单位与其委托的工程监理单位应当订立书面委托监理合同。实施建筑工程监理前，建设单位应当将委托的工程监理单位、监理的内容及监理权限，书面通知被监理的建筑施工企业。

工程监理单位应当根据建设单位的委托，客观、公正地执行监理任务。工程监理人员发现工程设计不符合建筑工程质量标准或者合同约定的质量要求的，应当报告建设单位要求设计单位改正；认为工程施工不符合工程设计要求、施工技术标准和合同约定的，有权要求建筑施工企业改正。

(四) 建筑安全生产管理

建筑工程安全生产管理必须坚持安全第一、预防为主的方针，建立健全安全生产的责任制度和群防群治制度。

建筑工程设计应当符合按照国家规定制定的建筑安全规程和技术规范，保证工程的安全性能。建筑施工企业在编制施工组织设计时，应当根据建筑工程的特点制定相应的安全技术措施；对专业性较强的工程项目，应当编制专项安全施工组织设计，并采取安全技术措施。

建筑施工企业应当在施工现场采取维护安全、防范危险、预防火灾等措施；有条件的，应当对施工现场实行封闭管理。施工现场对毗邻的建筑物、构筑物和特殊作业环境可能造成损害的，建筑施工企业应当采取措施加以保护。

施工现场安全由建筑施工企业负责。实行施工总承包的，由总承包单位负责。分包单位向总承包单位负责，服从总承包单位对施工现场的安全生产管理。建筑施工企业应当依法为职工参加工伤保险缴纳工伤保险费。鼓励企业为从事危险作业的职工办理意外伤害保险，支付保险费。

涉及建筑主体和承重结构变动的装修工程，建设单位应当在施工前委托原设计单位或者具有相应资质条件的设计单位提出设计方案；没有设计方案的，不得施工。房屋拆除应当由具备保证安全条件的建筑施工单位承担，由建筑施工单位负责人对安全负责。

(五) 建筑工程质量管理

建设单位不得以任何理由，要求建筑设计单位或建筑施工单位违反法律、行政法规和建筑工程质量、安全标准，降低工程质量，建筑设计单位和建筑施工单位应当拒绝建设单位的此类要求。

建筑工程的勘察、设计单位必须对其勘察、设计的质量负责。勘察、设计文件应当符合有关法律、行政法规的规定和建筑工程质量、安全标准，建筑工程勘察、设计技术规范以及合同的约定。设计文件选用的建筑材料、建筑构配件和设备，应当注明其规格、型号、性能等技术指标，其质量要求必须符合国家规定的标准。建筑设计单位对设计文件选用的建筑材料、建筑构配件和设备，不得指定生产厂、供应商。

建筑施工企业对工程的施工质量负责。建筑施工企业必须按照工程设计图纸和施工技术标准施工，不得偷工减料。工程设计的修改由原设计单位负责，建筑施工企业不得擅自修改工程设计。建筑施工企业必须按照工程设计要求、施工技术标准和合同的约定，对建筑材料、构配件和设备进行检验，不合格的不得使用。

建筑工程竣工经验收合格后，方可交付使用；未经验收或验收不合格的，不得交付使用。交付竣工验收的建筑工程，必须符合规定的建筑工程质量标准，有完整的工程技术经济资料和经签署的工程保修书，并具备国家规定的其他竣工条件。

建筑工程实行质量保修制度。保修范围应当包括地基基础工程、主体结构工程、屋面防水工程和其他土建工程，以及电气管线、上下水管线的安装工程，供热、供冷系统工程等项目。保修的期限应当按照保证建筑物合理寿命年限内正常使用、维护使用者合法权益的原则确定。

二、建设工程质量管理条例

为了加强对建设工程质量的管理，保证建设工程质量，《建设工程质量管理条例》明确了建设单位、勘察单位、设计单位、施工单位、工程监理单位的质量责任和义务，以及工程质量保修期限。

（一）建设单位的质量责任和义务

1. 工程发包

建设单位应当将工程发包给具有相应资质等级的单位。建设单位不得将建设工程肢解发包。

建设单位应当依法对工程建设项目的勘察、设计、施工、监理以及与工程建设有关的重要设备、材料等的采购进行招标。不得迫使承包方以低于成本的价格竞标，不得任意压缩合理工期；不得明示或者暗示设计单位或者施工单位违反工程建设强制性标准，降低建设工程质量。

建设单位必须向有关的勘察、设计、施工、工程监理等单位提供与建设工程有关的原始资料。原始资料必须真实、准确、齐全。

2. 施工图设计文件审查

施工图设计文件未经审查批准的，不得使用。

3. 工程监理

实行监理的建设工程，建设单位应当委托具有相应资质等级的工程监理单位进行监理，也可以委托具有工程监理相应资质等级并与被监理工程的施工承包单位没有隶属关系或者其他利害关系的该工程的设计单位进行监理。

4. 工程施工

（1）建设单位在开工前，应当按照国家有关规定办理工程质量监督手续，工程质量监督手续可以与施工许可证或者开工报告合并办理。

（2）按照合同约定，由建设单位采购建筑材料、建筑构配件和设备的，建设单位应当保证建筑材料、建筑构配件和设备符合设计文件和合同要求。建设单位不得明示或者暗示施工单位使用不合格的建筑材料、建筑构配件和设备。

（3）涉及建筑主体和承重结构变动的装修工程，建设单位应当在施工前委托原设计单位或者具有相应资质等级的设计单位提出设计方案；没有设计方案的，不得施工。房屋建筑使用者在装修过程中，不得擅自变动房屋建筑主体和承重结构。

5. 工程竣工验收

建设单位收到建设工程竣工报告后，应当组织设计、施工、工程监理等有关单位进行竣工验收；建设工程经验收合格的，方可交付使用。建设工程竣工验收应当具备下列条件：

（1）完成建设工程设计和合同约定的各项内容；

（2）有完整的技术档案和施工管理资料；

（3）有工程使用的主要建筑材料、建筑构配件和设备的进场试验报告；

（4）有勘察、设计、施工、工程监理等单位分别签署的质量合格文件；

（5）有施工单位签署的工程保修书。

建设单位应当严格按照国家有关档案管理的规定，及时收集、整理建设项目各环节的文件资料，建立健全建设项目档案，并在建设工程竣工验收后，及时向建设行政主管部门或者其他有关部门移交建设项目档案。

（二）勘察、设计单位的质量责任和义务

1. 工程承揽

从事建设工程勘察、设计的单位应当依法取得相应等级的资质证书，并在其资质等级许可的范围内承揽工程。禁止勘察、设计单位超越其资质等级许可的范围或者以其他勘察、设计单位的名义承揽工程。禁止勘察、设计单位允许其他单位或者个人以本单位的名义承揽工程。勘察、设计单位不得转包或者违法分包所承揽的工程。

2. 勘察设计

勘察、设计单位必须按照工程建设强制性标准进行勘察、设计，并对其勘察、设计的质量负责。勘察单位提供的地质、测量、水文等勘察成果必须真实、准确。设计单位应当根据勘察成果文件进行建设工程设计。设计文件应当符合国家规定的设计深度要求，注明工程合理使用年限。注册建筑师、注册结构工程师等注册执业人员应当在设计文件上签字，对设计文件负责。设计单位还应当就审查合格的施工图设计文件向施工单位作出详细说明。

设计单位在设计文件中选用的建筑材料、建筑构配件和设备，应当注明规格、型号、性能等技术指标，其质量要求必须符合国家规定的标准。除有特殊要求的建筑材料、专用设备、工艺生产线等外，设计单位不得指定生产厂、供应商。

设计单位还应当参与建设工程质量事故分析，并对因设计造成的质量事故，提出相应的技术处理方案。

（三）施工单位的质量责任和义务

1. 工程承揽

施工单位应当依法取得相应等级的资质证书，并在其资质等级许可的范围内承揽工程。禁止施工单位超越本单位资质等级许可的业务范围或者以其他施工单位的名义承揽工程；禁止施工单位允许其他单位或者个人以本单位的名义承揽工程；施工单位不得转包或者违法分包工程。

2. 工程施工

施工单位对建设工程的施工质量负责。施工单位应当建立质量责任制，确定工程项目的项目经理、技术负责人和施工管理负责人。施工单位还应当建立健全教育培训制度，加强对职工的教育培训；未经教育培训或者考核不合格的人员，不得上岗作业。

建设工程实行总承包的，总承包单位应当对全部建设工程质量负责；建设工程勘察、设计、施工、设备采购的一项或者多项实行总承包的，总承包单位应当对其承包的建设工程或者采购的设备的质量负责。

总承包单位依法将建设工程分包给其他单位的，分包单位应当按照分包合同的约定对其分包工程的质量向总承包单位负责，总承包单位与分包单位对分包工程的质量承担连带责任。

施工单位必须按照工程设计图纸和施工技术标准施工，不得擅自修改工程设计，不得偷工减料。施工单位在施工过程中发现设计文件和图纸有差错的，应当及时提出意见和建议。

3. 质量检验

施工单位必须按照工程设计要求、施工技术标准和合同约定，对建筑材料、建筑构配件、设备和商品混凝土进行检验，检验应当有书面记录和专人签字；未经检验或者检验不合格的，不得使用。施工人员对涉及结构安全的试块、试件以及有关材料，应当在建设单位或者工程监理单位监督下现场取样，并送具有相应资质等级的质量检测单位进行检测。

施工单位还必须建立健全施工质量的检验制度，严格工序管理，做好隐蔽工程的质量检查和记录。隐蔽工程在隐蔽前，施工单位应当通知建设单位和建设工程质量监督机构。施工单位对施工中出现质量问题的建设工程或者竣工验收不合格的建设工程，应当负责返修。

（四）工程监理单位的质量责任和义务

1. 业务承担

工程监理单位应当依法取得相应等级的资质证书，并在其资质等级许可的范围内承担工程监理业务。禁止工程监理单位超越本单位资质等级许可的范围或者以其他工程监理单位的名义承担工程监理业务；禁止工程监理单位允许其他单位或者个人以本单位的名义承担工程监理业务；工程监理单位不得转让工程监理业务。

工程监理单位与被监理工程的施工承包单位以及建筑材料、建筑构配件和设备供应单位有隶属关系或者其他利害关系的，不得承担该项建设工程的监理业务。

2. 监理工作实施

工程监理单位应当依照法律、法规以及有关技术标准、设计文件和建设工程承包合同，代表建设单位对施工质量实施监理，并对施工质量承担监理责任。

工程监理单位应当选派具备相应资格的总监理工程师和监理工程师进驻施工现场。监理工程师应当按照工程监理规范的要求，采取旁站、巡视和平行检验等形式，对建设工程实施监理。未经监理工程师签字，建筑材料、建筑构配件和设备不得在工程上使用或者安装，施工单位不得进行下一道工序的施工。未经总监理工程师签字，建设单位不拨付工程款，不进行竣工验收。

（五）工程质量保修

1. 工程质量保修制度

建设工程实行质量保修制度。建设工程承包单位在向建设单位提交工程竣工验收报告时，应当向建设单位出具质量保修书。质量保修书中应当明确建设工程的保修范围、保修期限和保修责任等。建设工程的保修期，自竣工验收合格之日起计算。

如果建设工程在保修范围和保修期限内发生质量问题，施工单位应当履行保修义务，并对造成的损失承担赔偿责任。如果建设工程在超过合理使用年限后需要继续使用，产权所有人应当委托具有相应资质等级的勘察、设计单位鉴定，并根据鉴定结果采取加固、维修等措施，重新界定使用期。

2. 工程最低保修期限

在正常使用条件下，建设工程最低保修期限：

（1）基础设施工程、房屋建筑的地基基础工程和主体结构工程，为设计文件规定的该工程合理使用年限。

（2）屋面防水工程、有防水要求的卫生间、房间和外墙面的防渗漏，为5年。

（3）供热与供冷系统，为2个采暖期、供冷期。

（4）电气管道、给排水管道、设备安装和装修工程，为2年。

其他工程的保修期限由发包方与承包方约定。

（六）监督管理

1. 工程质量监督检查

县级以上人民政府建设行政主管部门和其他有关部门履行监督检查职责时，有权采取下列措施：

（1）要求被检查的单位提供有关工程质量的文件和资料；

（2）进入被检查单位的施工现场进行检查；

（3）发现有影响工程质量的问题时，责令改正。

2. 工程竣工验收备案

建设单位应当自建设工程竣工验收合格之日起15日内，将建设工程竣工验收报告和规划，公安消防、环保等部门出具的认可文件或者准许使用文件报建设行政主管部门或者其他有关部门备案。

3. 工程质量事故报告

建设工程发生质量事故，有关单位应当在24小时内向当地建设行政主管部门和其他有关部门报告。对重大质量事故，事故发生地的建设行政主管部门和其他有关部门应当按照事故类别和等级向当地人民政府和上级建设行政主管部门和其他有关部门报告。特别重大质量事故的调查程序按照国务院有关规定办理。任何单位和个人对建设工程的质量事故、质量缺陷都有权检举、控告、投诉。

三、建设工程安全生产管理条例

为了加强建设工程安全生产监督管理，《建设工程安全生产管理条例》明确了建设单位、勘察单位、设计单位、施工单位、工程监理单位及其他与建设工程安全生产有关的单位的安全生产责任，并规定了生产安全事故的应急救援和调查处理。

（一）建设单位的安全责任

建设单位应当向施工单位提供施工现场及毗邻区域内供水、排水、供电、供气、供热、通信、广播电视等地下管线资料，气象和水文观测资料，相邻建筑物和构筑物、地下工程的有关资料，并保证资料的真实、准确、完整。

建设单位不得对勘察、设计、施工、工程监理等单位提出不符合建设工程安全生产法律、法规和强制性标准规定的要求，不得压缩合同约定的工期；不得明示或者暗示施工单位购买、租赁、使用不符合安全施工要求的安全防护用具、机械设备、施工机具及配件、消防设施和器材。

建设单位在编制工程概算时，应当确定建设工程安全作业环境及安全施工措施所需费用；在申请领取施工许可证时，应当提供建设工程有关安全施工措施的资料。

依法批准开工报告的建设工程，建设单位应当自开工报告批准之日起 15 日内，将保证安全施工的措施报送建设工程所在地的县级以上地方人民政府建设行政主管部门或者其他有关部门备案。

建设单位应当将拆除工程发包给具有相应资质等级的施工单位，还应当在拆除工程施工 15 日前，将施工单位资质等级证明，拟拆除建筑物、构筑物及可能危及毗邻建筑的说明，拆除施工组织方案，堆放、清除废弃物的措施等资料，报送建设工程所在地的县级以上地方人民政府建设行政主管部门或者其他有关部门备案。实施爆破作业的，应当遵守国家有关民用爆炸物品管理的规定。

（二）勘察、设计、工程监理及其他有关单位的安全责任

1. 勘察单位的安全责任

勘察单位应当按照法律、法规和工程建设强制性标准进行勘察，提供的勘察文件应当真实、准确，满足建设工程安全生产的需要。

勘察单位在勘察作业时，应当严格执行操作规程，采取措施保证各类管线、设施和周边建筑物、构筑物的安全。

2. 设计单位的安全责任

设计单位应当按照法律、法规和工程建设强制性标准进行设计，防止因设计不合理导致生产安全事故的发生。

设计单位应当考虑施工安全操作和防护的需要，对涉及施工安全的重点部位和环节在设计文件中注明，并对防范生产安全事故提出指导意见。采用新结构、新材料、新工艺的建设工程和特殊结构的建设工程，设计单位应当在设计中提出保障施工作业人员安全和预防生产安全事故的措施建议。设计单位和注册建筑师等注册执业人员应当对其设计负责。

3. 工程监理单位的安全责任

工程监理单位应当审查施工组织设计中的安全技术措施或者专项施工方案是否符合工程建设强制性标准。工程监理单位在实施监理过程中，如发现存在安全事故隐患，应当要求施工单位整改；情况严重的，应当要求施工单位暂时停止施工，并及时报告建设单位。施工单位如拒不整改或者不停止施工，工程监理单位应当及时向有关主管部门报告。

工程监理单位和监理工程师应当按照法律、法规和工程建设强制性标准实施监理，并对建设工程安全生产承担监理责任。

4. 机械设备配件供应单位的安全责任

为建设工程提供机械设备和配件的单位，应当按照安全施工的要求配备齐全有效的保险、限位等安全设施和装置。出租的机械设备和施工机具及配件，应当具有生产（制造）许可证、产品合格证。出租单位应当对出租的机械设备和施工机具及配件的安全性能进行检测，在签订租赁协议时，应当出具检测合格证明。禁止出租检测不合格的机械设备和施工机具及配件。

5. 施工机械设施安装单位的安全责任

在施工现场安装、拆卸施工起重机械和整体提升脚手架、模板等自升式架设设施，必须由具有相应资质的单位承担。安装、拆卸上述机械和设施，应当编制拆装方案、制定安全施工措施，并由专业技术人员现场监督。安装完毕后，安装单位应当自检，出具自检合格证明，并向施工单位进行安全使用说明，办理验收手续并签字。如上述机械和设施的使用达到国家规定的检验检测期限，必须经具有专业资质的检验检测机构检测。检验检测机构应当出具安全合格证明文件，并对检测结果负责。经检测不合格的，不得继续使用。

（三）施工单位的安全责任

1. 工程承揽

施工单位从事建设工程的新建、扩建、改建和拆除等活动，应当具备国家规定的注册资本、专业技术人员、技术装备和安全生产等条件，依法取得相应等级的资质证书，并在其资质等级许可的范围内承揽工程。

2. 安全生产责任制度

施工单位主要负责人依法对本单位的安全生产工作全面负责。施工单位应当建立健全安全生产责任制度，制定安全生产规章制度和操作规程，保证本单位安全生产条件所需资金的投入，对所承担的建设工程进行定期和专项安全检查，并做好安全检查记录。

施工单位的项目负责人应当由取得相应执业资格的人员担任，对建设工程项目的安全施工负责，落实安全生产责任制度、安全生产规章制度和操作规程，确保安全生产费用的有效使用，并根据工程的特点组织制定安全施工措施，消除安全事故隐患，及时、如实报告生产安全事故。

建设工程实行施工总承包的，由总承包单位对施工现场的安全生产负总责。总承包单位依法将建设工程分包给其他单位的，分包合同中应当明确各自的安全生产方面的权利、义务。总承包单位和分包单位对分包工程的安全生产承担连带责任。分包单位应当服从总承包单位的安全生产管理，如分包单位不服从管理导致生产安全事故，由分包单位承担主要责任。

3. 安全生产管理费用

施工单位对列入建设工程概算的安全作业环境及安全施工措施所需费用，应当用于施工安全防护用具及设施的采购和更新、安全施工措施的落实、安全生产条件的改善，不得挪作他用。

4. 施工现场安全管理

施工单位应当设立安全生产管理机构，配备专职安全生产管理人员。专职安全生产管理人员负责对安全生产进行现场监督检查。发现安全事故隐患，应当及时向项目负责人和安全生产管理机构报告；对违章指挥、违章操作应当立即制止。专职安全生产管理人员的配备办法由国务院建设行政主管部门会同国务院其他有关部门制定。

5. 安全生产教育培训

施工单位的主要负责人、项目负责人、专职安全生产管理人员应当经建设行政主管部门或者其他有关部门考核合格后方可任职。施工单位应当建立健全安全生产教育培训制度，应当对管理人员和作业人员每年至少进行一次安全生产教育培训，其教育培训情况记入个人工作档案。安全生产教育培训考核不合格的人员，不得上岗。

作业人员进入新的岗位或者新的施工现场前，应当接受安全生产教育培训。未经教育培训或者教育培训考核不合格的人员，不得上岗作业。施工单位在采用新技术、新工艺、新设备、新材料时，应当对作业人员进行相应的安全生产教育培训。

垂直运输机械作业人员、安装拆卸工、爆破作业人员、起重信号工、登高架设作业人员等特种作业人员，必须按照国家有关规定经过专门的安全作业培训，并取得特种作业操作资格证书后，方可上岗作业。

6. 安全技术措施和专项施工方案

施工单位应当在施工组织设计中编制安全技术措施和施工现场临时用电方案，对下列达到一定规模的危险性较大的分部分项工程编制专项施工方案，并附具安全验算结果，经施工单位技术负责人、总监理工程师签字后实施，由专职安全生产管理人员进行现场监督：

（1）基坑支护与降水工程；

（2）土方开挖工程；

（3）模板工程；

（4）起重吊装工程；

（5）脚手架工程；

（6）拆除、爆破工程；

（7）国务院建设行政主管部门或者其他有关部门规定的其他危险性较大的工程。

上述所列工程中涉及深基坑、地下暗挖工程、高大模板工程的专项施工方案，施工单位还应当组织专家进行论证、审查。

建设工程施工前，施工单位负责项目管理的技术人员应当对有关安全施工的技术要求向施工作业班组、作业人员作出详细说明，并由双方签字确认。

7. 施工现场安全防护

施工单位应当在施工现场入口处、施工起重机械、临时用电设施、脚手架、出入通道口、楼梯口、电梯井口、孔洞口、桥梁口、隧道口、基坑边沿、爆破物及有害危险气体和液体存放处等危险部位，设置明显的符合国家标准的安全警示标志。施工单位应当根据不同施工阶段和周围环境及季节、气候的变化，在施工现场采取相应的安全施工措施。如施工现场暂时停止施工，施工单位应当做好现场防护，所需费用由责任方承担，或者按照合同约定执行。

施工单位应当向作业人员提供安全防护用具和安全防护服装，并书面告知危险岗位的操作规程和违章操作的危害。作业人员有权对施工现场的作业条件、作业程序和作业方式中存在的安全问题提出批评、检举和控告，有权拒绝违章指挥和强令冒险作业。在施工中发生危及人身安全的紧急情况时，作业人员有权立即停止作业或者在采取必要的应急措施后撤离危险区域。作业人员应当遵守安全施工的强制性标准、规章制度和操作规程，正确使用安全防护用具、机械设备等。

8. 施工现场卫生、环境与消防安全管理

施工单位应当将施工现场的办公、生活区与作业区分开设置，并保持安全距离；办公、生活区的选址应当符合安全性要求。职工的膳食、饮水、休息场所等应当符合卫生标准。施工单位不得在尚未竣工的建筑物内设置员工集体宿舍。施工现场临时搭建的建筑物应当符合安全使用要求。

施工单位对因建设工程施工可能造成损害的毗邻建筑物、构筑物和地下管线等，应当采取专项防护措施。施工单位应当遵守有关环境保护法律、法规的规定，在施工现场采取措施，防止或者减少粉尘、废气、废水、固体废弃物、噪声、振动和施工照明对人和环境的危害和污染。在城市市区内的建设工程，施工单位应当对施工现场实行封闭围挡。

施工单位应当在施工现场建立消防安全责任制度，确定消防安全责任人，制定用火、用电、使用易燃易爆材料等各项消防安全管理制度和操作规程，设置消防通道、消防水源，配备消防设施和灭火器材，并在施工现场入口处设置明显标志。

9. 施工机具设备安全管理

施工单位采购、租赁的安全防护用具、机械设备、施工机具及配件，应当具有生产（制造）许可证、产品合格证，并在进入施工现场前进行查验。

施工现场的安全防护用具、机械设备、施工机具及配件必须由专人管理，定期进行检查、维修和保养，建立相应的资料档案，并按照国家有关规定及时报废。

施工单位在使用施工起重机械和整体提升脚手架、模板等自升式架设设施前，应当组织有关单位进行验收，也可以委托具有相应资质的检验检测机构进行验收；如使用承租的机械设备和施工机具及配件，应由施工总承包单位、分包单位、出租单位和安装单位共同进行验收，验收合格后方可使用。《特种设备安全监察条例》规定的施工起重机械，在验收前应当经有相应资质的检验检测机构监督检验合格。

施工单位应当自施工起重机械和整体提升脚手架、模板等自升式架设设施验收合格之日起 30 日内，向建设行政主管部门或者其他有关部门登记。登记标志应当置于或者附着于该设备的显著位置。

（四）监督管理

1. 安全施工措施的审查

建设行政主管部门在审核发放施工许可证时，应当对建设工程是否有安全施工措施进行审查，对没有安全施工措施的，不得颁发施工许可证。

建设行政主管部门或者其他有关部门对建设工程是否有安全施工措施进行审查时，不得收取费用。

2. 安全监督检查权力

县级以上人民政府负有建设工程安全生产监督管理职责的部门在各自的职责范围内履行安全监督检查职责时，有权采取下列措施：

（1）要求被检查单位提供有关建设工程安全生产的文件和资料；

（2）进入被检查单位施工现场进行检查；

(3) 纠正施工中违反安全生产要求的行为；

(4) 对检查中发现的安全事故隐患，责令立即排除；重大安全事故隐患排除前或者排除过程中无法保证安全的，责令从危险区域内撤出作业人员或者暂时停止施工。

建设行政主管部门或者其他有关部门可以将施工现场的监督检查委托给建设工程安全监督机构具体实施。

(五) 生产安全事故的应急救援和调查处理

1. 生产安全事故应急救援

县级以上地方人民政府建设行政主管部门应当根据本级人民政府的要求，制定本行政区域内建设工程特大生产安全事故应急救援预案。

施工单位应当制定本单位生产安全事故应急救援预案，建立应急救援组织或者配备应急救援人员，配备必要的应急救援器材、设备，并定期组织演练。施工单位应当根据建设工程施工的特点、范围，对施工现场易发生重大事故的部位、环节进行监控，制定施工现场生产安全事故应急救援预案。实行施工总承包的，由总承包单位统一组织编制建设工程生产安全事故应急救援预案，工程总承包单位和分包单位按照应急救援预案，各自建立应急救援组织或者配备应急救援人员，配备救援器材、设备，并定期组织演练。

2. 生产安全事故调查处理

施工单位发生生产安全事故时，应当按照国家有关伤亡事故报告和调查处理的规定，及时、如实地向负责安全生产监督管理的部门、建设行政主管部门或者其他有关部门报告；特种设备发生事故的，还应当同时向特种设备安全监督管理部门报告。接到报告的部门应当按照国家有关规定如实上报。实行施工总承包的建设工程，由总承包单位负责上报事故。

发生生产安全事故后，施工单位应当采取措施防止事故扩大，保护事故现场。需要移动现场物品时，应当做出标记和书面记录，妥善保管有关证物。

第二节 招标投标法及其实施条例

一、招标投标法

《招标投标法》规定，在中华人民共和国境内进行下列工程建设项目（包括项目的勘察、设计、施工、监理以及与工程建设有关的重要设备、材料等的采购），必须进行招标：

(1) 大型基础设施、公用事业等关系社会公共利益、公众安全的项目；

(2) 全部或者部分使用国有资金投资或者国家融资的项目；

(3) 使用国际组织或者外国政府贷款、援助资金的项目。

任何单位和个人不得将依法必须进行招标的项目化整为零或者以其他任何方式规避招标。依法必须进行招标的项目，其招标投标活动不受地区或者部门的限制。任何单位和个人不得违法限制或者排斥本地区、本系统以外的法人或者其他组织参加投标，不得以任何方式非法干涉招标投标活动。有关行政监督部门依法对招标投标活动实施监督，依法查处招标投标活动中的违法行为。

（一）招标

1. 招标方式

招标分为公开招标和邀请招标两种方式。国务院发展改革部门确定的国家重点项目和省、自治区、直辖市人民政府确定的地方重点项目不适宜公开招标的，经国务院发展改革部门或者省、自治区、直辖市人民政府批准，可以进行邀请招标。

（1）招标人采用公开招标方式的，应当发布招标公告。依法必须进行招标的项目，应当通过国家指定的报刊、信息网络或者媒介发布招标公告。

（2）招标人采用邀请招标方式的，应当向3个以上具备承担招标项目的能力、资信良好的特定法人或者其他组织发出投标邀请书。

招标公告或投标邀请书应当载明招标人的名称和地址、招标项目的性质、数量、实施地点和时间以及获取招标文件的办法等事项。招标人不得以不合理的条件限制或者排斥潜在投标人，不得对潜在投标人实行歧视待遇。

2. 招标文件

招标人应当根据招标项目的特点和需要编制招标文件。招标文件应当包括招标项目的技术要求、对投标人资格审查的标准、投标报价要求和评标标准等所有实质性要求和条件以及拟签订合同的主要条款。招标项目需要划分标段、确定工期的，招标人应当合理划分标段、确定工期，并在招标文件中载明。

招标文件不得要求或者标明特定的生产供应者，以及含有倾向或者排斥潜在投标人的其他内容。招标人不得向他人透露已获取招标文件的潜在投标人的名称、数量及可能影响公平竞争的有关招标投标的其他情况。

招标人对已发出的招标文件进行必要的澄清或者修改的，应当在招标文件要求提交投标文件截止时间至少15日前，以书面形式通知所有招标文件收受人。该澄清或者修改的内容为招标文件的组成部分。

3. 其他规定

招标人设有标底的，标底必须保密。招标人应当确定投标人编制投标文件所需要的合理时间。依法必须进行招标的项目，自招标文件开始发出之日起至投标人提交投标文件截止之日止，最短不得少于20日。

（二）投标

投标人应当具备承担招标项目的能力。国家有关规定对投标人资格条件或者招标文件对投标人资格条件有规定的，投标人应当具备规定的资格条件。

1. 投标文件

（1）投标文件的内容。投标人应当按照招标文件的要求编制投标文件。投标文件应当对招标文件提出的实质性要求和条件作出响应。对属于建设施工的招标项目，投标文件的内容应当包括拟派出的项目负责人与主要技术人员的简历、业绩和拟用于完成招标项目的机械设备等。

根据招标文件载明的项目实际情况，投标人如果准备在中标后将中标项目的部分非主体、非关键工程进行分包的，应当在投标文件中载明。在招标文件要求提交投标文件的截止时间前，投标人可以补充、修改或者撤回已提交的投标文件，并书面通知招标人。补充、修改的内容为投标文件的组成部分。

(2) 投标文件的送达。投标人应当在招标文件要求提交投标文件的截止时间前，将投标文件送达投标地点。招标人收到投标文件后，应当签收保存，不得开启。投标人少于3个的，招标人应当依照《招标投标法》重新招标。

在招标文件要求提交投标文件的截止时间后送达的投标文件，招标人应当拒收。

2. 联合投标

两个以上法人或者其他组织可以组成一个联合体，以一个投标人的身份共同投标。联合体各方均应具备承担招标项目的相应能力。国家有关规定或者招标文件对投标人资格条件有规定的，联合体各方均应当具备规定的相应资格条件。由同一专业的单位组成的联合体，按照资质等级较低的单位确定资质等级。

联合体各方应当签订共同投标协议，明确约定各方拟承担的工作和责任，并将共同投标协议连同投标文件一并提交给招标人。联合体中标的，联合体各方应当共同与招标人签订合同，就中标项目向招标人承担连带责任。

3. 其他规定

投标人不得相互串通投标报价，不得排挤其他投标人的公平竞争、损害招标人或其他投标人的合法权益。投标人不得与招标人串通投标，损害国家利益、社会公共利益或者他人的合法权益。投标人不得以低于成本的报价竞标，也不得以他人名义投标或者以其他方式弄虚作假，骗取中标。禁止投标人以向招标人或评标委员会成员行贿的手段谋取中标。

(三) 开标、评标和中标

1. 开标

开标应当在招标人的主持下，在招标文件确定的提交投标文件截止时间的同一时间、招标文件中预先确定的地点公开进行。应邀请所有投标人参加开标。开标时，由投标人或者其推选的代表检查投标文件的密封情况，也可以由招标人委托的公证机构检查并公证。经确认无误后，由工作人员当众拆封，宣读投标人名称、投标价格和投标文件的其他主要内容。

开标过程应当记录，并存档备查。

2. 评标

评标由招标人依法组建的评标委员会负责。

(1) 评标委员会的组成。依法必须进行招标的项目，其评标委员会由招标人的代表和有关技术、经济等方面的专家组成，成员人数为5人以上单数。其中，技术、经济等方面的专家不得少于成员总数的2/3。评标委员会的专家成员应当从国务院有关部门或者省、自治区、直辖市人民政府有关部门提供的专家名册或者招标代理机构的专家库内的相关专业的专家名单中确定。一般招标项目可以采取随机抽取方式，特殊招标项目可以由招标人直接确定。

与投标人有利害关系的人不得进入相关项目的评标委员会，已经进入的，应当进行更换。评标委员会成员的名单在中标结果确定前应当保密。

(2) 投标文件的澄清或者说明。评标委员会可以要求投标人对投标文件中含义不明确的内容做必要的澄清或者说明，但澄清或者说明不得超出投标文件的范围或改变投标文件的实质性内容。

(3) 评标。招标人应当采取必要的措施，保证评标在严格保密的情况下进行。评标委员会应当按照招标文件确定的评标标准和方法，对投标文件进行评审和比较。设有标底的，应当参考标底。中标人的投标应当符合下列条件之一：

1）能够最大限度地满足招标文件中规定的各项综合评价标准；

2）能够满足招标文件的实质性要求，并且经评审的投标价格最低。但是，投标价格低于成本的除外。

评标委员会经评审，认为所有投标都不符合招标文件要求的，可以否决所有投标。

评标委员会完成评标后，应当向招标人提出书面评标报告，并推荐合格的中标候选人。招标人据此确定中标人。招标人也可以授权评标委员会直接确定中标人。在确定中标人前，招标人不得与投标人就投标价格、投标方案等实质性内容进行谈判。

3. 中标

中标人确定后，招标人应当向中标人发出中标通知书，并同时将中标结果通知所有未中标的投标人。中标通知书对招标人和中标人具有法律效力，中标通知书发出后，招标人改变中标结果或者中标人放弃中标项目的，应当依法承担法律责任。

招标人和中标人应当自中标通知书发出之日起 30 日内，按照招标文件和中标人的投标文件订立书面合同。招标人和中标人不得再订立背离合同实质性内容的其他协议。

招标文件要求中标人提交履约保证金的，中标人应当提交。依法必须进行招标的项目，招标人应当自确定中标人之日起 15 日内，向有关行政监督部门提交招标投标情况的书面报告。

二、招标投标法实施条例

为了规范招标投标活动，《招标投标法实施条例》进一步明确了招标、投标、开标、评标和中标以及投诉与处理等方面内容，并鼓励利用信息网络进行电子招标投标。

（一）招标

1. 招标范围和方式

按照国家有关规定需要履行项目审批、核准手续的依法必须进行招标的项目，其招标范围、招标方式、招标组织形式应当报项目审批、核准部门审批、核准。项目审批、核准部门应当及时将审批、核准确定的招标范围、招标方式、招标组织形式通报有关行政监督部门。

（1）可以邀请招标的项目。国有资金占控股或者主导地位的依法必须进行招标的项目，应当公开招标；但有下列情形之一的，可以邀请招标：

1）技术复杂、有特殊要求或者受自然环境限制，只有少量潜在投标人可供选择；

2）采用公开招标方式的费用占项目合同金额的比例过大。

（2）可以不招标的项目。有下列情形之一的，可以不进行招标：

1）需要采用不可替代的专利或者专有技术；

2）采购人依法能够自行建设、生产或者提供；

3）已通过招标方式选定的特许经营项目投资人依法能够自行建设、生产或者提供；

4）需要向原中标人采购工程、货物或者服务，否则将影响施工或者功能配套要求；

5）国家规定的其他特殊情形。

2. 招标代理机构

国务院住房城乡建设、商务、发展改革、工业和信息化等部门，按照规定的职责分工对招标代理机构依法实施监督管理。招标代理机构应当拥有一定数量的具备编制招标文件、组织评标等相应能力的专业人员。

招标代理机构在招标人委托的范围内开展招标代理业务，任何单位和个人不得非法干涉。招标人应当与被委托的招标代理机构签订书面委托合同，合同约定的收费标准应当符合国家有关规定。招标代理机构不得在所代理的招标项目中投标或者代理投标，也不得为所代理的招标项目的投标人提供咨询。

3. 招标文件与资格审查

（1）资格预审公告和招标公告。公开招标的项目，应当依照《招标投标法》和《招标投标法实施条例》的规定发布招标公告、编制招标文件。招标人采用资格预审办法对潜在投标人进行资格审查的，应当发布资格预审公告、编制资格预审文件。

依法必须进行招标的项目的资格预审公告和招标公告，应当在国务院发展改革部门依法指定的媒介发布。指定媒介发布依法必须进行招标的项目的境内资格预审公告、招标公告，不得收取费用。编制依法必须进行招标的项目的资格预审文件和招标文件，应当使用国务院发展改革部门会同有关行政监督部门制定的标准文本。

招标人应当按照资格预审公告、招标公告或者投标邀请书规定的时间、地点发售资格预审文件或者招标文件。资格预审文件或者招标文件的发售期不得少于5日。招标人发售资格预审文件、招标文件收取的费用应当限于补偿印刷、邮寄的成本支出，不得以营利为目的。

如潜在投标人或者其他利害关系人对资格预审文件有异议，应当在提交资格预审申请文件截止时间2日前提出；如对招标文件有异议，应当在投标截止时间10日前提出。招标人应当自收到异议之日起3日内作出答复；作出答复前，应当暂停招标投标活动。

如招标人编制的资格预审文件、招标文件的内容违反法律、行政法规的强制性规定，违反公开、公平、公正和诚实信用原则，影响资格预审结果或者潜在投标人投标，依法必须进行招标的项目的招标人应当在修改资格预审文件或者招标文件后重新招标。

（2）资格预审。招标人应当合理确定提交资格预审申请文件的时间。依法必须进行招标的项目提交资格预审申请文件的时间，自资格预审文件停止发售之日起不得少于5日。

资格预审应当按照资格预审文件载明的标准和方法进行。国有资金占控股或者主导地位的依法必须进行招标的项目，招标人应当组建资格审查委员会审查资格预审申请文件。

资格预审结束后，招标人应当及时向资格预审申请人发出资格预审结果通知书。未通过资格预审的申请人不具有投标资格。通过资格预审的申请人少于3个的，应当重新招标。

招标人可以对已发出的资格预审文件或者招标文件进行必要的澄清或者修改。如澄清或者修改的内容可能影响资格预审申请文件或者投标文件编制，招标人应当在提交资格预审申请文件截止时间至少3日前，或者投标截止时间至少15日前，以书面形式通知所有获取资格预审文件或者招标文件的潜在投标人；不足3日或者15日的，招标人应当顺延提交资格预审申请文件或者投标文件的截止时间。

如招标人采用资格后审办法对投标人进行资格审查，应当在开标后由评标委员会按照招标文件规定的标准和方法对投标人的资格进行审查。

4. 招标工作的实施

（1）禁止投标限制。招标人如对招标项目划分标段，应当遵守《招标投标法》的有关规定，不得利用划分标段限制或者排斥潜在投标人。依法必须进行招标的项目的招标人不得利用划分标段规避招标。

招标人不得以不合理的条件限制、排斥潜在投标人或者投标人。招标人有下列行为之一的，属于以不合理条件限制、排斥潜在投标人或者投标人：

1）就同一招标项目向潜在投标人或者投标人提供有差别的项目信息；

2）设定的资格、技术、商务条件与招标项目的具体特点和实际需要不相适应或者与合同履行无关；

3）依法必须进行招标的项目以特定行政区域或者特定行业的业绩、奖项作为加分条件或者中标条件；

4）对潜在投标人或者投标人采取不同的资格审查或者评标标准；

5）限定或者指定特定的专利、商标、品牌、原产地或者供应商；

6）依法必须进行招标的项目非法限定潜在投标人或者投标人的所有制形式或者组织形式；

7）以其他不合理条件限制、排斥潜在投标人或者投标人。

招标人不得组织单个或者部分潜在投标人踏勘项目现场。

（2）总承包招标。招标人可以依法对工程以及与工程建设有关的货物、服务全部或者部分实行总承包招标。以暂估价（指总承包招标时不能确定价格而由招标人在招标文件中暂时估定的工程、货物、服务的金额）形式包括在总承包范围内的工程、货物、服务属于依法必须进行招标的项目范围且达到国家规定规模标准的，应当依法进行招标。

（3）两阶段招标。对技术复杂或者无法精确拟定技术规格的项目，招标人可以分两阶段进行招标：

第一阶段，投标人按照招标公告或者投标邀请书的要求提交不带报价的技术建议，招标人根据投标人提交的技术建议确定技术标准和要求，编制招标文件。

第二阶段，招标人向在第一阶段提交技术建议的投标人提供招标文件，投标人按照招标文件的要求提交包括最终技术方案和投标报价的投标文件。如招标人要求投标人提交投标保证金，应当在第二阶段提出。

（4）投标有效期。招标人应当在招标文件中载明投标有效期。投标有效期从提交投标文件的截止之日起算。

（5）投标保证金。如招标人在招标文件中要求投标人提交投标保证金，投标保证金不得超过招标项目估算价的2%。投标保证金有效期应当与投标有效期一致。依法必须进行招标的项目的境内投标单位，以现金或者支票形式提交的投标保证金应当从其基本账户转出。招标人不得挪用投标保证金。如招标人终止招标，应当及时发布公告，或者以书面形式通知被邀请的或者已经获取资格预审文件、招标文件的潜在投标人。如已经发售资格预审文件、招标文件或者已经收取投标保证金，招标人应当及时退还所收取的资格预审文件、招标文件的费用，以及所收取的投标保证金及银行同期存款利息。

（6）标底及投标限价。招标人可以自行决定是否编制标底。一个招标项目只能有一个标底。标底必须保密。接受委托编制标底的中介机构不得参加受托编制标底项目的投标，也不得为该项目的投标人编制投标文件或者提供咨询。如招标人设有最高投标限价，应当在招标文件中明确最高投标限价或者最高投标限价的计算方法。招标人不得规定最低投标限价。

（二）投标

1. 投标规定

投标人参加依法必须进行招标的项目的投标，不受地区或者部门的限制，任何单位和个人不得非法干涉。与招标人存在利害关系可能影响招标公正性的法人、其他组织或者个人，不得参加投标。单位负责人为同一人或者存在控股、管理关系的不同单位，不得参加同一标段投标或者未划分标段的同一招标项目投标。

投标人撤回已提交的投标文件的，应当在投标截止时间前书面通知招标人。招标人已收取投标保证金的，应当自收到投标人书面撤回通知之日起5日内退还。投标截止后投标人撤销投标文件的，招标人可以不退还投标保证金。未通过资格预审的申请人提交的投标文件，以及逾期送达或者不按照招标文件要求密封的投标文件，招标人应当拒收。招标人应当如实记载投标文件的送达时间和密封情况，并存档备查。

招标人应当在资格预审公告、招标公告或者投标邀请书中载明是否接受联合体投标。招标人接受联合体投标并进行资格预审的，联合体应当在提交资格预审申请文件前组成。资格预审后联合体增减、更换成员的，其投标无效。如联合体各方在同一招标项目中以自己名义单独投标或者参加其他联合体投标，相关投标均无效。

投标人发生合并、分立、破产等重大变化，应当及时书面告知招标人。如投标人不再具备资格预审文件、招标文件规定的资格条件或者其投标影响招标公正性，其投标无效。

2. 属于串通投标和弄虚作假的情形

（1）投标人相互串通投标。

1）有下列情形之一的，属于投标人相互串通投标：

①投标人之间协商投标报价等投标文件的实质性内容；

②投标人之间约定中标人；

③投标人之间约定部分投标人放弃投标或者中标；

④属于同一集团、协会、商会等组织成员的投标人按照该组织要求协同投标；

⑤投标人之间为谋取中标或者排斥特定投标人而采取的其他联合行动。

2）有下列情形之一的，视为投标人相互串通投标：

①不同投标人的投标文件由同一单位或者个人编制；

②不同投标人委托同一单位或者个人办理投标事宜；

③不同投标人的投标文件载明的项目管理成员为同一人；

④不同投标人的投标文件异常一致或者投标报价呈规律性差异；

⑤不同投标人的投标文件相互混装；

⑥不同投标人的投标保证金从同一单位或者个人的账户转出。

（2）招标人与投标人串通投标。有下列情形之一的，属于招标人与投标人串通投标：

1）招标人在开标前开启投标文件并将有关信息泄露给其他投标人；

2）招标人直接或者间接向投标人泄露标底、评标委员会成员等信息；

3）招标人明示或者暗示投标人压低或者抬高投标报价；

4）招标人授意投标人撤换、修改投标文件；

5）招标人明示或者暗示投标人为特定投标人中标提供方便；

6）招标人与投标人为谋求特定投标人中标而采取的其他串通行为。

（3）弄虚作假。投标人不得以他人名义投标，如使用通过受让或者租借等方式获取的资格、资质证书投标。投标人也不得以其他方式弄虚作假，骗取中标，包括：

1）使用伪造、变造的许可证件；

2）提供虚假的财务状况或者业绩；

3）提供虚假的项目负责人或者主要技术人员简历、劳动关系证明；

4）提供虚假的信用状况；

5）其他弄虚作假的行为。

（三）开标、评标和中标

1. 开标

招标人应当按照招标文件规定的时间、地点开标。如投标人少于3个，不得开标；招标人应当重新招标。如投标人对开标有异议，应当在开标现场提出，招标人应当当场作出答复，并制作记录。

2. 评标委员会

国家实行统一的评标专家专业分类标准和管理办法。具体标准和办法由国务院发展改革部门会同国务院有关部门制定。省级人民政府和国务院有关部门应当组建综合评标专家库。

依法必须进行招标的项目，其评标委员会的专家成员应当从评标专家库内相关专业的专家名单中以随机抽取方式确定。任何单位和个人不得以明示、暗示等任何方式指定或者变相指定参加评标委员会的专家成员。依法必须进行招标的项目的招标人非因招标投标法和本条例规定的事由，不得更换依法确定的评标委员会成员。评标委员会成员与投标人有利害关系的，应当主动回避。

对技术复杂、专业性强或者国家有特殊要求，采取随机抽取方式确定的专家难以保证胜任评标工作的招标项目，可以由招标人直接确定技术、经济等方面的评标专家。

有关行政监督部门应当按照规定的职责分工，对评标委员会成员的确定方式、评标专家的抽取和评标活动进行监督。行政监督部门的工作人员不得担任本部门负责监督项目的评标委员会成员。

3. 评标

招标人应当根据项目规模和技术复杂程度等因素合理确定评标时间。如超过1/3的评标委员会成员认为评标时间不够，招标人应当适当延长。

招标人应当向评标委员会提供评标所必需的信息，但不得明示或者暗示其倾向或者排斥特定投标人。

评标委员会成员应当按照招标文件规定的评标标准和方法，客观、公正地对投标文件提出评审意见。招标文件没有规定的评标标准和方法不得作为评标的依据。如招标项目设有标底，招标人应当在开标时公布。标底只能作为评标的参考，不得以投标报价是否接近标底作为中标条件，也不得以投标报价超过标底上下浮动范围作为否决投标的条件。

评标委员会成员不得私下接触投标人，不得收受投标人给予的财物或者其他好处，不得向招标人征询确定中标人的意向，不得接受任何单位或者个人明示或者暗示提出的倾向或者排斥特定投标人的要求，不得有其他不客观、不公正履行职务的行为。

4. 投标否决

有下列情形之一的，评标委员会应当否决其投标：

（1）投标文件未经投标单位盖章和单位负责人签字；

（2）投标联合体没有提交共同投标协议；

（3）投标人不符合国家或者招标文件规定的资格条件；

（4）同一投标人提交两个以上不同的投标文件或者投标报价，但招标文件要求提交备选投标的除外；

（5）投标报价低于成本或者高于招标文件设定的最高投标限价；

（6）投标文件没有对招标文件的实质性要求和条件作出响应；

（7）投标人有串通投标、弄虚作假、行贿等违法行为。

5. 投标文件澄清

投标文件中有含义不明确的内容、明显文字或者计算错误，评标委员会认为需要投标人作出必要澄清、说明的，应当书面通知该投标人。投标人的澄清、说明应当采用书面形式，并不得超出投标文件的范围或者改变投标文件的实质性内容。

评标委员会不得暗示或者诱导投标人作出澄清、说明，不得接受投标人主动提出的澄清、说明。

6. 中标

评标完成后，评标委员会应当向招标人提交书面评标报告和中标候选人名单。中标候选人应当不超过 3 个，并标明排序。

评标报告应当由评标委员会全体成员签字。对评标结果有不同意见的评标委员会成员应当以书面形式说明其不同意见和理由，评标报告应当注明该不同意见。评标委员会成员拒绝在评标报告上签字又不书面说明其不同意见和理由的，视为同意评标结果。

依法必须进行招标的项目，招标人应当自收到评标报告之日起 3 日内公示中标候选人，公示期不得少于 3 日。如投标人或者其他利害关系人对依法必须进行招标的项目的评标结果有异议，应当在中标候选人公示期间提出。招标人应当自收到异议之日起 3 日内作出答复；作出答复前，应当暂停招标投标活动。

国有资金占控股或者主导地位的依法必须进行招标的项目，招标人应当确定排名第一的中标候选人为中标人。排名第一的中标候选人放弃中标、因不可抗力不能履行合同、不按照招标文件要求提交履约保证金，或者被查实存在影响中标结果的违法行为等情形，不符合中标条件的，招标人可以按照评标委员会提出的中标候选人名单排序依次确定其他中标候选人为中标人，也可以重新招标。

中标候选人的经营、财务状况发生较大变化或者存在违法行为，招标人认为可能影响其履约能力的，应当在发出中标通知书前由原评标委员会按照招标文件规定的标准和方法审查确认。

7. 签订合同及履约

招标人和中标人应当依照《招标投标法》及其实施条例的规定签订书面合同，合同的标的、价款、质量、履行期限等主要条款应当与招标文件和中标人的投标文件的内容一致。招标人和中标人不得再行订立背离合同实质性内容的其他协议。

招标人最迟应当在书面合同签订后 5 日内向中标人和未中标的投标人退还投标保证金及银行同期存款利息。招标文件要求中标人提交履约保证金的，中标人应当按照招标文件的要求提交。履约保证金不得超过中标合同金额的 10%。

中标人应当按照合同约定履行义务，完成中标项目。中标人不得向他人转让中标项目，也不得将中标项目肢解后分别向他人转让。

中标人按照合同约定或者经招标人同意，可以将中标项目的部分非主体、非关键性工作分包给他人完成。接受分包的人应当具备相应的资格条件，并不得再次分包。中标人应当就分包项目向招标人负责，接受分包的人就分包项目承担连带责任。

（四）投诉与处理

1. 投诉

如果投标人或者其他利害关系人认为招标投标活动不符合法律、行政法规规定，可以自知道或者应当知道之日起 10 日内向有关行政监督部门投诉。投诉应当有明确的请求和必要的证明材料。

2. 处理

行政监督部门应当自收到投诉之日起 3 个工作日内决定是否受理投诉，并自受理投诉之日起 30 个工作日内作出书面处理决定；需要检验、检测、鉴定、专家评审的，所需时间不计算在内。如投诉人捏造事实、伪造材料或者以非法手段取得证明材料进行投诉，行政监督部门应当予以驳回。

第三节　政府采购法及其实施条例

一、政府采购法

《政府采购法》所称政府采购，是指各级国家机关、事业单位和团体组织，使用财政性资金采购依法制定的集中采购目录以内的或采购限额标准以上的货物、工程和服务的行为。政府采购工程进行招标投标的，适用招标投标法。

政府采购实行集中采购和分散采购相结合。集中采购的范围由省级以上人民政府公布的集中采购目录确定。

（一）政府采购当事人

采购人采购纳入集中采购目录的政府采购项目，必须委托集中采购机构代理采购；采购未纳入集中采购目录的政府采购项目，可以自行采购，也可以委托集中采购机构在委托的范围内代理采购。

采购人可以根据采购项目的特殊要求，规定供应商的特定条件，但不得以不合理的条件对供应商实行差别待遇或者歧视待遇。

两个以上的自然人、法人或者其他组织可以组成一个联合体，以一个供应商的身份共同参加政府采购。

（二）政府采购方式

政府采购可采用的方式有：公开招标、邀请招标、竞争性谈判、单一来源采购、询价，以及国务院政府采购监督管理部门认定的其他采购方式。公开招标应作为政府采购的主要采购方式。

1. 公开招标

采购货物或服务应当采用公开招标方式的，其具体数额标准，属于中央预算的政府采购项目，由国务院规定；属于地方预算的政府采购项目，由省、自治区、直辖市人民政府规定；因特殊情况需要采用公开招标以外的采购方式的，应当在采购活动开始前获得设区的市、自治州以上人民政府采购监督管理部门的批准。

2. 邀请招标

符合下列情形之一的货物或服务，可采用邀请招标方式采购：

（1）具有特殊性，只能从有限范围的供应商处采购的；

（2）采用公开招标方式的费用占政府采购项目总价值的比例过大的。

3. 竞争性谈判

符合下列情形之一的货物或服务，可采用竞争性谈判方式采购：

（1）招标后没有供应商投标或没有合格标的或重新招标未能成立的；

（2）技术复杂或性质特殊，不能确定详细规格或具体要求的；

（3）采用招标所需时间不能满足用户紧急需要的；

（4）不能事先计算出价格总额的。

4. 单一来源采购

符合下列情形之一的货物或服务，可以采用单一来源方式采购：

（1）只能从唯一供应商处采购的；

（2）发生不可预见的紧急情况，不能从其他供应商处采购的；

（3）必须保证原有采购项目一致性或服务配套的要求，需要继续从原供应商处添购，且添购资金总额不超过原合同采购金额10%的。

5. 询价

采购的货物规格、标准统一、现货货源充足且价格变化幅度小的政府采购项目，可以采用询价方式采购。

（三）政府采购合同

政府采购合同应当采用书面形式。采购人可以委托采购代理机构代表与供应商签订政府采购合同。由采购代理机构以采购人名义签订合同的，应当提交采购人的授权委托书，作为合同附件。

经采购人同意，中标、成交供应商可依法采取分包方式履行合同。政府采购合同履行中，采购人需追加与合同标的相同的货物、工程或服务的，在不改变合同其他条款的前提下，可以与供应商协商签订补充合同，但所有补充合同的采购金额不得超过原合同采购金额的10%。

二、政府采购法实施条例

《政府采购法实施条例》进一步明确了政府采购当事人、政府采购方式、政府采购程序、政府采购合同、质疑与投诉等方面内容，并明确国家实行统一的政府采购电子交易平台建设标准，推动利用信息网络进行电子化政府采购活动。

(一) 政府采购当事人

采购人或者采购代理机构有下列情形之一的，属于以不合理的条件对供应商实行差别待遇或者歧视待遇：

(1) 就同一采购项目向供应商提供有差别的项目信息；

(2) 设定的资格、技术、商务条件与采购项目的具体特点和实际需要不相适应或者与合同履行无关；

(3) 采购需求中的技术、服务等要求指向特定供应商、特定产品；

(4) 以特定行政区域或者特定行业的业绩、奖项作为加分条件或者中标、成交条件；

(5) 对供应商采取不同的资格审查或者评审标准；

(6) 限定或者指定特定的专利、商标、品牌或者供应商；

(7) 非法限定供应商的所有制形式、组织形式或者所在地；

(8) 以其他不合理条件限制或者排斥潜在供应商。

(二) 政府采购方式

列入集中采购目录的项目，适合实行批量集中采购的，应当实行批量集中采购，但紧急的小额零星货物项目和有特殊要求的服务、工程项目除外。

政府采购工程依法不进行招标的，应当依照政府采购法律法规规定的竞争性谈判或者单一来源采购方式采购。

(三) 政府采购程序

1. 招标文件

招标文件的提供期限自招标文件开始发出之日起不得少于 5 个工作日。采购人或者采购代理机构可以对已发出的招标文件进行必要的澄清或者修改。澄清或者修改的内容可能影响投标文件编制的，采购人或者采购代理机构应当在投标截止时间至少 15 日前，以书面形式通知所有获取招标文件的潜在投标人；不足 15 日的，采购人或者采购代理机构应当顺延提交投标文件的截止时间。

2. 投标保证金

招标文件要求投标人提交投标保证金的，投标保证金不得超过采购项目预算金额的 2%。

3. 评标程序

政府采购招标评标方法分为最低评标价法和综合评分法。技术、服务等标准统一的货物和服务项目，应当采用最低评标价法。采用综合评分法的，评审标准中的分值设置应当与评审因素的量化指标相对应。招标文件中没有规定的评标标准不得作为评审的依据。

(四) 政府采购合同

采购文件要求中标或者成交供应商提交履约保证金的，供应商应当以支票、汇票、本票或者金融机构、担保机构出具的保函等非现金形式提交。履约保证金的数额不得超过政府采购合同金额的 10%。

中标或者成交供应商拒绝与采购人签订合同的，采购人可以按照评审报告推荐的中标或者成交候选人名单排序，确定下一候选人为中标或者成交供应商，也可以重新开展政府采购活动。

采购人应当按照政府采购合同规定，及时向中标或者成交供应商支付采购资金。政府采购项目资金支付程序，按照国家有关财政资金支付管理的规定执行。

第四节 民法典及价格法

一、民法典

自 2021 年 1 月 1 日开始施行的《民法典》，第一编总则明确了基本规定、自然人、法人、非法人组织、民事权利、民事法律行为、代理、民事责任、诉讼时效、期间计算等内容，第三编合同明确了合同的订立、效力、履行、保全、变更和转让、权利义务终止及违约责任等有关内容，规定了包括建设工程合同、委托合同在内的 19 类典型合同内容。

(一) 总则相关规定

《民法典》第一编总则相关规定摘要如下：

1. 基本规定

(1) 民事主体的人身权利、财产权利以及其他合法权益受法律保护，任何组织或者个人不得侵犯。

(2) 民事主体在民事活动中的法律地位一律平等。民事主体从事民事活动，应当遵循自愿、公平、诚信原则，不得违反法律，不得违背公序良俗。

(3) 民事主体从事民事活动，应当有利于节约资源、保护生态环境。

(4) 处理民事纠纷，应当依照法律；法律没有规定的，可以适用习惯，但是不得违背公序良俗。

2. 代理

(1) 民事主体可以通过代理人实施民事法律行为。依照法律规定、当事人约定或者民事法律行为的性质，应当由本人亲自实施的民事法律行为，不得代理。

(2) 代理人在代理权限内，以被代理人名义实施的民事法律行为，对被代理人发生效力。

(3) 代理包括委托代理和法定代理。委托代理人按照被代理人的委托行使代理权。法定代理人依照法律的规定行使代理权。

(4) 代理人不履行或者不完全履行职责，造成被代理人损害的，应当承担民事责任。代理人和相对人恶意串通，损害被代理人合法权益的，代理人和相对人应当承担连带责任。

(5) 委托代理授权采用书面形式的，授权委托书应当载明代理人的姓名或者名称、代理事项、权限和期限，并由被代理人签名或者盖章。

(6) 代理人知道或者应当知道代理事项违法仍然实施代理行为，或者被代理人知道或者应当知道代理人的代理行为违法未作反对表示的，被代理人应当承担连带责任。

(7) 行为人没有代理权、超越代理权或者代理权终止后，仍然实施代理行为，相对人有理由相信行为人有代理权的，代理行为有效。

(8) 有下列情形之一的，委托代理终止：①代理期限届满或者代理事务完成；②被代理人取消委托或者代理人辞去委托；③代理人丧失民事行为能力；④代理人或者被代理人死亡；⑤作为代理人或者被代理人的法人、非法人组织终止。

3. 诉讼时效

（1）向人民法院请求保护民事权利的诉讼时效期间为三年。法律另有规定的，依照其规定。诉讼时效期间自权利人知道或者应当知道权利受到损害以及义务人之日起计算。法律另有规定的，依照其规定。但是，自权利受到损害之日起超过二十年的，人民法院不予保护，有特殊情况的，人民法院可以根据权利人的申请决定延长。

（2）当事人约定同一债务分期履行的，诉讼时效期间自最后一期履行期限届满之日起计算。

（3）诉讼时效期间届满的，义务人可以提出不履行义务的抗辩。诉讼时效期间届满后，义务人同意履行的，不得以诉讼时效期间届满为由抗辩；义务人已经自愿履行的，不得请求返还。

（4）在诉讼时效期间的最后六个月内，因下列障碍，不能行使请求权的，诉讼时效中止：①不可抗力；②无民事行为能力人或者限制民事行为能力人没有法定代理人，或者法定代理人死亡、丧失民事行为能力、丧失代理权；③继承开始后未确定继承人或者遗产管理人；④权利人被义务人或者其他人控制；⑤其他导致权利人不能行使请求权的障碍。自中止时效的原因消除之日起满六个月，诉讼时效期间届满。

（5）有下列情形之一的，诉讼时效中断，从中断、有关程序终结时起，诉讼时效期间重新计算：①权利人向义务人提出履行请求；②义务人同意履行义务；③权利人提起诉讼或者申请仲裁；④与提起诉讼或者申请仲裁具有同等效力的其他情形。

（6）诉讼时效的期间、计算方法以及中止、中断的事由由法律规定，当事人约定无效。当事人对诉讼时效利益的预先放弃无效。

（7）法律对仲裁时效有规定的，依照其规定；没有规定的，适用诉讼时效的规定。

（8）法律规定或者当事人约定的撤销权、解除权等权利的存续期间，除法律另有规定外，自权利人知道或者应当知道权利产生之日起计算，不适用有关诉讼时效中止、中断和延长的规定。存续期间届满，撤销权、解除权等权利消灭。

4. 期间计算

（1）《民法典》所称的期间按照公历年、月、日、小时计算。

（2）按照年、月、日计算期间的，开始的当日不计入，自下一日开始计算。按照小时计算期间的，自法律规定或者当事人约定的时间开始计算。

（3）按照年、月计算期间的，到期月的对应日为期间的最后一日；没有对应日的，月末日为期间的最后一日。

（4）期间的最后一日是法定休假日的，以法定休假日结束的次日为期间的最后一日。期间的最后一日的截止时间为二十四时；有业务时间的，停止业务活动的时间为截止时间。

（二）合同编相关规定

《民法典》合同编指出，合同是民事主体之间设立、变更、终止民事法律关系的协议。《民法典》合同编第一分编通则中明确了合同订立、合同效力、合同履行、合同保全、合同变更和转让、合同权利义务终止、违约责任等事项。第二分编典型合同中明确了 19 类合同，即买卖合同，供用电、水、气、热力合同，赠与合同，借款合同，保证合同，租赁合同，融资租赁合同，保理合同，承揽合同，建设工程合同，运输合同，技术合同，保管合同，仓储合同，委托合同，物业服务合同，行纪合同，中介合同，合伙合同。第三分编准合同明确了无因管理和不当得利。

1. 合同订立

（1）合同形式。当事人订立合同，可以采用书面形式、口头形式或者其他形式。

1）书面形式。书面形式是指合同书、信件、电报、电传、传真等可以有形地表现所载内容的形式。以电子数据交换、电子邮件等方式能够有形地表现所载内容，并可以随时调取查用的数据电文，视为书面形式。书面合同的优点在于有据可查、权利义务记载清楚、便于履行，发生纠纷时容易举证和分清责任。书面合同是实践中广泛采用的一种合同形式。建设工程合同应当采用书面形式。

2）口头形式。口头形式是指当事人以谈话方式订立的合同，如当面交谈、电话联系等。口头合同形式一般运用于标的数额较小和即时结清的合同。例如，到商店、集贸市场购买商品，基本上都是采用口头合同形式。以口头形式订立合同，其优点是建立合同关系简便、迅速，缔约成本低。但在发生争议时，难以取证、举证，不易分清当事人的责任。

3）其他形式。其他形式是指除书面形式、口头形式以外的方式来表现合同内容的形式。主要包括默示形式和推定形式。默示形式是指当事人既不用口头形式、书面形式，也不用实施任何行为，而是以消极的不作为方式进行的意思表示。默示形式只有在法律有特别规定的情况下才能运用。推定形式是指当事人不用语言、文字，而是通过某种有目的的行为表达自己意思的一种形式，从当事人的积极行为中，可以推定当事人已进行意思表示。

（2）合同内容。合同内容由当事人约定，一般包括下列条款：当事人的姓名或名称和住所，标的，数量，质量，价款或者报酬，履行期限、地点和方式，违约责任，解决争议的方法。当事人可以参照各类合同的示范文本订立合同。

《民法典》合同编典型合同中对建设工程合同（包括工程勘察、设计、施工合同）内容做了专门规定。

1）勘察、设计合同内容。一般包括提交基础资料和概预算等文件的期限、质量要求、费用以及其他协作条件等条款。

2）施工合同内容。一般包括工程范围、建设工期、中间交工工程的开工和竣工时间、工程质量、工程造价、技术资料交付时间、材料和设备供应责任、拨款和结算、竣工验收、质量保修范围和质量保证期、相互协作等条款。

（3）合同订立程序。当事人订立合同，可以采取要约、承诺方式或者其他方式。

1）要约。要约是希望与他人订立合同的意思表示。

①要约有效的条件。要约应当符合下列条件：a. 内容具体确定；b. 表明经受要约人承诺，要约人即受该意思表示约束。也就是说，要约必须是特定人的意思表示，必须是以缔结合同为目的，必须具备合同的主要条款。

有些要约之前还会有要约邀请。所谓要约邀请，是希望他人向自己发出要约的表示。要约邀请是当事人订立合同的预备行为，这种表示的内容往往不确定，不含有合同得以成立的主要内容和相对人同意后受其约束的表示，在法律上无须承担责任。拍卖公告、招标公告、招股说明书、债券募集办法、基金招募说明书、商业广告和宣传、寄送的价目表等为要约邀请。商业广告和宣传的内容符合要约条件的，构成要约。

②要约生效。要约到达受要约人时生效。如采用数据电文形式订立合同，受要约人指定特定系统接收数据电文的，该数据电文进入该特定系统时生效；未指定特定系统的，受要约人知道或者应当知道该数据电文进入其系统时生效。当事人对采用数据电文形式的意思表示的生效时间另有约定的，按照其约定。

③要约撤回和撤销。要约可以撤回，撤回要约的通知应当在要约到达受要约人前或者与要约同时到达受要约人。

要约可以撤销，但是有下列情形之一的除外：a. 要约人以确定承诺期限或者其他形式明示要约不可撤销；b. 受要约人有理由认为要约是不可撤销的，并已经为履行合同做了合理准备工作。

撤销要约的意思表示以对话方式作出的，该意思表示的内容应当在受要约人作出承诺之前为受要约人所知道；撤销要约的意思表示以非对话方式作出的，应当在受要约人作出承诺之前到达受要约人。

④要约失效。有下列情形之一的，要约失效：a. 要约被拒绝；b. 要约被依法撤销；c. 承诺期限届满，受要约人未作出承诺；d. 受要约人对要约的内容做出实质性变更。

2）承诺。承诺是受要约人同意要约的意思表示。除根据交易习惯或者要约表明可以通过行为作出承诺外，承诺应当以通知的方式做出。

①承诺期限。承诺应当在要约确定的期限内到达要约人。要约没有确定承诺期限的，承诺应当依照下列规定到达：a. 要约以对话方式做出的，应当即时做出承诺；b. 要约以非对话方式做出的，承诺应当在合理期限内到达。

要约以信件或者电报做出的，承诺期限自信件载明的日期或者电报交发之日开始计算。信件未载明日期的，自投寄该信件的邮戳日期开始计算。要约以电话、传真、电子邮件等快速通信方式作出的，承诺期限自要约到达受要约人时开始计算。

②承诺生效。承诺通知到达要约人时生效。承诺不需要通知的，根据交易习惯或者要约的要求作出承诺的行为时生效。

受要约人在承诺期限内发出承诺，按照通常情形能够及时到达要约人，但是因其他原因致使承诺到达要约人时超过承诺期限的，除要约人及时通知受要约人因承诺超过期限不接受该承诺外，该承诺有效。

③承诺撤回。承诺可以撤回，撤回承诺的通知应当在承诺通知到达要约人前或者与承诺通知同时到达要约人。

④逾期承诺。受要约人超过承诺期限发出承诺，或者在承诺期限内发出承诺，按照通常情形不能及时到达要约人的，为新要约。但是，要约人及时通知受要约人该承诺有效的除外。

⑤要约内容的变更。承诺的内容应当与要约的内容一致。受要约人对要约的内容作出实质性变更的，为新要约。有关合同标的、数量、质量、价款或者报酬、履行期限、履行地点和方式、违约责任和解决争议方法等的变更，是对要约内容的实质性变更。

承诺对要约的内容作出非实质性变更的，除要约人及时表示反对或者要约表明承诺不得对要约的内容作出任何变更外，该承诺有效，合同的内容以承诺的内容为准。

（4）合同成立。承诺生效时合同成立，但是法律另有规定或者当事人另有约定的除外。

1）合同成立的时间。当事人采用合同书形式订立合同的，自当事人均签名、盖章或者按指印时合同成立。

当事人采用信件、数据电文等形式订立合同要求签订确认书的，签订确认书时合同成立。

当事人一方通过互联网等信息网络发布的商品或者服务信息符合要约条件的，对方选择该商品或者服务并提交订单成功时合同成立，但是当事人另有约定的除外。

2）合同成立的地点。承诺生效的地点为合同成立的地点。采用数据电文形式订立合同的，收件人的主营业地为合同成立的地点；没有主营业地的，其住所地为合同成立的地点。当事人另有约定的，按照其约定。

当事人采用合同书形式订立合同的，最后签名、盖章或者按指印的地点为合同成立的地点，但是当事人另有约定的除外。

3）合同成立的其他情形。合同成立的情形包括：

①法律、行政法规规定或者当事人约定合同应当采用书面形式订立，当事人未采用书面形式但是一方已经履行主要义务，对方接受的。

②采用合同书形式订立合同，在签名、盖章或者按指印之前，当事人一方已经履行主要义务，对方接受的。

（5）特殊合同：

1）特殊需求合同。国家根据抢险救灾、疫情防控或者其他需要下达国家订货任务、指令性任务的，有关民事主体之间应当依照有关法律、行政法规规定的权利和义务订立合同。

依照法律、行政法规的规定，负有发出要约义务的当事人，应当及时发出合理的要约。负有作出承诺义务的当事人，不得拒绝对方合理的订立合同要求。

2）预约合同。当事人约定在将来一定期限内订立合同的认购书、订购书、预订书等，构成预约合同。当事人一方不履行预约合同约定的订立合同义务的，对方可以请求其承担预约合同的违约责任。

（6）格式条款。格式条款是当事人为了重复使用而预先拟定，并在订立合同时未与对方协商的条款。

1）格式条款提供者的义务。采用格式条款订立合同，有利于提高合同订立效率、减少交易成本、避免合同订立过程中因当事人双方一事一议而可能造成合同内容的不确定性。但由于格式条款的提供者往往在经济地位方面具有明显的优势，在行业中居于垄断地位，因而导致其在拟定格式条款时，会更多地考虑自身利益，而较少考虑相对人的权利或者附加种种限制条件。为此，要求提供格式条款的一方应当遵循公平原则确定当事人之间的权利和义务，并采取合理的方式提示对方注意免除或减轻其责任等与对方有重大利害关系的条款，按照对方的要求，对该条款予以说明。

提供格式条款的一方未履行提示或者说明义务，致使对方没有注意或者理解与其有重大利害关系的条款的，对方可以主张该条款不成为合同的内容。

2）格式条款无效。提供格式条款一方不合理地免除或者减轻其责任、加重对方责任、限制或者排除对方主要权利的，该条款无效。此外，《民法典》合同编规定的无效合同情形，同样适用于格式合同条款。

3）格式条款争议解决。对格式条款的理解发生争议的，应当按照通常理解予以解释。对格式条款有两种以上解释的，应当作出不利于提供格式条款一方的解释。格式条款和非格式条款不一致的，应当采用非格式条款。

（7）缔约过失责任。缔约过失责任发生于合同不成立或者合同无效的缔约过程。其构成条件：一是当事人有过错。若无过错，则不承担责任。二是有损害后果的发生。若无损失，亦不承担责任。三是当事人的过错行为与造成的损失有因果关系。

当事人在订立合同过程中有下列情形之一，给对方造成损失的，应当承担赔偿责任：

1）假借订立合同，恶意进行磋商；

2）故意隐瞒与订立合同有关的重要事实或者提供虚假情况；

3）有其他违背诚信原则的行为。

当事人在订立合同过程中知悉的商业秘密或者其他应当保密的信息，无论合同是否成立，不得泄露或者不正当地使用。泄露、不正当地使用该商业秘密或者信息，造成对方损失的，应当承担赔偿责任。

2. 合同效力

（1）合同生效。合同生效与合同成立是两个不同的概念。合同成立，是指双方当事人依照有关法律法规对合同内容协商一致的意见。合同成立的判断依据是承诺是否生效。合同生效，是指合同产生法律效力，具有法律约束力。在通常情况下，合同依法成立之时，就是合同生效之日，二者在时间上是同步的。但有些合同成立后，并非立即产生法律效力，而是需要其他条件成就后才开始生效。

依法成立的合同，自成立时生效，但是法律另有规定或者当事人另有约定的除外。

依照法律、行政法规的规定，合同应当办理批准等手续的，依照其规定。未办理批准等手续影响合同生效的，不影响合同中履行报批等义务条款以及相关条款的效力。应当办理申请批准等手续的当事人未履行义务的，对方可以请求其承担违反该义务的责任。

依照法律、行政法规的规定，合同的变更、转让、解除等情形应当办理批准等手续的，适用前述规定。

（2）无权代理人代订合同。无权代理人以被代理人的名义订立合同，被代理人已经开始履行合同义务或者接受相对人履行的，视为对合同的追认。

法人的法定代表人或者非法人组织的负责人超越权限订立的合同，除相对人知道或者应当知道其超越权限外，该代表行为有效，订立的合同对法人或者非法人组织发生效力。

当事人超越经营范围订立的合同的效力，应当依照法律规定确定，不得仅以超越经营范围确认合同无效。

（3）合同中免责条款无效情形。合同有下列情形之一的，合同无效：

1）造成对方人身损害的；

2）因故意或者重大过失造成对方财产损失的。

3. 合同履行

（1）合同履行原则。合同履行原则包括全面履行和诚信原则。

1）全面履行。全面履行是指合同订立后，当事人应当按照约定全面履行自己的义务。

2）诚信。诚信是指当事人讲诚实、守信用，遵守商业道德，以善意的心理履行合同。当事人应根据合同的性质、目的和交易习惯履行通知、协助、保密等义务。

当事人在履行合同过程中，还应当避免浪费资源、污染环境和破坏生态。

（2）合同履行的一般规则。合同生效后，当事人就质量、价款或者报酬、履行地点等内容没有约定或者约定不明确的，可以协议补充；不能达成补充协议的，按照合同有关条款或者交易习惯确定。依照上述规定仍不能确定的，适用下列规定：

1）质量要求不明确的，按照强制性国家标准履行；没有强制性国家标准的，按照推荐性国家标准履行；没有推荐性国家标准的，按照行业标准履行；没有国家标准、行业标准的，按照通常标准或者符合合同目的的特定标准履行。

2）价款或者报酬不明确的，按照订立合同时履行地的市场价格履行；依法应当执行政府定价或者政府指导价的，按照规定履行。

3）履行地点不明确，给付货币的，在接受货币一方所在地履行；交付不动产的，在不动产所在地履行；其他标的，在履行义务一方所在地履行。

4）履行期限不明确的，债务人可以随时履行，债权人也可以随时要求履行，但应当给对方必要的准备时间。

5）履行方式不明确的，按照有利于实现合同目的的方式履行。

6）履行费用的负担不明确的，由履行义务一方负担；因债权人原因增加的履行费用，由债权人负担。

（3）合同履行的特殊规则：

1）电子合同履行。通过互联网等信息网络订立的电子合同的标的为交付商品并采用快递物流方式交付的，收货人的签收时间为交付时间。电子合同的标的为提供服务的，生成的电子凭证或者实物凭证中载明的时间为提供服务时间；前述凭证没有载明时间或者载明时间与实际提供服务时间不一致的，以实际提供服务的时间为准。

电子合同的标的物为采用在线传输方式交付的，合同标的物进入对方当事人指定的特定系统且能够检索识别的时间为交付时间。

电子合同当事人对交付商品或者提供服务的方式、时间另有约定的，按照其约定。

2）价格调整。执行政府定价或政府指导价的，在合同约定的交付期限内政府价格调整时，按照交付时的价格计价。逾期交付标的物的，遇价格上涨时，按照原价格执行；价格下降时，按照新价格执行。逾期提取标的物或者逾期付款的，遇价格上涨时，按照新价格执行；价格下降时，按照原价格执行。

3）债务履行。以支付金钱为内容的债，除法律另有规定或者当事人另有约定外，债权人可以请求债务人以实际履行地的法定货币履行。

①多项标的的履行。标的有多项而债务人只需履行其中一项的，债务人享有选择权；但法律另有规定、当事人另有约定或者另有交易习惯的除外。

享有选择权的当事人在约定期限内或者履行期限届满未作选择，经催告后在合理期限内仍未选择的，选择权转移至对方。

当事人行使选择权应当及时通知对方，通知到达对方时，标的确定。标的确定后不得变更，但是经对方同意的除外。

可选择的标的发生不能履行情形的，享有选择权的当事人不得选择不能履行的标的，但是该不能履行的情形是由对方造成的除外。

②多个债权人情形。债权人为二人以上，标的可分，按照份额各自享有债权的，为按份债权；债务人为二人以上，标的可分，按照份额各自负担债务的，为按份债务。按份债权人或者按份债务人的份额难以确定的，视为份额相同。

债权人为二人以上，部分或者全部债权人均可以请求债务人履行债务的，为连带债权；债务人为二人以上，债权人可以请求部分或者全部债务人履行全部债务的，为连带债务。连带债权或者连带债务，由法律规定或者当事人约定。

③连带债务。连带债务人之间的份额难以确定的，视为份额相同。

实际承担债务超过自己份额的连带债务人，有权就超出部分在其他连带债务人未履行的份额范围内向其追偿，并相应地享有债权人的权利，但是不得损害债权人的利益。其他连带债务人对债权人的抗辩，可以向该债务人主张。

被追偿的连带债务人不能履行其应分担份额的，其他连带债务人应当在相应范围内按比例分担。

部分连带债务人履行、抵销债务或者提存标的物的，其他债务人对债权人的债务在相应范围内消灭；该债务人可以依据前条规定向其他债务人追偿。

部分连带债务人的债务被债权人免除的，在该连带债务人应当承担的份额范围内，其他债务人对债权人的债务消灭。

部分连带债务人的债务与债权人的债权同归于一人的，在扣除该债务人应当承担的份额后，债权人对其他债务人的债权继续存在。

债权人对部分连带债务人的给付受领迟延的，对其他连带债务人发生效力。

④连带债权。连带债权人之间的份额难以确定的，视为份额相同。实际受领债权的连带债权人，应当按比例向其他连带债权人返还。

4）代为履行。代为履行是指由合同以外的第三人代替合同当事人履行合同。

①当事人约定由债务人向第三人履行债务，债务人未向第三人履行债务或者履行债务不符合约定的，应当向债权人承担违约责任。

法律规定或者当事人约定第三人可以直接请求债务人向其履行债务，第三人未在合理期限内明确拒绝，债务人未向第三人履行债务或者履行债务不符合约定的，第三人可以请求债务人承担违约责任；债务人对债权人的抗辩，可以向第三人主张。

②当事人约定由第三人向债权人履行债务，第三人不履行债务或者履行债务不符合约定的，债务人应当向债权人承担违约责任。

③债务人不履行债务，第三人对履行该债务具有合法利益的，第三人有权向债权人代为履行；但根据债务性质、按照当事人约定或者依照法律规定只能由债务人履行的除外。

债权人接受第三人履行后，其对债务人的债权转让给第三人，但债务人和第三人另有约定的除外。

5）抗辩权。

①当事人互负债务，没有先后履行顺序的，应当同时履行。一方在对方履行之前有权拒绝其履行请求。一方在对方履行债务不符合约定时，有权拒绝其相应的履行请求。

②当事人互负债务，有先后履行顺序，应当先履行债务一方未履行的，后履行一方有权拒绝其履行请求。先履行一方履行债务不符合约定的，后履行一方有权拒绝其相应的履

行请求。

③应当先履行债务的当事人，有确切证据证明对方有下列情形之一的，可以中止履行：a. 经营状况严重恶化；b. 转移财产、抽逃资金，以逃避债务；c. 丧失商业信誉；d. 有丧失或者可能丧失履行债务能力的其他情形。

当事人没有确切证据中止履行的，应当承担违约责任。

当事人依据前述规定中止履行的，应当及时通知对方。对方提供适当担保的，应当恢复履行。中止履行后，对方在合理期限内未恢复履行能力且未提供适当担保的，视为以自己的行为表明不履行主要债务，中止履行的一方可以解除合同并可以请求对方承担违约责任。

债权人分立、合并或者变更住所没有通知债务人，致使履行债务发生困难的，债务人可以中止履行或者将标的物提存。

6）提前履行。债权人可以拒绝债务人提前履行债务，但提前履行不损害债权人利益的除外。债务人提前履行债务给债权人增加的费用，由债务人负担。

7）部分履行。债权人可以拒绝债务人部分履行债务，但部分履行不损害债权人利益的除外。债务人部分履行债务给债权人增加的费用，由债务人负担。

8）相关事项变更后的处置。

①合同生效后，当事人不得因姓名、名称的变更或者法定代表人、负责人、承办人的变动而不履行合同义务。

②合同成立后，合同的基础条件发生了当事人在订立合同时无法预见的、不属于商业风险的重大变化，继续履行合同对于当事人一方明显不公平的，受不利影响的当事人可以与对方重新协商；在合理期限内协商不成的，当事人可以请求人民法院或者仲裁机构变更或者解除合同。

人民法院或者仲裁机构应当结合案件的实际情况，根据公平原则变更或者解除合同。

4. 合同保全

（1）代位权。因债务人怠于行使其债权或者与该债权有关的从权利，影响债权人的到期债权实现的，债权人可以向人民法院请求以自己的名义代位行使债务人对相对人的权利，但是该权利专属于债务人自身的除外。

代位权的行使范围以债权人的到期债权为限。债权人行使代位权的必要费用，由债务人负担。相对人对债务人的抗辩，可以向债权人主张。

债权人的债权到期前，债务人的债权或者与该债权有关的从权利存在诉讼时效期间即将届满或者未及时申报破产债权等情形，影响债权人的债权实现的，债权人可以代位向债务人的相对人请求其向债务人履行、向破产管理人申报或者作出其他必要的行为。

人民法院认定代位权成立的，由债务人的相对人向债权人履行义务，债权人接受履行后，债权人与债务人、债务人与相对人之间相应的权利义务终止。债务人对相对人的债权或者与该债权有关的从权利被采取保全、执行措施，或者债务人破产的，依照相关法律的规定处理。

（2）撤销权。债务人以放弃其债权、放弃债权担保、无偿转让财产等方式无偿处分财产权益，或者恶意延长其到期债权的履行期限，影响债权人的债权实现的，债权人可以请求人民法院撤销债务人的行为。

债务人以明显不合理的低价转让财产、以明显不合理的高价受让他人财产或者为他人的债务提供担保，影响债权人的债权实现，债务人的相对人知道或者应当知道该情形的，债权人可以请求人民法院撤销债务人的行为。

撤销权的行使范围以债权人的债权为限。债权人行使撤销权的必要费用，由债务人负担。

撤销权自债权人知道或者应当知道撤销事由之日起一年内行使。自债务人的行为发生之日起五年内没有行使撤销权的，该撤销权消灭。债务人影响债权人的债权实现的行为被撤销的，自始没有法律约束力。

5. 合同变更和转让

(1) 合同变更。合同变更是指对已经依法成立的合同，在承认其法律效力的前提下，对其进行修改或补充。当事人协商一致，可以变更合同。当事人对合同变更的内容约定不明确的，推定为未变更。

(2) 合同转让。合同转让是当事人一方取得另一方同意后将合同的权利义务转让给第三方的法律行为。合同转让是合同变更的一种特殊形式，它不是变更合同中规定的权利义务内容，而是变更合同主体。

1) 债权转让。债权人可以将债权的全部或者部分转让给第三人。但有下列情形之一的除外：

①根据债权性质不得转让；

②按照当事人约定不得转让；

③依照法律规定不得转让。

当事人约定非金钱债权不得转让的，不得对抗善意第三人。当事人约定金钱债权不得转让的，不得对抗第三人。

债权人转让债权，未通知债务人的，该转让对债务人不发生效力。债权转让的通知不得撤销，但是经受让人同意的除外。

债权人转让债权的，受让人取得与债权有关的从权利，但是该从权利专属于债权人自身的除外。受让人取得从权利不因该从权利未办理转移登记手续或者未转移占有而受到影响。

2) 抗辩与抵销。

①债务人接到债权转让通知后，债务人对让与人的抗辩，可以向受让人主张。

②有下列情形之一的，债务人可以向受让人主张抵销：a. 债务人接到债权转让通知时，债务人对让与人享有债权，且债务人的债权先于转让的债权到期或者同时到期；b. 债务人的债权与转让的债权是基于同一合同产生。

因债权转让增加的履行费用，由让与人负担。

3) 债务转让。债务人将债务的全部或者部分转移给第三人的，应当经债权人同意。

债务人或者第三人可以催告债权人在合理期限内予以同意，债权人未作表示的，视为不同意。

第三人与债务人约定加入债务并通知债权人，或者第三人向债权人表示愿意加入债务，债权人未在合理期限内明确拒绝的，债权人可以请求第三人在其愿意承担的债务范围内和债务人承担连带债务。

4) 债务转移。债务人转移债务的，新债务人可以主张原债务人对债权人的抗辩；原债务人对债权人享有债权的，新债务人不得向债权人主张抵销。

债务人转移债务的，新债务人应当承担与主债务有关的从债务，但是该从债务专属于原债务人自身的除外。

5）债权债务一并转让。当事人一方经对方同意，可以将自己在合同中的权利和义务一并转让给第三人。合同的权利和义务一并转让的，适用债权转让、债务转移的有关规定。

6. 合同权利义务终止

（1）合同终止的条件。合同终止是指合同双方当事人依法使相互间权利义务关系终止，即合同关系消灭。

有下列情形之一的，债权债务终止：

1）债务已经履行；

2）债务相互抵销；

3）债务人依法将标的物提存；

4）债权人免除债务；

5）债权债务同归于一人；

6）法律规定或者当事人约定终止的其他情形。

合同解除的，该合同的权利义务关系终止。债权债务终止后，当事人应当遵循诚信等原则，根据交易习惯履行通知、协助、保密、旧物回收等义务。

债权债务终止时，债权的从权利同时消灭，但是法律另有规定或者当事人另有约定的除外。

（2）债务履行。债务人对同一债权人负担的数项债务种类相同，债务人的给付不足以清偿全部债务的，除当事人另有约定外，由债务人在清偿时指定其履行的债务。

债务人未作指定的，应当优先履行已经到期的债务；数项债务均到期的，优先履行对债权人缺乏担保或者担保最少的债务；均无担保或者担保相等的，优先履行债务人负担较重的债务；负担相同的，按照债务到期的先后顺序履行；到期时间相同的，按照债务比例履行。

债务人在履行主债务外，还应当支付利息和实现债权的有关费用，其给付不足以清偿全部债务的，除当事人另有约定外，应当按照下列顺序履行：

1）实现债权的有关费用；

2）利息；

3）主债务。

（3）合同解除：

1）合同解除的条件。合同解除的条件可分为约定解除条件和法定解除条件。

①约定解除条件：a. 当事人协商一致，可以解除合同；b. 当事人可以约定一方解除合同的事由。解除合同的事由发生时，解除权人可以解除合同。

②法定解除条件。有下列情形之一的，当事人可以解除合同：a. 因不可抗力致使不能实现合同目的；b. 在履行期限届满前，当事人一方明确表示或者以自己的行为表明不履行主要债务；c. 当事人一方迟延履行主要债务，经催告后在合理期限内仍未履行；d. 当事人一方迟延履行债务或者有其他违约行为致使不能实现合同目的；e. 法律规定的其

他情形。

以持续履行的债务为内容的不定期合同，当事人可以随时解除合同，但是应当在合理期限之前通知对方。

2）合同解除权的行使。法律规定或者当事人约定解除权行使期限，期限届满当事人不行使的，该权利消灭。法律没有规定或者当事人没有约定解除权行使期限，自解除权人知道或者应当知道解除事由之日起一年内不行使，或者经对方催告后在合理期限内不行使的，该权利消灭。

当事人一方依法主张解除合同的，应当通知对方。合同自通知到达对方时解除；通知载明债务人在一定期限内不履行债务则合同自动解除，债务人在该期限内未履行债务的，合同自通知载明的期限届满时解除。对方对解除合同有异议的，任何一方当事人均可以请求人民法院或者仲裁机构确认解除行为的效力。

当事人一方未通知对方，直接以提起诉讼或者申请仲裁的方式依法主张解除合同，人民法院或者仲裁机构确认该主张的，合同自起诉状副本或者仲裁申请书副本送达对方时解除。

3）合同解除后续事宜。合同解除后，尚未履行的，终止履行；已经履行的，根据履行情况和合同性质，当事人可以请求恢复原状或者采取其他补救措施，并有权请求赔偿损失。

合同因违约解除的，解除权人可以请求违约方承担违约责任，但是当事人另有约定的除外。

主合同解除后，担保人对债务人应当承担的民事责任仍应当承担担保责任，但是担保合同另有约定的除外。

合同的权利义务关系终止，不影响合同中结算和清理条款的效力。

（4）合同债务抵销。当事人互负债务，该债务的标的物种类、品质相同的，任何一方可以将自己的债务与对方的到期债务抵销；但根据债务性质、按照当事人约定或者依照法律规定不得抵销的除外。

当事人主张抵销的，应当通知对方。通知自到达对方时生效。抵销不得附条件或者附期限。

当事人互负债务，标的物种类、品质不相同的，经协商一致，也可以抵销。

（5）标的物提存。提存是指由于债权人的原因致使债务人难以履行债务时，债务人可以将标的物交给有关机关保存，以此消灭合同的制度。

有下列情形之一，难以履行债务的，债务人可以将标的物提存：

1）债权人无正当理由拒绝受领；

2）债权人下落不明；

3）债权人死亡未确定继承人、遗产管理人，或者丧失民事行为能力未确定监护人；

4）法律规定的其他情形。标的物不适于提存或者提存费用过高的，债务人可以依法拍卖或者变卖标的物，提存所得的价款。

债务人将标的物或者将标的物依法拍卖、变卖所得价款交付提存部门时，提存成立。提存成立的，视为债务人在其提存范围内已经交付标的物。

标的物提存后，债务人应当及时通知债权人或债权人的继承人、遗产管理人、监护人、财产代管人。标的物提存后，毁损、灭失的风险由债权人承担。提存期间，标的物的孳息归债权人所有。提存费用由债权人负担。

债权人可以随时领取提存物，但债权人对债务人负有到期债务的，在债权人未履行债务或提供担保之前，提存部门根据债务人的要求应当拒绝其领取提存物。

债权人领取提存物的权利，自提存之日起五年内不行使而消灭，提存物扣除提存费用后归国家所有。但是，债权人未履行对债务人的到期债务，或者债权人向提存部门书面表示放弃领取提存物权利的，债务人负担提存费用后有权取回提存物。

7. 违约责任

（1）违约责任及其特点。违约责任是指合同当事人不履行或不适当履行合同，应依法承担的责任。与其他责任制度相比，违约责任有以下主要特点：

1）违约责任以有效合同为前提。与侵权责任和缔约过失责任不同，违约责任必须以当事人双方事先存在的有效合同关系为前提。如果双方不存在合同关系，或者虽订立过合同，但合同无效或已被撤销，那么，当事人不可能承担违约责任。

2）违约责任以违反合同义务为要件。违约责任是当事人违反合同义务的法律后果。因此，只有当事人违反合同义务，不履行或者不适当履行合同时，才应承担违约责任。

3）违约责任可由当事人在法定范围内约定。违约责任主要是一种赔偿责任，因此，可由当事人在法律规定的范围内自行约定。只要约定不违反法律，就具有法律约束力。

4）违约责任是一种民事赔偿责任。首先，它是由违约方向守约方承担的民事责任，无论是违约金还是赔偿金，均是平等主体之间的支付关系；其次，违约责任的确定，通常应以补偿守约方的损失为标准，贯彻损益相当的原则。

（2）违约责任的承担：

1）违约责任的承担方式。当事人一方不履行合同义务或者履行合同义务不符合约定的，应当承担继续履行、采取补救措施或者赔偿损失等违约责任。

当事人一方明确表示或者以自己的行为表明不履行合同义务的，对方可以在履行期限届满前请求其承担违约责任。

①继续履行。继续履行是合同当事人一方违约时，其承担违约责任的首选方式。

a. 违反金钱债务时的继续履行。当事人一方未支付价款、报酬、租金、利息，或者不履行其他金钱债务的，对方可以请求其支付。

b. 违反非金钱债务时的继续履行。当事人一方不履行非金钱债务或者履行非金钱债务不符合约定的，对方可以请求履行，但有下列情形之一的除外：法律上或者事实上不能履行；债务的标的不适于强制履行或者履行费用过高；债权人在合理期限内未请求履行。

有前述规定的除外情形之一，致使不能实现合同目的的，人民法院或者仲裁机构可以根据当事人的请求终止合同权利义务关系，但是不影响违约责任的承担。

当事人一方不履行债务或者履行债务不符合约定，根据债务的性质不得强制履行的，对方可以请求其负担由第三人替代履行的费用。

②采取补救措施。履行不符合约定的，应当按照当事人的约定承担违约责任。对违约责任没有约定或者约定不明确，依据《民法典》第五百一十条的规定仍不能确定的，受损害方根据标的的性质以及损失的大小，可以合理选择请求对方承担修理、重作、更换、退

货、减少价款或者报酬等违约责任。

当事人一方不履行合同义务或者履行合同义务不符合约定的，在履行义务或者采取补救措施后，对方还有其他损失的，应当赔偿损失。

③赔偿损失。当事人一方不履行合同义务或者履行合同义务不符合约定，造成对方损失的，损失赔偿额应当相当于因违约所造成的损失，包括合同履行后可以获得的利益；但是，不得超过违约一方订立合同时预见到或者应当预见到的因违约可能造成的损失。

当事人一方违约后，对方应当采取适当措施防止损失的扩大；没有采取适当措施致使损失扩大的，不得就扩大的损失要求赔偿。当事人因防止损失扩大而支出的合理费用，由违约方承担。

④支付违约金。当事人可以约定一方违约时应当根据违约情况向对方支付一定数额的违约金，也可以约定因违约产生的损失赔偿额的计算方法。约定的违约金低于造成的损失的，人民法院或者仲裁机构可以根据当事人的请求予以增加；约定的违约金过分高于造成的损失的，人民法院或者仲裁机构可以根据当事人的请求予以适当减少。

当事人就迟延履行约定违约金的，违约方支付违约金后，还应当履行债务。

⑤定金。当事人可以约定一方向对方给付定金作为债权的担保。定金合同自实际交付定金时成立。

定金的数额由当事人约定；但不得超过主合同标的额的20%，超过部分不产生定金的效力。实际交付的定金数额多于或者少于约定数额的，视为变更约定的定金数额。

债务人履行债务的，定金应当抵作价款或者收回。给付定金的一方不履行债务或者履行债务不符合约定，致使不能实现合同目的的，无权请求返还定金；收受定金的一方不履行债务或者履行债务不符合约定，致使不能实现合同目的的，应当双倍返还定金。

当事人既约定违约金，又约定定金的，一方违约时，对方可以选择适用违约金或者定金条款。定金不足以弥补一方违约造成的损失的，对方可以请求赔偿超过定金数额的损失。

2）违约责任的承担：

①债务人按照约定履行债务，债权人无正当理由拒绝受领的，债务人可以请求债权人赔偿增加的费用。在债权人受领迟延期间，债务人无须支付利息。

②当事人一方因不可抗力不能履行合同的，根据不可抗力的影响，部分或者全部免除责任，但法律另有规定的除外。因不可抗力不能履行合同的，应当及时通知对方，以减轻可能给对方造成的损失，并应当在合理期限内提供证明。

当事人迟延履行后发生不可抗力的，不免除其违约责任。

③当事人一方违约后，对方应当采取适当措施防止损失的扩大；没有采取适当措施致使损失扩大的，不得就扩大的损失请求赔偿。当事人因防止损失扩大而支出的合理费用，由违约方负担。

④当事人都违反合同的，应当各自承担相应的责任。当事人一方违约造成对方损失，对方对损失的发生有过错的，可以减少相应的损失赔偿额。

⑤当事人一方因第三人的原因造成违约的，应当依法向对方承担违约责任。当事人一方和第三人之间的纠纷，依照法律规定或者按照约定处理。

3）国际货物买卖合同和技术进出口合同争议时效。因国际货物买卖合同和技术进出口合同争议提起诉讼或者申请仲裁的时效期间为四年。

二、价格法

《价格法》中的价格包括商品价格和服务价格。大多数商品和服务价格实行市场调节价，只有极少数商品和服务价格实行政府指导价或政府定价。我国的价格管理机构是县级以上各级政府价格主管部门和其他有关部门。工程造价管理活动要遵循《价格法》相关规定，并关注商品价格和服务价格政府定价、政府指导价、市场调节价的三种属性。

（一）经营者的价格行为

1. 经营者权利

经营者享有如下权利：

（1）自主制定属于市场调节的价格；

（2）在政府指导价规定的幅度内制定价格；

（3）制定属于政府指导价、政府定价产品范围内的新产品的试销价格，特定产品除外；

（4）检举、控告侵犯其依法自主定价权利的行为。

2. 经营者违规行为

经营者不得有下列不正当行为：

（1）相互串通，操纵市场价格，侵害其他经营者或消费者的合法权益；

（2）除降价处理鲜活、季节性、积压商品外，为排挤对手或独占市场，以低于成本的价格倾销，扰乱正常的生产经营秩序，侵害国家利益或者其他经营者的合法权益；

（3）捏造、散布涨价信息，哄抬价格，推动商品价格过高上涨；

（4）利用虚假或使人误解的价格手段，诱骗消费者或者其他经营者与其进行交易；

（5）对具有同等交易条件的其他经营者实行价格歧视等。

（二）政府的定价行为

1. 政府定价的商品

对下列商品和服务价格，政府在必要时可以实行政府指导价或政府定价：

（1）与国民经济发展和人民生活关系重大的极少数商品价格；

（2）资源稀缺的少数商品价格；

（3）自然垄断经营的商品价格；

（4）重要的公用事业价格；

（5）重要的公益性服务价格。

2. 定价目录

政府指导价、政府定价的定价权限和具体适用范围，以中央和地方的定价目录为依据。中央定价目录由国务院价格主管部门制定、修订，报国务院批准后公布。地方定价目录由省、自治区、直辖市人民政府价格主管部门按照中央定价目录规定的定价权限和具体适用范围制定，经本级人民政府审核同意，报国务院价格主管部门审定后公布。省、自治区、直辖市人民政府以下各级地方人民政府不得制定定价目录。

3. 定价依据

政府应当依据有关商品或者服务的社会平均成本和市场供求状况、国民经济与社会发展要求以及社会承受能力，实行合理的购销差价、批零差价、地区差价和季节差价。制定关系群众切身利益的公用事业价格、公益性服务价格、自然垄断经营的商品价格时，应当建立听证会制度，征求消费者、经营者和有关方面的意见。

（三）价格总水平调控

当重要商品和服务价格显著上涨或者有可能显著上涨，国务院和省、自治区、直辖市人民政府可以对部分价格采取限定差价率或者利润率、规定限价、实行提价申报制度和调价备案制度等干预措施。省、自治区、直辖市人民政府采取上述规定的干预措施时，应当报国务院备案。

免费听课

第三章 工程项目管理

工程项目管理是工程造价管理的重要基础。造价工程师需要了解工程项目的组成和分类、工程建设程序，工程项目管理的类型、任务及相关制度，理解工程项目的组织、计划与控制，掌握工程项目计划与控制的基本方法——流水施工组织方法和网络计划技术，理解工程项目合同管理和信息管理相关内容。

第一节 工程项目管理概述

一、工程项目组成和分类

（一）工程项目组成

工程项目可分为单项工程、单位（子单位）工程、分部（子分部）工程和分项工程。

1. 单项工程

单项工程是指具有独立设计文件，建成后可以独立发挥生产能力或效益的一组配套齐全的工程项目。单项工程是工程项目的组成部分，有的工程项目仅包含一个单项工程，也可包含多个单项工程。生产性工程项目中的单项工程，一般是指能独立生产的车间，包括厂房建筑、设备安装等工程。

2. 单位（子单位）工程

单位工程是指具备独立施工条件并能形成独立使用功能的工程。对于建筑规模较大的单位工程，可根据实际需要划分为若干个子单位工程。根据现行国家标准《建筑工程施工质量验收统一标准》GB 50300，具有独立施工条件和能形成独立使用功能是单位（子单位）工程划分的基本要求。

单位工程是单项工程的组成部分。如工业厂房工程中的土建工程、设备安装工程、工业管道工程等就是单项工程所包含的不同性质的单位工程。有的工程项目没有单项工程，而是直接由若干单位工程组成。

3. 分部（子分部）工程

分部工程是指将单位工程按专业性质、工程部位、建筑功能等划分的工程。根据现行国家标准《建筑工程施工质量验收统一标准》GB 50300，建筑工程包括：地基与基础、主体结构、装饰装修、屋面、给水排水及采暖、通风与空调、建筑电气、智能建筑、建筑节能、电梯等分部工程。

当分部工程较大或较复杂时，可按材料种类、工艺特点、施工程序、专业系统及类别等划分为若干子分部工程。例如，地基与基础分部工程又可细分为地基、基础、基坑支护、地下水控制、土方、边坡、地下防水等子分部工程；主体结构分部工程又可细分为混凝土结构、砌体结构、钢结构、木结构、钢管混凝土结构、型钢混凝土结构、铝合金结构、木结构等子分部工程；装饰装修分部工程又可细分为建筑地面、抹灰、外墙防水、门窗、吊顶、轻质隔墙、幕墙、涂饰、裱糊与软包、细部等子分部工程；智能建筑分部工程又可细分为智能化集成系统、信息接入系统、用户电话交换系统、信息网络系统、综合布线系统、移动通信室内信号覆盖系统、卫星通信系统、有线电视及卫星电视接收系统、会议系统、信息导引及发布系统、建筑设备监控系统、火灾自动报警系统、应急响应系统等子分部工程。

4. 分项工程

分项工程是分部工程的组成部分，也是形成建筑产品基本构件的施工过程。分项工程是指将分部工程按主要工种、材料、施工工艺、设备类别等划分的工程。例如，土方开挖工程、土方回填工程、钢筋工程、模板工程、混凝土工程、砖砌体工程、木门窗安装工程、钢结构安装工程、给（排）水管道安装工程等。分项工程是建筑施工生产活动的基础，也是计量工程用工用料和施工机具消耗量的基本单元，同时又是工程质量形成的直接过程。分项工程既有其作业活动的独立性，又有相互联系、相互制约的整体性。

（二）工程项目分类

总体而言，建设工程可分为建筑工程、土木工程和机电工程三大类。具体到工程项目，为了适应科学管理需要，可从不同角度对工程项目进行分类。

1. 按建设性质划分

工程项目可分为新建项目、扩建项目、改建项目、迁建项目和恢复项目。一个工程项目只能有一种性质，在工程项目按总体设计全部建成之前，其建设性质始终不变。

2. 按投资作用划分

工程项目可分为生产性项目和非生产性项目。

（1）生产性项目。生产性项目是指直接用于物质资料生产或直接为物质资料生产服务的工程项目。主要包括：工业建设项目、农业建设项目、基础设施建设项目、商业建设项目等。

（2）非生产性项目。非生产性项目是指用于满足人民物质和文化、福利需要的建设和非物质资料生产部门的建设项目。主要包括：办公建筑、居住建筑、公共建筑及其他非生产性项目。

3. 按项目规模划分

为适应分级管理需要，工程项目可分为不同等级。不同等级企业可承担不同等级工程项目。工程项目等级划分标准，根据各个时期经济发展和实际工作需要而有所变化。

4. 按投资效益和市场需求划分

工程项目可划分为竞争性项目、基础性项目和公益性项目。

（1）竞争性项目。竞争性项目是指投资回报率比较高、竞争性比较强的工程项目，如商务办公楼、酒店、度假村、高档公寓等工程项目。其投资主体一般为企业，由企业自主决策、自担投资风险。

（2）基础性项目。基础性项目是指具有自然垄断性、建设周期长、投资额大而收益低的基础设施和需要政府重点扶持的一部分基础工业项目，以及直接增强国力的符合经济规模的支柱产业项目，如交通、能源、水利、城市公用设施等。政府应集中必要的财力、物力，通过经济实体投资建设这些工程项目，同时，还应广泛吸收企业参与投资，有时还可吸收外商直接投资。

(3) 公益性项目。公益性项目是指为社会发展服务、难以产生直接经济回报的工程项目。包括：科技、文教、卫生、体育和环保等设施，公、检、法等政权机关以及政府机关、社会团体办公设施，国防建设等。公益性项目的投资主要由政府用财政资金安排。

5. 按投资来源划分

工程项目可划分为政府投资项目和非政府投资项目。

(1) 政府投资项目。政府投资项目在国外也称为公共工程，是指为适应和推动国民经济或区域经济发展，满足社会文化、生活需要，以及出于政治、国防等方面考虑，由政府通过财政投资、发行国债或地方财政债券、利用外国政府赠款，以及国家财政担保的国内外金融组织贷款等方式独资或合资兴建的工程项目。

按其盈利性不同，政府投资项目又可分为经营性政府投资项目和非经营性政府投资项目。经营性政府投资项目是指具有盈利性质的政府投资项目，政府投资的水利、电力、铁路等项目基本都属于经营性项目。经营性政府投资项目应实行项目法人责任制，由项目法人对项目的策划、资金筹措、建设实施、生产经营、债务偿还和资产的保值增值，实行全过程负责，使项目建设与建成后运营实现一条龙管理。

非经营性政府投资项目一般是指非盈利性的、主要追求社会效益最大化的公益性项目。学校、医院以及各行政、司法机关的办公楼等项目都属于非经营性政府投资项目。非经营性政府投资项目可实施“代建制”，由代建单位行使建设单位职责，待工程竣工验收后再移交给使用单位，从而使项目的“投资、建设、监管、使用”实现四分离。

(2) 非政府投资项目。非政府投资项目是指企业、集体单位、外商和私人投资兴建的工程项目。这类项目一般均实行项目法人责任制，使工程项目建设与运营实现一条龙管理。

二、工程建设程序

(一) 工程建设程序的含义和内容

工程建设程序是指工程项目从策划、评估、决策、设计、施工到竣工验收、投入生产或交付使用整个过程中，各项工作必须遵循的先后次序。工程建设程序是工程建设过程客观规律的反映，是工程项目科学决策和顺利实施的重要保证。

世界各国和国际组织在工程建设程序上可能存在某些差异，但是按照工程项目发展的内在规律，投资建设一个工程项目都要经过投资决策和建设实施两个进展时期。这两个进展时期又可分为若干阶段，各阶段之间存在着严格的先后次序，可以进行合理交叉，但工作次序不能任意颠倒。

以世界银行贷款项目为例，其建设周期包括项目选定、项目准备、项目评估、项目谈判、项目实施和项目总结评价 6 个阶段。每一阶段工作深度，决定着项目在下一阶段的发展，彼此相互联系、相互制约。在项目选定阶段，要根据借款申请国所提出的项目清单，进行鉴别选择，一般根据项目性质选择符合世界银行贷款原则，有助于当地经济和社会发展的急需项目。被选定的项目经过 1～2 年的项目准备，提出详细的可行性研究报告，由世界银行组织专家进行项目评估之后，与申请国进行贷款谈判、签订协议，然后进入勘察设计、采购、施工、生产准备和试运转等实施阶段，在项目贷款发放完成后 1 年左右进行项目总结评价。正是由于其科学、严密的项目周期，保证了世界银行在各国投资保持有较高的成功率。

按照我国现行规定，政府投资项目建设程序可分为以下阶段：

（1）根据国民经济和社会发展长远规划，结合行业和地区发展规划的要求，提出项目建议书；

（2）在勘察、试验、调查研究及详细技术经济论证的基础上编制可行性研究报告；

（3）根据咨询评估情况，对工程项目进行决策；

（4）根据可行性研究报告，编制设计文件；

（5）初步设计经批准后，进行施工图设计，并做好施工前各项准备工作；

（6）组织施工，并根据施工进度做好生产或动用前的准备工作；

（7）按批准的设计内容完成施工安装，经验收合格后正式投产或交付使用；

（8）生产运营一段时间（一般为1年）后，可根据需要进行项目后评价。

（二）决策阶段工作内容

1. 编报项目建议书

项目建议书是拟建项目单位向政府投资主管部门提出的要求建设某一项目的建议文件，是对工程项目的轮廓设想。项目建议书的主要作用是推荐一个拟建项目，论述其建设必要性、建设条件可行性和获利可能性，供政府投资主管部门选择并确定是否进行下一步工作。

项目建议书内容视项目不同而有繁有简，但一般应包括以下内容：

（1）项目提出的必要性和依据；

（2）规划和设计方案、产品方案、拟建规模和建设地点的初步设想；

（3）资源情况、建设条件、协作关系和设备技术引进国别、厂商的初步分析；

（4）投资估算、资金筹措及还贷方案设想；

（5）项目进度安排；

（6）经济效益和社会效益的初步估计；

（7）环境影响的初步评价。

对于政府投资项目，项目建议书按要求编制完成后，应根据建设规模和限额划分报送有关部门审批。项目建议书经批准后，可进行可行性研究工作，但并不表明项目非上不可，批准的项目建议书不是项目的最终决策。

2. 编报可行性研究报告

可行性研究是对工程项目在技术上是否可行和经济上是否合理进行科学的分析和论证。

（1）可行性研究的工作内容。可行性研究应完成以下工作内容：

1）进行需求分析与市场研究，以解决项目建设的必要性及建设规模和标准等问题；

2）进行设计方案、工艺技术方案研究，以解决项目建设的技术可行性问题；

3）进行财务和经济分析，以解决项目建设的经济合理性问题。

凡经可行性研究未通过的项目，不得进行下一步工作。

（2）可行性研究报告内容。可行性研究工作完成后，需要编写反映其全部工作成果的“可行性研究报告”。就其内容来看，各类项目的可行性研究报告不尽相同。国家发展改革委印发的《政府投资项目可行性研究报告编写通用大纲（2023年版）》明确了政府投资项目可行性研究报告的编写内容。

1）概述。包括：

①项目概况。项目全称及简称。概述项目建设目标和任务、建设地点、建设内容和规模（含主要产出）、建设工期、投资规模和资金来源、建设模式、主要技术经济指标、绩效目标等。

②项目单位概况。简述项目单位基本情况。拟新组建项目法人的，简述项目法人组建方案。对于政府资本金注入项目，简述项目法人基本信息、投资人（或者股东）构成及政府出资人代表等情况。

③编制依据。概述项目建议书（或项目建设规划）及其批复文件、国家和地方有关支持性规划、产业政策和行业准入条件、主要标准规范、专题研究成果，以及其他依据。

④主要结论和建议。简述项目可行性研究的主要结论和建议。

2）项目建设背景和必要性。包括：

①项目建设背景。简述项目立项背景，项目用地预审和规划选址等行政审批手续办理和其他前期工作进展。

②规划政策符合性。阐述项目与经济社会发展规划、区域规划、专项规划、国土空间规划等重大规划的衔接性，与扩大内需、共同富裕、乡村振兴、科技创新、节能减排、碳达峰碳中和、国家安全和应急管理等重大政策目标的符合性。

③项目建设必要性。从重大战略和规划、产业政策、经济社会发展、项目单位履职尽责等层面，综合论证项目建设的必要性和建设时机的适当性。

3）项目需求分析与产出方案。包括：

①需求分析。在调查项目所涉产品或服务需求现状的基础上，分析产品或服务的可接受性或市场需求潜力，研究提出拟建项目功能定位、近期和远期目标、产品或服务的需求总量及结构。

②建设内容和规模。结合项目建设目标和功能定位等，论证拟建项目的总体布局、主要建设内容及规模，确定建设标准。大型、复杂及分期建设项目应根据项目整体规划、资源利用条件及近远期需求预测，明确项目近远期建设规模、分阶段建设目标和建设进度安排，并说明预留发展空间及其合理性、预留条件对远期规模的影响等。

③项目产出方案。研究提出拟建项目正常运营年份应达到的生产或服务能力及其质量标准要求，并评价项目建设内容、规模以及产出的合理性。

4）项目选址与要素保障。包括：

①项目选址或选线。通过多方案比较，选择项目最佳或合理的场址或线路方案，明确拟建项目场址或线路的土地权属、供地方式、土地利用状况、矿产压覆、占用耕地和永久基本农田、涉及生态保护红线、地质灾害危险性评估等情况。备选场址方案或线路方案比选要综合考虑规划、技术、经济、社会等条件。

②项目建设条件。分析拟建项目所在区域的自然环境、交通运输、公用工程等建设条件。其中，自然环境条件包括地形地貌、气象、水文、泥沙、地质、地震、防洪等；交通运输条件包括铁路、公路、港口、机场、管道等；公用工程条件包括周边市政道路、水、电、气、热、消防和通信等。阐述施工条件、生活配套设施和公共服务依托条件等。改扩建工程要分析现有设施条件的容量和能力，提出设施改扩建和利用方案。

③要素保障分析。具体包括：

a. 土地要素保障。分析拟建项目相关的国土空间规划、土地利用年度计划、建设用地控制指标等土地要素保障条件，开展节约集约用地论证分析，评价用地规模和功能分区的合理性、节地水平的先进性。说明拟建项目用地总体情况，包括地上（下）物情况等；涉及耕地、园地、林地、草地等农用地转为建设用地的，说明农用地转用指标的落实、转用审批手续办理安排及耕地占补平衡的落实情况；涉及占用永久基本农田的，说明永久基本农田占用补划情况；如果项目涉及用海用岛，应明确用海用岛的方式、具体位置和规模等内容。

b. 资源环境要素保障。分析拟建项目水资源、能源、大气环境、生态等承载能力及其保障条件，以及取水总量、能耗、碳排放强度和污染减排指标控制要求等，说明是否存在环境敏感区和环境制约因素。对于涉及用海的项目，应分析利用港口岸线资源、航道资源的基本情况及其保障条件；对于需围填海的项目，应分析围填海基本情况及其保障条件。对于重大投资项目，应列示规划、用地、用水、用能、环境以及可能涉及的用海、用岛等要素保障指标，并综合分析提出要素保障方案。

5）项目建设方案。包括：

①技术方案。通过技术比较提出项目预期达到的技术目标、技术来源及其实现路径，确定核心技术方案和核心技术指标。简述推荐技术路线的理由。对于专利或关键核心技术，需要分析其取得方式的可靠性、知识产权保护、技术标准和自主可控性等。

②设备方案。通过设备比选提出所需主要设备（含软件）的规格、数量、性能参数、来源和价格，论述设备（含软件）与技术的匹配性和可靠性、设备（含软件）对工程方案的设计技术需求，提出关键设备和软件推荐方案及自主知识产权情况。对于关键设备，进行单台技术经济论证，说明设备调研情况；对于非标设备，说明设备原理和组成。对于改扩建项目，分析现有设备利用或改造情况。涉及超限设备的，研究提出相应的运输方案，特殊设备提出安装要求。

③工程方案。通过方案比选提出工程建设标准、工程总体布置、主要建（构）筑物和系统设计方案、外部运输方案、公用工程方案及其他配套设施方案。工程方案要充分考虑土地利用、地上地下空间综合利用、人民防空工程、抗震设防、防洪减灾、消防应急等要求，以及绿色和韧性工程相关内容，并结合项目所属行业特点，细化工程方案有关内容和要求。涉及分期建设的项目，需要阐述分期建设方案；涉及重大技术问题的，还应阐述需要开展的专题论证工作。

④用地用海征收补偿（安置）方案。涉及土地征收或用海海域征收的项目，应根据有关法律法规政策规定，提出征收补偿（安置）方案。土地征收补偿（安置）方案应当包括征收范围、土地现状、征收目的、补偿方式和标准、安置对象、安置方式、社会保障、补偿（安置）费用等内容。用海用岛涉及利益相关者的，应根据有关法律法规政策规定等，确定利益相关者协调方案。

⑤数字化方案。对于具备条件的项目，研究提出拟建项目数字化应用方案，包括技术、设备、工程、建设管理和运维、网络与数据安全保障等方面，提出以数字化交付为目的，实现设计-施工-运维全过程数字化应用方案。

⑥建设管理方案。提出项目建设组织模式和机构设置，制定质量、安全管理方案和验收标准，明确建设质量和安全管理目标及要求，提出拟采用新材料、新设备、新技术、新工艺等推动高质量建设的技术措施。根据项目实际提出拟实施以工代赈的建设任务等。

提出项目建设工期，对项目建设主要时间节点做出时序性安排。提出包括招标范围、招标组织形式和招标方式等在内的拟建项目招标方案。研究提出拟采用的建设管理模式，如代建管理、全过程工程咨询服务、工程总承包等。

6）项目运营方案。包括：

①运营模式选择。研究提出项目运营模式，确定自主运营管理还是委托第三方运营管理，并说明主要理由。委托第三方运营管理的，应提出对第三方的运营管理能力要求。

②运营组织方案。研究项目组织机构设置方案、人力资源配置方案、员工培训需求及计划，提出项目在合规管理、治理体系优化和信息披露等方面的措施。

③安全保障方案。分析项目运营管理中存在的危险因素及其危害程度，明确安全生产责任制，建立安全管理体系，提出劳动安全与卫生防范措施，以及项目可能涉及的数据安全、网络安全、供应链安全的责任制度或措施方案，并制定项目安全应急管理预案。

④绩效管理方案。研究制定项目全生命周期关键绩效指标和绩效管理机制，提出项目主要投入产出效率、直接效果、外部影响和可持续性等管理方案。大型、复杂及分期建设项目，应按照子项目分别确定绩效目标和评价指标体系，并说明影响项目绩效目标实现的关键因素。

7）项目投融资与财务方案。包括：

①投资估算。对项目建设和生产运营所需投入的全部资金即项目总投资进行估算，包括建设投资、建设期融资费用和流动资金，说明投资估算编制依据和编制范围，明确建设期内分年度投资计划。

②盈利能力分析。根据项目性质，确定适合的评价方法。结合项目运营期内的负荷要求，估算项目营业收入、补贴性收入及各种成本费用，并按相关行业要求提供量价协议、框架协议等支撑材料。通过项目自身的盈利能力分析，评价项目可融资性。对于政府直接投资的非经营性项目，开展项目全生命周期资金平衡分析，提出开源节流措施。对于政府资本金注入项目，计算财务内部收益率、财务净现值、投资回收期等指标，评价项目盈利能力；营业收入不足以覆盖项目成本费用的，提出政府支持方案。对于综合性开发项目，分析项目服务能力和潜在综合收益，评价项目采用市场化机制的可行性和利益相关方的可接受性。

③融资方案。研究提出项目拟采用的融资方案，包括权益性融资和债务性融资，分析融资结构和资金成本。说明项目申请财政资金投入的必要性和方式，明确资金来源，提出形成资金闭环的管理方案。对于政府资本金注入项目，说明项目资本金来源和结构、与金融机构对接情况，研究采用权益型金融工具、专项债、公司信用类债券等融资方式的可行性，主要包括融资金额、融资期限、融资成本等关键要素。对于具备资产盘活条件的基础设施项目，研究项目建成后采取基础设施领域不动产投资信托基金（REITs）等方式盘活存量资产、实现项目投资回收的可能路径。

④债务清偿能力分析。对于使用债务融资的项目，明确债务清偿测算依据和还本付息资金来源，分析利息备付率、偿债备付率等指标，评价项目债务清偿能力，以及是否增加当地政府财政支出负担、引发地方政府隐性债务风险等情况。

⑤财务可持续性分析。对于政府资本金注入项目，编制财务计划现金流量表，计算各年净现金流量和累计盈余资金，判断拟建项目是否有足够的净现金流量维持正常运营。对

于在项目经营期出现经营净现金流量不足的项目，研究提出现金流接续方案，分析政府财政补贴所需资金，评价项目财务可持续性。

8）项目影响效果分析。包括：

①经济影响分析。对于具有明显经济外部效应的政府投资项目，计算项目对经济资源的耗费和实际贡献，分析项目费用效益或效果，以及重大投资项目对宏观经济、产业经济、区域经济等所产生的影响，评价拟建项目的经济合理性。

②社会影响分析。通过社会调查和公众参与，识别项目主要社会影响因素和主要利益相关者，分析不同目标群体的诉求及其对项目的支持程度，评价项目采取以工代赈等方式在带动当地就业、促进技能提升等方面的预期成效，以及促进员工发展、社区发展和社会发展等方面的社会责任，提出减缓负面社会影响的措施或方案。

③生态环境影响分析。分析拟建项目所在地的环境和生态现状，评价项目在污染物排放、地质灾害防治、防洪减灾、水土流失、土地复垦、生态保护、生物多样性和环境敏感区等方面的影响，提出生态环境影响减缓、生态修复和补偿等措施，以及污染物减排措施，评价拟建项目能否满足有关生态环境保护政策要求。

④资源和能源利用效果分析。研究拟建项目的矿产资源、森林资源、水资源（含非常规水源）、能源、再生资源、废物和污水资源化利用，以及设备回收利用情况，通过单位生产能力主要资源消耗量等指标分析，提出资源节约、关键资源保障，以及供应链安全、节能等方面措施，计算采取资源节约和资源化利用措施后的资源消耗总量及强度。计算采取节能措施后的全口径能源消耗总量、原料用能消耗量、可再生能源消耗量等指标，评价项目能效水平以及对项目所在地区能耗调控的影响。

⑤碳达峰碳中和分析。对于高耗能、高排放项目，在项目能源资源利用分析的基础上，预测并核算项目年度碳排放总量、主要产品碳排放强度，提出项目碳排放控制方案，明确拟采取减少碳排放的路径与方式，分析项目对所在地区碳达峰碳中和目标实现的影响。

9）项目风险管控方案。包括：

①风险识别与评价。识别项目全生命周期的主要风险因素，包括需求、建设、运营、融资、财务、经济、社会、环境、网络与数据安全等方面，分析各风险发生的可能性、损失程度，以及风险承担主体的韧性或脆弱性，判断各风险后果的严重程度，研究确定项目面临的主要风险。

②风险管控方案。结合项目特点和风险评价，有针对性地提出项目主要风险的防范和化解措施。重大项目应当对社会稳定风险进行调查分析，查找并列出风险点、风险发生的可能性及影响程度，提出防范和化解风险的方案措施，提出采取相关措施后的社会稳定风险等级建议。对可能引发“邻避”问题的，应提出综合管控方案，保证影响社会稳定的风险在采取措施后处于低风险且可控状态。

③风险应急预案。对于拟建项目可能发生的风险，研究制定重大风险应急预案，明确应急处置及应急演练要求等。

10）研究结论及建议。包括：

①主要研究结论。从建设必要性、要素保障性、工程可行性、运营有效性、财务合理性、影响可持续性、风险可控性等维度分别简述项目可行性研究结论，评价项目在经济、

社会、环境等各方面效果和风险，提出项目是否可行的研究结论。

②问题与建议。针对项目需要重点关注和进一步研究解决的问题，提出相关建议。

11）附表、附图和附件。根据项目实际情况和相关规范要求，研究确定并附具可行性研究报告必要的附表、附图和附件等。

（3）可行性研究报告的评估。可行性研究报告的编写质量和准确性关系到项目投资决策的科学性和可靠性，是决定项目成败的关键因素。为此，投资决策者需要自行或委托专门咨询机构，对可行性研究报告进行全面审核和评价，判断项目可行性研究的真实准确性，对项目投资是否可行和确定最佳投资方案提出评估意见，作为项目投资决策的主要依据。金融机构在接到项目资金借贷申请时，也需要自行或委托专门咨询机构对可行性研究报告进行评估，根据评估结论进行贷款决策。

可行性研究报告的评估通常包括以下内容：

1）报告编制的规范性。评估内容包括：项目批复文件资料是否齐全，报告内容及文件是否齐全完整，编制依据是否可靠，编制深度是否满足要求，结论是否明确等。

2）报告内容的真实准确性：

①项目建设必要性。评估项目是否符合国家建设方针，是否满足市场需求，是否具有良好的前景。

②项目建设条件。评估项目建设规模是否经济合理；物料供应数量、质量是否满足项目需求；项目所需的电、水、热、气与通信等设施条件是否可靠，项目建设和建成后正常运行需求能否得到满足；项目选址是否符合规划原则和要求，是否符合土地管理、文物保护、环境保护等方面法律法规的规定，选择依据和理由是否充分；项目建设期组织管理机构与职能分工是否明确，建成后运行管理机构是否落实，运行管理及经营方式是否可行；项目实施计划和工程进度是否合理。

③项目环境影响。评估是否按要求编制环境影响评价文件，文件内容是否全面，环境保护措施是否可行。

④技术方案、设备方案和工程方案。评估技术方案、设备方案和工程方案是否可行；节能措施和节水措施是否合理得当；设计依据是否正确，相关负荷、参数是否满足功能需要，是否安全、经济、合理，是否符合相应标准；安全防范措施是否可靠。

⑤投资估算与资金筹措。评估投资估算依据、方法、内容及范围是否科学合理、完整准确，是否真实反映建设内容要求；项目资金来源、筹措方式、筹资额度、筹资风险及资金使用计划等是否合理可靠，资金使用计划是否与项目实施进度计划相衔接，用款计划安排能否与资金来源相适应，能否保证项目顺利实施。

⑥项目效益。评估项目给所属行业发展、社会发展及投资者带来的效益，分析参数的选取是否合理，计算是否准确，是否合理、客观地反映项目的经济效益和社会效益。

在汇总上述评估结果的基础上，对可行性研究报告中各部分内容和方案存在的问题提出修改意见，对不能确定的问题提出建议，得出最终结论性意见，供投资决策者参考。

3. 项目投资决策管理制度

根据《国务院关于投资体制改革的决定》（国发〔2004〕20号），政府投资项目实行审批制；非政府投资项目实行核准制或备案制。

（1）政府投资项目。对于采用直接投资和资本金注入方式的政府投资项目，政府需要从投资决策的角度审批项目建议书和可行性研究报告，除特殊情况外，不再审批开工报告，同时还要严格审批其初步设计和概算；对于采用投资补助、转贷和贷款贴息方式的政府投资项目，则只审批资金申请报告。

政府投资项目一般都要经过符合资质要求的咨询中介机构的评估论证，特别重大的项目还应实行专家评议制度。国家将逐步实行政府投资项目公示制度，以广泛听取各方面的意见和建议。

（2）非政府投资项目。对于企业不使用政府资金投资建设的项目，政府不再进行投资决策性质的审批，区别不同情况实行核准制或备案制。

1）核准制。企业投资建设《政府核准的投资项目目录》中的项目时，仅需向政府提交项目申请报告，不再经过批准项目建议书、可行性研究报告和开工报告的程序。项目申请报告应包括下列内容：①企业基本情况；②项目情况，包括项目名称、建设地点、建设规模、建设内容等；③项目利用资源情况分析及对生态环境的影响分析；④项目对经济和社会的影响分析。

政府核准机关需要审查下列内容：①是否危害经济安全、社会安全、生态安全等国家安全；②是否符合相关发展建设规划、产业政策和技术标准；③是否合理开发并有效利用资源；④是否对重大公共利益产生不利影响。项目建设可能对公众利益构成重大影响的，政府核准机关在做出核准决定前，应采取适当方式征求公众意见。对于特别重大的项目，可以实行专家评议制度。

2）备案制。对于《政府核准的投资项目目录》以外的企业投资项目，实行备案制。除国家另有规定外，由企业按照属地原则向地方政府投资主管部门备案。备案告知内容包括：①企业基本情况；②项目名称、建设地点、建设规模、建设内容；③项目总投资额；④项目符合产业政策的声明。

对于实施核准制或备案制的项目，虽然政府不再审批项目建议书和可行性研究报告，但这并不意味着企业不需要编制可行性研究报告。为了保证企业投资决策质量，投资企业也应编制可行性研究报告。

为扩大大型企业集团的投资决策权，对于基本建立现代企业制度的特大型企业集团，投资建设《政府核准的投资项目目录》中的项目时，可以按项目单独申报核准，也可编制中长期发展建设规划，规划经国务院或国务院投资主管部门批准后，规划中属于《政府核准的投资项目目录》中的项目不再另行申报核准，只需办理备案手续。企业集团要及时向国务院有关部门报告规划执行和项目建设情况。

（三）建设实施阶段工作内容

1. 工程设计

（1）工程设计阶段及内容。工程设计工作一般划分为两个阶段，即初步设计和施工图设计。重大项目和技术复杂项目，可根据需要增加技术设计阶段。

1）初步设计。根据可行性研究报告的要求和设计基础资料对拟建工程项目进行具体设计，并通过对工程项目所作出的基本技术经济规定，编制项目总概算。

初步设计不得随意改变经批准的可行性研究报告中所确定的建设规模、产品方案、工程标准、建设地址和总投资等控制目标。根据《政府投资条例》，对于政府采取直接投资方式、资本金注入方式投资的项目，初步设计提出的投资概算超过经批准的可行性研究报告提出的投资估算10%的，项目单位应当向投资主管部门或者其他有关部门报告，投资主管部门或者其他有关部门可以要求项目单位重新报送可行性研究报告。

2）技术设计。根据初步设计和更详细的调查研究资料，对需要进一步解决初步设计中的重大技术问题的，如工艺流程、建筑结构、设备选型及数量确定等，可以增加技术设计阶段，使工程项目设计更具体、更完善，技术指标更明确。

3）施工图设计。根据初步设计或技术设计要求，结合现场实际情况，完整地表现建筑物外形、内部空间分割、结构体系、构造状况及建筑群的组成和周围环境的配合。还应包括各种运输、通信、管道系统、建筑设备设计。在工艺方面，应具体确定各种设备的型号、规格及各种非标准设备的制造加工图。

（2）施工图设计文件审查或审批。以房屋建筑和市政基础设施工程为例，根据《房屋建筑和市政基础设施工程施工图设计文件审查管理办法》（中华人民共和国住房和城乡建设部令第13号），建设单位应当将施工图送施工图审查机构审查。施工图审查机构对施工图审查的内容包括：

1）是否符合工程建设强制性标准；

2）地基基础和主体结构的安全性；

3）消防安全性；

4）人防工程（不含人防指挥工程）防护安全性；

5）是否符合民用建筑节能强制性标准，对执行绿色建筑标准的项目，还应当审查是否符合绿色建筑标准；

6）勘察设计企业和注册执业人员以及相关人员是否按规定在施工图上加盖相应的图章和签字；

7）法律、法规、规章规定必须审查的其他内容。

任何单位或者个人不得擅自修改审查合格的施工图。确需修改的，凡涉及上述审查内容的，建设单位应当将修改后的施工图送原审查机构审查。对于交通运输等基础设施工程，施工图设计文件则实行审批或审核制度。

2. 建设准备

项目在开工建设之前要切实做好各项准备工作，其主要内容包括：

（1）征地、拆迁和场地平整。

（2）完成施工用水、电、通信、道路等接通工作。

（3）组织招标选择工程监理单位、施工单位及设备、材料供应商。

（4）准备必要的施工图纸。

（5）办理工程质量监督和施工许可手续。

1）办理工程质量监督手续。建设单位在办理工程质量监督注册手续时需提供下列资料：

①施工图设计文件审查报告和批准书；

②中标通知书和施工、监理合同；

③建设单位、施工单位和监理单位工程项目的负责人和机构组成；

④施工组织设计和监理规划（监理实施细则）；

⑤其他需要的文件资料。

2）办理施工许可证。从事各类房屋建筑及其附属设施的建造、装修装饰和与其配套的线路、管道、设备安装，以及城镇市政基础设施工程施工，建设单位在开工前应当向工程所在地县级以上人民政府建设行政主管部门申请领取施工许可证。必须申请领取施工许可证的建筑工程未取得施工许可证的，一律不得开工。

3. 施工安装

工程项目经批准新开工建设，项目即进入施工安装阶段。项目新开工时间，是指工程项目设计文件中规定的任何一项永久性工程第一次正式破土开槽开始施工的日期。不需开槽的工程，正式开始打桩的日期就是开工日期。铁路、公路、水库等需要进行大量土方、石方工程的，以开始进行土方、石方工程的日期作为正式开工日期。工程地质勘察、平整场地、旧建筑物拆除、临时建筑、施工用临时道路和水、电等工程开始施工的日期不能算作正式开工日期。分期建设的项目分别按各期工程开工的日期计算，如二期工程应根据工程设计文件规定的永久性工程开工的日期计算。

施工安装活动应按照工程设计要求、施工合同及施工组织设计，在保证工程质量、工期、成本及安全、环保等目标的前提下进行，达到竣工验收标准后，由施工单位移交给建设单位。

4. 生产准备

对于生产性项目而言，生产准备是项目投产前由建设单位进行的一项重要工作。它是衔接建设和生产的桥梁，是项目建设转入生产经营的必要条件。建设单位应适时组成专门机构做好生产准备工作，确保项目建成后能及时投产。

生产准备工作内容根据项目或企业不同，其要求也各不相同，但一般应包括以下主要内容：

（1）招收和培训生产人员。招收项目运营所需要的人员，并采用多种方式进行培训。特别要组织生产人员参加设备的安装、调试和工程验收工作，使其能尽快掌握生产技术和工艺流程。

（2）组织准备。主要包括生产管理机构设置、管理制度和有关规定的制订、生产人员配备等。

（3）技术准备。主要包括国内装置设计资料的汇总，有关国外技术资料的翻译、编辑，各种生产方案、岗位操作法的编制以及新技术准备等。

（4）物资准备。主要包括落实原材料、协作产品、燃料、水、电、气等来源和其他需协作配合的条件，并组织工装、器具、备品、备件等的制造或订货。

5. 竣工验收

当工程项目按设计文件规定内容和施工承包合同要求全部建完后，便可组织验收。竣工验收是投资成果转入生产或使用的标志，也是全面考核工程建设成果、检验设计和工程质量的重要步骤。

（1）竣工验收范围和标准。工程项目按批准的设计文件所规定的内容建成，符合验收标准，即：工业项目经过投料试车（带负荷运转）合格，形成生产能力的；非工业项目符合设计要求，能够正常使用的，都应及时组织验收，办理固定资产移交手续。工程项目竣工验收、交付使用，应达到下列标准：

1）生产性项目和辅助公用设施已按设计要求建完，能满足生产要求；

2）主要工艺设备已安装配套，经联动负荷试车合格，形成生产能力，能够生产出设计文件规定的产品；

3）职工宿舍和其他必要的生产福利设施，能适应投产初期的需要；

4）生产准备工作能适应投产初期的需要；

5）环境保护设施、劳动安全卫生设施、消防设施已按设计要求与主体工程同时建成使用。

以上是工程项目竣工应达到标准的基本规定，各类工程项目除应遵循这些共同标准外，还要结合专业特点确定其竣工应达到的具体条件。

对某些特殊情况，工程施工虽未全部按设计要求完成，也应进行验收，这些特殊情况主要是指：

1）因少数非主要设备或某些特殊材料短期内不能解决，虽然工程内容尚未全部完成，但已可以投产或使用；

2）按规定的内容已建完，但因外部条件的制约，如流动资金不足、生产所需原材料不能满足等，而使已建成工程不能投入使用；

3）有些工程项目或单位工程，已形成部分生产能力，但近期内不能按原设计规模续建，应从实际情况出发，经主管部门批准后，可缩小规模对已完成的工程和设备组织竣工验收，移交固定资产。

（2）竣工验收准备工作。工程竣工验收准备工作主要包括：

1）整理形成工程档案资料。工程档案资料主要包括土建施工、设备安装方面及各种有关的文件、合同和试生产情况报告等。

2）绘制竣工图。工程项目竣工图是真实记录各种地下、地上建筑物等详细情况的技术文件，是对工程进行交工验收、维护、扩建、改建的依据，同时也是使用单位长期保存的技术资料。关于绘制竣工图的规定如下：

①凡按图施工没有变动的，由施工承包单位（包括总包单位和分包单位）在原施工图上加盖“竣工图”标志后即作为竣工图；

②凡在施工中，虽有一般性设计变更，但能将原施工图加以修改补充作为竣工图的，可不重新绘制，由施工承包单位负责在原施工图（必须是新蓝图）上注明修改部分，并附以设计变更通知单和施工说明，加盖“竣工图”标志后，即作为竣工图；

③凡结构形式改变、工艺改变、平面布置改变、项目改变以及有其他重大改变，不宜再在原施工图上修改补充者，应重新绘制改变后的竣工图。由于设计原因造成的，由设计单位负责重新绘图；由于施工原因造成的，由施工承包单位负责重新绘图；由于其他原因造成的，由建设单位自行绘图或委托设计单位绘图，施工单位负责在新图上加盖“竣工图”标志，并附以有关记录和说明，作为竣工图。

竣工图必须准确、完整，符合归档要求，方能交工验收。

3）编制竣工决算。建设单位必须及时清理所有财产、物资和未用完或应收回的资金，编制工程竣工决算，分析概（预）算执行情况，考核投资效益，报请主管部门审查。

（3）竣工验收程序和组织。根据国家规定，规模较大、较复杂的工程项目应先进行初验，然后进行正式验收。规模较小、较简单的工程项目，可以一次进行全部项目的竣工验收。

工程项目全部建完，经过各单位工程验收，符合设计要求，并具备竣工图、竣工决算、工程总结等必要文件资料，由项目主管部门或建设单位向负责验收的单位提出竣工验收申请报告。

竣工验收要根据投资主体、工程规模及复杂程度由政府有关部门或建设单位组成验收委员会或验收组。验收委员会或验收组负责审查工程建设各个环节，听取各有关单位工作汇报，审阅工程档案、实地查验建筑安装工程实体，对工程设计、施工和设备质量等作出全面评价。不合格的工程不予验收。对遗留问题要提出具体解决意见，限期落实完成。

（四）项目后评价

项目后评价是工程项目实施阶段管理的延伸。工程项目竣工验收交付使用，只是工程建设完成的标志，而不是工程项目管理的终结。有些工程项目需要进行后评价。项目后评价是指选取有代表性的项目，在项目竣工验收并投入使用一定时间后，将项目建成后所达到的实际效果与项目的可行性研究报告和初步设计（含概算）文件及其审批文件、项目申请书及其核准文件的主要内容进行对比分析，找出差距及原因，提出评价意见和对策建议的过程。

国家发展改革委印发的《国家发展改革委重大项目后评价管理办法》（发改评督规〔2024〕1103 号）规定，国家发展改革委聚焦党中央、国务院决策部署，每年选取一定数量项目开展后评价，制定项目后评价年度计划。

根据需要，可以对同行业、同区域多个项目开展专题后评价。专题后评价既可以对项目全过程进行评价，也可以聚焦特定领域进行评价。

1. 后评价项目选择

《国家发展改革委重大项目后评价管理办法》规定，列入后评价年度计划的项目主要从以下项目中选择：

（1）对高质量发展、国家重大战略实施和重点领域安全能力建设、现代化产业体系构建、发展新质生产力有重大支撑和示范意义的项目；

（2）对实现碳达峰碳中和、节约资源、保护生态环境、促进社会发展有重大影响的项目；

（3）对优化资源配置、调整投资方向、优化重大布局有重要借鉴作用的项目；

（4）采用新技术、新工艺、新设备、新材料、新型投融资和运营模式，以及其他具有特殊示范意义的项目；

（5）跨地区、跨流域、工期长、投资大、建设条件复杂，以及项目建设过程中发生重大方案调整的项目；

（6）征地拆迁、移民安置规模较大，在项目实施过程中发生过社会稳定事件的项目；

（7）使用中央预算内投资（国债）数额较大且比例较高的项目；

（8）提供的产品或服务实行政府定价的项目；

（9）重大社会民生项目；

（10）社会舆论普遍关注的项目；

（11）其他需要开展后评价的项目。

2. 项目单位自我总结评价

列入后评价年度计划的项目应开展自我总结评价，项目单位应对自我总结评价报告及相关资料的真实性负责。项目自我总结评价报告一般包括以下内容：

（1）项目概况：项目目标、规划政策符合性、建设必要性、建设内容和投资规模、项目单位及参建单位基本情况等。

（2）项目实施过程总结：前期工作和要素保障、投资概算执行、重大设计变更、资金使用、竣工验收、运行管理等。

（3）项目效益效果评价：财务及经济效益、社会效益、生态环境损益及环保措施实施效果、资源和能源节约利用与保护效果、技术效果等。

（4）项目目标及可持续性评价：目标实现程度及其差距和原因、项目可持续性等。

（5）项目总结：自我评价结论及相关建议。

开展专题后评价的项目主要聚焦专题评价内容进行自我总结评价，可简化编写其他内容。核准项目的自我总结评价报告主要根据项目申请书及其核准文件主要内容和核准要求执行等情况进行编写。

3. 项目后评价方法和内容

（1）项目后评价方法。项目后评价一般应采用定性和定量相结合的方法，主要包括逻辑框架法、调查法、对比法、专家打分法、综合指标体系评价法、项目成功度评价法等。

（2）项目后评价报告内容。项目后评价报告一般包括以下内容：

1）概述：项目基本情况、自我总结评价报告主要结论、项目后评价开展情况及主要结论。

2）项目前期决策总结与评价：规划政策符合性、建设必要性评价，可行性研究报告、初步设计（含概算）文件、项目申请书及其审批或核准文件主要内容和调整情况及其评价。

3）项目建设准备和实施总结与评价：开工准备、建设过程、组织管理、安全生产、资金落实和使用、竣工验收等情况及其评价。

4）项目运行总结与评价：运行效果、制度建设执行等情况及其评价。

5）项目效益效果评价：财务及经济效益、社会效益、生态环境损益及环保措施实施效果、资源和能源节约利用与保护效果、技术效果等评价。

6）项目目标及可持续性评价。

7）项目后评价结论及意见建议。

开展专题后评价的项目主要聚焦专题评价内容进行总结和评价。核准项目主要对项目申请书及其核准文件主要内容、核准要求执行等情况进行总结和评价。

三、工程项目管理类型、任务及相关制度

（一）工程项目管理类型和任务

1. 工程项目管理类型

工程项目管理是指组织运用系统工程的观点、理论和方法对工程项目周期内的所有工作（包括项目建议书、可行性研究、评估论证、设计、采购、施工、验收等）进行计划、组织、指挥、协调和控制的过程。工程项目管理的核心任务是控制项目基本目标（造价、

质量、进度），同时兼顾安全、绿色等社会目标，最终实现项目功能以满足使用者需求。

工程项目造价、质量、进度、安全、绿色等目标是一个相互关联的整体，进行工程项目管理，必须充分考虑工程项目目标之间的相互关系，注意统筹兼顾，合理确定目标，防止发生盲目追求单一目标而冲击或干扰其他目标的现象。

在工程项目策划决策和建设实施过程中，由于各阶段任务和实施主体不同，从而构成了不同类型的项目管理（图 3.1.1），包括：业主方项目管理（建设单位自身的项目管理、各类咨询公司为建设单位提供的项目管理服务及工程监理单位为建设单位提供的监理服务）、工程总承包方项目管理、设计方项目管理、施工方项目管理等。

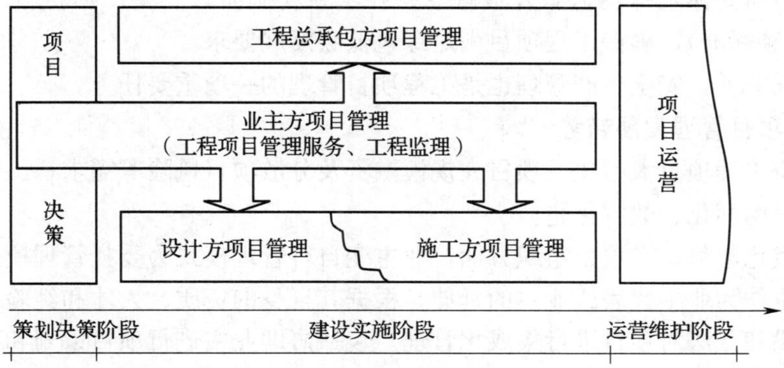

图 3.1.1 工程项目管理类型

2. 工程项目管理任务

（1）合同管理。工程总承包合同、勘察设计合同、施工合同、材料设备采购合同、项目管理合同、咨询合同、监理合同等均是建设单位与参与项目实施各主体之间明确义务和责任的协议文件。从某种意义上讲，工程项目实施过程就是合同订立和履行过程。合同管理主要是指对各类合同订立过程和履行过程的管理，包括合同文本选择，合同条件协商、谈判，合同书签署；合同履行检查，变更和违约、纠纷处理；总结评价等。

（2）组织协调。组织协调是实现工程项目目标必不可少的方法和手段。在工程项目实施过程中，各家参与单位需要处理和调整众多复杂的业务组织关系，主要包括：

1）外部环境协调，如与政府管理部门之间的协调、资源供应及社区环境方面的协调等；

2）项目参与单位之间的协调；

3）项目参与单位内部各部门、各层次及个人之间的协调。

（3）目标控制。目标控制是指工程项目管理人员在不断变化的动态环境中，为保证既定计划目标的实现而进行的一系列检查和调整活动。目标控制的主要任务是采用规划、组织、协调等手段，采取组织、技术、经济、合同等措施，确保工程项目总目标的实现。工程项目目标控制的任务贯穿在项目策划决策及建设实施（勘察、设计、施工、竣工验收）各个阶段。

（4）风险管理。随着工程项目规模大型化和技术复杂化，建设单位及项目参与各方所面临的风险越来越多。为确保工程项目投资效益，必须对工程项目风险进行识别，并在定量分析和系统评价的基础上提出风险应对策略。

(5) 信息管理。信息管理是项目目标控制的基础，其主要任务就是及时、准确地向各层级领导、各参建单位及各类人员提供所需的综合程度不同的信息，以便在工程项目进展全过程中，动态地进行项目规划，迅速、正确地进行各种决策，并及时检查决策执行结果。

(6) 绿色低碳。为了应对全球气候变化和能源短缺问题，促进经济社会绿色低碳发展，绿色低碳日益成为项目管理的重要任务之一。工程项目投资决策、设计、施工及使用环节，均需要考虑绿色低碳因素。由此可见，绿色低碳发展覆盖建设工程全寿命期。在项目决策阶段，需要体现绿色低碳发展理念；在项目实施阶段，要严格执行工程建设标准（包括绿色低碳标准），确保工程项目满足绿色低碳发展要求。

除以上任务外，安全生产管理也是工程项目管理的一项重要任务。

3. 工程项目管理发展趋势

为了适应工程项目大型化、项目大规模融资及分散项目风险等需求，工程项目管理呈现出集成化、国际化、数智化趋势。

(1) 集成化趋势。在项目组织方面，业主变自行管理模式为委托管理模式。由专业化咨询管理单位作为业主代表或业主的延伸，根据其自身的资质、人才和经验，以系统和组织运作的手段和方法对项目进行集成化管理。包括协助业主进行项目策划和项目融资、对技术来源方进行管理、对各种设施、装置的技术进行统一和整合、对参与项目的众多承包商和供货商进行管理等。尤其是合同界面之间的协调管理，要确保各合同之间的一致性和互动性，力求建设工程全寿命期综合效益最佳。目前正在推行的“全过程工程咨询”，就是将传统“碎片化”咨询转变为“集成化”咨询的重要体现。

在项目管理理念方面，不仅注重项目目标的系统性，更加强调项目目标的全寿命期管理。为了确保项目的运行质量，必须以全面质量管理的观点控制项目策划、决策、设计和施工全过程质量。项目进度控制也不仅仅是项目实施（设计、施工）阶段的进度控制，而是包括项目前期策划决策在内的全过程控制。项目造价全寿命期管理是将项目建设的一次性投资和项目建成后的运行维护费用综合起来进行控制，力求项目全寿命期造价最低，而不是追求项目建设的一次性投资最省。

(2) 国际化趋势。随着经济全球化及我国经济的快速发展，在我国的跨国公司和跨国项目越来越多，我国的许多项目已通过国际招标、咨询等方式运作，我国企业走出国门在海外投资和经营的项目也在不断增加。特别是我国加入世界贸易组织（WTO）后，我国的行业壁垒不断降低、营商环境逐步优化，国内市场国际化，国内外市场全面融合，使得项目管理国际化成为必然。

(3) 数智化趋势。随着大数据、云计算、物联网、区块链、人工智能及BIM等新一代信息技术的广泛融合应用，为工程项目管理提供了新的解决方案。工程项目管理数智化，不仅可以为工程项目参与各方提供个性化、可视化用户界面和高效、安全的协同工作平台，而且可以为工程项目提供系统化、数字化、智能化决策工具，同时有利于实现工程项目的数字交付。

当前，BIM技术在工程项目管理中的应用日益广泛。通过应用BIM技术，可实现建设工程全寿命期集成管理。尽管目前BIM技术在我国工程项目管理中的应用仍处于初级阶段，但在以下几方面的应用值得关注和推广：

1）构建可视化模型。应用 BIM 技术构建建设工程可视化模型，包括建筑、结构、设备等，不仅可用 3D 效果图进行展示，更为重要的是在工程设计、建造和运营过程中都能在可视化状态下进行沟通、讨论。

2）优化工程设计方案。应用 BIM 技术，不仅能在工程设计中进行管线碰撞检查、节能环保性能分析，而且可以基于经济和技术分析，优化工程设计方案，甚至可将工程设计与投资回报分析结合起来，实时计算工程设计变化对投资回报的影响。

3）模拟施工。应用 BIM 技术，可根据施工组织设计在 3D 建筑模型的基础上加施工进度形成 4D 模型模拟实际施工，从而通过确定合理的施工方案指导实际施工。此外，还可进一步加载费用数据，形成 5D 模型，从而实现工程造价的模拟计算。

4）强化造价管理。BIM 技术在工程造价管理信息化方面具有不可比拟的优势，对于改进工程计价模式和造价管理流程、提高工程造价管理效率，都具有积极意义。

①提高工程量计算的准确性。基于 BIM 技术的自动算量功能，可使工程量计算工作摆脱人为因素影响，得到更加客观的数据。无论是规则或不规则构件，均可利用所建立的 3D 模型进行实体工程量计算。

②合理安排资源计划。利用 BIM 技术提供的基础数据，加载时间信息后，即可自动获得任意时间段的工作量及工程造价，从而可以合理安排资金、人工、材料和施工机具等资源使用计划。

③控制工程设计变更。利用 BIM 技术，可将工程设计变更内容关联到模型中，自动反映出相关工程量变化甚至是工程造价变化，从而使工程设计人员清楚地了解工程设计方案变化对工程造价的影响。这样可消除传统模式下耗时且可靠性难以保证的弊端。

④有效支持多算对比。利用 BIM 技术数据库特性，可以赋予模型内构件时间、位置、材质、工序等各种参数信息。在此基础上可将模型中构件进行任意组合和汇总，从而快速地进行统计和核算，对未施工项目进行多算对比提供有效支撑。

⑤积累和共享历史数据。利用 BIM 技术可以对相关工程造价指标、含量指标进行详细、准确的分析和抽取，并形成电子资料，方便存储和共享，为今后类似工程投资估算和审核提供数据支撑。

（二）工程项目管理相关制度

工程建设领域实行项目法人责任制、工程监理制、招标投标制和合同管理制，是我国工程建设管理体制深化改革的重大举措。这几项制度密切联系，共同构成了我国工程建设管理的基本制度，同时也为我国工程项目管理提供了法律保障。

1. 项目法人责任制

项目法人责任制是指国有大中型项目在建设阶段就按现代企业制度组建项目法人，由项目法人对项目策划、资金筹措、建设实施、生产经营、债务偿还和资产的保值增值，实行全过程负责。项目法人责任制的核心内容是明确由项目法人承担投资风险，项目法人要对工程项目的建设及建成后的生产经营实行一条龙管理和全面负责。

（1）项目法人设立。新上项目在项目建议书被批准后，应由项目的投资方派代表组成项目法人筹备组，具体负责项目法人的筹建工作。有关单位在申报项目可行性研究报告时，必须同时提出项目法人的组建方案，否则，其可行性研究报告将不予审批。在项目可行性研究报告被批准后，应正式成立项目法人。按有关规定确保资本金按时到位，并及时办理公司设立登记。项目公司可以是有限责任公司（包括国有独资公司），也可以是股份有限公司。

（2）项目董事会职权。建设项目董事会的职权有：负责筹措建设资金；审核、上报项目初步设计和概算文件；审核、上报年度投资计划并落实年度资金；提出项目开工报告；研究解决建设过程中出现的重大问题；负责提出项目竣工验收申请报告；审定偿还债务计划和生产经营方针，并负责按时偿还债务；聘任或解聘项目总经理，并根据总经理的提名，聘任或解聘其他高级管理人员。

（3）项目总经理职权。项目总经理的职权有：组织编制项目初步设计文件，对项目工艺流程、设备选型、建设标准、总图布置提出意见，提交董事会审查；组织工程设计、施工监理、施工队伍和设备材料采购的招标工作，编制和确定招标方案、标底和评标标准，评选和确定投标、中标单位，实行国际招标的项目，按现行有关规定办理；编制并组织实施项目年度投资计划、用款计划、建设进度计划；编制项目财务预算、决算；编制并组织实施归还贷款和其他债务计划；组织工程建设实施，负责控制工程投资、工期和质量；在项目建设过程中，在批准的概算范围内对单项工程的设计进行局部调整（凡引起生产性质、能力、产品品种和标准变化的设计调整以及概算调整，需经董事会决定并报原审批单位批准）；根据董事会授权处理项目实施中的重大紧急事件，并及时向董事会报告；负责生产准备工作和培训有关人员；负责组织项目试生产和单项工程预验收；拟订生产经营计划、企业内部机构设置、劳动定员定额方案及工资福利方案；组织项目后评价，提出项目后评价报告；按时向有关部门报送项目建设、生产信息和统计资料；提请董事会聘任或解聘项目高级管理人员。

2. 工程监理制

工程监理是指具有相应资质的工程监理单位受建设单位的委托，依照法律法规、工程建设标准、勘察设计文件及合同，在施工阶段对建设工程质量、进度、造价进行控制，对合同、信息进行管理，对工程建设相关方的关系进行协调，并履行建设工程安全生产管理法定职责的服务活动。

我国从1988年开始试行建设工程监理制度，经过试点和稳步发展两个阶段后，从1996年开始进入全面推行阶段。

（1）工程监理范围。根据《建设工程质量管理条例》，下列工程必须实行监理：

1）国家重点建设工程；

2）大中型公用事业工程；

3）成片开发建设的住宅小区工程；

4）利用外国政府或者国际组织贷款、援助资金的工程；

5）国家规定必须实行监理的其他工程。

（2）工程造价控制工作内容。造价控制是工程监理的主要任务之一。工程监理中造价控制主要工作内容包括：

1）根据工程特点、施工合同、工程设计文件及经过批准的施工组织设计对工程进行风险分析，制定工程造价目标控制方案，提出防范性对策。

2）编制施工阶段资金使用计划，并按规定的程序和方法进行工程计量、签发工程款支付证书。

3）审查施工单位提交的工程变更申请，力求减少变更费用。

4）及时掌握国家调价动态，合理调整合同价款。

5）及时收集、整理工程施工和监理有关资料，协调处理费用索赔事件。

6）及时统计实际完成工程量，进行实际投资与计划投资的动态比较，并定期向建设单位报告工程投资动态情况。

7）审核施工单位提交的竣工结算书，签发竣工结算款支付证书。

此外，工程监理单位还可受建设单位委托，在工程勘察、设计、发承包、保修等阶段为建设单位提供工程造价控制相关服务。

3. 招标投标制

工程招标投标通常是指由工程、货物或服务采购方（招标方）通过发布招标公告或投标邀请向承包商、供应商提供招标采购信息，提出所需采购项目的性质及数量、质量、技术要求，交货期、竣工期或提供服务的时间，以及对承包商、供应商的资格要求等招标采购条件，由有意提供采购所需工程、货物或服务的承包商、供应商作为投标方，通过书面提出报价及其他响应招标要求的条件参与投标竞争，最终经招标方审查比较、择优选定中标者，并与其签订合同的过程。

《招标投标法》及《招标投标法实施条例》对招标、投标、开标、评标、中标等环节进行了明确规定。国家发展和改革委员会相关文件明确了必须招标的工程范围。

（1）必须招标的工程项目。根据《必须招标的工程项目规定》（国家发展改革委令第16号），下列工程必须招标：

1）全部或者部分使用国有资金投资或者国家融资的项目，包括：

①使用预算资金200万元人民币以上，且该资金占投资额10%以上的项目。这里的“预算资金”，是指《中华人民共和国预算法》规定的预算资金，包括一般公共预算资金、政府性基金预算资金、国有资本经营预算资金、社会保险基金预算资金。

②使用国有企业事业单位资金，且该资金占控股或者主导地位的项目。这里的“占控股或者主导地位”，参照《中华人民共和国公司法》关于控股股东和实际控制人的理解执行，即“其出资额占有限责任公司资本总额百分之五十以上或者其持有的股份占股份有限公司股本总额百分之五十以上的股东；出资额或者持有股份的比例虽然不足百分之五十，但依其出资额或者持有的股份所享有的表决权已足以对股东会、股东大会的决议产生重大影响的股东”；国有企业事业单位通过投资关系、协议或者其他安排，能够实际支配项目建设的，也属于占控股或者主导地位。

2）使用国际组织或者外国政府贷款、援助资金的项目，包括：

①使用世界银行、亚洲开发银行等国际组织贷款、援助资金的项目；

②使用外国政府及其机构贷款、援助资金的项目。

（2）必须招标的基础设施和公用事业项目。根据《必须招标的基础设施和公用事业项目范围规定》（发改法规〔2018〕843号），不属于《必须招标的工程项目规定》（国家发展改革委令第16号）情形的大型基础设施、公用事业等关系社会公共利益、公众安全的项目，必须招标的具体范围包括：

1）煤炭、石油、天然气、电力、新能源等能源基础设施项目；

2）铁路、公路、管道、水运，以及公共航空和 A1 级通用机场等交通运输基础设施项目；

3）电信枢纽、通信信息网络等通信基础设施项目；

4）防洪、灌溉、排涝、引（供）水等水利基础设施项目；

5）城市轨道交通等城建项目。

（3）必须招标的单项合同估算价标准。根据《必须招标的工程项目规定》（国家发展改革委令第 16 号），对于上述规定范围内的项目，其勘察、设计、施工、监理以及与工程建设有关的重要设备、材料等的采购达到下列标准之一的，必须进行招标：

1）施工单项合同估算价在 400 万元人民币以上；

2）重要设备、材料等货物的采购，单项合同估算价在 200 万元人民币以上；

3）勘察、设计、监理等服务的采购，单项合同估算价在 100 万元人民币以上。

同一项目中可以合并进行的勘察、设计、施工、监理以及与工程建设有关的重要设备、材料等的采购，合同估算价合计达到上述规定标准的，必须进行招标。

（4）必须招标的工程总承包项目。发包人依法对工程以及与工程建设有关的货物、服务全部或者部分实行总承包发包的，总承包中施工、货物、服务等各部分的估算价中，只要有一项达到相应标准，即：施工部分估算价达到 400 万元人民币以上，或者货物部分达到 200 万元人民币以上，或者服务部分达到 100 万元人民币以上，则整个总承包发包应当招标。

4. 合同管理制

工程建设是一个极为复杂的社会生产过程，由于现代社会化大生产和专业化分工，许多单位会参与到工程建设中，而各类合同则是维系各参与单位之间关系的纽带。对建设单位而言，会涉及工程承包（总承包、施工承包）合同、工程勘察合同、工程设计合同、设备和材料采购合同、工程咨询（可行性研究、技术咨询、造价咨询）合同、工程监理合同、工程项目管理服务合同、工程保险合同、贷款合同等；对承包单位而言，会涉及工程承包（总承包、施工承包）合同、工程分包合同、设备和材料采购合同、运输合同、加工合同、租赁合同、劳务分包合同、保险合同等。

自 2021 年 1 月 1 日开始施行的《民法典》合同编明确了合同订立、效力、履行、保全、变更和转让、权利义务终止、违约责任等有关内容，规定了包括建设工程合同、委托合同在内的典型合同内容，为合同管理制的实施提供了重要法律依据。

（1）建设工程合同相关规定。《民法典》合同编相关规定摘要如下：

1）建设工程合同包括工程勘察、设计、施工合同。发包人可以与总承包人订立建设工程合同，也可以分别与勘察人、设计人、施工人订立勘察、设计、施工承包合同。总承包人或者勘察、设计、施工承包人经发包人同意，可以将自己承包的部分工作交由第三人完成。第三人就其完成的工作成果与总承包人或者勘察、设计、施工承包人向发包人承担连带责任。

2）勘察、设计合同的内容一般包括提交有关基础资料和概预算等文件的期限、质量要求、费用以及其他协作条件等条款。

3）施工合同的内容一般包括工程范围、建设工期、中间交工工程的开工和竣工时间、工程质量、工程造价、技术资料交付时间、材料和设备供应责任、拨款和结算、竣工验收、质量保修范围和质量保证期、相互协作等条款。

4）发包人在不妨碍承包人正常作业的情况下，可以随时对作业进度、质量进行检查。

5）隐蔽工程在隐蔽以前，承包人应当通知发包人检查。发包人没有及时检查的，承包人可以顺延工程日期，并有权请求赔偿停工、窝工等损失。

6）建设工程竣工后，发包人应当根据施工图纸及说明书、国家颁发的施工验收规范和质量检验标准及时进行验收。验收合格的，发包人应当按照约定支付价款，并接收该建设工程。建设工程竣工验收合格后，方可交付使用；未经验收或者验收不合格的，不得交付使用。

7）建设工程施工合同无效，但建设工程经验收合格的，可以参照合同关于工程价款的约定折价补偿承包人。建设工程施工合同无效，且建设工程经验收不合格的，按照以下情形处理：

①修复后的建设工程经验收合格的，发包人可以请求承包人承担修复费用；

②修复后的建设工程经验收不合格的，承包人无权请求参照合同关于工程价款的约定折价补偿。

发包人对因建设工程不合格造成的损失有过错的，应当承担相应的责任。

8）发包人未按照约定支付价款的，承包人可以催告发包人在合理期限内支付价款。发包人逾期不支付的，除根据建设工程的性质不宜折价、拍卖外，承包人可以与发包人协议将该工程折价，也可以请求人民法院将该工程依法拍卖。建设工程的价款就该工程折价或者拍卖的价款优先受偿。

(2) 委托合同相关规定。《民法典》合同编相关规定摘要如下：

1）受托人应当按照委托人的指示处理委托事务。需要变更委托人指示的，应当经委托人同意；因情况紧急，难以和委托人取得联系的，受托人应当妥善处理委托事务，但是事后应当将该情况及时报告委托人。

2）受托人应当亲自处理委托事务。经委托人同意，受托人可以转委托。转委托经同意或者追认的，委托人可以就委托事务直接指示转委托的第三人，受托人仅就第三人的选任及其对第三人的指示承担责任。转委托未经同意或者追认的，受托人应当对转委托的第三人的行为承担责任；但是，在紧急情况下受托人为了维护委托人的利益需要转委托第三人的除外。

3）受托人完成委托事务的，委托人应当按照约定向其支付报酬。因不可归责于受托人的事由，委托合同解除或者委托事务不能完成的，委托人应当向受托人支付相应的报酬。当事人另有约定的，按照其约定。

4）有偿的委托合同，因受托人的过错造成委托人损失的，委托人可以请求赔偿损失。无偿的委托合同，因受托人的故意或者重大过失造成委托人损失的，委托人可以请求赔偿损失。受托人超越权限造成委托人损失的，应当赔偿损失。

5）受托人处理委托事务时，因不可归责于自己的事由受到损失的，可以向委托人请求赔偿损失。

6）委托人经受托人同意，可以在受托人之外委托第三人处理委托事务。因此造成受托人损失的，受托人可以向委托人请求赔偿损失。

7）两个以上的受托人共同处理委托事务的，对委托人承担连带责任。

8）委托人或者受托人可以随时解除委托合同。因解除合同造成对方损失的，除不可归责于该当事人的事由外，无偿委托合同的解除方应当赔偿因解除时间不当造成的直接损失，有偿委托合同的解除方应当赔偿对方的直接损失和合同履行后可以获得的利益。

第二节　工程项目组织

一、业主方项目管理及咨询模式

（一）项目管理承包

项目管理承包（Project Management Contract，PMC）是指项目业主聘请专业的工程公司或咨询公司，代表业主在项目实施全过程或其中若干阶段进行项目管理。被聘请的工程公司或咨询公司被称为项目管理承包商。采用 PMC 模式时，项目业主仅需保留很少部分项目管理力量对一些关键问题进行决策，绝大部分项目管理工作均由项目管理承包商承担。

1. PMC 类型

按照工作范围不同，项目管理承包（PMC）可分为三种类型：

（1）项目管理承包商代表业主进行项目管理，同时还承担部分工程的设计、采购、施工（EPC）工作。这对项目管理承包商而言，风险高，相应的利润、回报也较高。

（2）项目管理承包商作为业主项目管理的延伸，只是管理 EPC 承包商而不承担任何 EPC 工作。这对项目管理承包商而言，风险和回报均较低。

（3）项目管理承包商作为业主顾问，对项目进行监督和检查，并及时向业主报告工程进展情况。这对项目管理承包商而言，风险最低，接近于零，但回报也低。

2. PMC 工作内容

在 PMC 模式下，项目管理承包商派出的项目管理人员与业主代表组成一个完整的管理组织进行项目管理，该项目管理组织有时也被称为一体化项目管理团队（Integrated Project Management Team，IPMT），如图 3.2.1 所示。

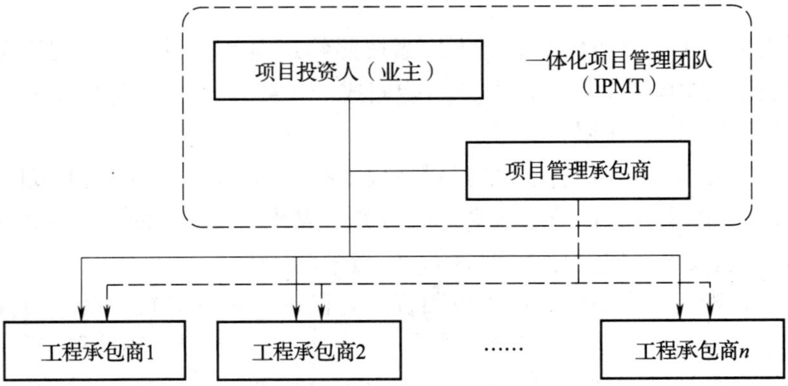

图 3.2.1　PMC 模式中的一体化项目管理团队

按照国际上流行的项目阶段划分方式，工程项目采用EPC总承包模式时可分为项目前期和项目实施两个阶段，项目管理承包商在不同阶段承担不同的工作内容。

（1）项目前期阶段工作内容。在此阶段，项目管理承包商的主要任务是代表业主进行项目管理。具体包括：项目建设方案优化；组织项目风险识别和分析，并制订项目风险应对策略；提供融资方案并协助业主进行融资；提出项目应统一遵循的标准及规范；组织或完成基础设计、初步设计和总体设计；协助业主完成政府相关审批工作；提出项目实施方案，完成项目投资估算；提出材料、设备清单及供货厂家名单；编制EPC招标文件，进行EPC投标人资格预审，并完成EPC评标工作。

（2）项目实施阶段工作内容。在此阶段，由中标的EPC总承包商进行项目的详细设计，并进行采购和施工工作。项目管理承包商的主要任务是代表业主进行协调和监督工作。具体包括：进行设计管理，协调有关技术条件；完成项目总体中某些部分的详细设计；实施采购管理，并为业主负责的采购提供服务；配合业主进行生产准备、组织试运行和验收；向业主移交项目文件资料。

3. PMC模式的优越性

（1）通过优化设计方案，可实现建设工程全寿命期成本最低。项目管理承包商会运用自身技术优势，根据项目实际条件对项目进行技术经济分析，从全寿命期成本最低角度对整个设计方案进行优化。

（2）通过选择合适的合同方式，可从整体上为业主节省建设投资。项目管理承包商在完成基础设计之后，会根据工程设计深度、技术复杂程度、工期紧迫程度及工程量大小等因素，通过周密的招标策划，确定每一个合同承包范围及计价方式，以化解或减少EPC承包带来的风险，在整体上为业主节省建设投资。

（3）通过多项目采购协议及统一的项目采购协议，可降低建设投资。项目管理承包商协助业主就某种设备或材料与制造商签订多项目采购协议，使其成为该项目中这种设备或材料的唯一供货商。业主可通过此协议获得价格、日常运行维护等方面的优惠。EPC承包商必须按业主所提供的协议去采购相应设备或材料。这样，就可有效降低工程建设投资。

（4）通过现金管理及现金流优化，可降低建设投资。项目管理承包商与业主之间通常采用成本加奖励的合同计价方式，如果在工程实施过程中通过有效管理使建设投资节约，项目管理承包商将会得到节约部分一定比例的奖励。这样，会促使项目管理承包商利用其丰富的项目融资及财务管理经验，结合工程实际情况，对整个项目现金流进行优化，从而节约工程建设投资。

当然，对项目管理承包商而言，要想达到上述目的，需要具有先进管理理念、高水平管理人才、科学管理方法和手段，以及大量数据积累。

（二）工程代建

根据《国务院关于投资体制改革的决定》（国发〔2004〕20号），对政府投资的非经营性项目，应加快推行“代建制”，即通过招标等方式，选择专业化的项目管理单位负责建设实施，严格控制项目投资、质量和工期，竣工验收后移交给使用单位。由此可见，工程代建是一种针对非经营性政府投资项目的建设实施组织方式，专业化的工程项目管理单位作为代建单位，在工程项目建设过程中按照委托合同的约定代行建设单位职责。

1. 工程代建性质

在项目建设期间，工程代建单位不存在经营性亏损或盈利，通过与政府投资管理机构签订代建合同，只收取代理费、咨询费。如果在项目建设期间使投资节约，可按合同约定从所节约的投资中提取一部分作为奖励。

工程代建单位不参与工程项目前期的策划决策和建成后的经营管理，也不对投资收益负责。工程项目代建合同生效后，为了保证政府投资的合理使用，代建单位须提交工程概算投资10%左右的履约保函。如果代建单位未能完全履行代建合同义务，擅自变更建设内容、扩大建设规模、提高建设标准，致使工期延长、投资增加或工程质量不合格，应承担所造成的损失或投资增加额。由此可见，代建单位要承担相应的管理、咨询风险，这与传统的工程建设指挥部管理有本质区别。

2. 工程代建制与项目法人责任制的区别

（1）项目管理责任范围不同。对于实施项目法人责任制的项目，项目法人的责任范围覆盖工程项目策划决策及建设实施过程，包括项目策划、资金筹措、建设实施、运营管理、贷款偿还及资产的保值增值。而对于实施工程代建制的项目，工程代建单位的责任范围只在工程项目建设实施阶段。

（2）项目建设资金责任不同。对于实施项目法人责任制的项目，项目法人需要在项目建设实施阶段负责筹措建设资金，并在项目建成后的运营期间偿还贷款及对投资方的回报。而对于实施工程代建制的项目，工程代建单位不负责建设资金的筹措，因此也不负责偿还贷款。

（3）项目保值增值责任不同。对于实施项目法人责任制的项目，项目法人需要在项目全寿命期内负责资产的保值增值。而对于实施工程代建制的项目，工程代建单位仅负责项目建设期间资金的使用，在批准的投资范围内保证建设工程项目实现预期功能，使政府投资效益最大化，不负责项目运营期间的资产保值增值。

（4）适用的工程对象不同。项目法人责任制适用于政府投资的经营性项目，而工程代建制适用于政府投资的非经营性项目（主要是公益性项目）。

（三）全过程工程咨询

2017年2月发布的《国务院办公厅关于促进建筑业持续健康发展的意见》（国办发〔2017〕19号）首次提出要“培育全过程工程咨询”。2020年8月，住房和城乡建设部等九部委联合印发的《关于加快新型建筑工业化发展的若干意见》再次强调，要创新组织管理模式，大力发展以市场需求为导向、满足委托方多样化需求的全过程工程咨询服务。

所谓全过程工程咨询，是指工程咨询方综合运用多学科知识、工程实践经验、现代科学技术和经济管理方法，采用多种服务方式组合，为委托方在项目投资决策、建设实施阶段提供阶段性或整体解决方案的综合性智力服务活动。

这里的“工程咨询方”，可以是具备相应资质和能力的一家咨询单位，也可以是多家咨询单位组成的联合体。“委托方”可以是投资方、建设单位，也可以是运营单位。这种全过程工程咨询不仅强调工程项目投资决策、建设实施全过程，甚至可延伸至运营维护阶段，而且强调技术、经济和管理相结合的综合性咨询。对于有综合实力的工程造价咨询企业，可接受委托提供以投资管控为核心的全过程工程咨询服务。

1. 全过程工程咨询服务内容

根据《国家发展改革委 住房城乡建设部关于推进全过程工程咨询服务发展的指导意见》(发改投资规〔2019〕515号),全过程工程咨询服务内容包括投资决策综合性咨询和工程建设全过程咨询。

(1)投资决策综合性咨询。投资决策综合性咨询是指综合性工程咨询单位接受投资者委托,就投资项目的市场、技术、经济、生态环境、能源、资源、安全等影响可行性的要素,结合国家、地区、行业发展规划及相关重大专项建设规划、产业政策、技术标准及相关审批要求进行分析研究和论证,为投资者提供决策依据和建议,其目的是减少分散专项评价评估,避免可行性研究论证碎片化。

(2)工程建设全过程咨询。工程建设全过程咨询是指由一家具有相应资质条件的咨询企业或多家具有相应资质条件的咨询企业组成联合体,为建设单位提供招标代理、勘察、设计、监理、造价、项目管理等全过程咨询服务,满足建设单位一体化服务需求,增强工程建设过程的协同性。全过程工程咨询企业可以为委托方提供项目实施总体策划、报批报建管理、勘察及设计管理、规划及设计优化、工程监理、招标代理、造价咨询、后评价和配合审计等咨询服务,也可包括规划和设计等活动。

工程建设全过程咨询单位提供勘察、设计、监理服务时,应当具有与工程规模及委托内容相适应的资质条件。工程建设全过程咨询项目负责人应当取得工程建设类注册执业资格且具有工程类、工程经济类高级职称,并具有类似工程经验。对于工程建设全过程咨询服务中承担工程勘察、设计、监理或造价咨询业务的负责人,应具有法律法规规定的相应执业资格。

2. 全过程工程咨询的特点

与传统的分阶段单项"碎片化"咨询相比,全过程工程咨询具有以下特点:

(1)咨询服务范围广。全过程工程咨询服务覆盖面广,主要体现在两个方面:一是从服务阶段看,全过程工程咨询覆盖项目投资决策、建设实施(设计、招标、施工)全过程集成化服务,有的还会包括运营维护阶段咨询服务;二是从服务内容看,全过程工程咨询包含技术咨询、经济分析和管理服务,而不只是侧重于管理咨询。

(2)强调智力性策划。全过程工程咨询单位要运用工程技术、经济学、管理学、法学等多学科知识和经验,为委托方提供智力服务,如:投资机会研究、建设方案策划和比选、融资方案策划、招标方案策划、建设目标分析论证等。全过程工程咨询不只是简单地为委托方"打杂",协助委托方办理相关报批手续等。为此,需要全过程工程咨询单位拥有一批高水平复合型人才,需要具备策划决策能力、组织领导能力、集成管控能力、专业技术能力、协调解决能力等。

(3)实施多阶段集成。全过程工程咨询服务不是简单地将各个阶段咨询服务相加,而是要克服传统的"碎片化"咨询服务弊端,通过多阶段集成化咨询服务,为委托方创造价值。为此,要综合考虑项目质量、安全、环保、投资、工期等目标以及合同管理、资源管理、信息管理、技术管理、风险管理、沟通管理等要素之间的相互制约和影响关系,从技术、经济、管理角度实现综合集成。

3. 全过程工程咨询实践中存在的主要问题

(1)认识不够统一。由于缺少国家层面的权威解释,全国各地、各行业及有关企业对于全过程工程咨询内涵及外延的理解存在差异。

（2）业务简单相加。许多工程咨询类企业所谓“全过程工程咨询”业务只是简单地将传统的若干“碎片化”咨询业务相加，并未通过将“碎片化”咨询业务有机集成为委托方创造更多价值。

（3）能力有待提升。多数工程咨询类企业仅靠既有能力提供所谓“全过程工程咨询”服务，并未借助全过程工程咨询服务发展提升自身综合服务能力，这与《国务院办公厅关于促进建筑业持续健康发展的意见》（国办发〔2017〕19 号）要求的“培育一批具有国际水平的全过程工程咨询企业”是有差距的。

二、工程项目发承包模式

在工程项目实施过程中，往往不止一家承包单位。由于承包单位之间、承包单位与建设单位之间的关系不同，因而形成了不同的工程项目发承包模式。

（一）基于不同承包范围的承包模式

1. 设计-招标-建造（DBB）模式

DBB（Design - Bid - Build）是一种较传统的工程发承包模式，即建设单位分别与工程勘察设计单位、施工单位签订合同，工程勘察设计、施工任务分别由工程勘察设计单位、施工单位完成。DBB 模式主要体现的是专业化分工，我国大部分工程项目都采用这种模式。

（1）合同结构。在传统 DBB 模式下，工程勘察设计单位、施工单位分别根据勘察设计合同、施工合同向建设单位负责，工程勘察设计单位与施工单位之间没有合同关系，只是协作关系。经建设单位同意，工程勘察设计单位、施工单位可将其部分任务分包给专业勘察设计单位、施工单位。DBB 模式合同结构如图 3.2.2 所示。

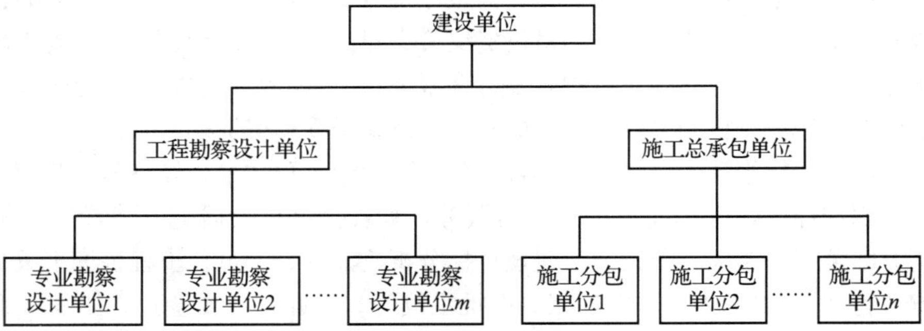

图 3.2.2　DBB 模式合同结构

在图 3.2.2 中，施工总承包单位可以是一家施工单位，也可以是由几家施工单位组成的联合体。建设单位可将工程施工任务发包给一家施工总承包单位（或联合体），也可以划分为若干标段分别平行分包给若干施工承包单位（或联合体）。

（2）优点。建设单位、工程勘察设计单位、施工总承包单位及施工分包单位在合同约束下，各自行使其职责和履行义务，责权利分配明确；建设单位直接管理工程勘察设计和施工，指令容易贯彻执行。各平行承包单位前后工作衔接，构成质量制约，有助于发现工程质量问题。此外，该模式应用广泛、历时长，相关管理方法较成熟，工程参建各方对有关程序都比较熟悉。

(3) 不足。工程设计、招标、施工按顺序依次进行，建设周期长；而且由于施工单位无法参与工程设计，设计与施工协调困难，容易产生设计变更，可能使建设单位利益受损。此外，由于工程的责任主体较多，包括设计单位、施工单位、材料设备供应单位等，一旦工程出现问题，建设单位将分别面对不同参与方，容易出现互相推诿的现象，协调工作量大。

2. 工程总承包模式

工程总承包有着丰富内涵，也有许多模式，DB (Design & Build) /EPC (Engineering - Procurement - Construction) 模式是其中常见的两种代表性模式。DB (设计-建造) 模式是指从事工程总承包的单位受建设单位委托，按照合同约定，承担工程勘察设计和施工任务。而在 EPC (设计-采购-施工) 模式中，工程总承包单位还要负责材料设备的采购工作，且其中的设计 (Engineering) 也不是一般意义上的工程设计，含有工艺流程设计、策划和管理等。

DB/EPC 模式能够为建设单位提供工程勘察设计和施工全过程服务，在国际上较为流行，近年来在我国逐渐被认识并大力推行。建设单位应当根据项目情况和自身管理能力等，合理选择工程建设组织实施方式。对于建设内容明确、技术方案成熟的项目，适宜采用工程总承包方式。DB/EPC 模式还可分别拓展为 DBO (Design - Build - Operation) 模式和 EPC + O&M (Engineering - Procurement - Construction + Operation & Maintenance) 模式。

(1) 合同结构。工程总承包单位 (或联合体) 负责整个工程建设实施，可以发挥其自身优势完成工程设计、采购及施工的全部或一部分，也可以选择合格的分包单位来完成相关工作。采用工程总承包模式，对工程总承包单位的综合实力有较高要求。工程总承包模式合同结构如图 3.2.3 所示。

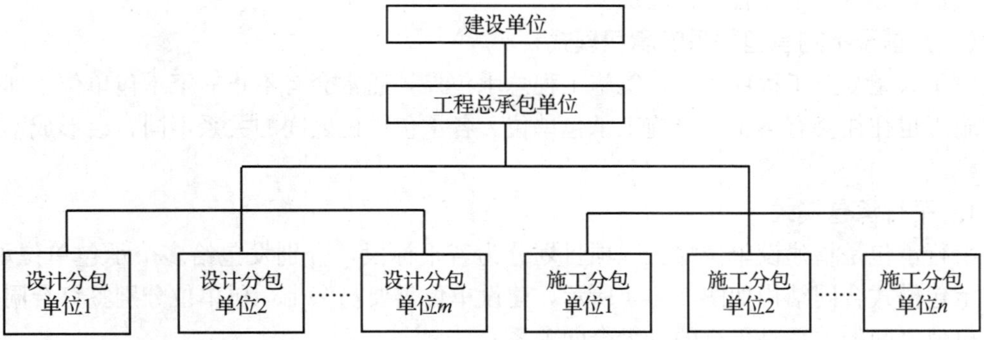

图 3.2.3　工程总承包模式合同结构

国际上，还可采用工程总承包管理模式，即：业主将工程设计与施工的主要部分发包给专门从事设计与施工组织管理的工程管理公司，该公司自己既没有设计力量，也没有施工队伍，而是将其所承接的设计和施工任务全部分包给其他设计单位和施工单位，工程管理公司则专心致力于工程项目管理工作。

(2) 优点。主要体现在以下几方面：

1) 有利于缩短建设工期。采用工程总承包模式，工程设计和施工任务均由工程总承包单位负责，可使工程设计与施工之间的沟通问题得到极大改善。此外，由于工程总承包单位能够在全部设计完成之前便可以开始其他工作，如：材料设备采购及某些可以与设计工作并行的施工等。这样，可在很大程度上缩短建设工期。

2）便于建设单位提前确定工程造价。建设单位与工程总承包单位之间通常签订总价合同，这样使建设单位在工程实施初期就确定工程总造价，便于控制工程总造价。此外，由于工程总承包单位负责工程总体控制，因而有利于减少工程变更，将工程造价控制在预算范围内。

3）使工程项目责任主体单一化。由工程总承包单位负责工程设计和施工，减少了工程实施过程中争议和索赔的发生。同时，工程设计与施工责任主体的一体化，能够激励工程总承包单位更加注意整个工程项目质量。

4）可减轻建设单位合同管理的负担。与建设单位直接签订合同的工程参建方减少，建设单位的协调工作量减少，合同管理工作量也大幅减少。

（3）不足。长期以来，我国多数总承包单位擅长承接工程设计或施工任务。实行工程总承包，对建设单位和总承包单位的综合素质均提出了更高的要求。

1）道德风险高。由工程总承包单位同时负责工程设计与施工，与传统的 DBB 模式相比，建设单位对项目的控制要弱一些，有可能会发生工程总承包单位为节省资金而采取一些不恰当行为。同时，由于建设单位倾向于将大量风险转移给工程总承包单位，因此，当风险发生且导致损失时，工程总承包单位有可能通过降低工程质量等行为来弥补其损失。

2）建设单位前期工作量大。由于工程总承包单位的技术水平和职业道德将直接影响到工程成败，因此，建设单位为慎重选择工程总承包单位，不得不在招标和评标阶段花费大量时间和精力对投标单位进行评审，这使得项目初期投入将会加大。

3）工程总承包单位报价高。工程总承包单位为应对工程实施中增加的风险，可能会提高报价，导致整个工程造价增加。

（二）基于不同承包关系的承包模式

对于大型复杂工程项目，除实施工程总承包外，通常会有不止一家承包单位。即使是工程施工也往往会有不止一家施工承包单位。各承包单位之间的关系不同，会形成不同的承包模式。

1. 平行承包模式

平行承包是指建设单位将工程项目划分为若干标段，分别发包给多个承包单位承担。平行承包模式合同结构如图 3.2.4 所示，建设单位需要与多个承包单位分别签订合同，各承包单位之间的关系是平行的，无合同关系。

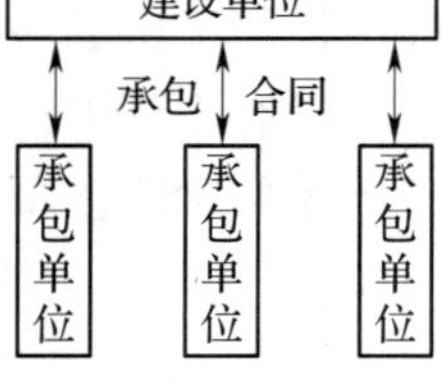

图 3.2.4 平行承包模式合同结构

平行承包模式有以下特点：

（1）有利于建设单位择优选择承包单位。由于合同内容比较单一、合同价值小、风险小，有利于不具备总承包能力的中小承包商参与竞争。建设单位可在更大范围内选择承包单位。

（2）有利于控制工程质量。整个工程经分解后分别发包给各承包单位，合同约束与相互制约使每一部分都能较好地实现其质量要求。如主体工程与装修工程分别由两个施工单位承包，当主体工程不合格时，装修单位不会同意在不合格的主体工程上进行装修，这种他控机制比自控更有约束力。

(3) 有利于缩短建设工期。由于工程项目任务经分解后平行发包，在工艺技术及场地允许的条件下，多个标段任务并行实施，可缩短整个项目工期。

(4) 组织管理和协调工作量大。由于合同数量多，使项目系统内结合部数量增加，要求建设单位具有较强的组织协调能力。

(5) 工程造价控制难度大。由于招标任务量大，需控制多项合同价格，从而使工程造价控制难度增加。

(6) 与总承包模式相比，平行承包模式不利于发挥那些技术水平高、综合管理能力强的承包商综合优势。

2. 联合体承包模式

当工程项目规模巨大或技术复杂，建筑市场竞争激烈，由一家承包单位总承包有困难时，可由几家单位联合起来形成联合体来承揽任务，以发挥各承包单位的特长和优势。联合体通常由一家或几家单位发起，经过协商确定各自承担的义务和责任等，签署联合体协议，建立联合体组织机构，产生联合体牵头单位（代表），以联合体名义与建设单位签订工程承包合同。联合体承包模式合同结构如图 3.2.5 所示。

联合体承包模式有以下特点：

(1) 建设单位的合同结构简单，组织协调工作量小，而且有利于工程造价和建设工期控制。

(2) 可以集中联合体各成员单位在资金、技术和管理等方面的优势，克服一家单位力不能及的困难，不仅有利于增强竞争能力，也有利于增强抗风险能力。

3. 合作体承包模式

当工程项目包含专业工程类别多、数量大，或专业配套需要时，一家单位无力实行总承包，而建设单位又希望承包方有一个统一的协调组织时，就可能产生几家单位自愿成立一个合作体，然后以合作体名义与建设单位签订工程承包意向合同（也称基本合同）。达成协议后，各单位再分别与建设单位签订工程承包合同，并在合作体统一计划、指挥和协调下完成承包任务。合作体承包模式合同结构如图 3.2.6 所示。

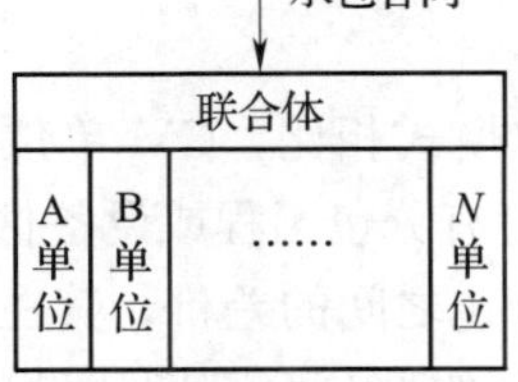

图 3.2.5 联合体承包模式合同结构

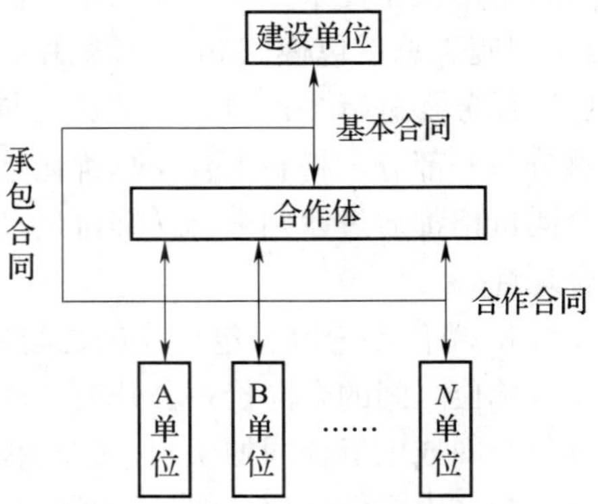

图 3.2.6 合作体承包模式合同结构

合作体承包模式有如下特点：

（1）建设单位组织协调工作量小，但风险较大。由于承包单位是一个合作体，各单位之间能相互协调，可减少建设单位组织协调工作量。但当合作体中某一家单位倒闭破产时，其他成员单位及合作体机构不承担其承包合同的经济责任，这一风险将由建设单位承担。

（2）各承包单位之间既有合作愿望，又不愿意组成联合体。参加合作体的各成员单位都不具备与整体任务相适应的力量，都想利用合作体增强总体实力。他们之间有合作愿望，但又出于自主性要求，或彼此之间信任度不够，未采取联合体捆绑式经营方式。

（三）CM模式与Partnering模式

1. CM模式

CM（Construction Management）模式是指由建设单位委托一家CM单位承担项目管理工作，该CM单位以承包单位的身份进行施工管理，并在一定程度上影响工程设计活动，组织快速路径（Fast-Track）的生产方式，使工程项目实现有条件的“边设计、边施工”。

（1）CM模式的特点。

1）采用快速路径法施工。即在工程设计尚未结束之前，当工程某些部分的施工图设计已经完成时，就开始进行该部分工程的施工招标，从而使这部分工程的施工提前到工程项目的设计阶段。

2）CM单位有代理型（Agency）和非代理型（Non-Agency）两种。代理型的CM单位不负责工程分包的发包，与分包单位的合同由建设单位直接签订。而非代理型的CM单位直接与分包单位签订分包合同。

3）CM合同采用成本加酬金方式。代理型和非代理型的CM合同是有区别的。由于代理型合同是建设单位与分包单位直接签订，因此，采用简单的成本加酬金合同形式。而非代理型合同则采用保证最大工程费用（GMP）加酬金的合同形式。这是因为CM合同总价是在CM合同签订之后，随着CM单位与各分包单位签约而逐步形成的。只有采用保证最大工程费用，建设单位才能控制工程总费用。

（2）CM模式在工程造价控制方面的价值。CM模式特别适用于那些实施周期长、工期要求紧迫的大型复杂工程。在工程造价控制方面的价值体现在以下几个方面：

1）与施工总承包模式相比，采用CM模式时的合同价更具合理性。采用CM模式时，施工任务要进行多次分包，施工合同总价不是一次确定，而是有一部分完整施工图纸，就分包一部分，将施工合同总价化整为零。而且每次分包都通过招标展开竞争，每个分包合同价格都通过谈判进行详细讨论，从而使各个分包合同价格汇总后形成的合同总价更具合理性。

2）CM单位不赚取总包与分包之间的差价。与总分包模式相比，CM单位与分包单位或供货单位之间的合同价是公开的，建设单位可以参与所有分包工程或设备材料采购招标及分包合同或供货合同的谈判。CM单位不赚取总包与分包之间的差价，其在进行分包谈判时，会努力降低分包合同价。经谈判而降低合同价的节约部分全部归建设单位所有，CM单位可获得部分奖励，这样，有利于降低工程费用。

3）应用价值工程方法挖掘节约投资的潜力。CM模式不同于普通承包模式的“按图施工”，CM单位早在工程设计阶段就可凭借其在施工成本控制方面的实践经验，应用价值工程方法对工程设计提出合理化建议，以进一步挖掘节省工程投资的可能性。此外，由于工程设计与施工的早期结合，使设计变更在很大程度上得到减少，从而减少了分包单位因设计变更而提出的索赔。

4）GMP可大幅减少建设单位在工程造价控制方面的风险。当采用非代理型CM模式时，CM单位将对工程费用的控制承担更直接的经济责任，其必须承担GMP的风险。如果实际工程费用超过GMP，超出部分将由CM单位承担。由此可见，建设单位在工程造价控制方面的风险将大幅减少。

2. Partnering模式

Partnering模式于20世纪80年代中期首先在美国出现，到20世纪90年代中后期，其应用范围逐步扩大到英国、澳大利亚、新加坡等国家以及中国香港地区，近年来日益受到工程管理界的重视。

“Partnering”一词看似简单，但要准确地译成中文却比较困难。我国大陆有的学者将其译为伙伴关系，我国台湾地区学者则将其译为合作管理。

Partnering模式的主要特征：

（1）出于自愿。Partnering协议并不仅仅是建设单位与承包单位之间的协议，而需要工程建设参与各方共同签署，包括建设单位、总承包单位、主要的分包单位、设计单位、咨询单位、主要的材料设备供应单位等。参与Partnering模式的有关各方必须是完全自愿，而非出于任何原因的强迫。

（2）高层管理者参与。由于Partnering模式需要参与各方共同组成工作小组，要分担风险、共享资源，因此，高层管理者的认同、支持和决策是关键因素。

（3）Partnering协议不是法律意义上的合同。Partnering协议与工程合同是两个完全不同的文件。在工程合同签订后，工程建设参与各方经过讨论协商后才会签署Partnering协议。该协议并不改变参与各方在有关合同中规定的权利和义务，主要用来确定参与各方在工程建设过程中的共同目标、任务分工和行为规范。

（4）信息开放性。Partnering模式强调资源共享，信息作为一种重要的资源，对于参与各方必须公开。同时，参与各方要保持及时、经常和开诚布公的沟通，在相互信任的基础上，要保证工程造价、进度、质量等方面的信息能为参与各方及时、便利地获取。

值得指出的是，Partnering模式不是一种独立存在的模式，它通常需要与工程项目其他组织模式中的某一种结合使用，如总分包模式、平行承包模式、CM模式等。

三、工程项目管理组织机构形式

工程项目管理组织机构形式应根据工程项目规模及特点、工程项目组织模式及项目管理单位自身情况等确定。常见的工程项目管理组织机构形式如下。

（一）直线式

直线式是一种最简单的组织机构形式。在这种组织机构中，各种职位均按直线垂直排列，项目经理直接进行单线垂直领导。直线式组织机构如图3.2.7所示。

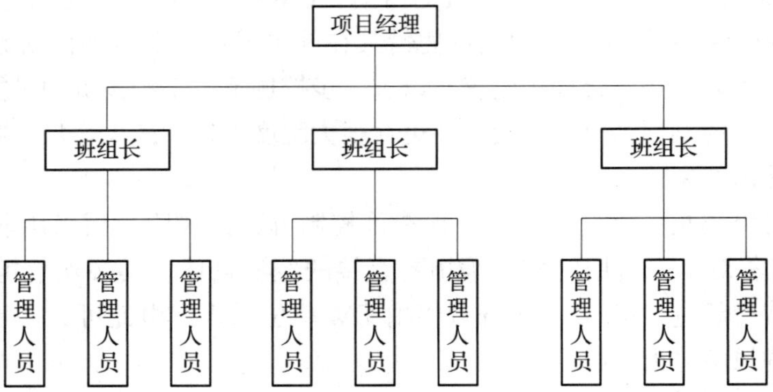

图 3.2.7 直线式组织机构示意图

直线式组织机构的主要优点是结构简单、权力集中、易于统一指挥、隶属关系明确、职责分明、决策迅速。但由于未设职能部门，项目经理没有参谋和助手，要求领导者通晓各种业务，成为“全能式”人才，无法实现管理工作专业化，不利于项目管理水平的提高。

（二）职能式

职能式组织机构是在各管理层次之间设置职能部门，各职能部门分别从职能角度对下级执行者进行业务管理。在职能式组织机构中，各级领导不直接指挥下级，而是指挥职能部门。各职能部门可以在上级领导的授权范围内，就其所辖业务范围向下级执行者发布命令和指示。职能式组织机构如图 3.2.8 所示。

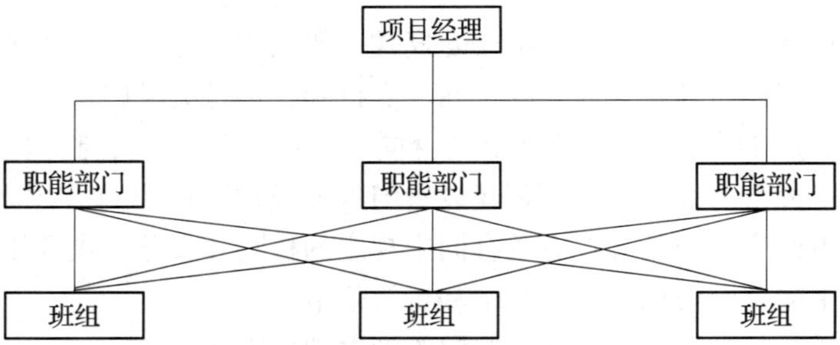

图 3.2.8 职能式组织机构示意图

职能式组织机构的主要优点是强调管理业务的专门化，注意发挥各类专家在项目管理中的作用。由于管理人员工作单一，易于提高工作质量，同时可以减轻领导者的负担。但是，由于这种机构没有处理好管理层次和管理部门的关系，形成多头领导，使下级执行者接受多方指令，容易造成职责不清。

（三）直线职能式

直线职能式是吸收了直线式和职能式两种组织机构的优点而形成的一种组织机构形式。与职能式组织机构形式相同的是，在各管理层次之间设置职能部门，但职能部门只作为本层次领导的参谋，在其所辖业务范围内从事管理工作，不直接指挥下级，与下一层次的职能部门构成业务指导关系。职能部门的指令，必须经过同层次领导的批准才能下达。各管理层次之间按直线式原理构成直接上下级关系。直线职能式组织机构如图 3.2.9 所示。

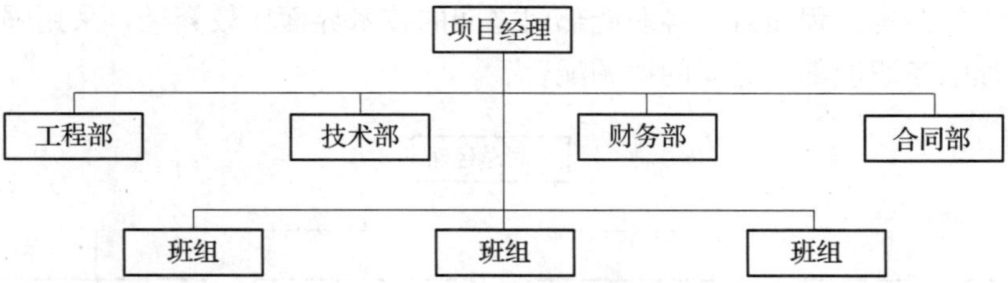

图 3.2.9　直线职能式组织机构示意图

直线职能式组织机构既保持了直线式组织机构统一指挥的特点，又满足了职能式组织机构对管理工作专业化分工的要求。其主要优点是集中领导、职责清楚，有利于提高管理效率。但这种组织机构中各职能部门之间的横向联系差，信息传递路线长，职能部门与指挥部门之间容易产生矛盾。

（四）矩阵式

矩阵式组织机构是将按职能划分的部门与按工程项目（或产品）设立的管理机构，依照矩阵方式有机地结合起来的一种组织机构。矩阵式组织机构以工程项目为对象设置，各项目管理机构内的管理人员从各职能部门临时抽调，归项目经理统一管理，待工程完工交付后又回到原职能部门或到另外的工程项目组织机构中工作。矩阵式组织机构如图 3.2.10 所示。

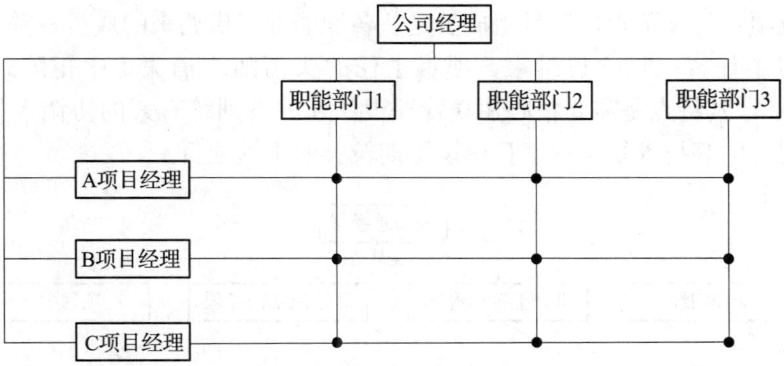

图 3.2.10　矩阵式组织机构示意图

矩阵式组织机构的优点是能根据工程任务的实际情况灵活地组建与之相适应的管理机构，具有较大的机动性和灵活性。它实现了集权与分权的最优结合，有利于调动各类人员的工作积极性，使工程项目管理工作顺利地进行。但是，矩阵式组织机构经常变动，稳定性差，尤其是业务人员的工作岗位频繁调动。此外，矩阵中的每一个成员都受项目经理和职能部门经理的双重领导，如果处理不当，会造成矛盾，产生扯皮现象。

按照项目经理的权限不同，矩阵式组织机构又可分为三种形式，即强矩阵式组织机构、中矩阵式组织机构和弱矩阵式组织机构。

1. 强矩阵式组织机构

强矩阵式组织机构中，项目经理由企业最高领导任命，并全权负责项目。项目经理直接向最高领导负责，项目组成员的绩效完全由项目经理进行考核，项目组成员只对项目经理负责。强矩阵式组织机构如图 3.2.11 所示，其特点是拥有专职的、具有较大权限的项目经理及专职项目管理人员。强矩阵式组织机构适用于技术复杂且时间紧迫的工程项目。

由于对于技术复杂的工程项目，各职能部门之间的技术界面比较繁杂，采用强矩阵式组织机构有利于加强各职能部门之间的协调配合。

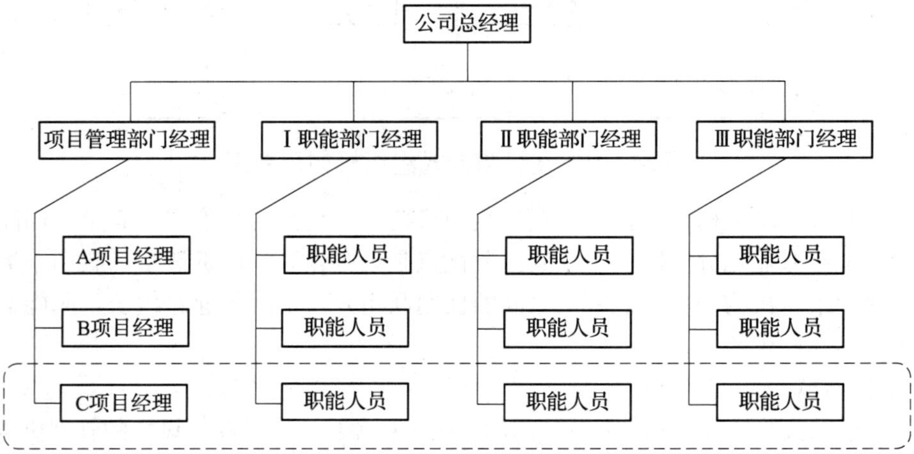

图 3.2.11 强矩阵式组织机构示意图

2. 中矩阵式组织机构

中矩阵式也称平衡矩阵式。在平衡矩阵式组织机构中，项目经理被授予一定的权力，对项目整体及项目目标负责。项目组成员是从各职能部门借调来的成员，并在成员中指定一人担任项目主任。一旦项目结束，项目主任的头衔随之消失。中矩阵式组织机构如图 3.2.12 所示，其特点是需要精心建立管理程序和配备训练有素的协调人员。中矩阵式组织机构适用于中等技术复杂程度且建设周期较长的工程项目。

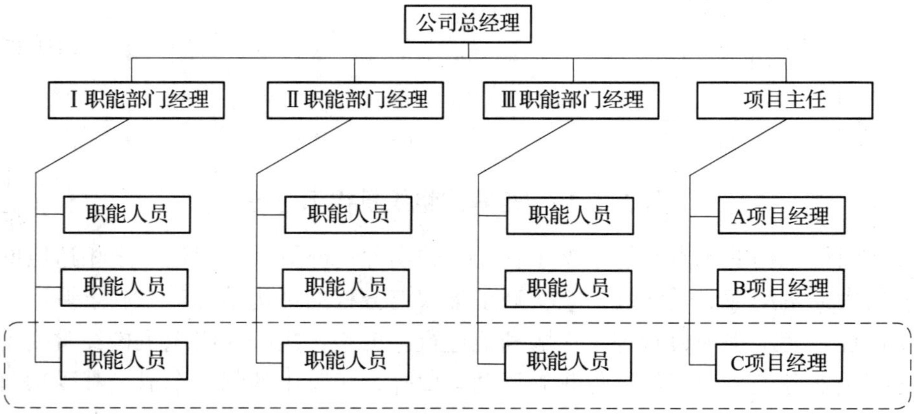

图 3.2.12 中矩阵（平衡矩阵）式组织机构示意图

3. 弱矩阵式组织机构

弱矩阵式组织机构中，并未明确对项目目标负责的项目经理。即使有项目负责人，其角色也只是一个项目协调者或监督者，而不是一个管理者。同时，员工的绩效由职能部门经理进行考核。弱矩阵式组织机构如图 3.2.13 所示，其特点是项目管理者的权限很小。弱矩阵式组织机构适用于技术简单的工程项目。因为这样的工程项目技术界面明晰或简单，跨职能部门的协调工作比较容易。

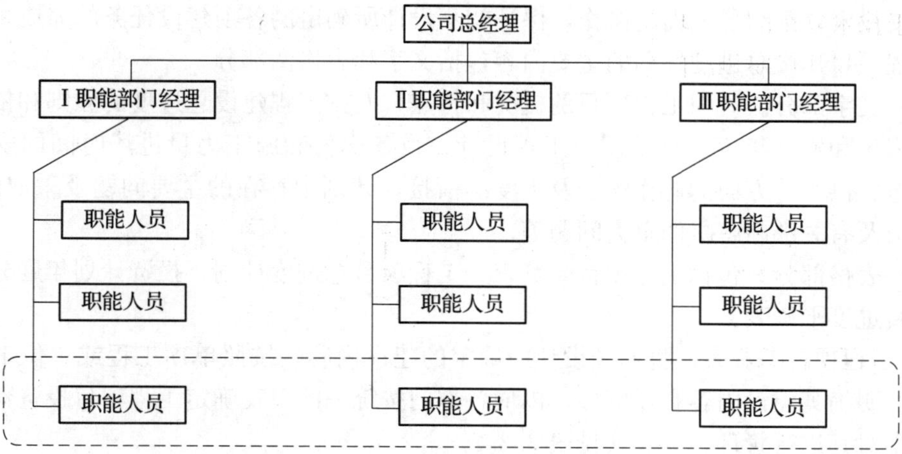

图 3.2.13　弱矩阵式组织机构示意图

第三节　工程项目计划与控制

一、工程项目计划体系

工程项目计划是为实现工程项目既定目标，对工程项目实施过程进行谋划与安排的过程。具体内容包括工程项目目标的确定和项目目标实现方法及具体措施的制定。工程项目计划是实施工程项目控制的前提条件，项目管理人员实施工程项目控制的目的就是使体现该工程项目目标的计划得以实现。

(一) 建设单位计划体系

建设单位编制（也可委托工程项目管理单位或工程监理单位编制）的计划体系包括工程项目前期工作计划、工程项目建设总进度计划和工程项目年度计划。

1. 工程项目前期工作计划

工程项目前期工作计划是指对工程项目可行性研究、项目评估的工作进度安排，它可使工程项目策划决策阶段各项工作的时间得到控制。工程项目前期工作计划需要在预测的基础上编制，其表式见表 3.3.1。其中，“建设性质”是指新建、扩建或改建，“建设规模”是指生产能力、使用规模或建筑面积等。

表 3.3.1　工程项目前期工作进度计划

项目名称	建设性质	建设规模	项目可行性研究		项 目 评 估	
			进度要求	负责单位 负责人	进度要求	负责单位 负责人

2. 工程项目建设总进度计划

工程项目建设总进度计划是指对工程项目从开始建设（设计、施工准备）至竣工投产（动用）全过程的统一部署。其主要目的是安排各单项工程、单位工程的建设进度，合理分配年度投资，组织各方面的协作，保证初步设计所确定的各项建设任务的完成。

工程项目建设总进度计划的主要内容包括文字和表格两部分。

（1）文字部分。说明工程项目的概况和特点，安排工程建设总进度的原则和依据，建设投资来源和资金年度安排情况，工程设计、设备交付和施工力量进场时间的安排，道路、供电、供水等方面的协作配合及进度的衔接，计划中存在的主要问题及采取的措施，需要上级及有关部门解决的重大问题等。

（2）表格部分。包括工程项目一览表、工程项目总进度计划、投资计划年度分配表和工程项目进度平衡表。

1）工程项目一览表。将初步设计中确定的建设内容，按照单项工程或单位工程归类并编号，明确其建设内容和投资额，以便各部门按统一的口径确定工程项目投资额，并以此为依据对其进行管理。其表式见表 3.3.2。

表 3.3.2 工程项目一览表

单项工程或单位工程名称	工程编号	工程内容	概算额/万元						备注
			合计	建筑工程费	安装工程费	设备费	工器具购置费	工程建设其他费用	

2）工程项目总进度计划。根据初步设计中确定的建设工期和工艺流程，具体安排单项工程、单位工程的开工日期和竣工日期。其表式见表 3.3.3。

表 3.3.3 工程项目总进度计划

工程编号	单项工程或单位工程名称	完成时间	××年				××年				……
			一季度	二季度	三季度	四季度	一季度	二季度	三季度	四季度	……

3）投资计划年度分配表。根据工程项目总进度计划安排各个年度的投资，以便预测各个年度的投资规模，为筹集建设资金或与银行签订借款合同及制定分年用款计划提供依据。其表式见表 3.3.4。

表 3.3.4 投资计划年度分配表

工程编号	单项工程或单位工程名称	投资额/万元	投资分配/万元					
			××年	××年	××年	××年	××年	……
……								
	合计 其中： 建安工程投资 设备投资 工器具投资 其他投资							

4）工程项目进度平衡表。用来明确各种设计文件交付日期，主要设备交货日期，施工单位进场日期，水电及道路接通日期等，以保证工程建设中各个环节相互衔接，确保工程项目按期投产或交付使用。其表式见表 3.3.5。

表 3.3.5　工程项目进度平衡表

工程编号	单项工程或单位工程名称	开工日期	竣工日期	要求设计进度				要求设备进度			要求施工进度			协作配合进度				
				交付日期			设计单位	数量	交货日期	供货单位	进场日期	竣工日期	施工单位	道路通行日期	供电		供水	
				技术设计	施工图	设备清单									数量	日期	数量	日期

3. 工程项目年度计划

工程项目年度计划是依据工程项目建设总进度计划和批准的设计文件进行编制的。该计划既要满足工程项目建设总进度计划的要求，又要与当年可能获得的资金、设备、材料、施工力量相适应。应根据分批配套投产或交付使用的要求，合理安排本年度建设的工程项目。工程项目年度计划主要包括文字和表格两部分内容。

（1）文字部分。说明编制年度计划的依据和原则，建设进度、本年计划投资额及计划建造的建筑面积，施工图、设备、材料、施工力量等建设条件的落实情况，动力资源情况，对外部协作配合项目建设进度的安排或要求，需要上级主管部门协助解决的问题，计划中存在的其他问题，以及为完成计划而采取的各项措施等。

（2）表格部分。包括年度计划项目表、年度竣工投产交付使用计划表、年度建设资金平衡表和年度设备平衡表。

1）年度计划项目表。用来确定年度施工项目的投资额和年末形象进度，并阐明建设条件（图纸、设备、材料、施工力量）的落实情况。其表式见表 3.3.6。

表 3.3.6　年度计划项目表　　投资：万元；　面积：m^2

工程编号	单位工程名称	开工日期	竣工日期	投资额	投资来源	年初完成			本年计划							建设条件落实情况			
						投资额	建安投资	设备投资	投资			建筑面积			年末形象进度	施工图	设备	材料	施工力量
									合计	建安	设备	新开工	续建	竣工					

2）年度竣工投产交付使用计划表。用来阐明各单位工程的建设规模、投资额、新增固定资产、新增生产能力等建设总规模及本年计划完成情况，并阐明其竣工日期。其表式见表 3.3.7。

表 3.3.7 年度竣工投产交付使用计划表

投资：万元； 面积：m^2

工程编号	单位工程名称	总规模				本年计划完成				
		建筑面积	投资	新增固定资产	新增生产能力	竣工日期	建筑面积	投资	新增固定资产	新增生产能力

3）年度建设资金平衡表。其表式见表 3.3.8。

表 3.3.8 年度建设资金平衡表 单位：万元

工程编号	单位工程名称	本年计划投资	动用内部资金	储备资金	本年计划需要资金	资金来源				
						预算拨款	自筹资金	基建贷款	国外贷款	……

4）年度设备平衡表。其表式见表 3.3.9。

表 3.3.9 年度设备平衡表

工程编号	单位工程名称	设备名称规格	要求到货		利用库存	自制		已到货		采购数量
			数量	时间		数量	完成时间	数量	到货时间	

（二）承包单位计划体系

承包单位计划体系包括投标时编制的项目管理规划大纲和承包合同签订之后编制的项目管理实施规划。

1. 项目管理规划大纲

项目管理规划大纲是项目管理工作中具有战略性、全局性和宏观性的指导文件，由企业管理层在投标时编制。

项目管理规划大纲的主要内容包括：

(1) 项目概况；
(2) 项目范围管理；
(3) 项目管理目标；
(4) 项目管理组织；
(5) 项目采购与投标管理；
(6) 项目进度管理；
(7) 项目质量管理；
(8) 项目成本管理；
(9) 项目安全生产管理；
(10) 绿色建造与环境管理；
(11) 项目资源管理；
(12) 项目信息管理；
(13) 项目沟通与相关方管理；
(14) 项目风险管理；
(15) 项目收尾管理。

2. 项目管理实施规划

项目管理实施规划是在开工之前由施工项目经理组织编制，并报企业管理层审批的工程项目管理文件。

项目管理实施规划的主要内容包括：
(1) 项目概况；
(2) 项目总体工作安排；
(3) 组织方案；
(4) 设计与技术措施；
(5) 进度计划；
(6) 质量计划；
(7) 成本计划；
(8) 安全生产计划；
(9) 绿色建造与环境管理计划；
(10) 资源需求与采购计划；
(11) 信息管理计划；
(12) 沟通管理计划；
(13) 风险管理计划；
(14) 项目收尾计划；
(15) 项目现场平面布置图；
(16) 项目目标控制计划；
(17) 技术经济指标。

二、工程项目施工组织设计

工程项目施工组织设计与项目管理规划既有区别，又有密切联系。施工组织设计仅适用于承包单位，尤其是施工单位；而项目管理规划（包括项目管理规划大纲、项目管理实施规划）适用于工程项目管理各方主体，包括建设单位、承包单位、咨询监理单位等。但是，对于施工单位编制项目管理规划，则与施工组织设计的内容基本相同。鉴于目前多数施工单位编制的是施工组织设计，这里将详细介绍施工组织设计有关内容，它是施工单位控制工程成本的重要基础。

根据现行国家标准《建筑施工组织设计规范》GB/T 50502，施工组织设计是指以施工项目为对象编制的，用以指导施工的技术、经济和管理的综合性文件。按编制对象不同，施工组织设计包括三个层次，即施工组织总设计、单位工程施工组织设计和施工方案。

施工组织设计的编制依据包括：

(1) 工程建设有关法律法规及政策；

(2) 工程建设标准和技术经济指标；

(3) 工程设计文件；

(4) 工程施工合同文件；

(5) 工程现场条件，工程地质与水文地质、气象等条件；

(6) 与工程有关的资源供应条件；

(7) 施工单位的生产能力、机具设备状况及技术水平等。

(一) 施工组织总设计

施工组织总设计是指以若干单位工程组成的群体工程或特大型工程项目为主要对象编制的施工组织设计，对整个工程项目的施工过程起统筹规划、重点控制的作用。

施工组织总设计的主要内容有工程概况、总体施工部署、施工总进度计划、总体施工准备与主要资源配置计划、主要施工方法、施工总平面布置。

施工组织总设计应由施工项目负责人主持编制，应由总承包单位技术负责人负责审批。

工程项目施工过程中，发生下列情形之一时，应及时修改、补充施工组织总设计：

(1) 工程设计有重大修改；

(2) 有关法律法规、标准的实施、修订或废止；

(3) 主要施工方法有重大调整；

(4) 主要施工资源配置有重大调整；

(5) 施工环境有重大改变。

修改、补充后的施工组织总设计经审批后方可实施。

1. 工程概况

工程概况应包括工程项目主要情况和主要施工条件。

(1) 工程项目主要情况。包括：工程项目名称、性质、地理位置和建设规模；工程项目的建设、勘察、设计、监理等相关单位情况；工程项目设计概况；工程项目承包范围及主要分包工程范围；施工合同中对工程项目施工的重点要求等。

(2) 主要施工条件。包括：工程项目建设地点气象状况；工程项目施工区域地形和工程水文地质状况；工程项目施工区域地上、地下管线及相邻的地上、地下建（构）筑物情况；与工程项目施工有关的道路、河流等状况；当地建筑材料、设备供应和交通运输等服务能力状况；当地供水、供电、供热和通信能力状况等。

2. 总体施工部署

总体施工部署是在充分了解工程情况、施工条件和建设要求的基础上，对整个工程进行全面安排和解决工程施工中重大问题的方案。总体施工部署也是编制施工总进度计划的前提。

施工组织总设计中应对工程项目总体施工作出下列宏观部署：

(1) 确定工程项目施工总目标，包括进度、质量、成本、安全生产及环境保护目标。

(2) 根据工程项目施工总目标要求，确定工程项目分阶段（期）交付使用计划。

(3) 确定工程项目分阶段（期）施工的合理顺序和空间组织。

施工组织总设计中还应简要分析工程项目施工的重点和难点。对于工程项目施工中开发和使用的新技术、新工艺，也应作出规划，并采取可行的技术、管理措施来满足工期、质量等要求。

此外，施工组织总设计中还应根据工程项目规模、复杂程度、专业特点、人员素质和地域范围确定总承包单位的项目管理组织机构形式，并采用框图形式表示。工程项目需要分包的，还应对分包项目施工单位的资质和能力提出明确要求。

3. 施工总进度计划

施工总进度计划是根据总体施工部署的要求，用来确定各单位工程的施工顺序、施工时间及相互衔接关系的计划。施工总进度计划的编制步骤和方法如下：

(1) 计算工程量。根据工程项目一览表，按单位工程分别计算其主要实物工程量，以便选择施工方案和施工机具，组织主要工种工程的流水施工，计算劳动量、施工机具及建筑材料的需要量。

(2) 确定各单位工程的施工期限。各单位工程的施工期限应根据合同工期确定，同时还要考虑建筑类型、结构特征、施工方法、施工管理水平、施工机械化程度及施工现场条件等因素。如果在编制施工总进度计划时没有合同工期，则应保证计划工期不超过工期定额。

(3) 确定各单位工程的开竣工时间和相互搭接关系。确定各单位工程的开竣工时间和相互搭接关系主要应考虑以下方面：

1) 同一时期施工的项目不宜过多，以避免人力、物力过于分散。

2) 尽量做到均衡施工，以使劳动力、施工机具和主要材料的供应在整个工期范围内达到均衡。

3) 尽量提前建设可供工程施工使用的永久性工程，以节省临时工程费用。

4) 急需和关键的工程先施工，以保证工程项目如期交工。对于某些技术复杂、施工周期较长、施工困难较多的工程，亦应安排提前施工，以利于整个工程项目按期交付使用。

5) 施工顺序必须与主要生产系统投入生产的先后次序相吻合。同时，还要安排好配套工程的施工时间，以保证建成的工程能迅速投入生产或交付使用。

6) 应注意季节对施工顺序的影响，避免施工受季节影响，导致工期拖延，影响工程质量。尽可能减少冬期、雨季施工的附加费用。

7）安排一部分附属工程或零星项目作为后备项目，用以调整主要项目的施工进度。

8）主要工种和主要施工机具能连续施工。

（4）编制初步施工总进度计划。施工总进度计划应安排全工地性的流水作业。全工地性的流水作业安排应以工程量大、工期长的单位工程为主导，组织若干条流水线，并以此带动其他工程。

施工总进度计划既可以用横道图表示，也可以用网络图表示。如果用横道图表示，则常用的格式见表 3.3.10。由于采用网络计划技术控制工程进度更加有效，因此，人们更多地开始采用网络图来表示施工总进度计划。特别是计算机的广泛应用，为网络计划技术的推广和普及创造了更加有利的条件。

表 3.3.10 施工总进度计划表

序号	单位工程名称	建筑面积/m^2	结构类型	工程造价/万元	施工时间/月	施工进度										
						第一年				第二年				第三年		
						Ⅰ	Ⅱ	Ⅲ	Ⅳ	Ⅰ	Ⅱ	Ⅲ	Ⅳ	Ⅰ	Ⅱ	…

（5）编制正式的施工总进度计划。初步施工总进度计划编制完成后，要对其进行检查。主要是检查总工期是否符合要求，资源使用是否均衡且其供应是否能得到保证。如果出现问题，则应进行调整。调整的主要方法是改变某些工程的起止时间或调整主导工程的工期。如果是网络计划，则可以利用计算机分别进行工期优化、费用优化及资源优化。当初步施工总进度计划经过调整符合要求后，即可形成正式的施工总进度计划。

4. 总体施工准备与主要资源配置计划

（1）总体施工准备。包括：技术准备、现场准备和资金准备等。

1）技术准备。包括：施工过程所需技术资料的准备、施工方案编制计划、试验检验及设备调试工作计划等。

2）现场准备。包括：现场生产、生活等临时设施（如临时生产、生活用房，临时道路，材料堆放场等），临时用水、用电和供热、供气等的计划。

3）资金准备。应根据施工总进度计划编制资金使用计划。

（2）主要资源配置计划。包括：人力资源配置计划和材料设备配置计划。

1）人力资源配置计划。人力资源配置计划应根据各工程项目的工程量及施工总进度计划，参照概预算编制办法及有关资料编制。合理的人力资源配置计划，可减少劳务作业人员不必要的进场、退场及避免窝工，进而节约施工成本。人力资源配置计划应解决的问题：一是确定各施工阶段（期）的总用工量；二是根据施工总进度计划确定各施工阶段（期）的劳动力配置计划。

2）材料设备配置计划。应根据总体施工部署和施工总进度计划确定主要材料设备的计划总量及进、退场时间。科学合理的材料设备配置计划，既可保证工程建设的顺利进行，又可降低工程成本。材料设备配置计划应解决的问题：一是根据施工总进度计划确定主要工程材料和设备的配置计划；二是根据总体施工部署和施工总进度计划确定主要施工周转材料和施工机具的配置计划。

5. 主要施工方法

对于工程量大、施工难度大、工期长，对整个工程项目的完成起关键作用的建（构）筑物以及影响全局的分部分项工程，施工组织总设计中应简要说明其施工方法。此外，对脚手架工程、起重吊装工程、临时用水用电工程、季节性施工等专项工程所采用的施工方法也应进行简要说明。对施工方法的确定，要兼顾工艺技术的先进性、可操作性及经济方面的合理性。

6. 施工总平面布置

施工总平面应按照工程项目分期（分批）施工计划进行布置，并绘制施工总平面布置图。施工总平面布置图应有比例关系，各种临时设施应标注外围尺寸，并有文字说明。

(1) 施工总平面布置应遵循的原则：

1) 平面布置科学合理，施工场地占用面积少；

2) 合理组织运输，减少二次搬运；

3) 施工区域的划分和场地的临时占用应符合总体施工部署和施工流程的要求，减少相互干扰；

4) 充分利用既有建（构）筑物和既有设施为工程项目施工服务，降低临时设施的建造费用；

5) 临时设施应方便生产、生活，办公区、生活区和生产区宜分离设置；

6) 符合节能、环保、安全和消防等要求；

7) 遵守工程所在地政府建设主管部门和建设单位关于施工现场安全文明施工的相关规定。

(2) 施工总平面布置图的内容：

1) 工程项目施工用地范围内的地形状况；

2) 全部拟建的建（构）筑物和其他基础设施的位置；

3) 工程项目施工用地范围内的加工设施、运输设施、存贮设施、供电设施、供水供热设施、排水排污设施、临时施工道路和办公、生活用房等；

4) 施工现场必备的安全、消防、保卫和环境保护等设施；

5) 相邻的地上、地下既有建（构）筑物及相关环境。

(二) 单位工程施工组织设计

单位工程施工组织设计是指以单位（子单位）工程为主要对象编制的施工组织设计，对单位（子单位）工程的施工过程起指导和制约作用。

单位工程施工组织设计的主要内容：工程概况、施工部署、施工进度计划、施工准备与资源配置计划、主要施工方案、施工现场平面布置。

单位工程施工组织设计应由施工项目负责人主持编制，应由施工单位技术负责人或其授权的技术人员负责审批。

与施工组织总设计类似，单位工程施工组织设计需要修改、补充的，须经审批后方可实施。

1. 工程概况

工程概况应包括：工程主要情况、各专业设计简介和工程施工条件等。

（1）工程主要情况。包括：工程名称、性质和地理位置；工程的建设、勘察、设计、监理和总承包等相关单位的情况；工程承包范围和分包工程范围；施工合同文件或总承包单位对工程施工的重点要求等。

（2）各专业设计简介。依据建设单位提供的工程设计文件描述建筑、结构、设备等各专业设计内容及对工程施工的基本要求。

（3）工程施工条件。工程施工条件与施工组织总设计中的工程施工条件类似。

2. 施工部署

施工部署是对工程项目进行统筹规划和全面安排，包括工程项目施工目标、进度安排和空间组织、施工重点和难点分析、工程项目管理组织机构等。施工部署是施工组织设计的纲领性内容，施工进度计划、施工准备与资源配置计划、施工方法、施工现场平面布置等均应围绕施工部署进行编制和确定。

（1）工程项目施工目标。应根据施工合同文件和施工单位自身对工程管理的要求确定，包括：进度、质量、成本、安全生产及环境保护目标。各项目标应满足施工组织总设计中确定的总体目标。

（2）进度安排和空间组织。施工部署中的进度安排和空间组织应符合下列要求：

1）应明确说明工程主要施工内容及其进度安排，施工顺序应符合工序逻辑关系；

2）施工流水段应结合工程具体情况分阶段进行合理划分，并说明划分依据及流水方向，确保均衡流水施工。

（3）施工重点和难点分析。包括组织管理和施工技术两个方面。

（4）工程项目管理组织机构。根据工程项目规模、复杂程度、专业特点、人员素质和地域范围确定工程项目管理组织机构形式，并采用框图形式表示。工程项目需要分包的，还应说明主要分包单位的选择要求及管理方式。

此外，施工部署中还应对工程施工中开发和使用的新技术、新工艺作出部署，对新材料和新设备的使用提出技术及管理要求。

3. 施工进度计划

单位工程施工进度计划是按照施工部署的安排，根据规定的工期和各种资源供应条件，对单位工程中的各分部分项工程的施工顺序、施工起止时间及衔接关系进行合理安排的计划。

单位工程施工进度计划的编制程序和方法如下。

（1）划分工作。工作是包括一定工作内容的施工过程，是施工进度计划的基本组成单元。工作划分的粗细程度，应根据计划的需要来决定。对于大型工程，经常需要编制控制性施工进度计划，此时，工作可划分得粗一些，一般只明确到分部工程即可。对于编制实施性施工进度计划，工作就应划分得细一些。在一般情况下，单位工程施工进度计划中的工作应细分至分项工程或更具体，以满足指导施工作业、控制施工进度的要求。

（2）确定施工顺序。确定施工顺序是为了按照施工的技术规律和合理的组织关系，解决各项工作之间在时间上的先后和搭接问题，以达到保证质量、安全施工、充分利用空间、争取时间、实现合理安排工期的目的。

一般说来，施工顺序受施工工艺和施工组织两方面的制约。当施工方案确定之后，工作之间的工艺关系也就随之确定。如果违背这种关系，将不可能施工，或者导致工程质量事故和安全事故的出现，或者造成返工浪费。

工作之间的组织关系是由于劳动力、施工机具、材料和构配件等资源的组织和安排需要而形成的。它不是由工程本身决定的，而是一种人为的关系。组织方式不同，组织关系也就不同。不同的组织关系会产生不同的经济效果，应通过调整组织关系，并将工艺关系和组织关系有机地结合起来，形成工作之间的合理顺序关系。

不同的工程项目，其施工顺序不同。即使是同一类工程项目，其施工顺序也难以做到完全相同。因此，在确定施工顺序时，必须根据工程的特点、技术组织要求以及施工方案等进行研究，不能拘泥于某种固定的顺序。

(3) 计算工程量。工程量的计算应根据施工图和工程量计算规则，针对所划分的每项工作进行。当编制施工进度计划时已有预算文件或工程量清单，且工作划分与施工进度计划一致时，可以直接套用施工预算的工程量，不必重新计算。若某些项目有出入，但出入不大时，应结合工程的实际情况进行某些必要的调整。

(4) 计算劳动量和施工机具台班数。当某项工作是由若干个分项工程合并而成时，则应分别根据各分项工程的时间定额及工程量，按公式 (3.3.1) 计算出合并后的综合时间定额（综合产量定额也可按类似方法计算）。

$$H=\frac{Q_1H_1+Q_2H_2+\cdots+Q_iH_i+\cdots+Q_nH_n}{Q_1+Q_2+\cdots+Q_i+\cdots+Q_n} \tag{3.3.1}$$

式中：H——综合时间定额（工日/m^3，工日/m^2，工日/t，…）；

Q_i——工作中第 i 个分项工程的工程量；

H_i——工作中第 i 个分项工程的时间定额。

根据工作的工程量和所采用的定额，即可按公式 (3.3.2) 或公式 (3.3.3) 计算出各项工作所需要的劳动量和施工机具台班数。

$$P=Q\cdot H \tag{3.3.2}$$

或

$$P=Q/S \tag{3.3.3}$$

式中：P——工作所需要的劳动量（工日）或施工机具台班数（台班）；

Q——工作的工程量（m^3，m^2，t，…）；

S——工作所采用的人工产量定额（m^3/工日，m^2/工日，t/工日，…）或施工机具台班产量定额（m^3/台班，m^2/台班，t/台班，…）。

其他符号同前。

零星项目所需要的劳动量可结合实际情况，根据施工单位的经验进行估算。

(5) 确定工作持续时间。根据工作所需要的劳动量或施工机具台班数，以及该工作每天安排的工人数或配备的施工机具台数，即可按公式 (3.3.4) 计算出各项工作的持续时间。

$$D=\frac{P}{R\cdot B} \tag{3.3.4}$$

式中：D——完成工作所需要的时间，即持续时间（天）；

R——每班安排的工人数或施工机具台数；

B——每天工作班数。

其他符号同前。

在安排每班工人数和施工机具台数时，应综合考虑以下问题：

1）要保证各项工作的工人班组中每一个工人拥有足够的工作面（不能少于最小工作面），以发挥高效率并保证施工安全。

2）要使各项工作的工人数量不低于正常施工时所必需的最低限度（不能小于最小劳动组合），以达到最高的劳动生产率。

由此可见，最小工作面限定了每班安排人数的上限，而最小劳动组合限定了每班安排人数的下限。对于施工机具台数的确定也是如此。

每天的工作班数应根据工作施工的技术要求和组织要求来确定。例如，浇筑大体积混凝土，要求不留施工缝连续浇筑时，就必须根据混凝土工程量决定采用双班或三班制。

以上是根据安排的工人数和配备的施工机具台班数来确定工作持续时间。但有时根据组织要求（如组织流水施工时），需要采用倒排的方式来安排进度，即先确定各项工作的持续时间，然后以此来确定所需要的工人数和施工机具台数。此时，需要将公式（3.3.4）变换成公式（3.3.5）。利用公式（3.3.5）即可确定各项工作所需要的工人数和施工机具台数。

$$R = \frac{P}{D \cdot B} \tag{3.3.5}$$

如果根据上式求得的工人数或施工机具台数已超过施工单位现有的人力、物力，除了寻求其他途径增加人力、物力外，施工单位应从施工技术和组织管理方面采取积极措施加以解决。

（6）绘制施工进度计划图。绘制施工进度计划图，应先选择施工进度计划的表达形式。目前，常用来表达施工进度计划的方法有横道图和网络图两种形式。横道图比较简单，而且非常直观，多年来被广泛应用。但是，采用横道图控制工程进度具有一定的局限性。随着电子计算机的广泛应用，网络计划技术日益受到人们的青睐。对于工程规模较大或较复杂的工程，宜采用网络计划技术。

（7）施工进度计划的检查与调整。当初始施工进度计划编制好后，需要对其进行检查与调整，以便使进度计划更加合理，进度计划检查的主要内容包括：

1）各项工作的施工顺序、平行搭接和技术间歇是否合理；

2）总工期是否满足合同规定；

3）主要工种的工人是否能满足连续、均衡施工的要求；

4）主要施工机具、材料等的利用是否均衡和充分。

在上述四个方面中，首要的是前两方面的检查，如果不满足要求，必须进行调整。只有在前两个方面均达到要求的前提下，才能进行后两个方面的检查与调整。前者是解决可行与否的问题，而后者则是优化的问题。

4. 施工准备与资源配置计划

（1）施工准备。包括：技术准备、现场准备和资金准备等。

1）技术准备。包括：施工所需技术资料的准备；施工方案编制计划；试验检验及设备调试工作计划；样板制作计划等。

2）现场准备。应根据现场施工条件和工程实际需要，准备现场生产、生活临时设施。

3）资金准备。应根据施工进度计划编制资金使用计划。

（2）资源配置计划。包括：劳动力配置计划和物资配置计划。

1）劳动力配置计划。劳动力配置计划应包括下列内容：

①确定各施工阶段用工量；

②根据施工进度计划确定各施工阶段劳动力配置计划。

2）物资配置计划。物资配置计划应包括下列内容：

①主要工程材料和设备的配置计划应根据施工进度计划确定，包括各施工阶段所需主要工程材料、设备的种类和数量；

②工程施工主要周转材料、施工机具的配置计划应根据施工部署和施工进度计划确定，包括施工阶段所需主要周转材料、施工机具的种类和数量。

5. 主要施工方案

单位工程施工组织设计中应对主要分部、分项工程制订施工方案，并对脚手架工程、起重吊装工程、临时用水用电工程、季节性施工等专项工程所采用的施工方案进行必要的验算和说明。

6. 施工现场平面布置

应结合施工组织总设计，按不同施工阶段分别绘制施工现场平面布置图。施工现场平面布置图应包括下列内容：

（1）工程施工场地状况；

（2）拟建建（构）筑物的位置、轮廓尺寸和层数；

（3）工程施工现场的加工设施、存贮设施、办公和生活用房等的位置和面积；

（4）布置在施工现场的垂直运输设施、供电设施、供水供热设施、排水排污设施和临时施工道路等；

（5）施工现场必备的安全、消防、保卫和环境保护等设施；

（6）相邻的地上、地下既有建（构）筑物及相关环境。

（三）施工方案

施工方案是指以分部（分项）或专项工程为主要对象编制的施工技术与组织方案，用以具体指导分部（分项）或专项工程的施工过程。施工方案不同，施工成本也不相同，应在技术经济分析论证的基础上，编制施工方案。在工程施工过程中，施工方案发生变化，也会引起施工成本的变化。

施工方案应由项目技术负责人审批，重点、难点分部（分项）或专项工程的施工方案应由施工单位技术部门组织相关专家评审，施工单位技术负责人批准。由专业承包单位施工的分部（分项）或专项工程的施工方案，应由专业承包单位技术负责人或其授权的技术人员审批；有总承包单位时，应由总承包单位项目技术负责人核准备案。规模较大的分部（分项）或专项工程的施工方案应按单位工程施工组织设计进行编制和审批。

施工方案包括：工程概况、施工安排、施工进度计划、施工准备与资源配置计划、施工方法及工艺要求。

1. 工程概况

工程概况包括工程主要情况、设计简介和工程施工条件等。

(1) 工程主要情况。包括：分部（分项）或专项工程名称、工程参建单位的相关情况、工程的施工范围、施工合同或总承包单位对工程施工的重点要求等。

(2) 设计简介。主要介绍施工范围内的工程设计内容和相关要求。

(3) 工程施工条件。应重点说明与分部（分项）或专项工程相关的内容。

2. 施工安排

施工安排中应包括下列内容：

(1) 工程施工目标。包括：进度、质量、成本、安全生产及环境保护等目标，各项目标应符合施工合同和总承包单位对工程施工的要求。

(2) 工程施工顺序及施工流水段。

(3) 工程施工的重点和难点分析，并简述主要的管理和技术措施。

(4) 根据分部（分项）或专项工程的规模、特点、复杂程度、目标控制和总承包单位的要求设置项目管理组织机构，明确岗位职责。

3. 施工进度计划

分部（分项）或专项工程的施工进度计划应按照施工安排，并结合总承包单位的施工进度计划进行编制。施工进度计划可采用网络图或横道图表示，并附必要说明。

分部（分项）或专项工程的施工进度计划应能反映各施工区段或各工序之间的搭接关系，施工期限和开始、结束时间。同时，施工进度计划应能体现和落实施工总进度计划的目标控制要求，进而体现施工总进度计划的合理性。

4. 施工准备与资源配置计划

(1) 施工准备。包括：技术准备、现场准备和资金准备等。

1) 技术准备。包括：施工所需技术资料的准备；图纸深化和技术交底的要求；试验检验和调试工作计划；样板制作计划以及与相关单位的技术交接计划等。

2) 现场准备。包括：生产、生活临时设施的准备以及与相关单位进行现场交接的计划等。

3) 资金准备。应编制资金使用计划。

(2) 资源配置计划。包括：劳动力配置计划和物资配置计划。

1) 劳动力配置计划。确定工程用工量并编制专业工种劳动力计划表。

2) 物资配置计划。包括：工程材料和设备配置计划，周转材料和施工机具配置计划以及计量、测量和检验仪器配置计划等。

5. 施工方法及工艺要求

施工方法及工艺要求应包括下列内容：

(1) 明确分部（分项）或专项工程的施工方法，并进行必要的技术核算，明确主要分项工程（工序）的施工工艺要求。

(2) 重点说明易发生质量通病、易出现安全问题、施工难度大、技术要求高的分项工程（工序）。

(3) 对开发和使用的新技术、新工艺以及采用的新材料、新设备，应通过必要的试验或论证并编制计划。

（4）根据施工地点的气候条件，对季节性施工提出具体要求。

（四）专项施工方案

根据《建设工程安全生产管理条例》，施工单位应当在危险性较大的分部分项工程施工前编制专项施工方案。

1. 专项施工方案的内容

专项施工方案应当包括以下内容：

（1）工程概况。危险性较大的分部分项工程概况、施工平面布置、施工要求和技术保证条件。

（2）编制依据。相关法律、法规、规范性文件、标准、规范及图纸（国标图集）、施工组织设计等。

（3）施工计划。施工进度计划、材料与设备计划。

（4）施工工艺技术。技术参数、工艺流程、施工方法、检查验收等。

（5）施工安全保证措施。组织保障、技术措施、应急预案、监测监控等。

（6）劳动力计划。专职安全生产管理人员、特种作业人员等。

（7）计算书及相关图纸。

2. 专项施工方案的审查

专项方案应当由施工单位技术部门组织本单位施工技术、安全、质量等部门的专业技术人员进行审核。经审核合格的，由施工单位技术负责人签字。实行施工总承包的，专项施工方案应当由总承包单位技术负责人及相关专业承包单位技术负责人签字。不需专家论证的专项施工方案，经施工单位审核合格后报监理单位，由项目总监理工程师审核签字。

3. 专项施工方案的论证

超过一定规模的危险性较大的分部分项工程专项施工方案应当由施工单位组织召开专家论证会。实行施工总承包的，由施工总承包单位组织召开专家论证会。

三、工程项目目标控制的内容、措施和方法

（一）目标控制的类型

由于控制方式和方法的不同，控制可分为多种类型。例如，按照事物发展过程，控制可分为事前控制、事中控制、事后控制；按照是否形成闭合回路，控制可分为开环控制和闭环控制；按照纠正措施或控制信息的来源，控制可分为前馈控制和反馈控制。归纳起来，控制可分为两大类，即主动控制和被动控制。

1. 主动控制

主动控制就是预先分析目标偏离的可能性，并拟订和采取各项预防性措施，以使计划目标得以实现。主动控制是一种面对未来的控制，它可以解决传统控制过程中存在的时滞影响，尽最大可能改变偏差已经成为事实的被动局面，从而使控制更为有效。

主动控制是一种前馈控制。当控制者根据已掌握的可靠信息预测出系统将要输出偏离计划的目标时，就制定纠正措施并向系统输入，以便使系统的运行不发生偏离。主动控制又是一种事前控制，它必须在事情发生之前采取控制措施。

实施主动控制，可以采取以下措施：

（1）详细调查并分析研究外部环境条件，以确定影响目标实现和计划实施的各种有利

和不利因素，并将这些因素考虑到计划和其他管理职能之中。

（2）识别风险，努力将各种影响目标实现和计划实施的潜在因素揭示出来，为风险分析和管理提供依据，并在计划实施过程中做好风险管理工作。

（3）用科学的方法制订计划。做好计划可行性分析，消除那些造成资源不可行、技术不可行、经济不可行和财务不可行的各种错误和缺陷，保障工程的实施能够有足够的时间、空间、人力、物力和财力，并在此基础上力求使计划得到优化。事实上，计划制订得越明确、完善，就越能设计出有效的控制系统，也就越能使控制产生更好的效果。

（4）高质量地做好组织工作，使组织与目标和计划高度一致，把目标控制的任务与管理职能落实到适当的机构和人员，做到职权与职责明确，使全体成员能够通力协作，为共同实现目标而努力。

（5）制订必要的备用方案，以应对可能出现的影响目标或计划实现的情况。一旦发生这些情况，因有应急措施作保障，从而可以减少偏离量，或避免发生偏离。

（6）计划应有适当的松弛度，即“计划应留有余地”。这样，可以避免那些经常发生但又不可避免的干扰因素对计划产生影响，减少“例外”情况产生的数量，从而使管理人员处于主动地位。

（7）沟通信息流通渠道，加强信息收集、整理和研究工作，为预测工程未来发展状况提供全面、及时、可靠的信息。

2. 被动控制

被动控制是指当系统按计划运行时，管理人员对计划的实施进行跟踪，将系统输出的信息进行加工、整理，再传递给控制部门，使控制人员从中发现问题，找出偏差，寻求并确定解决问题和纠正偏差的方案，然后再回送给计划实施系统付诸实施，使计划目标一旦出现偏离就能得以纠正。被动控制是一种反馈控制。对项目管理人员而言，被动控制仍然是一种积极的控制，也是一种十分重要的控制方式，而且是经常采用的控制方式。

被动控制可以采取以下措施：

（1）应用现代化管理方法和手段跟踪、测试、检查工程实施过程，发现异常情况，及时采取纠偏措施。

（2）明确项目管理组织中过程控制人员的职责，发现情况及时采取措施进行处理。

（3）建立有效的信息反馈系统，及时反馈偏离计划目标值的情况，以便及时采取措施予以纠正。

对项目管理人员而言，主动控制与被动控制都是实现项目目标所必须采用的控制方式。有效地控制是将主动控制与被动控制紧密地结合起来，力求加大主动控制在控制过程中的比例，同时进行定期、连续的被动控制。只有如此，才能完成项目目标控制的根本任务。

（二）工程项目目标控制内容

1. 工程项目进度控制

工程项目进度控制是指在实现工程项目总目标的过程中，为使工程建设的实际进度符合项目进度计划的要求，使项目按计划要求的时间动用而开展的有关监督管理活动。工程项目进度控制的总目标就是项目最终动用的计划时间，也就是工业项目负荷联动试车成功、民用项目交付使用的计划时间。工程项目进度控制是对工程项目从策划与决策开始，经设计与施工，直至竣工验收交付使用为止全过程的控制。

影响工程项目进度目标的因素有很多，包括：管理人员、劳务人员素质和能力低下，数量不足；材料和设备不能按时、按质、按量供应；建设资金缺乏，不能按时到位；施工技术水平低，不能熟练掌握和运用新技术、新材料、新工艺；组织协调困难，各承包商不能协作同步工作；未能提供合格的施工现场；异常的工程地质、水文、气候、社会、政治环境等。要实现有效的进度控制，必须对上述影响进度的因素实施控制，采取措施减少或避免其对工程进度的影响。

2. 工程项目质量控制

工程项目质量控制是指在力求实现工程项目总目标的过程中，为满足项目总体质量要求所开展的有关监督管理活动。工程项目的质量目标是指对工程项目实体、功能和使用价值，以及参与工程建设的有关各方工作质量的要求或需求的标准和水平，也就是对项目符合有关法律、法规、规范、标准程度和满足建设单位要求程度作出的明确规定。

影响工程项目质量的因素有很多，通常可以概括为人、机械、材料、方法和环境五个方面。工程项目的质量控制，应当是一个全面、全过程的控制过程，项目管理人员应当采取有效措施对人、机械、材料、方法和环境等因素进行控制，以保障工程质量。

3. 工程项目造价控制

工程项目造价控制是指在整个项目的实施阶段开展管理活动，力求使项目在满足质量和进度要求的前提下，实现项目实际投资不超过计划投资。

工程项目造价控制不是单一目标的控制，而应当与工程项目质量控制和进度控制同时进行。项目管理人员在对工程造价目标进行确定或论证时，应当综合考虑整个目标系统的协调和统一，不仅要使造价目标满足建设单位的需求，还要使质量目标和进度目标也能满足建设单位的要求。这就需要在确定项目目标系统时，认真分析业主对项目的整体需求，反复协调工程进度、质量和造价三大目标之间的关系，力求实现三大目标的最佳匹配。

此外，项目管理人员在控制工程项目造价时，应立足于建设工程全寿命期经济效益，不能只局限于项目的一次性投资。

（三）工程项目目标控制措施

为了取得目标控制的理想成果，应当从多方面采取措施。工程项目目标控制的措施通常可以概括为组织措施、技术措施、经济措施和合同措施四个方面。

1. 组织措施

控制是由人来执行的，监督按计划要求投入劳动力、机具、设备、材料，巡视、检查工程运行情况，对工程信息的收集、加工、整理、反馈，发现和预测目标偏差，采取纠正行动等都需要事先委任执行人员，授予相应职权，确定职责，制订工作考核标准，并力求使之一体化运行。除此之外，如何充实控制机构，挑选与其工作相称的人员；对工作进行考评，以便评估工作、改进工作、挖掘潜在工作能力、加强相互沟通；在控制过程中激励人们以调动和发挥他们实现目标的积极性、创造性；培训人员等，都是在控制过程中需要考虑采取的措施。只有采取适当的组织措施，保证目标控制的组织工作明确、完善，才能使目标控制取得良好效果。

2. 技术措施

控制在很大程度上要通过技术来解决问题。实施有效控制，如果不对多个可能的主要技术方案进行技术可行性分析，不对各种技术数据进行审核、比较，不事先确定设计方案的评选原则，不通过科学试验确定新材料、新工艺、新设备、新结构的适用性，不对各投标文件中的主要技术方案做必要的论证，不对施工组织设计进行审查，不想方设法在整个项目实施阶段寻求节约投资、保障工期和质量的技术措施，目标控制就毫无效果可言。使计划能够输出期望的目标需要依靠掌握特定技术的人，需要采取一系列有效的技术措施实现项目目标的有效控制。

3. 经济措施

一个工程项目的建成动用，归根结底是一项投资的实现。从项目的提出到项目的实现，始终伴随着资金的筹集和使用工作。无论是对工程造价实施控制，还是对工程质量、进度实施控制，都离不开经济措施。为了理想地实现工程项目，项目管理人员要收集、加工、整理工程经济信息和数据，要对各种实现目标的计划进行资源、经济、财务诸方面的可行性分析，要对经常出现的各种设计变更和其他工程变更方案进行技术经济分析，以减少对计划目标实现的影响，要对工程概、预算进行审核，要编制资金使用计划，要对工程付款进行审查等。如果项目管理人员在目标控制时忽视了经济措施，不但使工程造价目标难以实现，而且会影响到工程质量和进度目标的实现。

4. 合同措施

工程项目建设需要设计单位、施工单位和材料设备供应单位分别承担设计、施工和材料设备供应。没有这些工程建设行为，项目就无法建成动用。在市场经济条件下，这些承包商是分别根据其与建设单位签订的设计合同、施工合同和供销合同来参与工程项目建设的，他们与建设单位构成了工程承发包关系。承包设计的单位根据合同要求，要保障工程项目设计的安全可靠性，提高项目的适用性和经济性，并保证设计工期的要求。承包施工的单位要根据合同要求，在规定的工期、造价范围内保证完成规定的工程量并使其达到规定的施工质量要求。承包材料和设备供应的单位应当根据合同要求，保证按质、按量、按时供应材料和设备。为了对这些建设工程合同进行科学管理，以实现对工程项目目标的有效控制，建设单位还可委托专业化、社会化的项目管理单位及监理单位，在其授权范围内由项目管理单位及监理单位依据其与建设单位签订的委托合同及相关的工程建设合同行使管理及监理职责，对工程建设合同的履行实施监督管理。由此可见，确定对目标控制有利的承发包模式和合同结构，拟订合同条款，参加合同谈判，处理合同执行过程中的问题，以及做好防止和处理索赔的工作等，是项目管理人员进行目标控制的重要手段。

（四）工程项目目标控制方法

控制方法因控制目标不同而不同。常用工程项目目标控制方法有以下几种。

1. 网络计划技术

网络计划技术是一种用于工程进度控制的有效方法，在工程项目目标控制中采用这种方法也有助于工程成本的控制和资源的优化配置。

应用网络计划技术时，可按下列程序对工程进度目标实施控制：

（1）根据工程项目具体要求编制网络计划图，并按有关目标要求进行网络计划的优化。

（2）定期进行网络计划执行情况的检查，主要分析实际进度与计划进度的差异。

（3）分析产生进度差异的原因以及工作进度偏差对总工期及后续工作的影响程度。

（4）根据工程项目总工期及后续工作的限制条件，采取进度调整措施，调整原进度计划。

（5）执行调整后的网络计划，并在执行过程中定期进行实际进度的检查与分析。

如此循环，直至工程项目进度目标实现为止。

2. S 曲线法

对一个工程项目而言，如果以横坐标表示时间，纵坐标表示累计完成的工程数量或造价，即可形成一条形如“S”的曲线，如图 3.3.1 所示，S 曲线因此而得名。

S 曲线可用于控制工程造价和工程进度。其控制程序如下：

（1）根据工程项目进度计划安排，在以横坐标表示时间，纵坐标表示累计完成的工程数量或造价的坐标体系中，绘制工程数量或造价的计划累计 S 曲线。

（2）根据工程进展情况，在同一坐标体系中绘制工程数量或造价的实际累计 S 曲线。

（3）将实际 S 曲线与计划 S 曲线进行比较，以此判断工程进度偏差或造价偏差。

（4）如果出现较大偏差，则应分析原因，并采取措施进行调整。

（5）如果投资计划或进度计划作出调整，则需要重新绘制调整后的 S 曲线，以便在下一步控制过程中进行对比分析。

上述步骤重复进行，从而使工程进度或工程造价得到有效控制。

3. 香蕉曲线法

香蕉曲线法的原理与 S 曲线法的原理基本相同，其主要区别在于：香蕉曲线是以工程网络计划为基础绘制的。由于在工程网络计划中，工作的开始时间有最早开始时间和最迟开始时间两种，如果按照工程网络计划中每项工作的最早开始时间绘制整个工程项目的计划累计完成工程量或造价，即可得到一条 S 曲线（ES 曲线）；而如果按照工程网络计划中每项工作的最迟开始时间绘制整个工程项目的计划累计完成工程量或造价，又可得到一条 S 曲线（LS 曲线），两条 S 曲线组合在一起，即成为香蕉曲线，如图 3.3.2 所示。

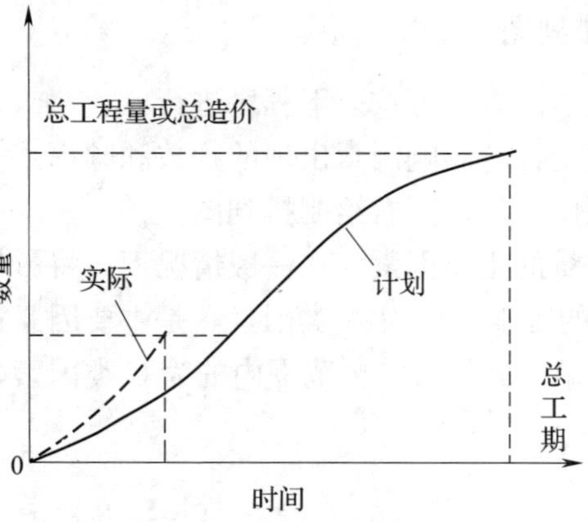

图 3.3.1 S 曲线控制图

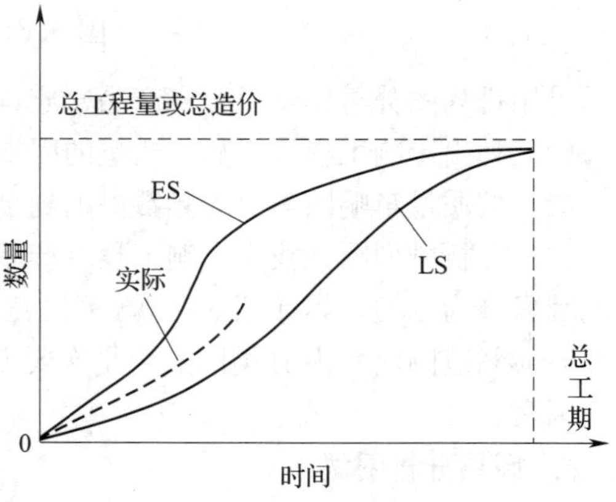

图 3.3.2 香蕉曲线控制图

与 S 曲线法相同，香蕉曲线同样可用来控制工程造价和工程进度。其控制程序如下：

（1）根据工程项目具体要求，编制工程网络计划，并计算工作时间参数。

（2）根据工程网络计划，在以横坐标表示时间，纵坐标表示累计完成的工程数量或造价的坐标体系中，绘制工程数量或造价的 ES 曲线和 LS 曲线。

（3）根据工程进展情况，在同一坐标体系中绘制工程数量或造价的实际累计 S 曲线。

（4）将实际 S 曲线与计划香蕉曲线进行比较，以此判断工程进度偏差或造价偏差。如果实际S曲线落在香蕉曲线范围之内，说明实际造价或进度处于控制范围之内。否则，说明工程造价或进度出现偏差，需要分析原因，并采取措施进行调整。

（5）如果投资计划或进度计划作出调整，则需要重新绘制调整后的香蕉曲线，以便在下一步控制过程中进行对比分析。

4. 排列图法

排列图又叫主次因素分析图或帕累托（Pareto）图，是用来寻找影响工程（产品）质量主要因素的一种有效工具。排列图由两个纵坐标、一个横坐标、若干个直方图形和一条曲线组成。其中左边的纵坐标表示频数，右边的纵坐标表示频率，横坐标表示影响质量的各种因素。若干个直方图形分别表示质量影响因素的项目，直方图形的高度则表示影响因素的大小程度，按大小顺序由左向右排列，曲线表示各影响因素大小的累计百分数。这条曲线称为帕累托曲线。排列图如图 3.3.3 所示。

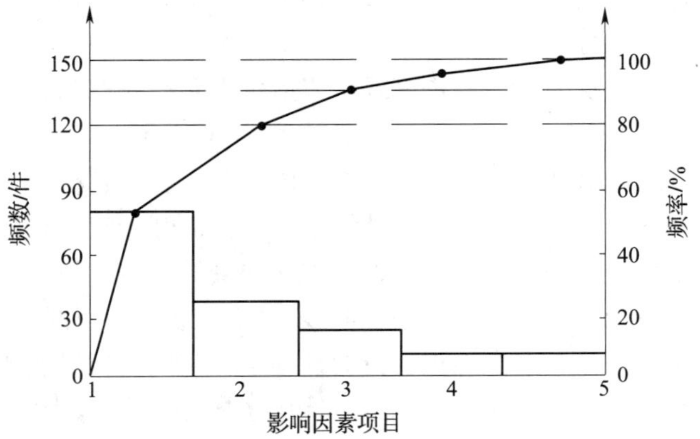

图 3.3.3 排列图

采用排列图分析影响工程（产品）质量的主要因素，可按以下程序进行：

（1）列出影响工程（产品）质量的因素，并统计各影响因素出现的频数和频率。

（2）按质量影响因素出现频数由大到小的顺序，从左至右绘制排列图。

（3）分析排列图，找出影响工程（产品）质量的主要因素。在一般情况下，将影响质量的因素分为三类，累计频率在 0～80%范围内的因素，称为A类因素，是主要因素；在 80%～90%范围内的为B类因素，是次要因素；在 90%～100%范围内的为C类因素，是一般因素。

5. 因果分析图法

因果分析图又叫树枝图或鱼刺图，是用来寻找某种质量问题产生原因的有效工具。

因果分析图的做法是：首先明确质量特性结果，画出质量特性的主干线，也就是明确制作什么质量问题的因果图。如混凝土强度不足，则把它写在右边，从左向右画上带箭头的框线。然后分析确定可能影响质量特性的大原因（大枝），一般有人、机械、材料、方法和环境五个方面。再进一步分析确定影响质量的中、小和更小原因，即画出中小细枝，如图 3.3.4 所示。

对重要的影响原因还要用标记（如 *）或文字说明，以引起重视。最后对照各种因素逐一落实，制订对策，限期改正。

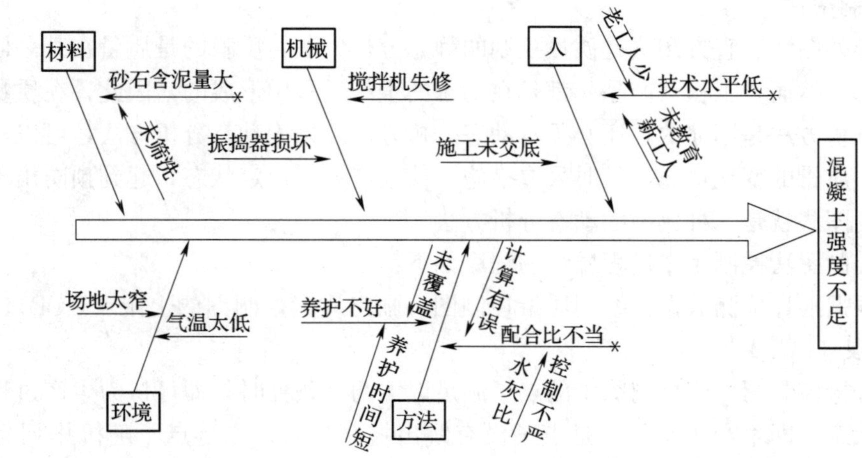

图 3.3.4　混凝土强度不足的因果分析图

6. 直方图法

直方图又叫频数分布直方图。它以直方图形的高度表示一定范围内数值所发生的频数，据此可掌握产品质量的波动情况，了解质量特征的分布规律，以便对质量状况进行分析判断。

应用直方图法控制工程（产品）质量的程序如下：

(1) 收集质量特征数据，绘制直方图。

(2) 对直方图分布状态进行分析，以此判断生产过程是否属于正常状态。当生产条件正常时，直方图应该是中间高，两侧低，左右接近对称的正常型图形，如图 3.3.5 (a) 所示。当出现非正常型图形时，就要进一步分析原因，并采取措施加以纠正。常见的非正常型图形有图 3.3.5 (b)～(e) 所示的四种类型：

1) 折齿型分布。这多数是由于作频数表时，分组不当或组距确定不当所致。

2) 绝壁型分布。直方图的分布中心偏向一侧，通常是因操作者的主观因素所造成。

3) 孤岛型分布。出现孤立的小直方图，这是由于少量材料不合格，或短时间内工人操作不熟练所造成。

4) 双峰型分布。一般是由于在抽样检查以前，数据分类工作不够好，使两个分布混淆在一起所造成。

(3) 当出现质量问题时，可进一步利用排列图、因果分析图、相关图等寻找产生质量问题的原因，并采取有效措施，使工程质量达到预定要求。

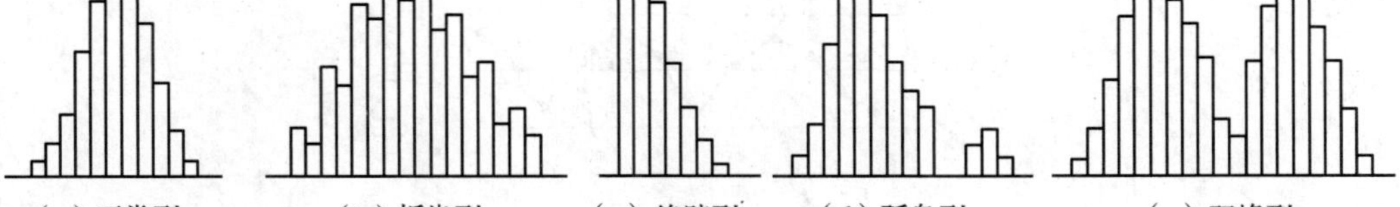

(a) 正常型　(b) 折齿型　(c) 绝壁型　(d) 孤岛型　(e) 双峰型

图 3.3.5　直方图常见分布

7. 控制图法

前述排列图法、直方图法是质量控制的静态分析方法，反映的是质量在某一段时间里的静止状态。然而，工程（产品）都是在动态的生产过程中形成的，因此，在质量控制中单用静态分析方法是不够的，还必须有动态分析方法。采用动态分析方法，可以随时了解生产过程中质量的变化情况，及时采取措施，使生产处于稳定状态，起到预防出现废品的作用。控制图法就是一种典型的动态分析方法。

应用控制图法控制生产过程质量的程序如下：

（1）根据抽样检测数据，绘制质量控制图，画出质量控制图的上限（UCL）、中心线（CL）、下限（LCL）。

（2）分析控制图。当控制图中的点子满足以下两个条件时，即可认为生产过程基本上处于控制状态，即生产正常：一是点子没有跳出控制界限；二是点子随机排列且没有缺陷。否则，就认为生产过程发生了异常变化。这里所说的点子在控制界限内排列有缺陷，包括以下几种情况：

1）点子连续在中心线一侧出现 7 个以上，如图 3.3.6（a）所示；

2）连续 7 个以上的点子上升或下降，如图 3.3.6（b）所示；

3）点子在中心线一侧多次出现，如连续 11 个点中至少有 10 个点在同一侧，如图 3.3.6（c）所示；或连续 14 个点中至少有 12 个点、连续 17 个点中至少有 14 个点、连续 20 个点中至少有 16 个点出现在同一侧；

4）点子接近控制界限，如连续 3 个点中至少有 2 个点落在 2 倍标准偏差与 3 倍标准偏差控制界限之间，如图 3.3.6（d）所示；或连续 7 个点中至少有 3 个点、连续 10 个点中至少有 4 个点落在 2 倍标准偏差与 3 倍标准偏差控制界限之间；

5）点子出现周期性波动，如图 3.3.6（e）所示。

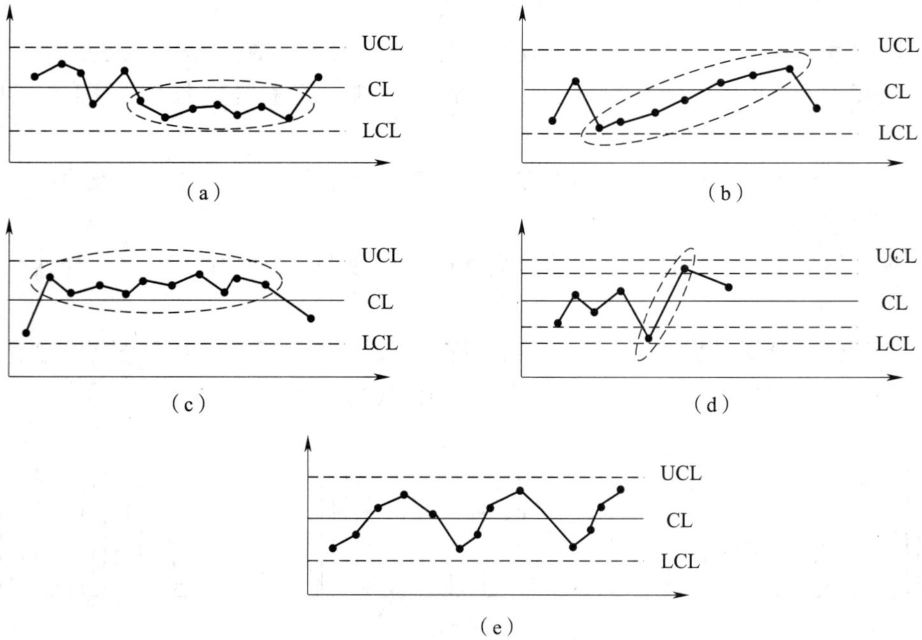

图 3.3.6 点子在控制界限内的排列缺陷

（3）如果控制图出现异常，说明生产过程存在质量问题。这时，可进一步利用排列图、因果分析图、相关图等寻找产生质量问题的原因，并采取有效措施，使工程质量达到预定要求。

除上述方法外，工程项目目标控制的方法还有很多，如目标管理、责任矩阵、里程碑跟踪、价值工程、看板管理、PDCA 循环、6σ 管理等方法。

第四节　流水施工组织方法

一、流水施工的特点和参数

流水施工方式是将拟建工程项目中的每一个施工对象分解为若干个施工过程，并按照施工过程成立相应的专业工作队，各专业队按照施工顺序依次完成各个施工对象的施工过程，同时保证施工在时间和空间上连续、均衡和有节奏地进行，使相邻两专业队能最大限度地搭接作业。

（一）流水施工的特点

（1）施工工期较短，可以尽早发挥投资效益。由于流水施工的节奏性、连续性，可以加快各专业队的施工进度，减少时间间隔。特别是相邻专业队在开工时间上可以最大限度地进行搭接，充分地利用工作面，做到尽可能早地开始工作，从而达到缩短工期的目的，使工程尽快交付使用或投产，尽早获得经济效益和社会效益。

（2）实现专业化生产，可以提高施工技术水平和劳动生产率。由于流水施工方式建立了合理的劳动组织，使各工作队实现了专业化生产，工人连续作业，操作熟练，便于不断改进操作方法和施工机具，可以不断地提高施工技术水平和劳动生产率。

（3）连续施工，可以充分发挥施工机械和劳动力的生产效率。由于流水施工组织合理，工人连续作业，没有窝工现象，机械闲置时间少，增加了有效劳动时间，从而使施工机械和劳动力的生产效率得以充分发挥。

（4）提高工程质量，可以增加建设工程的使用寿命，节约使用过程中的维修费用。由于流水施工实现了专业化生产，工人技术水平高；而且各专业队之间紧密地搭接作业，互相监督，可以使工程质量得到提高，因而可以延长建设工程的使用寿命，同时可以减少建设工程使用过程中的维修费用。

（5）降低工程成本，可以提高承包单位的经济效益。由于流水施工资源消耗均衡，便于组织资源供应，使得资源储存合理，利用充分，可以减少各种不必要的损失，节约材料费；由于流水施工生产效率高，可以节约人工费和施工机具使用费；由于流水施工降低了施工高峰人数，使材料、设备得到合理供应，可以减少临时设施工程费；由于流水施工工期较短，可以减少企业管理费。工程成本的降低，可以提高承包单位的经济效益。

（二）流水施工的表达方式

流水施工的表达方式除网络图外，主要有横道图和垂直图两种。

1. 流水施工的横道图表示法

某基础工程流水施工的横道图表示法如图 3.4.1 所示。图中的横坐标表示流水施工的持续时间；纵坐标表示施工过程的名称或编号。n 条带有编号的水平线段表示 n 个施工过程或专业工作队的施工进度安排，其编号①、②…表示不同的施工段。

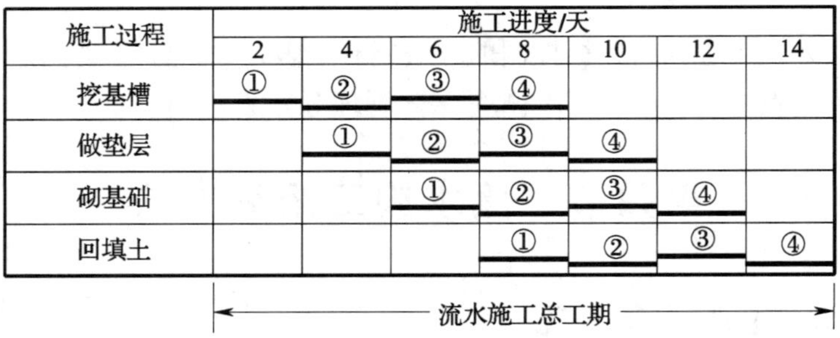

图 3.4.1　某基础工程流水施工横道图表示法

横道图表示法的优点是：绘图简单，施工过程及其先后顺序表达清楚，时间和空间状况形象直观，使用方便，因而被广泛用来表达施工进度计划。

2. 流水施工的垂直图表示法

某标段公路工程流水施工垂直计划如图 3.4.2 所示，图中横坐标表示施工过程所处的空间位置或里程，纵坐标表示流水施工时间安排，斜向线段表示施工过程或专业工作队的施工进度。

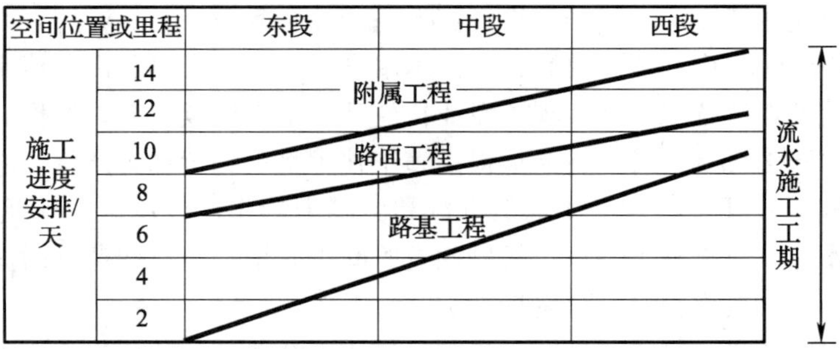

图 3.4.2　某标段公路工程流水施工垂直图表示法

对于铁路、公路、地铁、输电线路、天然气管道等线性工程施工进度计划，更适合采用垂直图表达方式。采用垂直图表达流水施工的优点是：施工过程及其先后顺序表达清楚，不仅时间和空间状况形象直观，而且斜向进度线的斜率还可直观反映各施工过程的进展速度。

（三）流水施工参数

流水施工参数是指在组织流水施工时，用来描述工艺流程、空间布置和时间安排等方面的状态参数，包括工艺参数、空间参数和时间参数。

1. 工艺参数

工艺参数主要是指在组织流水施工时，用以表达流水施工在施工工艺方面进展状态的参数，通常包括施工过程数和流水强度两个参数。

（1）施工过程数。组织建设工程流水施工时，根据施工组织及计划安排需要而将计划任务划分成的子项称为施工过程。施工过程划分的粗细程度由实际需要而定，当编制控制性施工进度计划时，组织流水施工的施工过程可以划分得粗一些，施工过程可以是单位工程或单项工程，也可以是分部工程。当编制实施性施工进度计划时，施工过程可以划分得细一些，施工过程可以是分项工程，甚至是将分项工程按照专业工种不同分解而成的施工工序。

施工过程数一般用 n 表示，它是流水施工的主要参数之一。根据其性质和特点不同，施工过程一般分为三类，即建造类施工过程、运输类施工过程和制备类施工过程。

1）建造类施工过程。建筑类施工过程是指在施工对象的空间上直接进行砌筑、安装与加工，最终形成建筑产品的施工过程。它是建设工程施工中占有主导地位的施工过程，如建筑物或构筑物的地下工程、主体结构工程、装饰工程等。

2）运输类施工过程。运输类施工过程是指将建筑材料、各类构配件、成品、制品和设备等运到工地仓库或施工现场使用地点的施工过程。

3）制备类施工过程。制备类施工过程是指为了提高建筑产品生产的工厂化、机械化程度和生产能力而形成的施工过程。如砂浆、混凝土、各类制品、门窗等的制备过程和混凝土构件的预制过程。

由于建造类施工过程占有施工对象的空间，直接影响工期的长短，因此，必须列入施工进度计划，并在其中大多作为主导施工过程或关键工作。运输类与制备类施工过程一般不占有施工对象的工作面，不影响工期，故不需要列入流水施工进度计划之中。只有当其占有施工对象的工作面，影响工期时，才列入施工进度计划之中。例如，对于采用装配式钢筋混凝土结构的建设工程，钢筋混凝土构件的预制过程就需要列入施工进度计划之中；同样，结构安装中的构件吊运施工过程也需要列入施工进度计划之中。

（2）流水强度。流水强度是指流水施工的某施工过程（队）在单位时间内所完成的工程量，也称为流水能力或生产能力。例如，浇筑混凝土施工过程的流水强度是指每工作班浇筑的混凝土立方数。

流水强度可用公式（3.4.1）计算求得：

$$V = \sum_{i=1}^{x} R_i \cdot S_i \tag{3.4.1}$$

式中：V——某施工过程（队）的流水强度；

R_i——投入该施工过程中的第 i 种资源量（施工机具台数或工人数）；

S_i——投入该施工过程中第 i 种资源的产量定额；

x——投入该施工过程中的资源种类数。

2. 空间参数

空间参数是指在组织流水施工时，用以表达流水施工在空间布置上开展状态的参数。通常包括工作面和施工段数。

（1）工作面。工作面是指供某专业工种的工人或某种施工机械进行施工的活动空间。工作面的大小，表明能安排施工人数或施工机具台数的多少。每个作业的工人或每台施工机械所需工作面的大小，取决于单位时间内其完成的工程量和安全施工的要求。工作面确定的合理与否，直接影响专业工作队的生产效率。因此，必须合理确定工作面。

（2）施工段数。将施工对象在平面或空间上划分成若干个劳动量大致相等的施工段落，称为施工段或流水段。施工段数一般用 m 表示，它是流水施工的主要参数之一。

1）划分施工段的目的。划分施工段的目的就是组织流水施工。由于建设工程体形庞大，可以将其划分成若干个施工段，从而为组织流水施工提供足够的空间。在组织流水施工时，专业工作队完成一个施工段上的任务后，遵循施工组织顺序又到另一个施工段上作业，产生连续流动施工的效果。在一般情况下，一个施工段在同一时间内，只安排一个专业工作队施工，各专业工作队遵循施工工艺顺序依次投入作业，同一时间内在不同的施工段上平行施工，使流水施工均衡地进行。组织流水施工时，可以划分足够数量的施工段，充分利用工作面，避免窝工，尽可能缩短工期。

2）划分施工段的原则。由于施工段内的施工任务由专业工作队依次完成，因而在两个施工段之间容易形成一个施工缝。同时，由于施工段数的多少，将直接影响流水施工的效果。为使施工段划分得合理，一般应遵循下列原则：

①同一专业工作队在各个施工段上的劳动量应大致相等，相差幅度不宜超过10%～15%；

②每个施工段内要有足够的工作面，以保证相应数量的工人、主导施工机械的生产效率，满足合理劳动组织的要求；

③施工段的界限应尽可能与结构界限（如沉降缝、伸缩缝等）相吻合，或设在对建筑结构整体性影响小的部位，以保证建筑结构的整体性；

④施工段数要满足合理组织流水施工的要求。施工段数过多，会降低施工速度，延长工期；施工段数过少，不利于充分利用工作面，可能造成窝工；

⑤对于多层建筑物、构筑物或需要分层施工的工程，应既分施工段，又分施工层，各专业工作队依次完成第一施工层中各施工段任务后，再转入第二施工层的施工段上作业，以此类推。以确保相应专业队在施工段与施工层之间组织连续、均衡、有节奏地流水施工。

3. 时间参数

时间参数是指在组织流水施工时，用以表达流水施工在时间安排上所处状态的参数，主要包括流水节拍、流水步距和流水施工工期等。

（1）流水节拍。流水节拍是指在组织流水施工时，某个专业工作队在一个施工段上的施工时间。第 j 个专业工作队在第 i 个施工段的流水节拍一般用 $t_{j\cdot i}$ 来表示（$j=1, 2, \cdots, n$；$i=1, 2, \cdots, m$）。

流水节拍是流水施工的主要参数之一，它表明流水施工的速度和节奏性。流水节拍小，其流水速度快，节奏感强；反之则相反。流水节拍决定着单位时间的资源供应量，同时，流水节拍也是区别流水施工组织方式的特征参数。

同一施工过程的流水节拍，主要由所采用的施工方法、施工机械以及在工作面允许的前提下投入施工的工人数、机械台数和采用的工作班次等因素确定。有时，为了均衡施工和减少转移施工段时消耗的工时，可以适当调整流水节拍，其数值最好为半个班的整数倍。

流水节拍可分别按下列方法确定：

1）定额计算法。如果已有定额标准时，可按公式（3.4.2）或公式（3.4.3）确定流水节拍。

$$t_{j \cdot i}=\frac{Q_{j \cdot i}}{S_j \cdot R_j \cdot N_j}=\frac{P_{j \cdot i}}{R_j \cdot N_j} \tag{3.4.2}$$

或

$$t_{j \cdot i}=\frac{Q_{j \cdot i} \cdot H_j}{R_j \cdot N_j}=\frac{P_{j \cdot i}}{R_j \cdot N_j} \tag{3.4.3}$$

式中：$t_{j \cdot i}$——第 j 个专业工作队在第 i 个施工段的流水节拍；

$Q_{j \cdot i}$——第 j 个专业工作队在第 i 个施工段要完成的工程量或工作量；

S_j——第 j 个专业工作队的计划产量定额；

R_j——第 j 个专业工作队所投入的人工数或施工机具台数；

N_j——第 j 个专业工作队的工作班次；

$P_{j \cdot i}$——第 j 个专业工作队在第 i 个施工段需要的劳动量或施工机具台班数量；

H_j——第 j 个专业工作队的计划时间定额。

如果根据工期要求采用倒排进度的方法确定流水节拍时，可用公式（3.4.2）或公式（3.4.3）反算出所需要的工人数或施工机具台班数。但在此时，必须检查劳动力、材料和施工机具供应的可能性，以及工作面是否足够等。

2）经验估算法。对于采用新结构、新工艺、新方法和新材料等没有定额可循的工程项目，可以根据以往的施工经验估算流水节拍。

（2）流水步距。流水步距是指组织流水施工时，相邻两个施工过程（或专业工作队）相继开始施工的最小间隔时间。流水步距一般用 $K_{j,j+1}$ 来表示，其中 j（$j=1, 2, \cdots, n-1$）为专业工作队或施工过程的编号。它是流水施工的主要参数之一。

流水步距的数目取决于参加流水的施工过程数。如果施工过程数为 n 个，则流水步距的总数为 $n-1$ 个。

流水步距的大小取决于相邻两个施工过程（或专业工作队）在各个施工段上的流水节拍及流水施工的组织方式。确定流水步距时，一般应满足以下基本要求：

1）各施工过程按各自流水速度施工，始终保持工艺先后顺序；

2）各施工过程的专业工作队投入施工后尽可能保持连续作业；

3）相邻两个施工过程（或专业工作队）在满足连续施工的条件下，能最大限度地实现合理搭接。

根据以上基本要求，在不同的流水施工组织形式中，可以采用不同的方法确定流水步距。

（3）流水施工工期。流水施工工期是指从第一个专业工作队投入流水施工开始，到最后一个专业工作队完成流水施工为止的整个持续时间。由于一项建设工程往往包含许多流水组，故流水施工工期一般均不是整个工程的总工期。

二、流水施工的基本组织方式

在流水施工中，由于流水节拍的规律不同，决定了流水步距、流水施工工期的计算方法等也不同，甚至影响到各个施工过程的专业工作队数目。按照流水节拍的特征，可将流水施工分为两大类，即有节奏流水施工和非节奏流水施工。

（一）有节奏流水施工

有节奏流水施工是指在组织流水施工时，每一个施工过程在各个施工段上的流水节拍都各自相等的流水施工，它分为等节奏流水施工和异节奏流水施工。

1. 等节奏流水施工

等节奏流水施工是指在有节奏流水施工中，各施工过程的流水节拍都相等的流水施工，也称为固定节拍流水施工或全等节拍流水施工。

(1) 固定节拍流水施工的特点。固定节拍流水施工是一种最理想的流水施工方式，其特点如下：

1) 所有施工过程在各个施工段上的流水节拍均相等；

2) 相邻施工过程的流水步距相等，且等于流水节拍；

3) 专业工作队数等于施工过程数，即每一个施工过程成立一个专业工作队，由该队完成相应施工过程所有施工段上的任务；

4) 各个专业工作队在各施工段上能够连续作业，施工段之间没有空闲时间。

(2) 固定节拍流水施工工期。

1) 有间歇时间的固定节拍流水施工。所谓间歇时间，是指相邻两个施工过程之间由于工艺或组织安排需要而增加的额外等待时间。包括工艺间歇时间（$G_{j,j+1}$）和组织间歇时间（$Z_{j,j+1}$）。对于有间歇时间的固定节拍流水施工，其流水施工工期 T 可按公式(3.4.4)计算：

$$T=(n-1)\,t+\sum G+\sum Z+m\cdot t \qquad (3.4.4)$$
$$=(m+n-1)\,t+\sum G+\sum Z$$

式中符号同前。

【例 3.4.1】 某分部工程流水施工计划如图 3.4.3 所示。

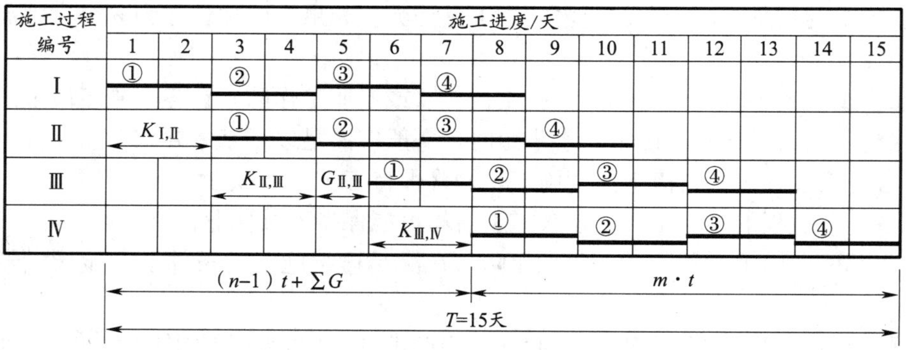

图 3.4.3 有间歇时间的固定节拍流水施工进度计划

在该计划中，施工过程数 $n=4$；施工段数 $m=4$；流水节拍 $t=2$；流水步距 $K_{Ⅰ,Ⅱ}=K_{Ⅱ,Ⅲ}=K_{Ⅲ,Ⅳ}=t=2$；组织间歇 $Z_{Ⅰ,Ⅱ}=Z_{Ⅱ,Ⅲ}=Z_{Ⅲ,Ⅳ}=0$；工艺间歇 $G_{Ⅰ,Ⅱ}=G_{Ⅲ,Ⅳ}=0$；$G_{Ⅱ,Ⅲ}=1$。因此，其流水施工工期为：

$$T=(n-1)\,t+\sum G+\sum Z+m\cdot t$$
$$=(4-1)\times 2+1+0+4\times 2$$
$$=15\text{（天）}$$

2) 有提前插入时间的固定节拍流水施工。所谓提前插入时间，是指相邻两个专业工作队在同一施工段上共同作业的时间。在工作面允许和资源有保证的前提下，专业工作队提前插入施工，可以缩短流水施工工期。对于有提前插入时间（$C_{j,j+1}$）的固定节拍流水施工，其流水施工工期 T 可按公式（3.4.5）计算：

$$T=(n-1)\ t+\sum G+\sum Z-\sum C+m\cdot t$$
$$=(m+n-1)\ t+\sum G+\sum Z-\sum C \quad (3.4.5)$$

式中符号同前。

【例 3.4.2】 某分部工程流水施工计划如图 3.4.4 所示。

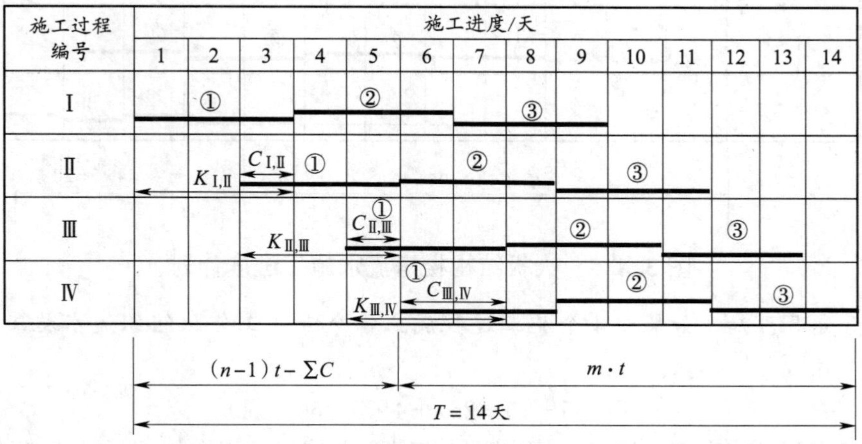

图 3.4.4　有提前插入时间的固定节拍流水施工进度计划

在该计划中，施工过程数 $n=4$；施工段数 $m=3$；流水节拍 $t=3$；流水步距 $K_{Ⅰ,Ⅱ}=K_{Ⅱ,Ⅲ}=K_{Ⅲ,Ⅳ}=t=3$；组织间歇 $Z_{Ⅰ,Ⅱ}=Z_{Ⅱ,Ⅲ}=Z_{Ⅲ,Ⅳ}=0$；工艺间歇 $G_{Ⅰ,Ⅱ}=G_{Ⅱ,Ⅲ}=G_{Ⅲ,Ⅳ}=0$；提前插入时间 $C_{Ⅰ,Ⅱ}=C_{Ⅱ,Ⅲ}=1$，$C_{Ⅲ,Ⅳ}=2$。因此，其流水施工工期为：

$$T=(n-1)\ t+\sum G+\sum Z-\sum C+m\cdot t$$
$$=(4-1)\ \times3+0+0-(1+1+2)+3\times3$$
$$=14\ (天)$$

2. 异节奏流水施工

异节奏流水施工是指在有节奏流水施工中，各施工过程的流水节拍各自相等而不同施工过程之间的流水节拍不尽相等的流水施工。在组织异节奏流水施工时，又可以采用异步距和等步距两种方式。

（1）异步距异节奏流水施工。异步距异节奏流水施工是指在组织异节奏流水施工时，每个施工过程成立一个专业工作队，由其完成各施工段任务的流水施工。异步距异节奏流水施工的特点如下：

1）同一施工过程在各个施工段上的流水节拍均相等，不同施工过程之间的流水节拍不尽相等；

2）相邻施工过程之间的流水步距不尽相等；

3）专业工作队数等于施工过程数；

4）各个专业工作队在施工段上能够连续作业，施工段之间可能存在空闲时间。

【例 3.4.3】 某工程项目由四幢大板结构楼房组成，每幢楼房为一个施工段，施工过程划分为基础工程、结构安装、室内装修和室外工程 4 项，其流水施工进度计划如图 3.4.5 所示。

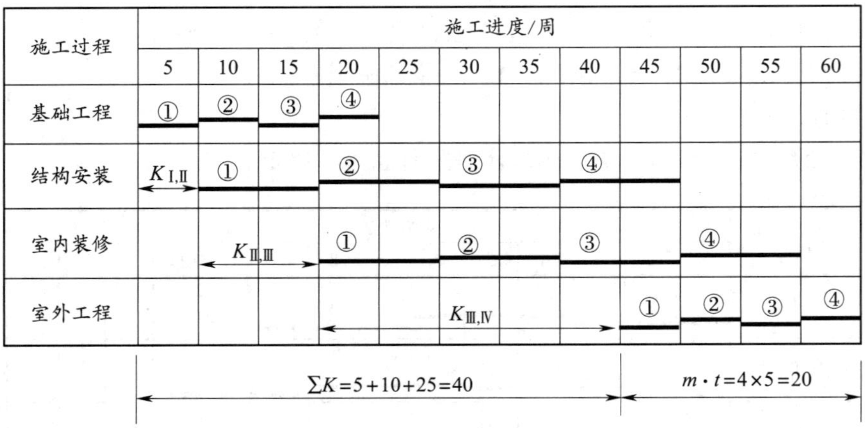

图 3.4.5　大板结构楼房流水施工进度计划

由图 3.4.5 可知，如果按 4 个施工过程成立 4 个专业工作队组织流水施工，其总工期为：

$$T=(5+10+25)+4\times5=60\text{（周）}$$

（2）等步距异节奏流水施工。等步距异节奏流水施工是指在组织异节奏流水施工时，按每个施工过程流水节拍之间的比例关系，成立相应数量的专业工作队而进行的流水施工，也称为成倍节拍流水施工。成倍节拍流水施工的特点如下：

1）同一施工过程在其各个施工段上的流水节拍均相等；不同施工过程的流水节拍不等，但其值为倍数关系；

2）相邻施工过程的流水步距相等，且等于流水节拍的最大公约数（K）；

3）专业工作队数大于施工过程数，即有的施工过程只成立一个专业工作队，而对于流水节拍大的施工过程，可按其倍数增加相应专业工作队数目；

4）各个专业工作队在施工段上能够连续作业，施工段之间没有空闲时间。

加快的成倍节拍流水施工工期 T 可按公式（3.4.6）计算：

$$\begin{aligned} T &=(n'-1)K+\sum G+\sum Z-\sum C+m\cdot K \\ &=(m+n'-1)K+\sum G+\sum Z-\sum C \end{aligned} \tag{3.4.6}$$

式中：n'——专业工作队数目。

其余符号同前。

【例 3.4.4】 仍以例 3.4.3 四幢大板结构楼房为例，为加快施工进度，增加专业工作队，组织成倍节拍流水施工。

（1）计算流水步距。流水步距等于流水节拍的最大公约数，即：

$$K=\min\{5，10，10，5\}=5$$

（2）确定专业工作队数目。每个施工过程成立的专业工作队数可按公式（3.4.7）计算：

$$b_j=\frac{t_j}{K} \tag{3.4.7}$$

式中：b_j——第 j 个施工过程的专业工作队数；

t_j——第 j 个施工过程的流水节拍；

K——流水步距。

在本例中，各施工过程的专业工作队数目分别为：

Ⅰ——基础工程：$b_{\mathrm{I}}=t_{\mathrm{I}}/K=5/5=1$

Ⅱ——结构安装：$b_{\mathrm{II}}=t_{\mathrm{II}}/K=10/5=2$

Ⅲ——室内装修：$b_{\mathrm{III}}=t_{\mathrm{III}}/K=10/5=2$

Ⅳ——室外工程：$b_{\mathrm{IV}}=t_{\mathrm{IV}}/K=5/5=1$

于是，参与该工程流水施工的专业工作队总数 n' 为：

$$n'=\sum b_i=(1+2+2+1)=6$$

（3）绘制成倍节拍流水施工进度计划图。在加快的成倍节拍流水施工进度计划图中，除表明施工过程的编号或名称外，还应表明专业工作队的编号。在表明各施工段的编号时，一定要注意有多个专业工作队的施工过程。各专业工作队连续作业的施工段编号不应该是连续的，否则，无法组织合理的流水施工。

根据图 3.4.5 所示进度计划编制的成倍节拍流水施工进度计划如图 3.4.6 所示。

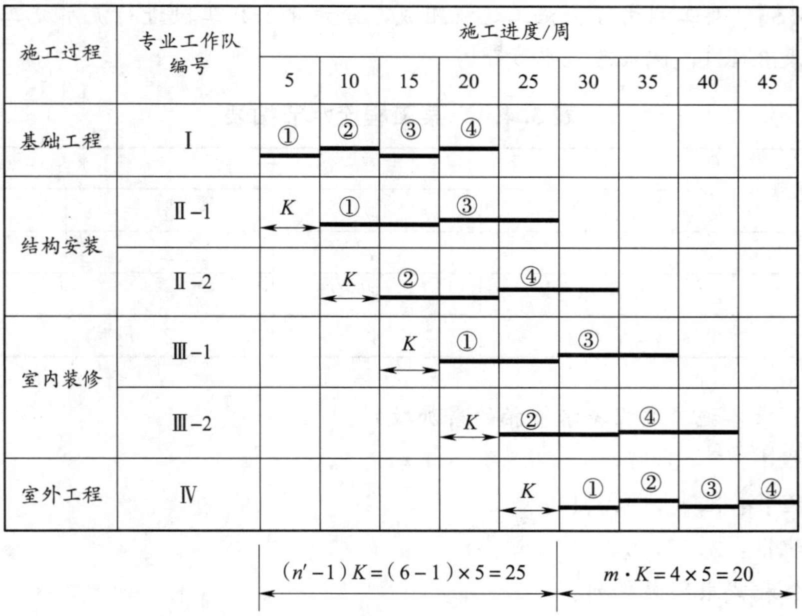

图 3.4.6 大板结构楼房成倍节拍流水施工计划

（4）确定流水施工工期。由图 3.4.6 可知，该计划中没有组织间歇、工艺间歇及提前插入，故根据公式（3.4.6）算得流水施工工期为：

$$T=(m+n'-1)\ K=(4+6-1)\times5=45\ (\text{周})$$

与异步距异节奏流水施工进度计划比较，该工程组织成倍节拍流水施工，可使总工期缩短 15 周。

（二）非节奏流水施工

非节奏流水施工是指在组织流水施工时，全部或部分施工过程在各个施工段上的流水节拍不相等的流水施工。这种施工是流水施工中最常见的一种。

1. 非节奏流水施工的特点

(1) 各施工过程在各施工段的流水节拍不全相等。

(2) 相邻施工过程的流水步距不尽相等。

(3) 专业工作队数等于施工过程数。

(4) 各专业工作队能够在施工段上连续作业，但有的施工段之间可能有空闲时间。

2. 流水步距的确定

在非节奏流水施工中，通常采用累加数列错位相减取大差法计算流水步距。由于这种方法是由潘特考夫斯基（译音）首先提出的，故又称为潘特考夫斯基法。这种方法简捷、准确，便于掌握。

累加数列错位相减取大差法的基本步骤如下：

(1) 对每一个施工过程在各施工段上的流水节拍依次累加，求得各施工过程流水节拍的累加数列。

(2) 将相邻施工过程流水节拍累加数列中的后者错后一位，相减后求得一个差数列。

(3) 在差数列中取最大值，即为这两个相邻施工过程的流水步距。

【例 3.4.5】 某工程由 3 个施工过程组成，分为 4 个施工段进行流水施工，其流水节拍（天）见表 3.4.1，试确定流水步距。

表 3.4.1 某工程流水节拍表

施工过程	施工段			
	①	②	③	④
Ⅰ	2	3	2	1
Ⅱ	3	2	4	2
Ⅲ	3	4	2	2

解：(1) 求各施工过程流水节拍的累加数列：

施工过程Ⅰ：2，5，7，8

施工过程Ⅱ：3，5，9，11

施工过程Ⅲ：3，7，9，11

(2) 错位相减求得差数列：

Ⅰ与Ⅱ：2，5，7，8
—）　3，5，9，11
―――――――――
2，2，2，−1，−11

Ⅱ与Ⅲ：3，5，9，11
—）　3，7，9，11
―――――――――
3，2，2，2，−11

(3) 在差数列中取最大值求得流水步距：

施工过程Ⅰ与Ⅱ之间的流水步距：$K_{1,2}=\max\{2, 2, 2, -1, -11\}=2$（天）

施工过程Ⅱ与Ⅲ之间的流水步距：$K_{2,3}=\max\{3, 2, 2, 2, -11\}=3$（天）

3. 流水施工工期的确定

流水施工工期可按公式（3.4.8）计算：

$$T=\sum K+\sum t_n+\sum Z+\sum G-\sum C \tag{3.4.8}$$

式中：T——流水施工工期；

$\sum K$——各施工过程（或专业工作队）之间流水步距之和；

$\sum t_n$——最后一个施工过程（或专业工作队）在各施工段流水节拍之和；

$\sum Z$——组织间歇时间之和；

$\sum G$——工艺间歇时间之和；

$\sum C$——提前插入时间之和。

在例 3.4.5 中，由于没有组织间歇、工艺间歇及提前插入，则其流水施工工期为：

$$T=(2+3)+(3+4+2+2)=16\ (\text{天})$$

第五节　工程网络计划技术

一、网络图绘制

（一）基本概念

1. 网络图和工作

网络图是由箭线和节点组成，用来表示工作流程的有向、有序网状图形。一个网络图表示一项计划任务。网络图中的工作是计划任务按需要粗细程度划分而成的、消耗时间或同时也消耗资源的一个子项目或子任务。工作可以是单位工程，也可以是分部工程、分项工程；一个施工过程也可以作为一项工作。在一般情况下，完成一项工作既需要消耗时间，也需要消耗劳动力、原材料、施工机具等资源。但也有一些工作只消耗时间而不消耗资源，如混凝土浇筑后的养护过程和墙面抹灰后的干燥过程等。

网络图有双代号网络图和单代号网络图两种。双代号网络图又称箭线式网络图，它是以箭线及其两端节点的编号表示工作，同时，节点表示工作的开始或结束以及工作之间的连接状态。单代号网络图又称节点式网络图，它是以节点及其编号表示工作，箭线表示工作之间的逻辑关系。

网络图中的节点都必须有编号，其编号严禁重复，并应使每一条箭线上箭尾节点编号小于箭头节点编号。在双代号网络图中，有时存在虚箭线，虚箭线不代表实际工作，称为虚工作。虚工作既不消耗时间，也不消耗资源。虚工作主要用来表示相邻两项工作之间的逻辑关系。但有时为了避免两项同时开始、同时进行的工作具有相同的开始节点和完成节点，也需要用虚工作加以区分。

在单代号网络图中，虚工作只能出现在网络图的起点节点或终点节点处。

2. 工艺关系和组织关系

工艺关系和组织关系是工作之间先后顺序关系——逻辑关系的组成部分。

（1）工艺关系。生产性工作之间由工艺过程决定的、非生产性工作之间由工作程序决定的先后顺序关系称为工艺关系。在图 3.5.1 所示的双代号网络计划中，支模 1→扎筋 1→混凝土 1 为工艺关系。

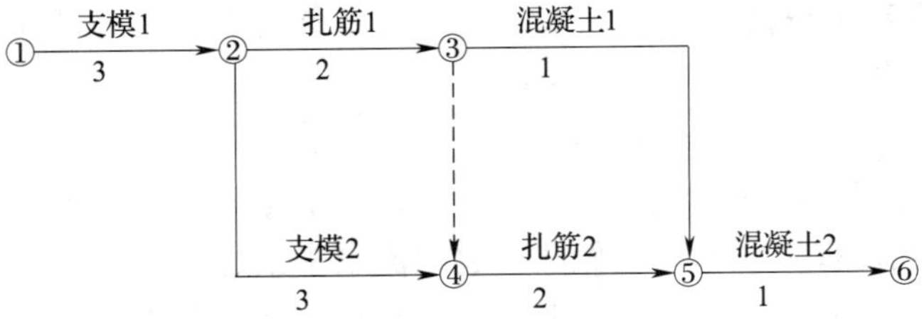

图 3.5.1 某混凝土工程双代号网络计划

（2）组织关系。工作之间由于组织安排需要或资源（劳动力、原材料、施工机具等）调配需要而规定的先后顺序关系称为组织关系。在图 3.5.1 所示的双代号网络计划中，支模 1→支模 2；扎筋 1→扎筋 2 等为组织关系。

3. 紧前工作、紧后工作和平行工作

（1）紧前工作。在网络图中，相对于某工作而言，紧排在该工作之前的工作称为该工作的紧前工作。在双代号网络图中，工作与其紧前工作之间可能有虚工作存在。如图 3.5.1 所示，支模 1 是支模 2 在组织关系上的紧前工作；扎筋 1 和扎筋 2 之间虽然存在虚工作，但扎筋 1 仍然是扎筋 2 在组织关系上的紧前工作。支模 1 则是扎筋 1 在工艺关系上的紧前工作。

（2）紧后工作。在网络图中，相对于某工作而言，紧排在该工作之后的工作称为该工作的紧后工作。在双代号网络图中，工作与其紧后工作之间也可能有虚工作存在。如图 3.5.1 所示，扎筋 2 是扎筋 1 在组织关系上的紧后工作；混凝土 1 是扎筋 1 在工艺关系上的紧后工作。

（3）平行工作。在网络图中，相对于某工作而言，可以与该工作同时进行的工作即为该工作的平行工作。如图 3.5.1 所示，扎筋 1 和支模 2 互为平行工作。

紧前工作、紧后工作及平行工作是工作之间逻辑关系的具体表现，只要能根据工作之间的工艺关系和组织关系明确其紧前或紧后关系，即可据此绘出网络图。它是正确绘制网络图的前提条件。

4. 先行工作和后续工作

（1）先行工作。相对于某工作而言，从网络图的第一个节点（起点节点）开始，顺箭头方向经过一系列箭线与节点到达该工作为止的各条通路上的所有工作，都称为该工作的先行工作。如图 3.5.1 所示，支模 1、扎筋 1、混凝土 1、支模 2、扎筋 2 均为混凝土 2 的先行工作。

（2）后续工作。相对于某工作而言，从该工作之后开始，顺箭头方向经过一系列箭线与节点到网络图最后一个节点（终点节点）的各条通路上的所有工作，都称为该工作的后续工作。如图 3.5.1 所示，扎筋 1 的后续工作有混凝土 1、扎筋 2 和混凝土 2。

在工程项目进度控制中，后续工作是一个非常重要的概念。因为在工程网络计划的实施过程中，如果发现某项工作进度出现拖延，则受到影响的工作必然是该工作的后续工作。

5. 线路、关键线路和关键工作

（1）线路。网络图中从起点节点开始，沿箭头方向顺序通过一系列箭线与节点，最后到达终点节点的通路称为线路。线路既可依次用该线路上的节点编号来表示，也可依次用该线路上的工作名称来表示。如图 3.5.1 所示，该网络图中有三条线路，这三条线路既可表示为：①—②—③—⑤—⑥、①—②—③—④—⑤—⑥和①—②—④—⑤—⑥，也可表示为：支模 1→扎筋 1→混凝土 1→混凝土 2、支模 1→扎筋 1→扎筋 2→混凝土 2 和支模 1→支模 2→扎筋 2→混凝土 2。

（2）关键线路和关键工作。在关键线路法（CPM）中，线路上所有工作的持续时间总和称为该线路的总持续时间。总持续时间最长的线路称为关键线路，关键线路的长度就是网络计划的总工期。如图 3.5.1 所示，线路①—②—④—⑤—⑥或支模 1→支模 2→扎筋 2→混凝土 2 为关键线路。

在网络计划中，关键线路可能不止一条。而且在网络计划执行过程中，关键线路还会发生转移。

关键线路上的工作称为关键工作。在网络计划的实施过程中，关键工作的实际进度提前或拖后，均会对总工期产生影响。因此，关键工作的实际进度是工程项目进度控制工作中的重点。

（二）网络图的绘制规则和方法

1. 双代号网络图的绘制规则和方法

（1）绘图规则。在绘制双代号网络图时，一般应遵循以下基本规则：

1）网络图必须按照已定的逻辑关系绘制。由于网络图是有向、有序网状图形，所以必须严格按照工作之间的逻辑关系绘制，这同时也是为保证工程质量和资源优化配置及合理使用所必需的。

2）网络图中严禁出现从一个节点出发，顺箭头方向又回到原出发点的循环回路。如果出现循环回路，会造成逻辑关系混乱，使工作无法按顺序进行。

3）网络图中的箭线（包括虚箭线，以下同）应保持自左向右的方向，不应出现箭头指向左方的水平箭线和箭头偏向左方的斜向箭线。若遵循该规则绘制网络图，就不会出现循环回路。

4）网络图中严禁出现双向箭头和无箭头的连线。如果工作进行的方向不明确，就不能达到网络图有向的要求。

5）网络图中严禁出现没有箭尾节点的箭线和没有箭头节点的箭线。

6）严禁在箭线上引入或引出箭线。但当网络图的起点节点有多条箭线引出（外向箭线）或终点节点有多条箭线引入（内向箭线）时，为使图形简洁，可用母线法绘图，即：将多条箭线经一条共用的垂直线段从起点节点引出，或将多条箭线经一条共用的垂直线段引入终点节点，如图 3.5.2 所示。对于特殊线型的箭线，如粗箭线、双箭线、虚箭线、彩色箭线等，可在从母线上引出的支线上标出。

图 3.5.2　母线法

7）应尽量避免网络图中工作箭线的交叉。当交叉不可避免时，可以采用过桥法或指向法处理，如图 3.5.3 所示。

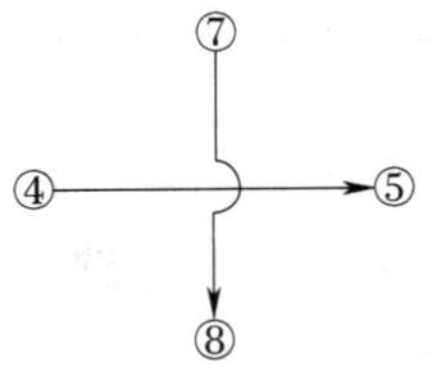

（a）过桥法

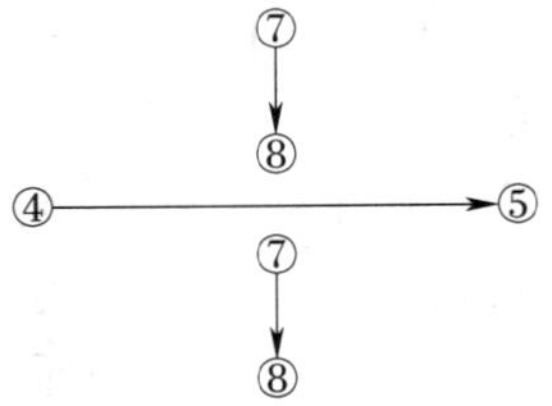

（b）指向法

图 3.5.3　箭线交叉的表示方法

8）网络图中应只有一个起点节点和一个终点节点（任务中部分工作需要分期完成的网络计划除外）。除网络图的起点节点和终点节点外，不允许出现没有外向箭线的节点和没有内向箭线的节点。

（2）绘图方法。当已知每一项工作的紧前工作时，可按下述步骤绘制双代号网络图：

1）绘制没有紧前工作的工作箭线，使它们具有相同的开始节点，以保证网络图只有一个起点节点。

2）依次绘制其他工作箭线。这些工作箭线的绘制条件是其所有紧前工作箭线都已经绘制出来。在绘制这些工作箭线时，应按下列原则进行：

①当所要绘制的工作只有一项紧前工作时，则将该工作箭线直接画在其紧前工作箭线之后即可。

②当所要绘制的工作有多项紧前工作时，应按以下四种情况分别予以考虑：

a. 对于所要绘制的工作（本工作）而言，如果在其紧前工作之中存在一项只作为本工作紧前工作的工作（即在紧前工作栏目中，该紧前工作只出现一次），则应将本工作箭线直接画在该紧前工作箭线之后，然后用虚箭线将其他紧前工作箭线的箭头节点与本工作箭线的箭尾节点分别相连，以表达它们之间的逻辑关系。

b. 对于所要绘制的工作（本工作）而言，如果在其紧前工作之中存在多项只作为本工作紧前工作的工作，应先将这些紧前工作箭线的箭头节点合并，再从合并后的节点开始，画出本工作箭线，最后用虚箭线将其他紧前工作箭线的箭头节点与本工作箭线的箭尾节点分别相连，以表达它们之间的逻辑关系。

c. 对于所要绘制的工作（本工作）而言，如果不存在情况 a 和情况 b 时，应判断本工作的所有紧前工作是否都同时作为其他工作的紧前工作（即在紧前工作栏目中，这几项紧前工作是否均同时出现若干次）。如果上述条件成立，应先将这些紧前工作箭线的箭头节点合并后，再从合并后的节点开始画出本工作箭线。

d. 对于所要绘制的工作（本工作）而言，如果既不存在情况 a 和情况 b，也不存在情况 c 时，则应将本工作箭线单独画在其紧前工作箭线之后的中部，然后用虚箭线将其各紧前工作箭线的箭头节点与本工作箭线的箭尾节点分别相连，以表达它们之间的逻辑关系。

3）当各项工作箭线都绘制出来之后，应合并那些没有紧后工作之工作箭线的箭头节点，以保证网络图只有一个终点节点（多目标网络计划除外）。

4）当确认所绘制的网络图正确后，即可进行节点编号。网络图的节点编号在满足前述要求的前提下，既可采用连续的编号方法，也可采用不连续的编号方法，如 1，3，5…或 5，10，15…等，以避免以后增加工作时而改动整个网络图的节点编号。

以上所述是已知每一项工作的紧前工作时的绘图方法，当已知每一项工作的紧后工作时，也可按类似的方法进行网络图的绘制，只是其绘图顺序由前述的从左向右改为从右向左。

【例 3.5.1】 已知各工作之间的逻辑关系见表 3.5.1，则可按下述步骤绘制其双代号网络图。

表 3.5.1　工作逻辑关系表

工作	A	B	C	D	E	G	H
紧前工作	—	—	—	—	A、B	B、C、D	C、D

（1）绘制工作箭线 A、工作箭线 B、工作箭线 C 和工作箭线 D，如图 3.5.4（a）所示。

（2）按前述规则②中的情况 a 绘制工作箭线 E，如图 3.5.4（b）所示。

（3）按前述规则②中的情况 b 绘制工作箭线 H，如图 3.5.4（c）所示。

（4）按前述规则②中的情况 d 绘制工作箭线 G，并将工作箭线 E、工作箭线 G 和工作箭线 H 的箭头节点合并，以保证网络图的终点节点只有一个。当确认给定的逻辑关系表达正确后，再进行节点编号。表 3.5.1 给定逻辑关系所对应的双代号网络图如图 3.5.4（d）所示。

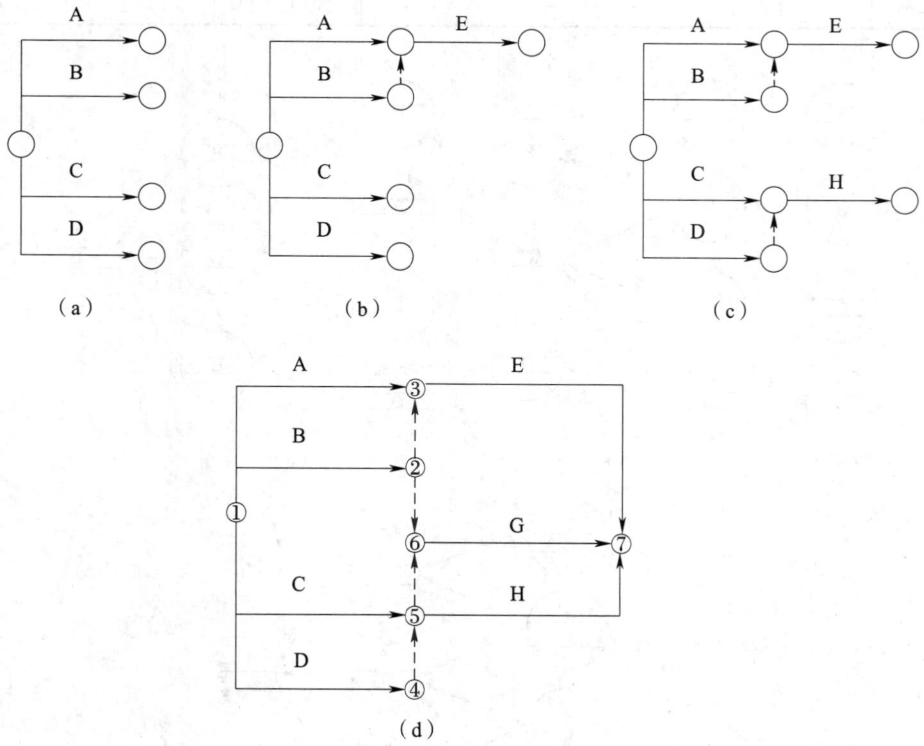

图 3.5.4　例3.5.1 绘图过程

2. 单代号网络图的绘制规则和方法

（1）绘图规则。单代号网络图的绘图规则与双代号网络图的绘图规则基本相同，主要区别在于：当网络图中有多项开始工作时，应增设一项虚拟的工作（S），作为该网络图的起点节点；当网络图中有多项结束工作时，应增设一项虚拟的工作（F），作为该网络图的终点节点。如图 3.5.5 所示，其中 S 和 F 为虚工作。

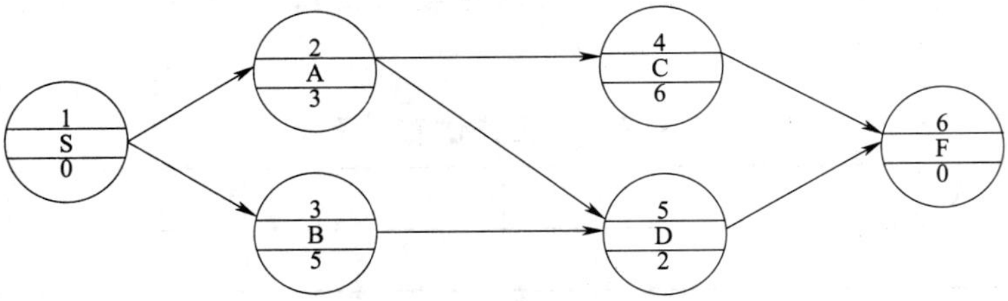

图 3.5.5 具有虚拟起点节点和终点节点的单代号网络图

(2) 绘图示例。绘制单代号网络图比绘制双代号网络图容易得多，这里仅举一例说明单代号网络图的绘制方法。

【例 3.5.2】 已知各工作之间的逻辑关系见表 3.5.2，绘制单代号网络图的过程如图 3.5.6 所示。

表 3.5.2 工作逻辑关系表

工作	A	B	C	D	E	G	H	I
紧前工作	—	—	—	—	A、B	B、C、D	C、D	E、G、H

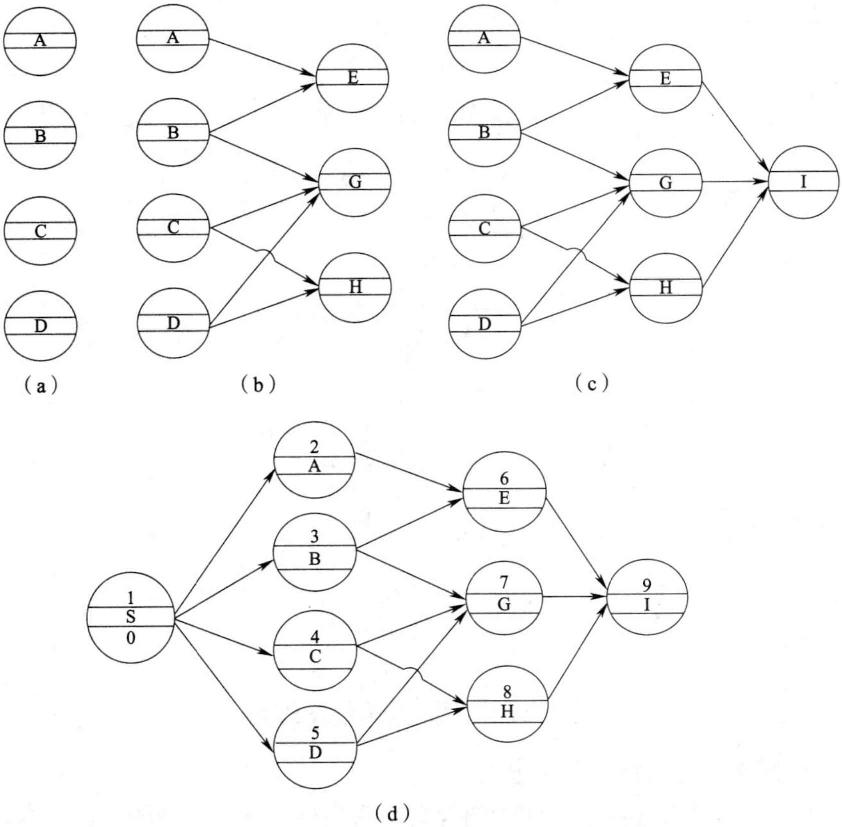

图 3.5.6 例 3.5.2 绘图过程

二、网络计划时间参数计算

所谓网络计划，是指在网络图上加注时间参数而编制的进度计划。网络计划时间参数的计算应在各项工作的持续时间确定之后进行。

（一）时间参数的基本概念

所谓时间参数，是指网络计划、工作及节点所具有的各种时间值。

1. 工作持续时间和工期

（1）工作持续时间。工作持续时间是指一项工作从开始到完成的时间。在双代号网络计划中，工作 i—j 的持续时间用 D_{i-j} 表示；在单代号网络计划中，工作 i 的持续时间用 D_i 表示。

（2）工期。工期泛指完成一项任务所需要的时间。在网络计划中，工期一般有以下三种：

1）计算工期。计算工期是根据网络计划时间参数计算而得到的工期，用 T_c 表示。

2）要求工期。要求工期是任务委托人所提出的指令性工期，用 T_r 表示。

3）计划工期。计划工期是指根据要求工期和计算工期所确定的作为实施目标的工期，用 T_p 表示。

①当已规定了要求工期时，计划工期不应超过要求工期，即：

$$T_p \leqslant T_r \tag{3.5.1}$$

②当未规定要求工期时，可令计划工期等于计算工期，即：

$$T_p = T_c \tag{3.5.2}$$

2. 工作的六个时间参数

除工作持续时间外，网络计划中工作的六个时间参数是：最早开始时间、最早完成时间、最迟完成时间、最迟开始时间、总时差和自由时差。

（1）最早开始时间和最早完成时间。工作的最早开始时间是指在其所有紧前工作全部完成后，本工作有可能开始的最早时刻。工作的最早完成时间是指在其所有紧前工作全部完成后，本工作有可能完成的最早时刻。工作的最早完成时间等于本工作的最早开始时间与其持续时间之和。

在双代号网络计划中，工作 i—j 的最早开始时间和最早完成时间分别用 ES_{i-j} 和 EF_{i-j} 表示；在单代号网络计划中，工作 i 的最早开始时间和最早完成时间分别用 ES_i 和 EF_i 表示。

（2）最迟完成时间和最迟开始时间。工作的最迟完成时间是指在不影响整个任务按期完成的前提下，本工作必须完成的最迟时刻。工作的最迟开始时间是指在不影响整个任务按期完成的前提下，本工作必须开始的最迟时刻。工作的最迟开始时间等于本工作的最迟完成时间与其持续时间之差。

在双代号网络计划中，工作 i—j 的最迟完成时间和最迟开始时间分别用 LF_{i-j} 和 LS_{i-j} 表示；在单代号网络计划中，工作 i 的最迟完成时间和最迟开始时间分别用 LF_i 和 LS_i 表示。

（3）总时差和自由时差。工作的总时差是指在不影响总工期的前提下，本工作可以利用的机动时间。在双代号网络计划中，工作 i—j 的总时差用 TF_{i-j} 表示；在单代号网络计划中，工作 i 的总时差用 TF_i 表示。

工作的自由时差是指在不影响其紧后工作最早开始时间的前提下，本工作可以利用的机动时间。在双代号网络计划中，工作 i—j 的自由时差用 FF_{i-j} 表示；在单代号网络计划中，工作 i 的自由时差用 FF_i 表示。

从总时差和自由时差的定义可知，对于同一项工作而言，自由时差不会超过总时差。当工作的总时差为零时，其自由时差必然为零。

在网络计划执行过程中，工作的自由时差是该工作可以自由使用的时间。但是，如果利用某项工作的总时差，则有可能使该工作后续工作的总时差减小。

3. 节点最早时间和最迟时间

(1) 节点最早时间。节点最早时间是指在双代号网络计划中，以该节点为开始节点的各项工作的最早开始时间。节点 i 的最早时间用 ET_i 表示。

(2) 节点最迟时间。节点最迟时间是指在双代号网络计划中，以该节点为完成节点的各项工作的最迟完成时间。节点 j 的最迟时间用 LT_j 表示。

4. 相邻两项工作之间的时间间隔

相邻两项工作之间的时间间隔是指本工作的最早完成时间与其紧后工作最早开始时间之间可能存在的差值。工作 i 与工作 j 之间的时间间隔用 $LAG_{i,j}$ 表示。

(二) 双代号网络计划时间参数的计算方法

双代号网络计划的时间参数既可以按工作计算，也可以按节点计算。

1. 按工作计算法

所谓按工作计算法，就是以网络计划中的工作为对象，直接计算各项工作的时间参数。这些时间参数包括：工作的最早开始时间和最早完成时间、工作的最迟开始时间和最迟完成时间、工作的总时差和自由时差。此外，还应计算网络计划的计算工期。

为了简化计算，网络计划时间参数中的开始时间和完成时间都应以时间单位的终了时刻为标准。如第 3 天开始即是指第 3 天终了（下班）时刻开始，实际上是第 4 天上班时刻才开始；第 5 天完成即是指第 5 天终了（下班）时刻完成。

按工作计算法计算时间参数的过程如下：

(1) 计算工作的最早开始时间和最早完成时间。工作最早开始时间和最早完成时间的计算应从网络计划的起点节点开始，顺着箭线方向依次进行。其计算步骤如下：

1) 以网络计划起点节点为开始节点的工作，当未规定其最早开始时间时，其最早开始时间为零。

2) 工作的最早完成时间可利用公式（3.5.3）进行计算：

$$EF_{i-j}=ES_{i-j}+D_{i-j} \tag{3.5.3}$$

式中：EF_{i-j}——工作 i—j 的最早完成时间；

ES_{i-j}——工作 i—j 的最早开始时间；

D_{i-j}——工作 i—j 的持续时间。

3) 其他工作的最早开始时间应等于其紧前工作最早完成时间的最大值，即：

$$ES_{i-j}=\max\{EF_{h-i}\}=\max\{ES_{h-i}+D_{h-i}\} \tag{3.5.4}$$

式中：ES_{i-j}——工作 i—j 的最早开始时间；

EF_{h-i}——工作 i—j 的紧前工作 h—i（非虚工作）的最早完成时间；

ES_{h-i}——工作 $i-j$ 的紧前工作 $h-i$（非虚工作）的最早开始时间；

D_{h-i}——工作 $i-j$ 的紧前工作 $h-i$（非虚工作）的持续时间。

4）网络计划的计算工期应等于以网络计划终点节点为完成节点的工作的最早完成时间的最大值，即：

$$T_c = \max\{EF_{i-n}\} = \max\{ES_{i-n} + D_{i-n}\} \quad (3.5.5)$$

式中：T_c——网络计划的计算工期；

EF_{i-n}——以网络计划终点节点 n 为完成节点的工作的最早完成时间；

ES_{i-n}——以网络计划终点节点 n 为完成节点的工作的最早开始时间；

D_{i-n}——以网络计划终点节点 n 为完成节点的工作的持续时间。

（2）确定网络计划的计划工期。网络计划的计划工期应按公式（3.5.1）或公式（3.5.2）确定。

（3）计算工作的最迟完成时间和最迟开始时间。工作最迟完成时间和最迟开始时间的计算应从网络计划的终点节点开始，逆着箭线方向依次进行。其计算步骤如下：

1）以网络计划终点节点为完成节点的工作，其最迟完成时间等于网络计划的计划工期，即：

$$LF_{i-n} = T_p \quad (3.5.6)$$

式中：LF_{i-n}——以网络计划终点节点 n 为完成节点的工作的最迟完成时间；

T_p——网络计划的计划工期。

2）工作的最迟开始时间可利用公式（3.5.7）进行计算：

$$LS_{i-j} = LF_{i-j} - D_{i-j} \quad (3.5.7)$$

式中：LS_{i-j}——工作 $i-j$ 的最迟开始时间；

LF_{i-j}——工作 $i-j$ 的最迟完成时间；

D_{i-j}——工作 $i-j$ 的持续时间。

3）其他工作的最迟完成时间应等于其紧后工作最迟开始时间的最小值，即：

$$LF_{i-j} = \min\{LS_{j-k}\} = \min\{LF_{j-k} - D_{j-k}\} \quad (3.5.8)$$

式中：LF_{i-j}——工作 $i-j$ 的最迟完成时间；

LS_{j-k}——工作 $i-j$ 的紧后工作 $j-k$（非虚工作）的最迟开始时间；

LF_{j-k}——工作 $i-j$ 的紧后工作 $j-k$（非虚工作）的最迟完成时间；

D_{j-k}——工作 $i-j$ 的紧后工作 $j-k$（非虚工作）的持续时间。

（4）计算工作的总时差。工作的总时差等于该工作最迟完成时间与最早完成时间之差，或该工作最迟开始时间与最早开始时间之差，即：

$$TF_{i-j} = LF_{i-j} - EF_{i-j} = LS_{i-j} - ES_{i-j} \quad (3.5.9)$$

式中：TF_{i-j}——工作 $i-j$ 的总时差。

其余符号同前。

（5）计算工作的自由时差。工作自由时差的计算应按以下两种情况分别考虑：

1）对于有紧后工作的工作，其自由时差等于本工作之紧后工作最早开始时间减本工作最早完成时间所得之差的最小值，即：

$$FF_{i-j} = \min\{ES_{j-k} - EF_{i-j}\} = \min\{ES_{j-k} - ES_{i-j} - D_{i-j}\} \quad (3.5.10)$$

式中：FF_{i-j}——工作 $i-j$ 的自由时差；

ES_{j-k}——工作 i—j 的紧后工作 j—k（非虚工作）的最早开始时间；

EF_{i-j}——工作 i—j 的最早完成时间；

ES_{i-j}——工作 i—j 的最早开始时间；

D_{i-j}——工作 i—j 的持续时间。

2）对于无紧后工作的工作，也就是以网络计划终点节点为完成节点的工作，其自由时差等于计划工期与本工作最早完成时间之差，即：

$$FF_{i-n}=T_p-EF_{i-n}=T_p-ES_{i-n}-D_{i-n} \tag{3.5.11}$$

式中：FF_{i-n}——以网络计划终点节点 n 为完成节点的工作 i—n 的自由时差；

T_p——网络计划的计划工期；

EF_{i-n}——以网络计划终点节点 n 为完成节点的工作 i—n 的最早完成时间；

ES_{i-n}——以网络计划终点节点 n 为完成节点的工作 i—n 的最早开始时间；

D_{i-n}——以网络计划终点节点 n 为完成节点的工作 i—n 的持续时间。

需要指出的是，对于网络计划中以终点节点为完成节点的工作，其自由时差与总时差相等。此外，由于工作的自由时差是其总时差的构成部分，所以，当工作的总时差为零时，其自由时差必然为零，可不必进行专门计算。

（6）确定关键工作和关键线路。在网络计划中，总时差最小的工作为关键工作。特别是当网络计划的计划工期等于计算工期时，总时差为零的工作就是关键工作。

找出关键工作之后，将这些关键工作首尾相连，便构成从起点节点到终点节点的通路，位于该通路上各项工作的持续时间总和最大，这条通路就是关键线路。在关键线路上可能有虚工作存在。

关键线路一般用粗箭线或双线箭线标出，也可以用彩色箭线标出。在关键线路法中，关键线路上各项工作的持续时间总和应等于网络计划的计算工期，这一特点也是判别关键线路是否正确的准则。

在上述计算过程中，是将每项工作的六个时间参数均标注在图中，故称为六时标注法，某工程双代号网络计划如图 3.5.7 所示。为使网络计划的图面更加简洁，在双代号网络计划中，除各项工作的持续时间以外，通常只需标注两个最基本的时间参数——各项工作的最早开始时间和最迟开始时间即可，而工作的其他四个时间参数（最早完成时间、最迟完成时间、总时差和自由时差）均可根据工作的最早开始时间、最迟开始时间及持续时间导出，这种方法称为二时标注法，如图 3.5.8 所示。

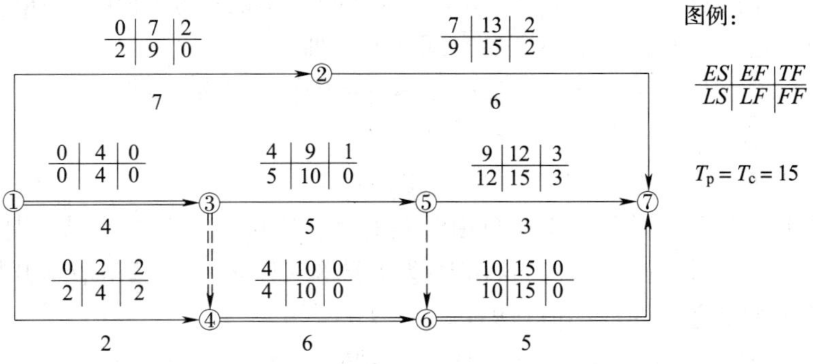

图 3.5.7 双代号网络计划（六时标注法）

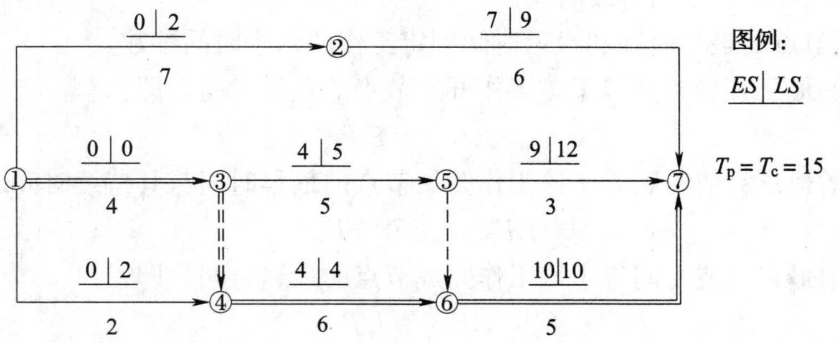

图 3.5.8　双代号网络计划（二时标注法）

2. 按节点计算法

所谓按节点计算法，就是先计算网络计划中各个节点的最早时间和最迟时间，然后再据此计算各项工作的时间参数和网络计划的计算工期。

按节点计算法计算时间参数的过程如下：

(1) 计算节点的最早时间和最迟时间。

1) 计算节点的最早时间。节点最早时间的计算应从网络计划的起点节点开始，顺着箭线方向依次进行。其计算步骤如下：

①网络计划起点节点，如未规定最早时间时，其值等于零。

②其他节点的最早时间应按公式（3.5.12）进行计算：

$$ET_j=\max\{ET_i+D_{i-j}\} \tag{3.5.12}$$

式中：ET_j——工作 $i-j$ 的完成节点 j 的最早时间；

ET_i——工作 $i-j$ 的开始节点 i 的最早时间；

D_{i-j}——工作 $i-j$ 的持续时间。

③网络计划的计算工期等于网络计划终点节点的最早时间，即：

$$T_c=ET_n \tag{3.5.13}$$

式中：T_c——网络计划的计算工期；

ET_n——网络计划终点节点 n 的最早时间。

2) 确定网络计划的计划工期。网络计划的计划工期应按公式（3.5.1）或公式（3.5.2）确定。

3) 计算节点的最迟时间。节点最迟时间的计算应从网络计划的终点节点开始，逆着箭线方向依次进行。其计算步骤如下：

①网络计划终点节点的最迟时间等于网络计划的计划工期，即：

$$LT_n=T_p \tag{3.5.14}$$

式中：LT_n——网络计划终点节点 n 的最迟时间；

T_p——网络计划的计划工期。

②其他节点的最迟时间应按公式（3.5.15）进行计算：

$$LT_i=\min\{LT_j-D_{i-j}\} \tag{3.5.15}$$

式中：LT_i——工作 $i-j$ 的开始节点 i 的最迟时间；

LT_j——工作 $i-j$ 的完成节点 j 的最迟时间；

D_{i-j}——工作 i—j 的持续时间。

(2) 根据节点的最早时间和最迟时间判定工作的六个时间参数。

1) 工作的最早开始时间等于该工作开始节点的最早时间，即：

$$ES_{i-j}=ET_i \tag{3.5.16}$$

2) 工作的最早完成时间等于该工作开始节点的最早时间与其持续时间之和，即：

$$EF_{i-j}=ET_i+D_{i-j} \tag{3.5.17}$$

3) 工作的最迟完成时间等于该工作完成节点的最迟时间，即：

$$LF_{i-j}=LT_j \tag{3.5.18}$$

4) 工作的最迟开始时间等于该工作完成节点的最迟时间与其持续时间之差，即：

$$LS_{i-j}=LT_j-D_{i-j} \tag{3.5.19}$$

5) 工作的总时差可根据公式 (3.5.9)、公式 (3.5.17) 和公式 (3.5.18) 得到：

$$\begin{aligned}TF_{i-j}&=LF_{i-j}-EF_{i-j}\\&=LT_j-(ET_i+D_{i-j})\\&=LT_j-ET_i-D_{i-j}\end{aligned} \tag{3.5.20}$$

由公式 (3.5.20) 可知，工作的总时差等于该工作完成节点的最迟时间减去该工作开始节点的最早时间所得差值再减其持续时间。

6) 工作的自由时差可根据公式 (3.5.10) 和公式 (3.5.16) 得到：

$$\begin{aligned}FF_{i-j}&=\min\{ES_{j-k}-ES_{i-j}-D_{i-j}\}\\&=\min\{ES_{j-k}\}-ES_{i-j}-D_{i-j}\\&=\min\{ET_j\}-ET_i-D_{i-j}\end{aligned} \tag{3.5.21}$$

由公式 (3.5.21) 可知，工作的自由时差等于该工作完成节点的最早时间减去该工作开始节点的最早时间所得差值再减其持续时间。

特别需要注意的是，如果本工作与其各紧后工作之间存在虚工作时，其中的 ET_j 应为本工作紧后工作开始节点的最早时间，而不是本工作完成节点的最早时间。

(3) 确定关键线路和关键工作。在双代号网络计划中，关键线路上的节点称为关键节点。关键工作两端的节点必为关键节点，但两端为关键节点的工作不一定是关键工作。关键节点的最迟时间与最早时间的差值最小。特别是当网络计划的计划工期等于计算工期时，关键节点的最早时间与最迟时间必然相等。关键节点必然处在关键线路上，但由关键节点组成的线路不一定是关键线路。

当利用关键节点判别关键线路和关键工作时，还要满足下列判别式：

$$ET_i+D_{i-j}=ET_j \tag{3.5.22}$$

或

$$LT_i+D_{i-j}=LT_j \tag{3.5.23}$$

式中：ET_i——工作 i—j 的开始节点（关键节点）i 的最早时间；

D_{i-j}——工作 i—j 的持续时间；

ET_j——工作 i—j 的完成节点（关键节点）j 的最早时间；

LT_i——工作 i—j 的开始节点（关键节点）i 的最迟时间；

LT_j——工作 i—j 的完成节点（关键节点）j 的最迟时间。

如果两个关键节点之间的工作符合上述判别式，则该工作必然为关键工作，它应该在关键线路上。否则，该工作就不是关键工作，关键线路也就不会从此处通过。

图 3.5.7 所示的双代号网络计划按节点法计算的结果如图 3.5.9 所示。

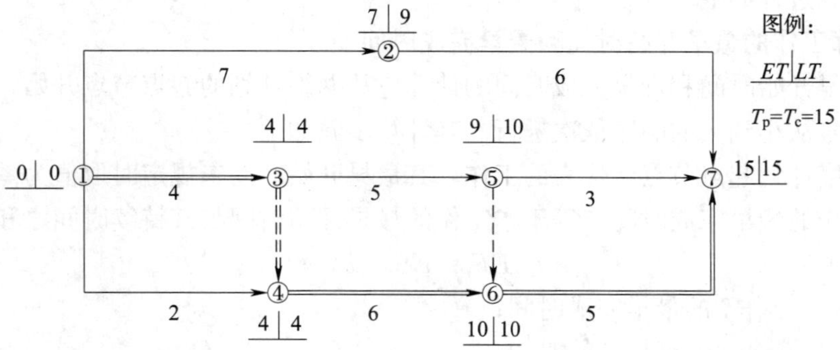

图 3.5.9　双代号网络计划（按节点计算法）

3. 标号法

标号法是一种快速寻求网络计划计算工期和关键线路的方法。它利用按节点计算法的基本原理，对网络计划中的每一个节点进行标号，然后利用标号值确定网络计划的计算工期和关键线路。

标号法的计算过程如下：

（1）网络计划起点节点的标号值为零。

（2）其他节点的标号值应根据公式（3.5.24）按节点编号从小到大的顺序逐个进行计算：

$$b_j = \max\ \{b_i + D_{i-j}\} \tag{3.5.24}$$

式中：b_j——工作 i—j 的完成节点 j 的标号值；

b_i——工作 i—j 的开始节点 i 的标号值；

D_{i-j}——工作 i—j 的持续时间。

当计算出节点的标号值后，应该用其标号值及其源节点对该节点进行双标号。所谓源节点，就是用来确定本节点标号值的节点。如果源节点有多个，应将所有源节点标出。

（3）网络计划的计算工期就是网络计划终点节点的标号值。

（4）关键线路应从网络计划的终点节点开始，逆着箭线方向按源节点确定。

图 3.5.7 所示的双代号网络计划按标号法计算的结果如图 3.5.10 所示。

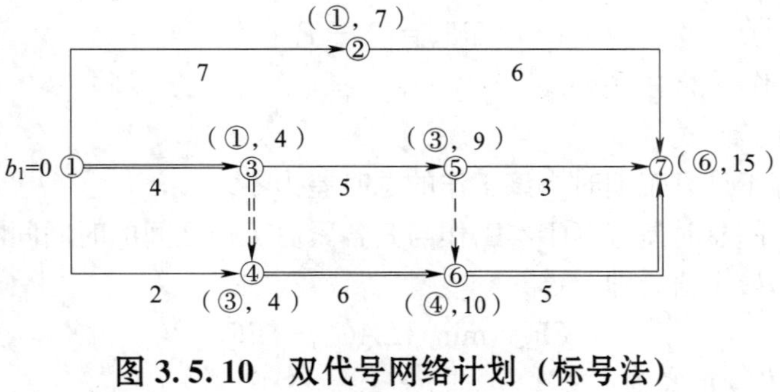

图 3.5.10　双代号网络计划（标号法）

（三）单代号网络计划时间参数的计算方法

单代号网络计划与双代号网络计划只是表现形式不同，所表达的内容则完全一样。其时间参数计算过程如下：

1. 计算工作的最早开始时间和最早完成时间

工作最早开始时间和最早完成时间的计算应从网络计划的起点节点开始，顺着箭线方向按节点编号从小到大的顺序依次进行。其计算步骤如下：

（1）网络计划起点节点所代表的工作，其最早开始时间未规定时取值为零。

（2）工作的最早完成时间应等于本工作的最早开始时间与其持续时间之和，即：

$$EF_i = ES_i + D_i \tag{3.5.25}$$

式中：EF_i——工作 i 的最早完成时间；

ES_i——工作 i 的最早开始时间；

D_i——工作 i 的持续时间。

（3）其他工作的最早开始时间应等于其紧前工作最早完成时间的最大值，即：

$$ES_j = \max\ \{EF_i\} \tag{3.5.26}$$

式中：ES_j——工作 j 的最早开始时间；

EF_i——工作 j 的紧前工作 i 的最早完成时间。

（4）网络计划的计算工期等于其终点节点所代表的工作的最早完成时间。

2. 计算相邻两项工作之间的时间间隔

相邻两项工作之间的时间间隔是指其紧后工作的最早开始时间与本工作最早完成时间的差值，即：

$$LAG_{i,j} = ES_j - EF_i \tag{3.5.27}$$

式中：$LAG_{i,j}$——工作 i 与其紧后工作 j 之间的时间间隔；

ES_j——工作 i 的紧后工作 j 的最早开始时间；

EF_i——工作 i 的最早完成时间。

3. 确定网络计划的计划工期

网络计划的计划工期仍按公式（3.5.1）或公式（3.5.2）确定。

4. 计算工作的总时差

工作总时差的计算应从网络计划的终点节点开始，逆着箭线方向按节点编号从大到小的顺序依次进行。

（1）网络计划终点节点 n 所代表的工作的总时差应等于计划工期与计算工期之差，即：

$$TF_n = T_p - T_c \tag{3.5.28}$$

式中：TF_n——工作 n 的总时差。

其余符号同前。

当计划工期等于计算工期时，该工作的总时差为零。

（2）其他工作的总时差应等于本工作与其各紧后工作之间的时间间隔加该紧后工作的总时差所得之和的最小值，即：

$$TF_i = \min\ \{LAG_{i,j} + TF_j\} \tag{3.5.29}$$

式中：TF_i——工作 i 的总时差；

$LAG_{i,j}$——工作 i 与其紧后工作 j 之间的时间间隔；

TF_j——工作 i 的紧后工作 j 的总时差。

5. 计算工作的自由时差

(1) 网络计划终点节点 n 所代表的工作的自由时差等于计划工期与本工作的最早完成时间之差，即：

$$FF_n = T_p - EF_n \tag{3.5.30}$$

式中：FF_n——终点节点 n 所代表的工作的自由时差；

T_p——网络计划的计划工期；

EF_n——终点节点 n 所代表的工作的最早完成时间（即计算工期）。

(2) 其他工作的自由时差等于本工作与其紧后工作之间时间间隔的最小值，即：

$$FF_i = \min\{LAG_{i,j}\} \tag{3.5.31}$$

6. 计算工作的最迟完成时间和最迟开始时间

工作的最迟完成时间和最迟开始时间的计算可按以下两种方法进行：

(1) 根据总时差计算。

1) 工作的最迟完成时间等于本工作的最早完成时间与其总时差之和，即：

$$LF_i = EF_i + TF_i \tag{3.5.32}$$

2) 工作的最迟开始时间等于本工作的最早开始时间与其总时差之和，即：

$$LS_i = ES_i + TF_i \tag{3.5.33}$$

(2) 根据计划工期计算。工作最迟完成时间和最迟开始时间的计算应从网络计划的终点节点开始，逆着箭线方向按节点编号从大到小的顺序依次进行。

1) 网络计划终点节点 n 所代表的工作的最迟完成时间等于该网络计划的计划工期，即：

$$LF_n = T_p \tag{3.5.34}$$

2) 工作的最迟开始时间等于本工作的最迟完成时间与其持续时间之差，即：

$$LS_i = LF_i - D_i \tag{3.5.35}$$

3) 其他工作的最迟完成时间等于该工作各紧后工作最迟开始时间的最小值，即：

$$LF_i = \min\{LS_j\} \tag{3.5.36}$$

式中：LF_i——工作 i 的最迟完成时间；

LS_j——工作 i 的紧后工作 j 的最迟开始时间。

7. 确定网络计划的关键线路

(1) 利用关键工作确定关键线路。如前所述，总时差最小的工作为关键工作。将这些关键工作相连，并保证相邻两项关键工作之间的时间间隔为零而构成的线路就是关键线路。

(2) 利用相邻两项工作之间的时间间隔确定关键线路。从网络计划的终点节点开始，逆着箭线方向依次找出相邻两项工作之间时间间隔为零的线路就是关键线路。

在网络计划中，关键线路可以用粗箭线或双箭线标出，也可以用彩色箭线标出。

单代号网络计划时间参数的计算示例如图 3.5.11 所示。

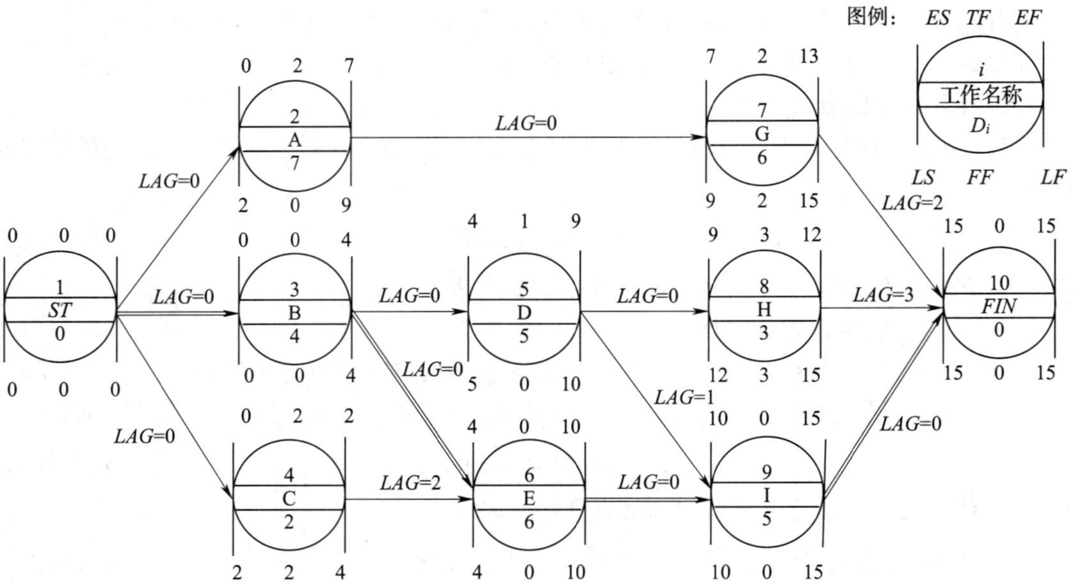

图 3.5.11 单代号网络计划

三、双代号时标网络计划

双代号时标网络计划（简称时标网络计划）必须以水平时间坐标为尺度表示工作时间。时标的时间单位应根据需要在编制网络计划之前确定，可以是小时、天、周、月或季度等。

在时标网络计划中，以实箭线表示工作，实箭线的水平投影长度表示该工作的持续时间；以虚箭线表示虚工作，由于虚工作的持续时间为零，故虚箭线只能垂直画；以波形线表示工作与其紧后工作之间的时间间隔（以终点节点为完成节点的工作除外，当计划工期等于计算工期时，这些工作箭线中波形线的水平投影长度表示其自由时差）。

时标网络计划既具有网络计划的优点，又具有横道计划直观易懂的优点，它能将网络计划的时间参数直观地表达出来。

（一）时标网络计划绘制方法

时标网络计划宜按各项工作的最早开始时间编制。为此，在编制时标网络计划时应使每一个节点和每一项工作（包括虚工作）尽量向左靠，直至不出现从右向左的逆向箭线为止。

在编制时标网络计划之前，应先按已经确定的时间单位绘制时标网络计划表。时间坐标可以标注在时标网络计划表的顶部或底部。当网络计划的规模比较大，且比较复杂时，可以在时标网络计划表的顶部和底部同时标注时间坐标。必要时，还可以在顶部时间坐标之上或底部时间坐标之下同时加注日历时间。

时标网络计划绘制过程如下：

（1）将网络计划的起点节点定位在时标网络计划表的起始刻度线上。

（2）按工作的持续时间绘制以网络计划起点节点为开始节点的工作箭线。

（3）除网络计划的起点节点外，其他节点必须在所有以该节点为完成节点的工作箭线均绘出后，定位在这些工作箭线中最迟的箭线末端。当某些工作箭线的长度不足以到达该节点时，须用波形线补足，箭头画在与该节点的连接处。

（4）当某个节点的位置确定之后，即可绘制以该节点为开始节点的工作箭线。

（5）利用上述方法从左至右依次确定其他各个节点的位置，直至绘出网络计划的终点节点。

图 3.5.7 所示的双代号网络计划对应的时标网络计划如图 3.5.12 所示。

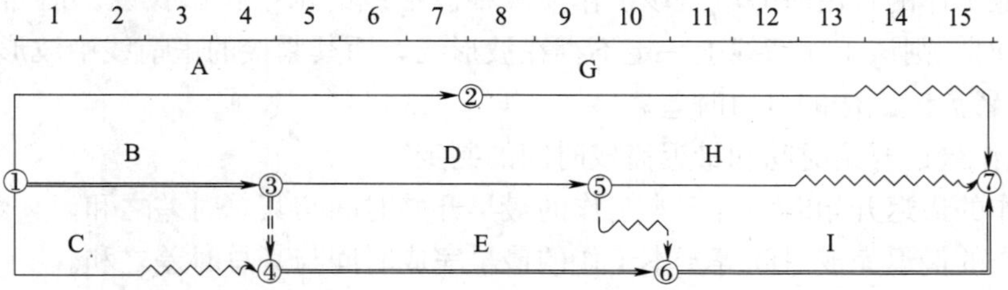

图 3.5.12　双代号时标网络计划

在绘制时标网络计划时，特别需要注意的问题是处理好虚箭线。首先，应将虚箭线与实箭线等同看待，只是其对应工作的持续时间为零；其次，尽管它本身没有持续时间，但可能存在波形线，因此，要按规定画出波形线。在画波形线时，其垂直部分仍应画为虚线。

（二）时标网络计划中时间参数的判定

1. 关键线路和计算工期的判定

（1）关键线路的判定。时标网络计划中的关键线路可从网络计划的终点节点开始，逆着箭线方向进行判定。凡自始至终不出现波形线的线路即为关键线路。因为不出现波形线，就说明在这条线路上相邻两项工作之间的时间间隔全部为零，也就是在计算工期等于计划工期的前提下，这些工作的总时差和自由时差全部为零。

（2）计算工期的判定。网络计划的计算工期应等于终点节点所对应的时标值与起点节点所对应的时标值之差。

2. 相邻两项工作之间时间间隔的判定

除以终点节点为完成节点的工作外，工作箭线中波形线的水平投影长度表示工作与其紧后工作之间的时间间隔。

3. 工作的六个时间参数判定

（1）工作最早开始时间和最早完成时间的判定。工作箭线左端节点中心所对应的时标值为该工作的最早开始时间。当工作箭线中不存在波形线时，其右端节点中心所对应的时标值为该工作的最早完成时间；当工作箭线中存在波形线时，工作箭线实线部分右端点所对应的时标值为该工作的最早完成时间。

（2）工作总时差的判定。工作总时差的判定应从网络计划的终点节点开始，逆着箭线方向依次进行。

1）以终点节点为完成节点的工作，其总时差应等于计划工期与本工作最早完成时间之差。

2）其他工作的总时差等于其紧后工作的总时差加本工作与该紧后工作之间的时间间隔所得之和的最小值，即：

$$TF_{i-j}=\min\{TF_{j-k}+LAG_{i-j,j-k}\} \tag{3.5.37}$$

式中：TF_{i-j}——工作 $i-j$ 的总时差；

TF_{j-k}——工作 $i-j$ 的紧后工作 $j-k$（非虚工作）的总时差；

$LAG_{i-j,j-k}$——工作 $i-j$ 与其紧后工作 $j-k$（非虚工作）之间的时间间隔。

（3）工作自由时差的判定。

1）以终点节点为完成节点的工作，其自由时差应等于计划工期与本工作最早完成时间之差。事实上，以终点节点为完成节点的工作，其自由时差与总时差必然相等。

2）其他工作的自由时差就是该工作箭线中波形线的水平投影长度。但当工作之后只紧接虚工作时，则该工作箭线上一定不存在波形线，而其紧接的虚箭线中波形线水平投影长度的最短者为该工作的自由时差。

（4）工作最迟开始时间和最迟完成时间的判定。

1）工作的最迟开始时间等于本工作的最早开始时间与其总时差之和。

2）工作的最迟完成时间等于本工作的最早完成时间与其总时差之和。

四、网络计划优化

网络计划优化是指在一定约束条件下，按既定目标对网络计划进行不断改进，以寻求满意方案的过程。

网络计划的优化目标应按计划任务的需要和条件选定，包括工期目标、费用目标和资源目标。根据优化目标的不同，网络计划优化可分为工期优化、费用优化和资源优化三种。

（一）工期优化

所谓工期优化，是指网络计划的计算工期不满足要求工期时，通过压缩关键工作的持续时间以满足要求工期目标的过程。

网络计划工期优化的基本方法是在不改变网络计划中各项工作之间逻辑关系的前提下，通过压缩关键工作的持续时间来达到优化目标。在工期优化过程中，按照经济合理的原则，不能将关键工作压缩成非关键工作。此外，当工期优化过程中出现多条关键线路时，必须将各条关键线路的总持续时间压缩相同数值，否则，不能有效地缩短工期。

网络计划的工期优化可按下列步骤进行：

（1）确定初始网络计划的计算工期和关键线路。

（2）按要求工期计算应缩短的时间 ΔT：

$$\Delta T = T_c - T_r \tag{3.5.38}$$

式中：T_c——网络计划的计算工期；

T_r——要求工期。

（3）选择应缩短持续时间的关键工作。选择压缩对象时宜在关键工作中考虑下列因素：

1）缩短持续时间对质量和安全影响不大的工作；

2）有充足备用资源的工作；

3）缩短持续时间所需增加的费用最少的工作。

（4）将所选定的关键工作的持续时间压缩至最短，并重新确定计算工期和关键线路。若被压缩的工作变成非关键工作，则应延长其持续时间，使之仍为关键工作。

（5）当计算工期仍超过要求工期时，则重复上述（2）～（4），直至计算工期满足要求工期或计算工期已不能再缩短为止。

（6）当所有关键工作的持续时间都已达到其能缩短的极限而寻求不到继续缩短工期的方案，但网络计划的计算工期仍不能满足要求工期时，应对网络计划的原技术方案、组织方案进行调整，或对要求工期重新审定。

（二）费用优化

费用优化又称工期成本优化，是指寻求工程总成本最低时的工期安排，或按要求工期寻求最低成本的计划安排的过程。

1. 费用与时间的关系

在工程项目施工过程中，完成一项工作通常可以采用多种施工方法和组织方法，而不同的施工方法和组织方法，又会有不同的持续时间和费用。由于一项工程项目往往包含许多工作，所以在安排工程进度计划时，就会出现许多方案。进度方案不同，所对应的总工期和总费用也就不同。为了能从多种方案中找出总成本最低的方案，必须首先分析费用与时间之间的关系。

（1）工程费用与工期的关系。工程总费用由直接费和间接费组成。直接费由人工费、材料费、机械使用费、措施费等组成。施工方案不同，直接费也就不同；如果施工方案一定，工期不同，直接费也不同。直接费会随着工期的缩短而增加。间接费包括企业经营管理的全部费用，它一般会随着工期的缩短而减少。在考虑工程总费用时，还应考虑工期变化带来的其他损益，包括效益增量和资金的时间价值等。工程费用与工期的关系如图3.5.13所示。

（2）工作直接费与持续时间的关系。由于网络计划的工期取决于关键工作的持续时间，为了进行工期成本优化，必须分析网络计划中各项工作的直接费与持续时间之间的关系，它是网络计划工期成本优化的基础。

工作的直接费与持续时间之间的关系类似于工程直接费与工期之间的关系，工作的直接费随着持续时间的缩短而增加，如图3.5.14所示。为简化计算，工作的直接费与持续时间之间的关系被近似地认为是一条直线关系。当工作划分不是很粗时，其计算结果还是比较精确的。

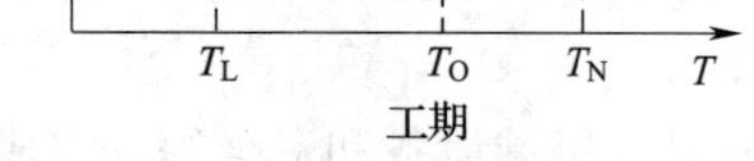

图 3.5.13　费用-工期曲线

T_L—最短工期；T_O—最优工期；T_N—正常工期

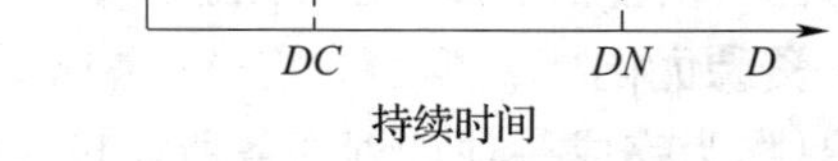

图 3.5.14　直接费-持续时间曲线

DN—工作的正常持续时间；
CN—按正常持续时间完成工作时所需的直接费；
DC—工作的最短持续时间；
CC—按最短持续时间完成工作时所需的直接费

工作的持续时间每缩短单位时间而增加的直接费称为直接费用率。工作的直接费用率越大，说明将该工作的持续时间缩短一个时间单位，所需增加的直接费就越多；反之，将该工作的持续时间缩短一个时间单位，所需增加的直接费就越少。因此，在压缩关键工作的持续时间以达到缩短工期的目的时，应将直接费用率最小的关键工作作为压缩对象。当有多条关键线路出现而需要同时压缩多个关键工作的持续时间时，应将它们的直接费用率之和（组合直接费用率）最小者作为压缩对象。

2. 费用优化方法

费用优化的基本思路：不断地在网络计划中找出直接费用率（或组合直接费用率）最小的关键工作，缩短其持续时间，同时考虑间接费随工期缩短而减少的数值，最后求得工程总成本最低时的最优工期安排或按要求工期求得最低成本的计划安排。

按照上述基本思路，费用优化可按以下步骤进行：

（1）按工作的正常持续时间确定计算工期和关键线路。

（2）计算各项工作的直接费用率。

（3）当只有一条关键线路时，应找出直接费用率最小的一项关键工作，作为缩短持续时间的对象；当有多条关键线路时，应找出组合直接费用率最小的一组关键工作，作为缩短持续时间的对象。

（4）对于选定的压缩对象（一项关键工作或一组关键工作），首先比较其直接费用率或组合直接费用率与工程间接费用率的大小：

1）如果被压缩对象的直接费用率或组合直接费用率大于工程间接费用率，说明压缩关键工作的持续时间会使工程总费用增加，此时应停止缩短关键工作的持续时间，在此之前的方案即为优化方案；

2）如果被压缩对象的直接费用率或组合直接费用率等于工程间接费用率，说明压缩关键工作的持续时间不会使工程总费用增加，故应缩短关键工作的持续时间；

3）如果被压缩对象的直接费用率或组合直接费用率小于工程间接费用率，说明压缩关键工作的持续时间会使工程总费用减少，故应缩短关键工作的持续时间。

（5）当需要缩短关键工作的持续时间时，其缩短值的确定必须符合下列两条原则：

1）缩短后工作的持续时间不能小于其最短持续时间；

2）缩短持续时间的工作不能变成非关键工作。

（6）计算关键工作持续时间缩短后相应增加的总费用。

（7）重复上述（3）～（6），直至计算工期满足要求工期或被压缩对象的直接费用率或组合直接费用率大于工程间接费用率为止。

（8）计算优化后的工程总费用。

（三）资源优化

资源是指为完成一项计划任务所需投入的人力、材料、机械设备和资金等。完成一项工程任务所需要的资源量基本上是不变的，不可能通过资源优化将其减少。资源优化的目的是通过改变工作的开始时间和完成时间，使资源按照时间的分布符合优化目标。

在通常情况下，网络计划的资源优化分为两种，即“资源有限，工期最短”的优化和“工期固定，资源均衡”的优化。前者是通过调整计划安排，在满足资源限制条件下，使工期延长最少的过程；而后者是通过调整计划安排，在工期保持不变的条件下，使资源需用量尽可能均衡的过程。

这里所讲的资源优化，其前提条件是：一是在优化过程中，不改变网络计划中各项工作之间的逻辑关系；二是在优化过程中，不改变网络计划中各项工作的持续时间；三是网络计划中各项工作的资源强度（单位时间所需资源数量）为常数，而且是合理的；四是除规定可中断的工作外，一般不允许中断工作，应保持其连续性。

为简化问题，这里假定网络计划中的所有工作需要同一种资源。

1. “资源有限，工期最短”的优化

“资源有限，工期最短”的优化一般可按以下步骤进行：

（1）按照各项工作的最早开始时间安排进度计划，并计算网络计划每个时间单位的资源需用量。

（2）从计划开始日期起，逐个检查每个时段（每个时间单位资源需用量相同的时间段）的资源需用量是否超过所能供应的资源限量。如果在整个工期范围内每个时段的资源需用量均能满足资源限量的要求，则可行优化方案就编制完成。否则，必须转入下一步进行计划的调整。

（3）分析超过资源限量的时段。如果在该时段内有几项工作平行作业，则采取将一项工作安排在与之平行的另一项工作之后进行的方法，以降低该时段的资源需用量。

（4）对调整后的网络计划安排重新计算每个时间单位的资源需用量。

（5）重复上述（2）～（4），直至网络计划整个工期范围内每个时间单位的资源需用量均满足资源限量为止。

2. “工期固定，资源均衡”的优化

安排建设工程进度计划时，需要使资源需用量尽可能地均衡，使整个工程每单位时间的资源需用量不出现过多的高峰和低谷，这样不仅有利于工程建设的组织与管理，而且可以降低工程费用。

“工期固定，资源均衡”的优化方法有多种，如方差值最小法、极差值最小法、削高峰法等。

五、网络计划执行中的控制

在工程项目实施过程中，由于外部环境和条件的变化，进度计划编制者很难事先对项目在实施过程中可能出现的问题进行全面估计。气候变化、不可预见事件发生以及其他条件变化均会对工程进度计划的实施产生影响，从而造成实际进度偏离计划进度，如果实际进度与计划进度的偏差得不到及时纠正，势必影响进度总目标的实现。为此，在网络计划的执行过程中，必须采取有效的监测手段对网络计划的实施过程进行监控，以便及时发现问题，并运用行之有效的进度调整方法来解决问题。

（一）实际进度与计划进度的比较方法

在工程网络计划执行过程中，常用的进度比较方法有前锋线比较法和列表比较法。

1. 前锋线比较法

前锋线比较法是通过绘制某检查时刻工程项目实际进度前锋线，进行工程实际进度与计划进度比较的方法，它主要适用于时标网络计划。所谓前锋线，是指在原时标网络计划上，从检查时刻的时标点出发，用点划线依次将各项工作实际进展位置点连接而成的折线。前锋线比较法就是通过实际进度前锋线与原进度计划中各工作箭线交点的位置来判断工作实际进度与计划进度的偏差，进而判定该偏差对后续工作及总工期影响程度的一种方法。

采用前锋线比较法进行实际进度与计划进度的比较，其步骤如下：

（1）绘制时标网络计划图。工程项目实际进度前锋线是在时标网络计划图上标示，为清楚起见，可在时标网络计划图的上方和下方各设一时间坐标。

（2）绘制实际进度前锋线。一般从时标网络计划图上方时间坐标的检查日期开始绘制，依次连接相邻工作的实际进展位置点，最后与时标网络计划图下方坐标的检查日期相连接。

工作实际进展位置点的标定方法有两种：

1）按该工作已完任务量比例进行标定。假设工程项目中各项工作均为匀速进展，根据实际进度检查时刻该工作已完任务量占其计划完成总任务量的比例，在工作箭线上从左至右按相同的比例标定其实际进展位置点。

2）按尚需作业时间进行标定。当某些工作的持续时间难以按实物工程量来计算而只能凭经验估算时，可以先估算出检查时刻到该工作全部完成尚需作业的时间，然后在该工作箭线上从右向左逆向标定其实际进展位置点。

（3）进行实际进度与计划进度的比较。前锋线可以直观地反映出检查日期有关工作实际进度与计划进度之间的关系。对某项工作来说，其实际进度与计划进度之间的关系可能存在以下三种情况：

1）工作实际进展位置点落在检查日期的左侧，表明该工作实际进度拖后，拖后的时间为二者之差；

2）工作实际进展位置点与检查日期重合，表明该工作实际进度与计划进度一致；

3）工作实际进展位置点落在检查日期的右侧，表明该工作实际进度超前，超前的时间为二者之差。

（4）预测进度偏差对后续工作及总工期的影响。通过实际进度与计划进度的比较确定进度偏差后，还可根据工作的自由时差和总时差预测该进度偏差对后续工作及项目总工期的影响。由此可见，前锋线比较法既适用于工作实际进度与计划进度之间的局部比较，又可用来分析和预测工程项目整体进度状况。

值得注意的是，以上比较是针对匀速进展的工作。对于非匀速进展的工作，比较方法较复杂。

【例 3.5.3】 某工程项目时标网络计划如图 3.5.15 所示。该计划执行到第 6 周末检查实际进度时，发现工作 A 和 B 已经全部完成，工作 D、E 分别完成计划任务量的 20% 和 50%，工作 C 尚需 3 周完成，试用前锋线法进行实际进度与计划进度的比较。

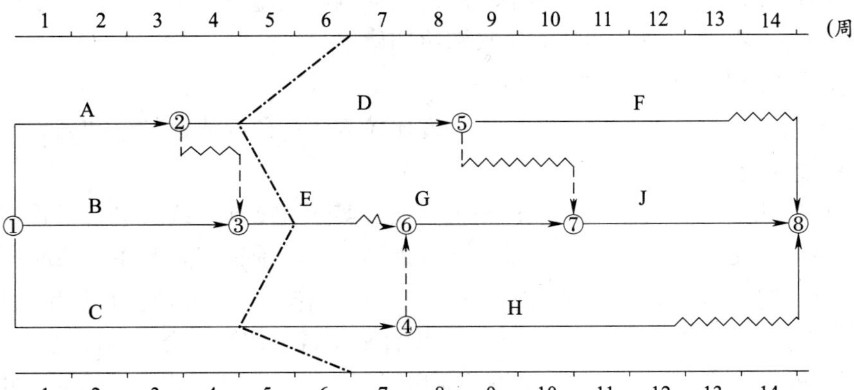

图 3.5.15 某工程前锋线比较图

解：根据第 6 周末实际进度的检查结果绘制前锋线，如图 3.5.15 中点划线所示。通过比较可以看出：

(1) 工作 D 实际进度拖后 2 周，将使其后续工作 F 的最早开始时间推迟 2 周，并使总工期延长 1 周；

(2) 工作 E 实际进度拖后 1 周，既不影响总工期，也不影响其后续工作的正常进行；

(3) 工作 C 实际进度拖后 2 周，将使其后续工作 G、H、J 的最早开始时间推迟 2 周。由于工作 G、J 开始时间的推迟，从而使总工期延长 2 周。

综上所述，如果不采取措施加快进度，该工程项目总工期将延长 2 周。

2. 列表比较法

当工程进度计划用非时标网络图表示时，可以采用列表比较法进行实际进度与计划进度的比较。这种方法是记录检查日期应进行的工作名称及其已经作业的时间，然后列表计算有关时间参数，并根据工作总时差进行实际进度与计划进度比较的方法。

采用列表比较法进行实际进度与计划进度的比较，其步骤如下：

(1) 对于实际进度检查日期应该进行的工作，根据已经作业的时间，确定其尚需作业时间。

(2) 根据原进度计划计算检查日期应该进行的工作从检查日期到原计划最迟完成时尚余时间。

(3) 计算工作尚有总时差，其值等于工作从检查日期到原计划最迟完成时间尚余时间与该工作尚需作业时间之差。

(4) 比较实际进度与计划进度，可能有以下几种情况：

1) 如果工作尚有总时差与原有总时差相等，说明该工作实际进度与计划进度一致；

2) 如果工作尚有总时差大于原有总时差，说明该工作实际进度超前，超前的时间为二者之差；

3) 如果工作尚有总时差小于原有总时差，且仍为非负值，说明该工作实际进度拖后，拖后的时间为二者之差，但不影响总工期；

4) 如果工作尚有总时差小于原有总时差，且为负值，说明该工作实际进度拖后，拖后的时间为二者之差，此时工作实际进度偏差将影响总工期。

【例 3.5.4】 某工程项目进度计划如图 3.5.15 所示。该计划执行到第 10 周末检查实际进度时，发现工作 A、B、C、D、E 已经全部完成，工作 F 已进行 1 周，工作 G 和工作 H 均已进行 2 周，试用列表比较法进行实际进度与计划进度的比较。

解：根据工程项目进度计划及实际进度检查结果，可以计算出检查日期应进行工作的尚需作业时间、原有总时差及尚有总时差等，计算结果见表 3.5.3。通过比较尚有总时差和原有总时差，即可判断目前工程实际进展状况。

表 3.5.3　工程进度检查比较表

工作代号	工作名称	检查计划时尚需作业周数	到计划最迟完成时尚余周数	原有总时差	尚有总时差	情况判断
5—8	F	4	4	1	0	拖后 1 周，但不影响工期
6—7	G	1	0	0	−1	拖后 1 周，影响工期 1 周
4—8	H	3	4	2	1	拖后 1 周，但不影响工期

（二）网络计划的调整

当实际进度偏差影响到后续工作、总工期而需要调整进度计划时，其调整方法主要有两种。

1. 改变某些工作之间的逻辑关系

当工程项目实施中产生的进度偏差影响到总工期，且有关工作的逻辑关系允许改变时，可以改变关键线路和超过计划工期的非关键线路上的有关工作之间的逻辑关系，达到缩短工期的目的。例如，将顺序进行的工作改为平行作业、搭接作业以及分段组织流水作业等，都可以有效地缩短工期。

2. 缩短某些工作的持续时间

这种方法是不改变工程项目中各项工作之间的逻辑关系，而通过采取增加资源投入、提高劳动效率等措施来缩短某些工作的持续时间，使工程进度加快，以保证按计划工期完成该工程项目。这些被压缩持续时间的工作是位于关键线路和超过计划工期的非关键线路上的工作。同时，这些工作又是其持续时间可被压缩的工作。这种调整通常可以在网络计划图上直接进行。

第六节　工程项目合同管理

工程项目合同有多种类型，这里主要阐述工程勘察、设计、施工、材料设备采购及工程总承包合同管理。

一、工程勘察设计合同管理

工程勘察设计合同是指建设单位与工程勘察设计单位为完成工程勘察设计任务，明确双方义务和责任的协议。根据工程勘察设计合同，勘察人、设计人应完成建设单位委托的工程勘察、设计任务；建设单位作为发包人，应为勘察人、设计人提供相关资料和必要的工作条件，并支付报酬。

（一）工程勘察设计合同订立

建设单位通过招标、设计方案竞赛等方式确定勘察设计单位后，需要通过谈判明确勘察设计合同相关内容，就合同各项条款进行协商并取得一致意见。勘察设计合同应采用书面形式约定双方的义务和违约责任，且通常会参照国家推荐使用的示范文本。

1. 工程勘察合同示范文本

根据国家发展改革委等九部委联合发布的《标准勘察招标文件》（2017 年版）中的合同条款及格式，勘察合同条款由通用合同条款和专用合同条款两部分组成，同时规定了合同协议书、履约保证金格式。

（1）通用合同条款。通用合同条款包括：一般约定、发包人义务、发包人管理、勘察人义务、勘察要求、开始勘察和完成勘察、暂停勘察、勘察文件、勘察责任与保险、设计和施工期间配合、合同变更、合同价格与支付、不可抗力、违约、争议解决，共计 15 个方面。

（2）专用合同条款。专用合同条款是对通用合同条款的细化、完善、补充、修改或另行约定的条款。合同当事人可根据不同工程特点及具体情况，通过谈判、协商对相应通用合同条款进行修改、补充。

（3）合同文件解释顺序。合同协议书与下列文件一起构成合同文件：

1）中标通知书；

2）投标函及投标函附录；

3）专用合同条款；

4）通用合同条款；

5）发包人要求；

6）勘察费用清单；

7）勘察纲要；

8）其他合同文件。

上述合同文件互相补充和解释。如果合同文件之间存在矛盾或不一致之处，以上述文件的排列顺序在先者为准。

2. 工程设计合同示范文本

根据国家发展改革委等九部委联合发布的《标准设计招标文件》（2017 年版）中的合同条款及格式，设计合同条款由通用合同条款和专用合同条款两部分组成，同时规定了合同协议书、履约保证金格式。

（1）通用合同条款。通用合同条款包括：一般约定、发包人义务、发包人管理、设计人义务、设计要求、开始设计和完成设计、暂停设计、设计文件、设计责任与保险、施工期间配合、合同变更、合同价格与支付、不可抗力、违约、争议解决，共计 15 个方面。

（2）专用合同条款。专用合同条款是对通用合同条款的细化、完善、补充、修改或另行约定的条款。合同当事人可根据不同工程特点及具体情况，通过谈判、协商对相应通用合同条款进行修改、补充。

（3）合同文件解释顺序。合同协议书与下列文件一起构成合同文件：

1）中标通知书；

2）投标函及投标函附录；

3）专用合同条款；

4）通用合同条款；

5）发包人要求；

6）设计费用清单；

7）设计方案；

8）其他合同文件。

上述合同文件互相补充和解释。如果合同文件之间存在矛盾或不一致之处，以上述文件的排列顺序在先者为准。

（二）工程勘察设计合同履行

1. 工程勘察合同履行

（1）发包人义务。发包人应履行的一般义务如下：

1）遵守法律。发包人在履行合同过程中应遵守法律，并保证勘察人免于承担因发包人违反法律而引起的任何责任。

2）发出开始勘察通知。符合专用合同条款约定的开始勘察条件的，发包人应提前 7 天向勘察人发出开始勘察通知。勘察服务期限自开始勘察通知中载明的开始勘察日期起计算。

3）办理证件和批件。法律规定和（或）合同约定由发包人负责办理的工程建设项目必须履行的各类审批、核准或备案手续，发包人应当按时办理，勘察人应给予必要的协助。法律规定和（或）合同约定由勘察人负责办理的勘察所需的证件和批件，发包人应给予必要的协助。

4）支付合同价款。发包人应按合同约定向勘察人及时支付合同价款。

5）提供勘察资料。发包人应按专用合同条款约定向勘察人提供勘察资料，包括基础资料、勘察任务书等。发包人应按约定的数量和期限交给勘察人。由于发包人未按时提供文件造成勘察服务期限延误的，应当延长勘察服务期限并增加勘察费用。

（2）勘察人义务。勘察人应履行的一般义务如下：

1）遵守法律。勘察人在履行合同过程中应遵守法律，并保证发包人免于承担因勘察人违反法律而引起的任何责任。

2）依法纳税。勘察人应按有关法律规定纳税，应缴纳的税金（含增值税）包括在合同价格之中。

3）完成全部勘察工作。勘察人应按合同约定以及发包人要求，完成合同约定的全部工作，并对工作中的任何缺陷进行整改、完善和修补，使其满足合同约定的目的。勘察人应按合同约定提供勘察文件，以及为完成勘察服务所需的劳务、材料、勘察设备、实验设施等，并应自行承担勘探场地临时设施的搭设、维护、管理和拆除。

4）保证勘察作业规范、安全和环保。勘察人应按法律、规范标准和发包人要求，采取各项有效措施，确保勘察作业操作规范、安全、文明和环保，在风险性较大的环境中作业时应当编制安全防护方案并制订应急预案，防止因勘察作业造成的人身伤害和财产损失。

5）避免勘探对公众与他人的利益造成损害。勘察人在进行合同约定的各项工作时，不得侵害发包人与他人使用公用道路、水源、市政管网等公共设施的权利，避免对邻近的公共设施产生干扰，保证勘探场地的周边设施、建（构）筑物、地下管线、架空线和其他物体的安全运行。勘察人占用或使用他人的施工场地，影响他人作业或生活的，应承担相应责任。

6）其他义务。勘察人应履行合同约定的其他义务。

（3）违约责任：

1）发包人违约。发包人在合同履行中发生下列情形之一的，属发包人违约：

①未按合同约定支付勘察费用；

②自身原因造成勘察停止；

③无法履行或停止履行合同；

④不履行合同约定的其他义务。

发包人发生违约情况时，勘察人可向发包人发出暂停勘察通知，要求其在限定期限内纠正；逾期仍不纠正的，勘察人有权解除合同并向发包人发出解除合同通知。发包人应当承担由于违约所造成的费用增加、周期延误和勘察人损失等。

2）勘察人违约。勘察人在合同履行中发生下列情形之一的，属勘察人违约：

①勘察文件不符合法律及合同约定；

②转包、违法分包或者未经发包人同意擅自分包勘察任务；

③未按合同计划完成勘察，从而造成工程损失；

④无法履行或停止履行合同；

⑤不履行合同约定的其他义务。

勘察人发生违约情况时，发包人可向勘察人发出整改通知，要求其在限定期限内纠正；逾期仍不纠正的，发包人有权解除合同并向勘察人发出解除合同通知。勘察人应当承担由于违约所造成的费用增加、周期延误和发包人损失等。

2. 工程设计合同履行

（1）发包人义务。发包人应履行的一般义务如下：

1）遵守法律。发包人在履行合同过程中应遵守法律，并保证设计人免于承担因发包人违反法律而引起的任何责任。

2）发出开始设计通知。符合专用合同条款约定的开始设计条件的，发包人应提前7天向设计人发出开始设计通知。设计服务期限自开始设计通知中载明的开始设计日期起计算。

3）办理证件和批件。法律规定和（或）合同约定由发包人负责办理的工程建设项目必须履行的各类审批、核准或备案手续，发包人应当按时办理，设计人应给予必要的协助。法律规定和（或）合同约定由设计人负责办理的设计所需的证件和批件，发包人应给予必要的协助。

4）支付合同价款。发包人应按合同约定向设计人及时支付合同价款。

5）提供设计资料。发包人应按专用合同条款约定向设计人提供设计资料，包括基础资料、勘察报告、设计任务书等。发包人应按约定的数量和期限交给设计人。由于发包人未按时提供文件造成设计服务期限延误的，应当延长设计服务期限并增加设计费用。

6）其他义务。发包人应履行合同约定的其他义务。

（2）设计人义务。设计人应履行的一般义务如下：

1）遵守法律。设计人在履行合同过程中应遵守法律，并保证发包人免于承担因设计人违反法律而引起的任何责任。

2）依法纳税。设计人应按有关法律规定纳税，应缴纳的税金（含增值税）包括在合同价格之中。

3）完成全部设计工作。设计人应按合同约定以及发包人要求，完成合同约定的全部工作，并对工作中的任何缺陷进行整改、完善和修补，使其满足合同约定的目的。设计人应按合同约定提供设计文件及相关服务等。

4）其他义务。设计人应履行合同约定的其他义务。

（3）违约责任：

1）发包人违约。发包人在合同履行中发生下列情形之一的，属发包人违约：

①未按合同约定支付设计费用；

②自身原因造成设计停止；

③无法履行或停止履行合同；

④不履行合同约定的其他义务。

发包人发生违约情况时，设计人可向发包人发出暂停设计通知，要求其在限定期限内纠正；逾期仍不纠正的，设计人有权解除合同并向发包人发出解除合同通知。发包人应当承担由于违约所造成的费用增加、周期延误和设计人损失等。

2）设计人违约。设计人在合同履行中发生下列情形之一的，属设计人违约：

①设计文件不符合法律及合同约定；

②转包、违法分包或者未经发包人同意擅自分包设计任务；

③未按合同计划完成设计，从而造成工程损失；

④无法履行或停止履行合同；

⑤不履行合同约定的其他义务。

设计人发生违约情况时，发包人可向设计人发出整改通知，要求其在限定期限内纠正；逾期仍不纠正的，发包人有权解除合同并向设计人发出解除合同通知。设计人应当承担由于违约所造成的费用增加、周期延误和发包人损失等。

二、工程施工合同管理

工程施工合同是指建设单位与施工单位之间为完成工程施工任务，明确双方义务和责任的协议。根据工程施工合同，施工单位作为承包人，应完成合同约定的工程施工、设备安装任务；建设单位作为发包人，应提供必要的施工条件并支付工程价款。

（一）工程施工合同订立

建设单位通过招标等方式确定工程施工单位后，需要通过谈判明确工程施工合同相关内容，就合同各项条款进行协商并取得一致意见。工程施工合同也应采用书面形式约定双方的义务和违约责任，且通常也会参照国家推荐使用的示范文本。

我国工程施工合同示范文本有多种，其中影响较大、应用广泛的是国家发展改革委等九部委联合发布的《标准施工招标文件》（2007 年版）中的合同条款及格式。该合同条款及格式明确，施工合同条款由通用合同条款和专用合同条款两部分组成，同时规定了合同协议书、履约担保和预付款担保的文件格式。

1. 通用合同条款

通用合同条款是以发包人委托监理人管理工程合同的模式设定合同当事人的义务和责任，区别于由发包人和承包人双方直接进行约定和操作的合同管理模式。通用合同条款同时适用于单价合同和总价合同，合同条款中涉及单价合同和总价合同的，招标人在编制招标文件时，应根据各行业和具体工程的不同特点和要求，进行修改和补充。

通用合同条款参考国际咨询工程师联合会（FIDIC）有关合同条件，明确规定了 24 个方面内容，包括：一般约定；发包人义务；监理人；承包人；材料和工程设备；施工设备和临时设施；交通运输；测量放线；施工安全、治安保卫和环境保护；进度计划；开工和竣工；暂停施工；工程质量；试验和检验；变更；价格调整；计量与支付；竣工验收；缺陷责任与保修责任；保险；不可抗力；违约；索赔；争端解决。

2. 专用合同条款

专用合同条款是发包人和承包人双方根据工程具体情况对通用合同条款的补充、细化，除通用合同条款中明确专用合同条款可作出不同约定外，补充和细化的内容不得与通用合同条款规定的内容相抵触。

3. 合同文件的优先解释顺序

组成合同的各项文件应互相解释、互为说明。除专用合同条款另有约定外，解释合同文件的优先顺序如下：

（1）合同协议书；

（2）中标通知书；

（3）投标函及投标函附录；

（4）专用合同条款；

（5）通用合同条款；

（6）技术标准和要求；

（7）图纸；

（8）已标价工程量清单；

（9）其他合同文件。

（二）工程施工合同履行

1. 发包人义务

发包人在合同履行过程中的一般义务包括：

（1）在履行合同过程中应遵守法律，并保证承包人免于承担因发包人违反法律而引起的任何责任。

（2）应委托监理人按合同约定的时间向承包人发出开工通知。

（3）应按专用合同条款的约定向承包人提供施工场地，以及施工场地内地下管线和地下设施等有关资料，并保证资料的真实、准确、完整。

（4）应协助承包人办理法律规定的有关施工证件和批件。

（5）应根据合同进度计划，组织设计单位向承包人进行设计交底。

（6）应按合同约定向承包人及时支付合同价款。

（7）应按合同约定及时组织竣工验收。

（8）应履行合同约定的其他义务。

2. 承包人义务

承包人在合同履行过程中的一般义务包括：

（1）在履行合同过程中应遵守法律，并保证发包人免于承担因承包人违反法律而引起的任何责任。

（2）应按有关法律规定纳税，应缴纳的税金包括在合同价格内。

（3）应按合同约定以及监理人的指示，实施、完成全部工程，并修补工程中的任何缺陷，除专用合同条款另有约定外，承包人应提供为完成合同工作所需的劳务、材料、施工设备、工程设备和其他物品，并按合同约定负责临时设施的设计、建造、运行、维护、管理和拆除。

（4）应按合同约定的工作内容和施工进度要求，编制施工组织设计和施工措施计划，并对所有施工作业和施工方法的完备性和安全可靠性负责。

（5）应按合同约定采取施工安全措施，确保工程及其人员、材料、设备和设施的安全，防止因工程施工造成的人身伤害和财产损失。

（6）应按合同约定负责施工场地及其周边环境与生态的保护工作。

（7）在进行合同约定的各项工作时，不得侵害发包人与他人使用公用道路、水源、市政管网等公共设施的权利，避免对邻近的公共设施产生干扰。承包人占用或使用他人的施工场地，影响他人作业或生活的，应承担相应责任。

（8）应按监理人的指示为他人在施工场地或附近实施与工程有关的其他各项工作提供可能的条件。除合同另有约定外，提供有关条件的内容和可能发生的费用，由监理人按合同约定商定或确定。

(9) 工程接收证书颁发前，承包人应负责照管和维护工程。工程接收证书颁发时尚有部分未竣工工程的，承包人还应负责该未竣工工程的照管和维护工作，直至竣工后移交给发包人为止。

(10) 应履行合同约定的其他义务。

3. 违约情形

(1) 发包人违约情形。在合同履行中发生下列情形的，属发包人违约：

1) 发包人未能按合同约定支付预付款或合同价款，或拖延、拒绝批准付款申请和支付凭证，导致付款延误；

2) 发包人原因造成停工；

3) 监理人无正当理由没有在预定期限内发出复工指示，导致承包人无法复工；

4) 发包人无法继续履行或明确表示不履行或实质上已停止履行合同；

5) 发包人不履行合同约定的其他义务。

(2) 承包人违约情形。在合同履行中发生下列情形的，属承包人违约：

1) 承包人违反合同约定，私自将合同的全部或部分权利转让给其他人，或私自将合同的全部或部分义务转移给其他人；

2) 承包人违反合同约定，未经监理人批准，私自将已按合同约定进入施工场地的施工设备、临时设施或材料撤离施工场地；

3) 承包人违反合同约定，使用了不合格材料或工程设备，工程质量达不到标准要求，又拒绝清除不合格工程；

4) 承包人未能按合同进度计划及时完成合同约定的工作，已造成或预期造成工期延误；

5) 承包人在缺陷责任期内，未能对工程接收证书所列的缺陷清单内容或缺陷责任期内发生的缺陷进行修复，而又拒绝按监理人指示再进行修补；

6) 承包人无法继续履行或明确表示不履行或实质上已停止履行合同；

7) 承包人不按合同约定履行义务的其他情形。

4. 工程施工合同法律解释

为更好地审理建设工程施工合同纠纷案件，最高人民法院审判委员会于2020年12月25日通过了新的《最高人民法院关于审理建设工程施工合同纠纷案件适用法律问题的解释（一）》(法释〔2020〕25号)，自2021年1月1日起施行。其中有很多条款与工程造价管理密切相关。

(1) 开工日期争议解决。当事人对建设工程开工日期有争议的，人民法院应当分别按照以下情形予以认定：

1) 开工日期为发包人或者监理人发出的开工通知载明的开工日期；开工通知发出后，尚不具备开工条件的，以开工条件具备的时间为开工日期；因承包人原因导致开工时间推迟的，以开工通知载明的时间为开工日期。

2) 承包人经发包人同意已经实际进场施工的，以实际进场施工时间为开工日期。

3) 发包人或者监理人未发出开工通知，亦无相关证据证明实际开工日期的，应当综合考虑开工报告、合同、施工许可证、竣工验收报告或者竣工验收备案表等载明的时间，并结合是否具备开工条件的事实，认定开工日期。

(2) 实际竣工日期争议解决。当事人对建设工程实际竣工日期有争议的，人民法院应当按照以下情形予以认定：

1）建设工程经竣工验收合格的，以竣工验收合格之日为竣工日期；

2）承包人已经提交竣工验收报告，发包人拖延验收的，以承包人提交验收报告之日为竣工日期；

3）建设工程未经竣工验收，发包人擅自使用的，以转移占有建设工程之日为竣工日期。

（3）顺延工期争议解决。当事人约定顺延工期应当经发包人或者监理人签证等方式确认，承包人虽未取得工期顺延的确认，但能够证明在合同约定的期限内向发包人或者监理人申请过工期顺延且顺延事由符合合同约定，承包人以此为由主张工期顺延的，人民法院应予支持。

当事人约定承包人未在约定期限内提出工期顺延申请视为工期不顺延的，按照约定处理，但发包人在约定期限后同意工期顺延或者承包人提出合理抗辩的除外。

建设工程竣工前，当事人对工程质量发生争议，工程质量经鉴定合格的，鉴定期间为顺延工期期间。

（4）工程量争议解决。当事人对工程量有争议的，按照施工过程中形成的签证等书面文件确认。承包人能够证明发包人同意其施工，但未能提供签证文件证明工程量发生的，可以按照当事人提供的其他证据确认实际发生的工程量。

（5）工程计价标准及方法争议解决。当事人对建设工程的计价标准或者计价方法有约定的，按照约定结算工程价款。因设计变更导致建设工程的工程量或者质量标准发生变化，当事人对该部分工程价款不能协商一致的，可以参照签订建设工程施工合同时当地建设行政主管部门发布的计价标准或者计价方法结算工程价款。

（6）工程价款利息争议解决。当事人对欠付工程价款利息计付标准有约定的，按照约定处理。没有约定的，按照同期同类贷款利率或者同期贷款市场报价利率计息。

当事人对垫资和垫资利息有约定，承包人请求按照约定返还垫资及其利息的，人民法院应予支持，但是约定的利息计算标准高于垫资时的同类贷款利率或者同期贷款市场报价利率的部分除外。当事人对垫资没有约定的，按照工程欠款处理。当事人对垫资利息没有约定，承包人请求支付利息的，人民法院不予支持。

利息从应付工程价款之日开始计付。当事人对付款时间没有约定或者约定不明的，下列时间视为应付款时间：

1）建设工程已实际交付的，为交付之日；

2）建设工程没有交付的，为提交竣工结算文件之日；

3）建设工程未交付，工程价款也未结算的，为当事人起诉之日。

（7）工程价款结算争议解决。当事人签订的建设工程施工合同与招标文件、投标文件、中标通知书载明的工程范围、建设工期、工程质量、工程价款不一致，一方当事人请求将招标文件、投标文件、中标通知书作为结算工程价款的依据的，人民法院应予支持。

当事人约定，发包人收到竣工结算文件后，在约定期限内不予答复，视为认可竣工结算文件的，按照约定处理。承包人请求按照竣工结算文件结算工程价款的，人民法院应予支持。

当事人约定按照固定价结算工程价款，一方当事人请求对建设工程造价进行鉴定的，人民法院不予支持。

（8）工程质量保证金争议解决。有下列情形之一，承包人请求发包人返还工程质量保证金的，人民法院应予支持：

1）当事人约定的工程质量保证金返还期限届满；

2）当事人未约定工程质量保证金返还期限的，自建设工程通过竣工验收之日起满 2 年；

3）因发包人原因建设工程未按约定期限进行竣工验收的，自承包人提交工程竣工验收报告 90 日后当事人约定的工程质量保证金返还期限届满；当事人未约定工程质量保证金返还期限的，自承包人提交工程竣工验收报告 90 日后起满 2 年。

发包人返还工程质量保证金后，不影响承包人根据合同约定或者法律规定履行工程保修义务。

（9）无效合同的价款结算争议解决。当事人就同一建设工程订立的数份建设工程施工合同均无效，但建设工程质量合格，一方当事人请求参照实际履行的合同关于工程价款的约定折价补偿承包人的，人民法院应予支持。

实际履行的合同难以确定，当事人请求参照最后签订的合同关于工程价款的约定折价补偿承包人的，人民法院应予支持。

（10）咨询意见效力。当事人在诉讼前共同委托有关机构、人员对建设工程造价出具咨询意见，诉讼中一方当事人不认可该咨询意见申请鉴定的，人民法院应予准许，但双方当事人明确表示受该咨询意见约束的除外。

（11）已达成协议后请求鉴定的处理。当事人在诉讼前已经对建设工程价款结算达成协议，诉讼中一方当事人申请对工程造价进行鉴定的，人民法院不予准许。

（12）施工合同争议鉴定。当事人对工程造价、质量、修复费用等专门性问题有争议，人民法院认为需要鉴定的，应当向负有举证责任的当事人释明。当事人经释明未申请鉴定，虽申请鉴定但未支付鉴定费用或者拒不提供相关材料的，应当承担举证不能的法律后果。

三、材料设备采购合同管理

材料设备采购合同是指买受人（简称买方）与出卖人（简称卖方）之间为实现材料设备买卖，明确双方义务和责任的协议。根据材料设备采购合同，材料设备供应商（买方）应提供材料设备；建设单位或承包单位（买方）应接收材料设备并支付相应价款。

（一）材料设备采购合同订立

材料设备采购方通过招标、询价、直接采购等方式确定材料设备供应单位后，需要通过谈判明确材料设备采购合同相关内容，就合同各项条款进行协商并取得一致意见。材料设备采购合同也应采用书面形式约定双方的义务和违约责任，且在有条件的情况下也会使用标准合同格式。

1. 材料采购合同示范文本

根据国家发展改革委等九部委联合发布的《标准材料采购招标文件》（2017 年版）中的合同条款及格式，材料采购合同条款由通用合同条款和专用合同条款两部分组成，同时规定了合同协议书、履约保证金格式。

（1）通用合同条款。通用合同条款包括：一般约定；合同范围；合同价格与支付；包装、标记、运输和交付；检验和验收；相关服务；质量保证期；履约保证金；保证；违约责任；合同解除；争议解决，共计 12 个方面。

（2）专用合同条款。专用合同条款是对通用合同条款的细化、完善、补充、修改或另行约定的条款。合同当事人可根据不同工程特点及具体情况，通过谈判、协商对相应通用合同条款进行修改、补充。

（3）合同文件解释顺序。合同协议书与下列文件一起构成合同文件：

1）中标通知书；

2）投标函；

3）商务和技术偏差表；

4）专用合同条款；

5）通用合同条款；

6）供货要求；

7）分项报价表；

8）中标材料质量标准的详细描述；

9）相关服务计划；

10）其他合同文件。

上述合同文件互相补充和解释。如果合同文件之间存在矛盾或不一致之处，以上述文件的排列顺序在先者为准。

2. 设备采购合同示范文本

根据国家发展改革委等九部委联合发布的《标准设备采购招标文件》（2017 年版）中的合同条款及格式，设备采购合同条款由通用合同条款和专用合同条款两部分组成，同时规定了合同协议书、履约保证金格式。

（1）通用合同条款。通用合同条款包括：一般约定；合同范围；合同价格与支付；监造及交货前检验；包装、标记、运输和交付；开箱检验、安装、调试、考核、验收；技术服务；质量保证期；质保期服务；履约保证金；保证；知识产权；保密；违约责任；合同解除；不可抗力；争议解决，共计 17 个方面。

（2）专用合同条款。专用合同条款是对通用合同条款的细化、完善、补充、修改或另行约定的条款。合同当事人可根据不同工程特点及具体情况，通过谈判、协商对相应通用合同条款进行修改、补充。

（3）合同文件解释顺序。合同协议书与下列文件一起构成合同文件：

1）中标通知书；

2）投标函；

3）商务和技术偏差表；

4）专用合同条款；

5）通用合同条款；

6）供货要求；

7）分项报价表；

8）中标设备技术性能指标的详细描述；

9）技术服务和质保期服务计划；

10）其他合同文件。

上述合同文件互相补充和解释。如果合同文件之间存在矛盾或不一致之处，以上述文件的排列顺序在先者为准。

(二) 材料设备采购合同履行

1. 材料采购合同履行

材料采购合同订立后，应予以全面、实际履行。

(1) 卖方义务。

1) 按约定标的履行。卖方交付的货物必须与合同规定的名称、品种、规格、型号相一致，除非买方同意，不允许以其他货物代替合同中规定的货物，也不允许以支付违约金或赔偿金的方式代替履行合同。

2) 按合同规定的期限、地点交付货物。交付货物的日期应在合同规定的交付期限内，实际交付的日期早于或迟于合同规定的交付期限，即视为同意延期交货。提前交付，买方可拒绝接受。逾期交付的，应当承担逾期交付责任。如果逾期交货，买方不再需要，应在接到卖方交货通知后约定时间内通知卖方，逾期不答复的，视为同意延期交货。交付地点应在合同指定地点。合同双方当事人应当约定交付标的物的地点，如果当事人没有约定交付地点或者约定不明确，事后没有达成补充协议，也无法按照合同有关条款或者交易习惯确定，则适用下列规定：标的物需要运输的，卖方应当将标的物交付给第一承运人以运交给买方；标的物不需要运输的，买卖双方在订立合同时知道标的物在某一地点的，卖方应当在该地点交付标的物；不知道标的物在某一地点的，应当在卖方合同订立时的营业地交付标的物。

3) 按合同规定的数量和质量交付货物。对于交付货物的数量应当场检验，清点账目后，由双方当事人签字。货物外在质量可当场检验，内在质量需做物理或化学试验的，试验结果为验收依据。卖方在交货时，应将产品合格证随同产品交买方据以验收。买方在收到标的物时，应在约定的检验期内检验，没有约定检验期间的，应当及时检验。当事人约定检验期间的，买方应当在检验期间内将标的物的数量或者质量不符合约定的情形通知卖方。买方怠于通知的，视为标的物的数量或者质量符合约定。当事人没有约定检验期间的，买方应当在发现或者应当发现标的物的数量或者质量不符合约定的合理期间内通知卖方。买方在合理期间内未通知或者自标的物收到之日起两年内未通知卖方的，视为标的物的数量或者质量符合约定，但对标的物有质量保证期的，适用质量保证期，不适用两年有效的规定。卖方知道或者应当知道提供的标的物不符合约定的，买方不受前述规定通知时间的限制。

(2) 买方义务。买方在验收材料后，应按合同规定履行支付义务，否则承担法律责任。

(3) 违约责任。合同一方不履行合同义务、履行合同义务不符合约定或者违反合同项下所作保证的，应向对方承担继续履行、采取补救措施或者赔偿损失等违约责任。

1) 卖方未能按时交付合同材料的，应向买方支付迟延交付违约金。卖方支付迟延交付违约金，不能免除其继续交付合同材料的义务。除专用合同条款另有约定外，迟延交付违约金计算方法如下：

迟延交付违约金＝迟延交付材料金额×0.08%×迟延交货天数 (3.6.1)

迟延交付违约金的最高限额为合同价格的10%。

2) 买方未能按合同约定支付合同价款的，应向卖方支付迟延付款违约金。除专用合同条款另有约定外，迟延付款违约金的计算方法如下：

迟延付款违约金＝迟延付款金额×0.08%×迟延付款天数 (3.6.2)

迟延付款违约金的总额不得超过合同价格的10%。

2. 设备采购合同履行

(1) 交付货物。卖方应按合同规定，按时、按质、按量地履行供货义务，并做好现场服务工作，及时解决有关设备的技术质量、缺损件等问题。

(2) 验收交货。买方对卖方交货应及时进行验收，依据合同规定，对设备的质量及数量进行核实检验，如有异议，应及时与卖方协商解决。

(3) 结算。买方对卖方交付的货物检验没有发现问题，应按合同的规定及时付款；如果发现问题，在卖方及时处理达到合同要求后，也应及时履行付款义务。

(4) 违约责任。合同一方不履行合同义务、履行合同义务不符合约定或者违反合同项下所作保证的，应向对方承担继续履行、采取修理、更换、退货等补救措施或者赔偿损失等违约责任。

1) 卖方未能按时交付合同设备（包括仅迟延交付技术资料但足以导致合同设备安装、调试、考核、验收工作推迟的）的，应向买方支付迟延交付违约金。除专用合同条款另有约定外，迟延交付违约金的计算方法如下：

①从迟交的第一周到第四周，每周迟延交付违约金为迟交合同设备价格的0.5%；

②从迟交的第五周到第八周，每周迟延交付违约金为迟交合同设备价格的1%；

③从迟交的第九周起，每周迟延交付违约金为迟交合同设备价格的1.5%。

在计算迟延交付违约金时，迟交不足一周的按一周计算。迟延交付违约金的总额不得超过合同价格的10%。

迟延交付违约金的支付不能免除卖方继续交付相关合同设备的义务，但如迟延交付必然导致合同设备安装、调试、考核、验收工作推迟的，相关工作应相应顺延。

2) 买方未能按合同约定支付合同价款的，应向卖方支付迟延付款违约金。除专用合同条款另有约定外，迟延付款违约金的计算方法如下：

①从迟付的第一周到第四周，每周迟延付款违约金为迟延付款金额的0.5%；

②从迟付的第五周到第八周，每周迟延付款违约金为迟延付款金额的1%；

③从迟付的第九周起，每周迟延付款违约金为迟延付款金额的1.5%。

在计算迟延付款违约金时，迟付不足一周的按一周计算。迟延付款违约金的总额不得超过合同价格的10%。

四、工程总承包合同管理

工程总承包合同是指发包人与工程总承包单位之间为完成特定的工程总承包任务，明确双方义务和责任的协议。根据工程总承包合同，工程总承包单位作为承包人，应完成合同约定的工程设计、采购、施工等任务；发包人应提供必要的条件并支付合同价款。

(一) 工程总承包合同订立

建设单位通过招标等方式确定工程总承包单位后，需要通过谈判明确工程总承包合同相关内容，就合同各项条款进行协商并取得一致意见。工程总承包合同也应采用书面形式约定双方的义务和违约责任，且通常也会参照国家推荐使用的示范文本。

根据国家发展改革委等九部委联合发布的《标准设计施工总承包招标文件》(2012年版) 中的合同条款及格式。设计施工总承包合同条款由通用合同条款和专用合同条款两部分组成，同时规定了合同协议书、履约担保和预付款担保的文件格式。

（1）通用合同条款。通用合同条款包括：一般约定；发包人义务；监理人；承包人；设计；材料和工程设备；施工设备和临时设施；交通运输；测量放线；安全、治安保卫和环境保护；开始工作和竣工；暂停工作；工程质量；试验和检验；变更；价格调整；合同价格与支付；竣工试验和竣工验收；缺陷责任与保修责任；保险；不可抗力；违约；索赔；争议解决，共计 24 个方面。

（2）专用合同条款。专用合同条款是合同双方当事人根据不同工程的具体情况，通过谈判、协商对相应通用条款的约定细化、完善、补充、修改或另行约定的条款。

（3）合同文件解释顺序。合同协议书与下列文件一起构成合同文件：

1）中标通知书；

2）投标函及投标函附录；

3）专用合同条款；

4）通用合同条款；

5）发包人要求；

6）价格清单；

7）承包人建议；

8）其他合同文件。

上述文件互相补充和解释，如有不明确或不一致之处，以合同约定次序在先者为准。

（二）工程总承包合同履行

1. 发包人义务

发包人应履行的一般义务如下：

（1）遵守法律。发包人在履行合同过程中应遵守法律，并保证承包人免于承担因发包人违反法律而引起的任何责任。

（2）发出承包人开始工作通知。符合专用合同条款约定的开始工作条件的，发包人应委托监理人提前 7 天向承包人发出开始工作通知。工期自开始工作通知中载明的开始工作日期起计算。

（3）提供施工场地。发包人应按专用合同条款约定向承包人提供施工场地及进场施工条件，并明确与承包人的交接界面。

（4）办理证件和批件。法律规定和（或）合同约定由发包人负责办理的工程建设项目必须履行的各类审批、核准或备案手续，发包人应按时办理。法律规定和（或）合同约定由承包人负责的有关设计、施工证件和批件，发包人应给予必要的协助。

（5）支付合同价款。发包人应按合同约定向承包人及时支付合同价款。专用合同条款对发包人工程款支付担保有约定的，从其约定。

（6）组织竣工验收。发包人应按合同约定及时组织竣工验收。

（7）其他义务。发包人应履行合同约定的其他义务。

2. 承包人义务

承包人应履行的一般义务如下：

（1）遵守法律。承包人在履行合同过程中应遵守法律，并保证发包人免于承担因承包人违反法律而引起的任何责任。

（2）依法纳税。承包人应按有关法律规定纳税，应缴纳的税金包括在合同价格内。

（3）完成各项承包工作。承包人应按合同约定以及监理人根据合同约定作出的指示，完成合同约定的全部工作，并对工作中的任何缺陷进行整改、完善和修补，使其满足合同约定的目的。除专用合同条款另有约定外，承包人应提供合同约定的工程设备和承包人文件，以及为完成合同工作所需的劳务、材料、施工设备和其他物品，并按合同约定负责临时设施的设计、施工、运行、维护、管理和拆除。

（4）对设计、施工作业和施工方法，以及工程的完备性负责。承包人应按合同约定的工作内容和进度要求，编制设计、施工的组织和实施计划，并对所有设计、施工作业和施工方法，以及全部工程的完备性和安全可靠性负责。

（5）保证工程施工和人员的安全。承包人应按合同约定采取施工安全措施，确保工程及其人员、材料、设备和设施的安全，防止因工程施工造成的人身伤害和财产损失。

（6）负责施工场地及其周边环境与生态的保护工作。承包人应按合同约定负责施工场地及其周边环境与生态的保护工作。

（7）避免施工对公众与他人的利益造成损害。承包人在进行合同约定的各项工作时，不得侵害发包人与他人使用公用道路、水源、市政管网等公共设施的权利，避免对邻近的公共设施产生干扰。承包人占用或使用他人的施工场地，影响他人作业或生活的，应承担相应责任。

（8）为他人提供方便。承包人应按监理人的指示为他人在施工场地或附近实施与工程有关的其他各项工作提供可能的条件。除合同另有约定外，提供有关条件的内容和可能发生的费用，由监理人商定或确定。

（9）工程的维护和照管。工程接收证书颁发前，承包人应负责照管和维护工程。工程接收证书颁发时尚有部分未竣工工程的，承包人还应负责该未竣工工程的照管和维护工作，直至竣工后移交给发包人。

（10）其他义务。承包人应履行合同约定的其他义务。

3. 违约情形

（1）发包人违约情形。在合同履行中发生下列情形的，属发包人违约：

1）发包人未能按合同约定支付价款，或拖延、拒绝批准付款申请和支付凭证，导致付款延误；

2）发包人原因造成停工；

3）监理人无正当理由没有在约定期限内发出复工指示，导致承包人无法复工；

4）发包人无法继续履行或明确表示不履行或实质上已停止履行合同；

5）发包人不履行合同约定其他义务。

（2）承包人违约情形。在履行合同中发生下列情形的，属承包人违约：

1）承包人的设计、承包人文件、实施和竣工的工程不符合法律以及合同约定；

2）承包人违反合同约定，私自将合同的全部或部分权利转让给其他人，或私自将合同的全部或部分义务转移给其他人；

3）承包人违反合同约定，未经监理人批准，私自将已按合同约定进入施工场地的施工设备、临时设施或材料撤离施工场地；

4）承包人违反合同约定使用了不合格材料或工程设备，工程质量达不到标准要求，又拒绝清除不合格工程；

5）承包人未能按合同进度计划及时完成合同约定的工作，造成工期延误；

6）由于承包人原因未能通过竣工试验或竣工后试验；

7）承包人在缺陷责任期内，未能对工程接收证书所列的缺陷清单的内容或缺陷责任期内发生的缺陷进行修复，而又拒绝按监理人指示再进行修补；

8）承包人无法继续履行或明确表示不履行或实质上已停止履行合同；

9）承包人不按合同约定履行义务的其他情况。

第七节　工程项目信息管理

工程项目策划决策及建设实施过程中会产生大量信息，为提高工程项目管理水平和投资效益，应用信息技术、开发信息资源具有重要意义。工程项目信息管理具有信息收集自动化、信息存储电子化、信息交换网络化、信息检索工具化及信息利用科学化等特征。

一、工程项目信息管理实施模式及策略

（一）工程项目信息管理实施模式

工程项目信息管理实施模式主要有三种，即自行开发、直接购买和租用服务。

1. 自行开发

聘请咨询公司和软件公司针对工程项目特点自行开发，完全承担系统的设计、开发及维护工作。

2. 直接购买

建设单位或工程参建方出资购买商品化项目管理软件，通常通过二次开发后安装在服务器上，供工程参建各方使用。

3. 租用服务

租用项目管理应用服务供应商已完全开发好的项目管理信息系统，通常按租用时间、项目数、用户数、数据占用空间大小收费。

三种实施模式的特点比较见表 3.7.1。

表 3.7.1　工程项目信息管理实施模式的特点比较

实施模式	自行开发	直接购买	租用服务
优点	对项目的针对性最强； 安全性和可靠性最好	对项目的针对性较强； 安全性和可靠性较好	实施费用最低； 实施周期最短； 维护工作量最小
缺点	开发费用最高； 实施周期最长； 维护工作量较大	购买费用较高； 维护费用较高	对项目的针对性较差； 安全性和可靠性较差
适用范围	大型工程项目； 复杂性程度高的工程项目； 对系统要求高的工程项目	大型工程项目	中小型工程项目； 复杂性程度低的工程项目； 对系统要求低的工程项目

（二）工程项目信息管理实施策略

工程项目信息管理的实施离不开成熟的信息技术、稳定的硬件运行环境，更需要一整套科学合理的工程项目组织管理体系。实施工程项目信息管理，需重点做好以下几个方面工作。

1. 强化建设单位作用，强调全员参与

建设单位不同于一般的工程建设参与者，建设单位是工程项目生产过程的总集成者，是推动工程项目信息管理的“发动机”，是工程项目信息管理的关键。同时，信息交流是一个双向或多向过程，只有强调全员参与，才能使信息交流顺畅，产生应有效果。

2. 编制信息管理手册，建立健全信息管理制度

信息管理制度是工程项目管理信息系统得以正常运行的基础，建立制度的目的就是规范信息管理工作，规范和统一信息编码体系，规范和统一信息的输入和输出报表，规范工程项目信息流，促进工程项目管理工作的规范化、程序化和科学化。

3. 明确信息管理工作流程，充分利用信息资源

为应用信息技术，达到充分利用信息资源的目的，应明确信息管理手册编制和修订工作流程，收集、录入、审核、加工、传输和发布信息工作流程，工程档案管理工作流程，信息技术二次开发工作流程等。

4. 建立基于网络的信息平台，实现工程项目协同管理

工程项目具有跨地域、参与单位多、单件生产和生产过程组织复杂等特性，信息技术的广泛应用，极大地促进了工程项目管理变革。互联网、物联网等技术促进了计算资源、存储资源、通信、软件、信息、知识的全面共享。通过采用网络技术，建立工程项目信息平台，可以进一步促进工程项目参建各方的协同工作。

二、工程项目管理数智化

随着数字化、智能化技术飞速发展，工程项目管理数智化应运而生。所谓工程项目管理数智化，是指在工程建设各参与主体及全过程中广泛应用数字化、智能化技术，不断开发和利用信息资源，促进工程项目管理水平不断提高的过程。工程项目管理数智化是新一代信息技术与工程项目管理科学深度融合的产物，是工程项目管理信息化的升级和发展。通过将数字化、智能化技术深入应用于工程项目管理，可创新项目管理理念，突破传统项目管理瓶颈，充分发挥技术要素、数据要素的使能作用和乘数效应，实现工程项目管理可视化、精细化和智能化，不仅有利于提升工程建设管理水平，而且能为建设工程运营管理精益化、智能化提供有力支撑。

1. 工程项目管理数智化的意义

（1）有利于实现智能辅助决策和精细化管理。工程项目管理数智化需要夯实数据基础，优化管理流程，实现数据共享。不仅要以数据流动打通端到端流程，消灭数据“孤岛”，而且要结合人工智能技术，通过深度学习和大数据智能化分析，实现智能辅助决策。同时，通过构建完善的数智化项目管理体系，结合项目特点和不同管理环节，针对建设工程质量、进度和造价进行定制化、智能化管控，可以大幅提升集中化管理精准度和效能。

（2）有利于实现信息共享和组织协同。工程项目管理数智化需要有基于互联网、物联网的数智化管理平台，这样不仅有利于工程建设各参与主体之间跨地域信息共享和及时沟通，而且有利于工程参建各方主体内部各部门、各层级之间的信息沟通和协调，提高项目管理工作效率。同时，有利于实现工程建设各参与主体之间的协同工作，还便于实现建设工程全寿命期闭环管理。

（3）有利于实现项目管理可视化和运维管理智能化。工程项目管理数智化将会全面推动项目管理流程数智化、在线化转型。通过项目管理流程再造和“数字孪生”技术应用，不仅可以避免传统管理流程中的低效环节，而且通过应用大数据、人工智能等技术建立项目管理模型，实现智能预警。同时，通过应用 BIM、物联网等技术建立工程虚拟模型，不仅有利于提升工程建设过程中的可视化管理水平，而且有利于实现“数字交付”，为建设工程运营维护智能化管理提供有力支撑。

2. 工程项目管理数智化实施策略

推动工程项目管理数智化，需要有科学先进的发展理念，融合应用新一代信息技术，建立数智化管控平台，并进行工程项目管理流程再造，还要以系统完整的工程数据为支撑。

（1）战略导向，文化先行。《“十四五”数字经济发展规划》指出，要“促进数字技术在全过程工程咨询领域的深度应用，引领咨询服务和工程建设模式转型升级。”工程咨询类企业（包括工程造价咨询企业）应结合智能建造发展需求，以数智化转型发展战略为导向，推动企业数智化文化建设，为实现工程项目管理数智化创造条件。

（2）高层支持，流程保障。在工程建设中，建设单位是推动工程项目管理数智化的“发动机”。而对工程建设各参与主体而言，工程项目管理数智化是企业“一把手”工程。实现数智化转型发展，会涉及企业内部众多部门的管理变革和资源投向。因此，企业高层亲自组织领导和统筹规划，并通过业务流程再造，将会为工程项目管理数智化提供组织和资源保障。

（3）平台支撑，数据驱动。要实现工程项目管理数智化，需要建立基于互联网、物联网的工程项目数智化管控平台，该平台至少应包含企业和项目两个层级，不仅要能为工程建设各参与主体共享信息和协同工作提供支撑，而且还应能进行智能辅助决策。显然，需要有系统完整的工程数据驱动，否则，工程项目数智化管控平台将无法体现其价值。

（4）敏捷创变，持续改进。工程项目管理数智化是一个持续不断的发展过程，需要工程建设各参与主体在组织最佳实践和不断吸取经验教训的基础上，结合工程项目管理需求变化和现代信息技术发展形势，不断改进和优化工程项目管理流程、方法和手段，推动工程项目管理数智化向更高层级发展。

第四章 工 程 经 济

运用工程经济的理论和方法，可以分析解决建设工程从投资决策到建设实施（设计、采购、施工）甚至运行维护阶段的许多技术经济问题，如设计方案的经济性比较、施工组织设计方案确定、施工进度安排、设备和材料选择、设备更新方案确定等。

第一节 资金的时间价值及其计算

一、现金流量和资金的时间价值

（一）现金流量

1. 现金流量的含义

在工程经济中，通常将所分析的对象视为一个独立的经济系统。在某一时点 t 流入系统的资金称为现金流入，记为 CI_t，流出系统的资金称为现金流出，记为 CO_t，同一时点上的现金流入与现金流出之差称为净现金流量，记为 NCF（Net Cash Flow）或 $(CI-CO)_t$。现金流入量、现金流出量、净现金流量统称为现金流量。现金流入和现金流出是从研究对象的角度划分的。例如，企业从银行借入一笔资金，从企业角度考察是现金流入，从银行角度考察是现金流出。

2. 现金流量图

现金流量图是一种反映经济系统资金运动状态的图式，运用现金流量图可以形象、直观地表示现金流量的三要素：大小（资金数额）、方向（资金流入或流出）和作用点（资金流入或流出的时间点），如图 4. 1. 1 所示。

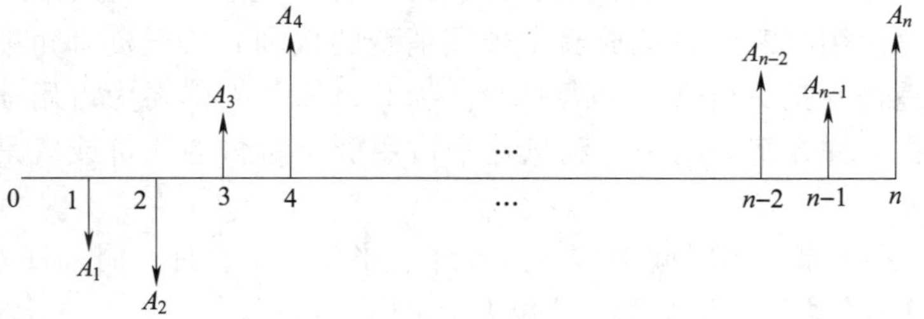

图 4. 1. 1 现金流量图

现金流量图绘制规则如下：

（1）横轴为时间轴，0 表示时间序列的起点，n 表示时间序列的终点。轴上每一间隔表示一个时间单位（计息周期），一般可取年、半年、季或月等。整个横轴表示系统的寿命周期。

（2）与时间轴相连的垂直箭线代表不同时点的现金流入或现金流出。在时间轴上方的箭线表示现金流入；在时间轴下方的箭线表示现金流出。

（3）垂直箭线的长度要能适当体现各时点现金流量的大小，并在各箭线上方或下方注明现金流量的数值。

（4）垂直箭线与时间轴的交点为现金流量发生的时点（作用点）。时点既表示与之相连的前一时间单位的终点，又表示后一时间单位的起点。

（二）资金的时间价值

1. 资金时间价值的含义

将一笔资金存入银行会获得利息，进行投资可获得收益（也可能会发生亏损）。而向银行借款，则需要支付利息。这表明资金在运动中，其数量会随着时间的推移而变动，变动的这部分资金就是原有资金的时间价值。

任何方案的实施，在时间上都有一个延续过程，由于资金时间价值的存在，在方案经济分析中，若将不同时点发生的现金流量直接进行比较就不尽合理。只有通过资金时间价值计算，将不同时点的现金流量换算到同一时点进行对比，才能使比较结果符合客观实际情况。这种考虑资金时间价值的经济分析方法，能使方案评价和选择的结论更加客观和可靠。

2. 利息和利率

利息是资金时间价值的一种重要表现形式，甚至可以用利息代表资金的时间价值。通常，用利息作为衡量资金时间价值的绝对尺度，用利率作为衡量资金时间价值的相对尺度。

（1）利息。在资金借贷过程中，债务人偿付给债权人的资金总额中超过原借款本金的部分就是利息，即：

$$I=F-P \tag{4.1.1}$$

式中：I——利息；

F——还本付息总额；

P——本金。

在工程经济分析中，利息还被理解为资金的一种机会成本。这是因为，如果债权人放弃资金的现时使用权利，也就放弃了现期消费的权利。从投资者角度看，利息体现为对放弃现期消费的损失所做的必要补偿。为此，债务人就要为占用债权人的资金付出一定代价。在工程经济分析中，利息是指占用资金所付的代价或者是放弃现期消费所得的补偿。

（2）利率。利率是一个时间单位内（如年、半年、季、月、周、日等）所得（或所付）利息与借款本金之比，通常用百分数表示，即：

$$i=\frac{I_t}{P}\times100\% \tag{4.1.2}$$

式中：i——利率；

I_t——一个时间单位内的利息；

P——借款本金。

【例 4.1.1】 某公司年初借本金 1 000 万元，一年后付息 80 万元，试求这笔借款的年利率。

解：根据公式（4.1.2）计算年利率为：

$$(80/1\,000)\times100\%=8\%$$

（3）影响利率的主要因素。利率的高低主要由以下因素决定：

1）社会平均利润率。通常情况下，平均利润率是利率的最高界限。因为利息是利润分配的结果，如果利率高于利润率，借款人投资后无利可图，也就不会借款了。

2）借贷资本供求情况。利息是使用资金的代价（价格），受供求关系的影响，在平均利润率不变的情况下，借贷资本供过于求，利率下降；反之，利率上升。

3）借贷风险。借出资本要承担一定风险，而风险的大小会影响利率的波动。风险越大，利率也就越高。

4）通货膨胀。通货膨胀对利率的波动有直接影响，如果资金贬值幅度超过名义利率，往往会使实际利率无形中成为负值。

5）借贷期限。借款期限长，不可预见因素多，风险大，利率也就高；反之，利率就低。

二、利息计算方法

利息计算有单利和复利之分。当计息周期数在一个以上时，就需要考虑单利与复利的问题。

（一）单利计算

单利是指在计算每个周期的利息时，仅根据最初的本金和周期利率计算本期利息，而先前计息周期中所累积增加的利息不作为本期利息计算基础，即通常所说的“利不生利”的计息方法。其计算式如下：

$$I_t=P\cdot i_{\mathrm{d}} \tag{4.1.3}$$

式中：I_t——第 t 个计息期的利息额；

P——本金；

i_{d}——计息周期单利利率。

设 I_n 代表 n 个计息周期所付或所收的单利总利息，则有下式：

$$I_n=\sum_{i=1}^{n}I_t=\sum_{i=1}^{n}P\cdot i_{\mathrm{d}}=P\cdot i_{\mathrm{d}}\cdot n \tag{4.1.4}$$

由公式（4.1.4）可知，在以单利计息的情况下，n 期末单利本利和 F 等于本金加上利息，即：

$$F=P+I_n=P\ (1+n\cdot i_{\mathrm{d}}) \tag{4.1.5}$$

式中：$(1+n\cdot i_{\mathrm{d}})$——单利终值系数。

在利用公式（4.1.5）计算本利和 F 时，要注意式中 n 和 i_{d} 反映的周期要匹配。如 i_{d} 为年利率，则 n 应为计息的年数；若 i_{d} 为月利率，n 即应为计息的月数。

【例 4.1.2】 假如某公司以单利方式在第 1 年初借入 1 000 万元，年利率 8%，第 4 年末偿还，试计算各年利息与年末本利和。

解：计算过程和计算结果列于表 4.1.1。

表 4.1.1 各年单利利息与本利和计算表 单位：万元

使用期	计息本金	利　息	年末本利和	偿还额
1	1 000	1 000×8%=80	1 080	0
2	1 000	80	1 160	0
3	1 000	80	1 240	0
4	1 000	80	1 320	1 320

由例 4.1.2 可见，单利的年利息额仅由本金所产生，其新生利息无论是否已支付，均不再加入本金产生利息，此即“利不生利”。由于没有反映资金随时都在“增值”的规律，即没有完全反映资金的时间价值，因此，在工程经济分析中较少使用单利。

（二）复利计算

复利是指在计算每个周期的利息时，先前计息周期所累积增加的利息结转为本金一并计算本期利息，即通常所说的“利生利”“利滚利”的计息方法。其计算式如下：

$$I_t = i \cdot F_{t-1} \tag{4.1.6}$$

式中：I_t——第 t 个计息周期利息额；

i——计息周期复利利率；

F_{t-1}——第 $t-1$ 个计息周期末复利本利和。

第 t 年末复利本利和的表达式如下：

$$F_t = F_{t-1} \cdot (1+i) = F_{t-2} \cdot (1+i)^2 = \cdots = P \cdot (1+i)^n \tag{4.1.7}$$

【例 4.1.3】 数据同例 4.1.2，试按复利计算各年的利息和年末本利和。

解：按复利计算时，计算结果见表 4.1.2。

表 4.1.2 各年复利利息与本利和计算表 单位：万元

使用期	计息本金	利　息	年末本利和	偿还额
1	1 000	1 000×8%=80	1 080	0
2	1 080	1 080×8%=86.4	1 166.40	0
3	1 166.4	1 166.4×8%=93.312	1 259.712	0
4	1 259.712	1 259.712×8%=100.777	1 360.489	1 360.489

比较表 4.1.1 和表 4.1.2 可以看出，同一笔借款，在利率和计息期数均相同的情况下，用复利计算出的利息金额比用单利计算出的利息金额大。如果本金越大，利率越高，计息期数越多时，两者差距就越大。复利反映利息的本质特征，更符合资金在社会生产过程中运动的实际状况。因此，在工程经济分析中，一般采用复利计算。

复利计算有间断复利和连续复利之分。按期（年、半年、季、月、周、日）计算复利的方法称为间断复利（即普通复利），按瞬时计算复利的方法称为连续复利。在实际应用中，一般采用间断复利。

三、等值计算

（一）影响资金等值的因素

如前所述，由于资金的时间价值，使得金额相同的资金发生在不同时间，会产生不同价值。反之，不同时点绝对值不等的资金在时间价值的作用下却可能具有相等价值。这些不同时期、不同数额但其“价值等效”的资金称为等值，又叫等效值。

影响资金等值的因素有三个：资金多少、资金发生时间、利率（或折现率）大小。其中，利率是一个关键因素，在等值计算中，一般以同一利率为依据。

在工程经济分析中，等值的概念为确定某一经济活动的有效性或者进行方案比选提供了可能。

（二）等值计算方法

常用的等值计算方法主要包括两大类，即一次支付和等额支付系列。

1. 一次支付情形

一次支付又称整付，是指所分析系统的现金流量，无论是流入还是流出，只在某一时点上发生一次。

（1）终值计算（已知 P 求 F）。现有一笔资金 P，计息周期利率为 i，按复利计算，则 n 期末的本利和 F 为多少？即已知 P、i、n，求 F。其现金流量图如图 4.1.2 所示。

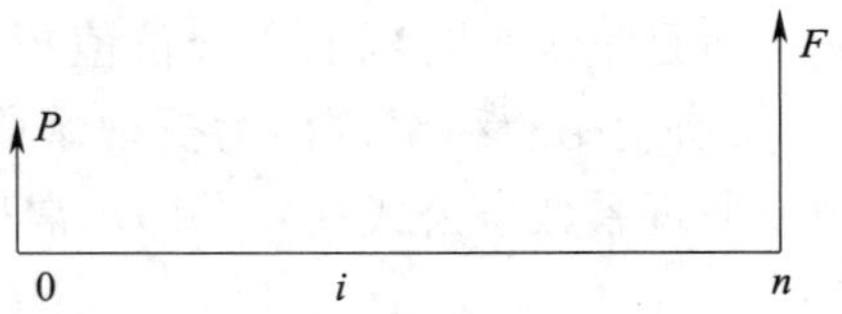

图 4.1.2　一次支付现金流量示意图

根据复利含义，n 期末复本利和 F 的计算过程见表 4.1.3。

表 4.1.3　n 期末复本利和 F 的计算过程

计息期	期初金额（1）	本期利息额（2）	期末复本利和 F_t＝(1)＋（2）
1	P	$P\cdot i$	$F_1=P+P\cdot i=P(1+i)$
2	$P(1+i)$	$P(1+i)\cdot i$	$F_2=P(1+i)+P(1+i)\cdot i=P(1+i)^2$
3	$P(1+i)^2$	$P(1+i)^2\cdot i$	$F_3=P(1+i)^2+P(1+i)^2\cdot i=P(1+i)^3$
…	…	…	…
n	$P(1+i)^{n-1}$	$P(1+i)^{n-1}\cdot i$	$F=F_n=P(1+i)^{n-1}+P(1+i)^{n-1}\cdot i=P(1+i)^n$

由表 4.1.3 可以看出，一次支付 n 期末复本利和 F 的计算公式为：

$$F=P(1+i)^n \tag{4.1.8}$$

式中：i——计息周期复利率；

n——计息周期数；

P——现值（即现在的资金价值或本金，Present Value），指资金发生在（或折算为）某一特定时间序列起点时的价值；

F——终值（即未来的资金价值或本利和，Future Value），指资金发生在（或折算为）某一特定时间序列终点时的价值。

公式（4.1.8）中的$(1+i)^n$ 称为一次支付终值系数，用（F/P，i，n）表示，则公式（4.1.8）又可写成：

$$F=P\ (F/P,\ i,\ n) \tag{4.1.9}$$

在 $(F/P,\ i,\ n)$ 这类符号中，括号内斜线左侧的符号表示所求的未知数，斜线右侧的符号表示已知数。$(F/P,\ i,\ n)$ 则表示在已知 P、i 和 n 的情况下求解 F 值。为了计算方便，通常按照不同的利率 i 和计息周期数 n 计算出 $(1+i)^n$ 的值，并列表。在计算 F 时，只要从复利系数表中查出相应的复利系数再乘以本金即可。

【例 4.1.4】 某公司从银行借款 1 000 万元，年复利率 $i=10\%$，试问 5 年后一次需支付本利和多少？

解：按公式（4.1.9）计算得：

$$F=P\ (F/P,\ i,\ n)=1\ 000\times(F/P,\ 10\%,\ 5)$$

从复利系数表查出系数 $(F/P,\ 10\%,\ 5)$ 为 1.611，代入上式得：

$$F=1\ 000\times1.611=1\ 611\ (\text{万元})$$

也可用公式计算：

$$F=P\ (1+i)^n=1\ 000\times(1+10\%)^5=1\ 611\ (\text{万元})$$

（2）现值计算（已知 F 求 P）。由公式（4.1.8）即可求出现值 P。

$$P=F\ (1+i)^{-n} \tag{4.1.10}$$

式中，$(1+i)^{-n}$ 称为一次支付现值系数，用符号 $(P/F,\ i,\ n)$ 表示。在工程经济分析中，一般是将未来时刻的资金价值折算为现在时刻的价值，该过程称为“折现”或“贴现”，其所使用的利率常称为折现率或贴现率。故 $(1+i)^{-n}$ 或 $(P/F,\ i,\ n)$ 也称为折现系数或贴现系数。公式（4.1.10）常写成：

$$P=F\ (P/F,\ i,\ n) \tag{4.1.11}$$

【例 4.1.5】 某公司希望 5 年后收回 2 000 万元资金，年复利率 $i=10\%$，试问现在需一次投入多少？

解：由公式（4.1.11）得：

$$P=F\ (P/F,\ i,\ n)=2\ 000\times(P/F,\ 10\%,\ 5)$$

查复利系数表得 $(P/F,\ 10\%,\ 5)$ 为 0.621，代入上式得：

$$P=2\ 000\times0.621=1\ 242\ (\text{万元})$$

也可用公式计算：

$$P=F\ (1+i)^{-n}=2\ 000\times(1+10\%)^{-5}=1\ 242\ (\text{万元})$$

2. 等额支付系列情形

在工程实践中，多次支付是最常见的支付形式。多次支付是指现金流量在多个时点发生，而不是集中在某一时点上，如图 4.1.3 所示。

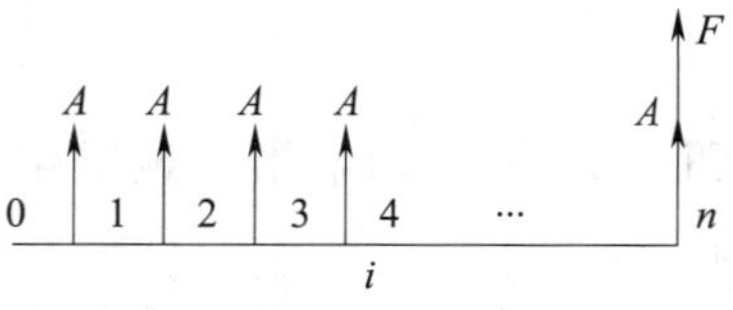

（a）年金与终值关系

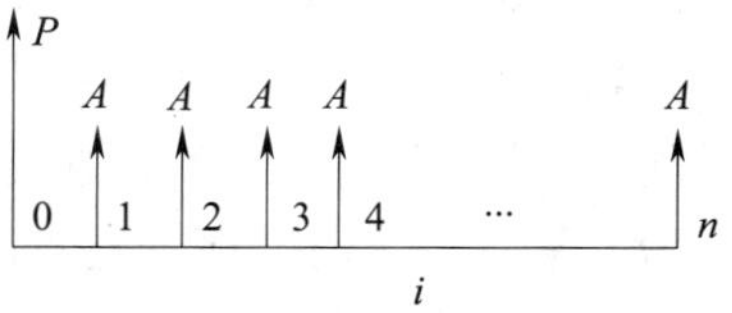

（b）年金与现值关系

图 4.1.3 等额支付系列现金流量示意图

A—年金，发生在（或折算为）某一特定时间序列各计息期末（不包括 0 期）的等额支付系列价值如果用A_t表示第t期末发生的现金流量（可正可负），用一次支付现值计算方法，可将多次支付现金流量换算成现值并求其代数和，即：

$$P=A_1(1+i)^{-1}+A_2(1+i)^{-2}+\cdots+A_n(1+i)^{-n}=\sum_{t=1}^{n}A_t(1+i)^{-t} \quad (4.1.12)$$

或

$$P=\sum_{t=1}^{n}A_t(P/F,i,t) \quad (4.1.13)$$

同理，也可将多次现金流量换算成终值：

$$F=\sum_{t=1}^{n}A_t(1+i)^{n-t} \quad (4.1.14)$$

或

$$F=\sum_{t=1}^{n}A_t(F/P,i,n-t) \quad (4.1.15)$$

在上述公式中，虽然所用系数都可以通过计算或查复利系数表得到，但如果n较大，A_t较多时，计算也是比较烦琐的。如果多次支付现金流量A_t是连续序列流量，且数额相等，则可大幅简化上述计算公式。这种具有$A_t=A=$常数（$t=1$，2，3，…，n）特征的系列现金流量称为等额支付系列现金流量，如图 4.1.3 所示。

对于等额支付系列现金流量，其复利计算方法如下：

（1）终值计算（即已知A求F）。由公式（4.1.14）展开得：

$$F=\sum_{t=1}^{n}A_t(1+i)^{n-t}=A\left[(1+i)^{n-1}+(1+i)^{n-2}+\cdots+(1+i)+1\right]$$

$$F=A\frac{(1+i)^n-1}{i} \quad (4.1.16)$$

式中，$\frac{(1+i)^n-1}{i}$称为等额系列终值系数或年金终值系数，用符号（F/A，i，n）表示，公式（4.1.16）又可写成：

$$F=A(F/A,i,n) \quad (4.1.17)$$

等额系列终值系数（F/A，i，n）可从复利系数表中查得。

【例 4.1.6】 若在 10 年内，每年末存入银行 2 000 万元，年利率 8%，按复利计算，则第 10 年末本利和为多少？

解：由公式（4.1.17）得：

$$F=A(F/A,i,n)=2\,000\times(F/A,8\%,10)$$

从复利系数表查出（F/A，8%，10）为 14.487，代入上式得：

$$F=2\,000\times14.487=28\,974\text{（万元）}$$

也可用公式计算：

$$F=A\frac{(1+i)^n-1}{i}=2\,000\times\frac{(1+8\%)^{10}-1}{8\%}=28\,973\text{（万元）}$$

（注：查表计算与公式计算之间存在误差 1。）

（2）现值计算（即已知A求P）。由公式（4.1.10）和公式（4.1.16）得：

$$P=F(1+i)^{-n}=A\frac{(1+i)^n-1}{i(1+i)^n} \quad (4.1.18)$$

式中，$\frac{(1+i)^n-1}{i(1+i)^n}$称为等额系列现值系数或年金现值系数，用符号（$P/A$，$i$，$n$）表示，则公式（4.1.18）又可写成：

$$P=A\ (P/A,\ i,\ n) \tag{4.1.19}$$

等额系列现值系数（P/A，i，n）可从复利系数表查得。

【例 4.1.7】 若想在 5 年内每年末收回 2 000 万元，当年复利率为 10%时，试问开始需一次投资多少？

解：由公式（4.1.19）得：

$$P=A\ (P/A,\ i,\ n)=2\ 000\times(P/A,\ 10\%,\ 5)$$

从复利系数表查出系数（P/A，10%，5）为 3.791，代入上式得：

$$P=2\ 000\times3.791=7\ 582\ （万元）$$

也可用公式计算：

$$P=A\ \frac{(1+i)^n-1}{i\ (1+i)^n}=2\ 000\times\frac{(1+10\%)^5-1}{10\%\times(1+10\%)^5}=7\ 582\ （万元）$$

（3）资金回收计算（已知 P 求 A）。等额支付系列资金回收计算是等额支付系列现值计算的逆运算，故由公式（4.1.18）可得：

$$A=P\ \frac{i\ (1+i)^n}{(1+i)^n-1} \tag{4.1.20}$$

式中，$\frac{i\ (1+i)^n}{(1+i)^n-1}$称为等额支付系列资金回收系数，用符号（$A/P$，$i$，$n$）表示，则公式（4.1.20）又可写成：

$$A=P\ (A/P,\ i,\ n) \tag{4.1.21}$$

等额支付系列资金回收系数（A/P，i，n）可从复利系数表查得。

【例 4.1.8】 若投资 2 000 万元，年复利率为 8%，在 10 年内收回全部本利，则每年末应收回多少？

解：由公式（4.1.21）得：

$$A=P\ (A/P,\ i,\ n)=2\ 000\times(A/P,\ 8\%,\ 10)$$

从复利系数表查出系数（A/P，8%，10）为 1/6.710=0.149 0，代入上式得：

$$A=2\ 000\times0.149\ 0=298\ （万元）$$

也可用公式计算：

$$A=P\ \frac{i\ (1+i)^n}{(1+i)^n-1}=2\ 000\times\frac{8\%\times(1+8\%)^{10}}{(1+8\%)^{10}-1}=298\ （万元）$$

（4）偿债基金计算（已知 F 求 A）。偿债基金计算是等额支付系列终值计算的逆运算，故由公式（4.1.16）可得：

$$A=F\ \frac{i}{(1+i)^n-1} \tag{4.1.22}$$

式中，$\frac{i}{(1+i)^n-1}$称为等额支付系列偿债基金系数，用符号（A/F，i，n）表示，则公式（4.1.22）又可写成：

$$A=F\ (A/F,\ i,\ n) \tag{4.1.23}$$

等额支付系列偿债基金系数（A/F，i，n）可从复利系数表查得。

【例 4.1.9】 若想在第 5 年末获得 2 000 万元，每年投入金额相等，年复利率为 10%，则每年末需投入多少？

解：由公式（4.1.23）得：

$$A=F\ (A/F,\ i,\ n)=2\ 000\times(A/F,\ 10\%,\ 5)$$

从复利系数表查出系数（A/F，10%，5）为 0.163 8，代入上式得：

$$A=2\ 000\times0.163\ 8=328\ （万元）$$

也可用公式计算：

$$A=F\frac{i}{(1+i)^n-1}=2\ 000\times\frac{10\%}{(1+10\%)^5-1}=328\ （万元）$$

上述资金等值计算公式的用途及其相互之间的关系如图 4.1.4 所示。

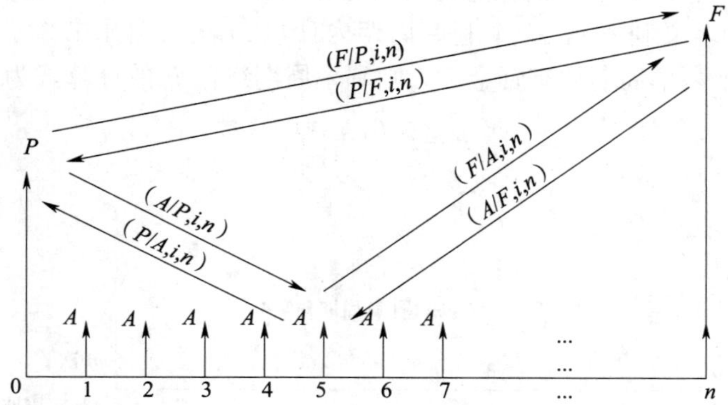

图 4.1.4　资金等值公式相互关系示意图

从复利系数的结构和等值计算原理可知，等值计算受到折现率、资金流量数额及发生的时间点的影响，因此，在工程经济分析中要重视以下两点：

一是正确选取折现率。折现率是决定现值大小的一个重要因素，必须根据一定的准则选用。

二是注意现金流量的分布情况。从收益角度来看，获得的时间越早，数额越大，其现值就越大。因此，应使建设项目早日投产，早日达到设计生产能力，早获收益，多获收益，才能达到最佳经济效益。从投资角度看，投资支出的时间越晚、数额越小，其现值就越小。因此，应合理分配各年投资额，在不影响项目正常实施的前提下，尽量减少建设初期投资额，加大建设后期投资比重。

（三）名义利率和有效利率

在复利计算中，利率周期通常以年为时间单位，它可以与计息周期相同，也可以不同。当利率周期与计息周期不一致时，就出现了名义利率和有效利率的概念。

1. 名义利率

名义利率 r 是指计息周期利率 i 乘以一个利率周期内的计息周期数 m 所得的利率周期利率，即：

$$r=i\cdot m \tag{4.1.24}$$

若月利率为 1%，则年名义利率为 12%。计算名义利率时忽略了前面各期利息再生利息的因素，这与单利的计算相同。反过来，若年利率为 12%，按月计息，则月利率为 1%（计息周期利率），而年利率为 12%（利率周期利率）同样是名义利率。通常所说的利率周期利率都是名义利率。

2. 有效利率

有效利率是指资金在计息中所发生的实际利率，包括计息周期有效利率和利率周期有效利率。

（1）计息周期有效利率。即计息周期利率 i，由公式（4.1.24）得：

$$i=\frac{r}{m} \tag{4.1.25}$$

（2）利率周期有效利率。若用计息周期利率来计算利率周期有效利率，并将利率周期内的利息再生利息因素考虑进去，这时所得的利率周期利率称为利率周期有效利率（又称利率周期实际利率）。根据利率的概念即可推导出利率周期有效利率的计算式。

已知利率周期名义利率 r，一个利率周期内计息 m 次（图 4.1.5），则计息周期利率为 $i=r/m$，在某个利率周期初有资金 P，则利率周期终值 F 的计算式为：

$$F=P\left(1+\frac{r}{m}\right)^{m} \tag{4.1.26}$$

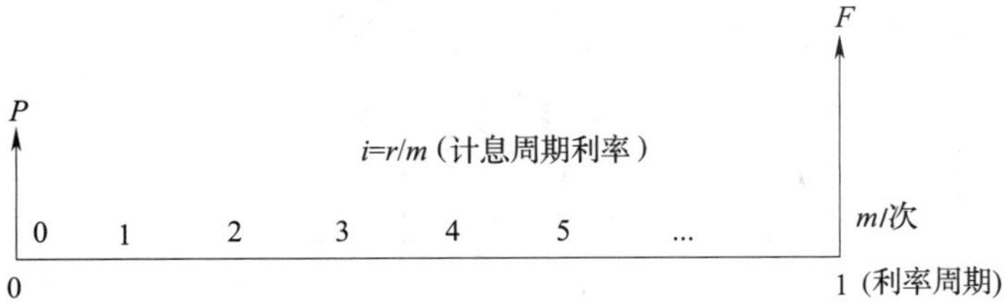

图 4.1.5 利率周期有效利率计算的现金流量图

根据利息的定义可得该利率周期的利息 I 为：

$$I=F-P=P\left(1+\frac{r}{m}\right)^{m}-P=P\left[\left(1+\frac{r}{m}\right)^{m}-1\right] \tag{4.1.27}$$

再根据利率的定义可得该利率周期的有效利率 i_{eff} 为：

$$i_{eff}=\frac{I}{P}=\left(1+\frac{r}{m}\right)^{m}-1 \tag{4.1.28}$$

由此可见，利率周期有效利率与名义利率的关系实质上与复利和单利的关系相同。

假设年名义利率 $r=10\%$，则按年、半年、季、月、日计息的年有效利率见表 4.1.4。

表 4.1.4 年有效利率计算结果

年名义利率 r	计息周期	年计息次数 m	计息周期利率 $i=r/m$	年有效利率 i_{eff}
10%	年	1	10%	10%
	半年	2	5%	10.25%
	季	4	2.5%	10.38%
	月	12	0.833%	10.46%
	日	365	0.027 4%	10.51%

从表 4.1.4 可以看出，在名义利率 r 一定时，每一利率周期内计息次数 m 越多，i_{eff} 与 r 相差越大，这一结论具有普遍性。因此，在工程经济分析中，如果各方案的计息周期不同，就不能简单地使用名义利率来评价，而必须换算成同一周期的有效利率进行评价，否则会得出不正确的结论。

第二节 投资方案经济效果评价

一、经济效果评价的内容及指标体系

（一）经济效果评价的内容

经济效果评价是指对评价方案计算期内各种有关技术经济因素和方案投入与产出的有关财务、经济资料数据进行调查、分析、预测，对方案的经济效果进行计算、评价，分析比较各方案的优劣，从而确定和推荐最佳方案的过程。

投资方案经济效果评价的内容主要包括盈利能力分析、偿债能力分析、财务生存能力分析和抗风险能力分析。

（1）盈利能力分析。分析和测算投资方案计算期的盈利能力和盈利水平。

（2）偿债能力分析。分析和测算投资方案偿还借款的能力。

（3）财务生存能力分析。分析和测算投资方案各期的现金流量，判断投资方案能否持续运行。财务生存能力是非经营性项目财务分析的主要内容。

（4）抗风险能力分析。分析投资方案在建设期和运营期可能遇到的不确定性因素和随机因素对项目经济效果的影响程度，考察项目承受各种投资风险的能力。

（二）经济效果评价的基本方法

经济效果评价是工程经济分析的核心内容，其目的在于确保决策的正确性和科学性，避免或最大限度地减少投资方案实施风险，明了投资方案的经济效果水平，最大限度地提高建设投资的综合效益。

经济效果评价的基本方法包括确定性评价方法和不确定性评价方法。对同一投资方案而言，必须同时进行确定性评价和不确定性评价。

按是否考虑资金时间价值，经济效果评价方法又可分为静态评价方法和动态评价方法。静态评价方法是不考虑资金时间价值，其最大特点是计算简便，适用于方案的初步评价，或对短期投资项目进行评价，以及对于逐年收益大致相等的项目评价。动态评价方法考虑资金时间价值，能较全面地反映投资方案整个计算期的经济效果。因此，在进行方案比较时，一般以动态评价方法为主。

（三）经济效果评价指标体系

投资方案经济效果评价指标不是唯一的，根据不同的评价深度要求和可获得资料的多少，以及项目本身所处的条件不同，可选用不同的评价指标，这些指标有主有次，可以从不同侧面反映投资方案的经济效果。

根据是否考虑资金时间价值，可分为静态评价指标和动态评价指标，如图 4.2.1 所示。

经济效果评价指标还可分为时间性指标、价值性指标和比率性指标。

1. 投资收益率

投资收益率是指投资方案达到设计生产能力后一个正常生产年份的年净收益总额与方案投资总额的比率。它是评价投资方案盈利能力的静态指标，表明投资方案正常生产年份中，单位投资每年所创造的年净收益额。对运营期内各年的净收益额变化幅度较大的方案，可计算运营期年平均净收益额与投资总额的比率。

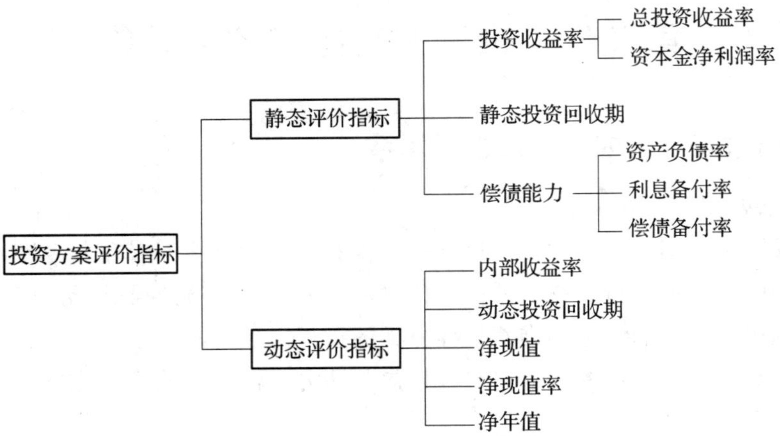

图 4.2.1 投资方案经济评价指标体系

（1）计算公式：

$$\text{投资收益率}R=\frac{\text{年净收益或年平均净收益}}{\text{投资总额}}\times 100\% \tag{4.2.1}$$

（2）评价准则。将计算出的投资收益率（R）与所确定的基准投资收益率（R_e）进行比较：

1）若 $R \geqslant R_e$，则方案在经济上可以考虑接受；

2）若 $R < R_e$，则方案在经济上是不可行的。

（3）投资收益率的应用指标。根据分析目的的不同，投资收益率又可分为：总投资收益率（ROI）和资本金净利润率（ROE）。

1）总投资收益率（ROI），表示项目总投资的盈利水平。

$$ROI=\frac{EBIT}{TI}\times 100\% \tag{4.2.2}$$

式中：$EBIT$——项目达到设计生产能力后正常年份的年息税前利润或运营期内年平均息税前利润；

TI——项目总投资，包括建设投资、建设期借款利息、全部流动资金。

总投资收益率高于同行业的收益率参考值或确定的基准总投资收益率，表明用总投资收益率表示的项目盈利能力满足要求。

2）资本金净利润率（ROE），表示项目资本金的盈利水平。

$$ROE=\frac{NP}{EC}\times 100\% \tag{4.2.3}$$

式中：NP——项目达到设计生产能力后正常年份的年净利润或运营期内年平均净利润；

EC——项目资本金。

资本金净利润率高于同行业的资本金净利润率参考值或确定的基准资本金净利润率，表明用项目资本金净利润率表示的项目盈利能力满足要求。

（4）投资收益率指标的优点与不足。投资收益率指标的经济意义明确、直观，计算简便，在一定程度上反映了投资效果的优劣，可适用于各种投资规模。但不足的是，没有考虑投资收益的时间因素，忽视了资金时间价值的重要性；指标计算的主观随意性太强，换句话说，就是正常生产年份的选择比较困难，如何确定带有一定的不确定性和人为因素。因此，以投资收益率指标作为主要的决策依据不太可靠。

2. 投资回收期

投资回收期是反映投资方案实施以后回收初始并获取收益能力的重要指标，分为静态投资回收期和动态投资回收期。

(1) 静态投资回收期。静态投资回收期是在不考虑资金时间价值的条件下，以项目的净收益回收其全部投资所需要的时间。投资回收期可自项目建设开始年算起，也可自项目投产年开始算起，但应予以注明。

1) 计算公式。自建设开始年算起，投资回收期 P_t（以年表示）的计算公式如下：

$$\sum_{t=0}^{P_t}(CI-CO)_t=0 \tag{4.2.4}$$

式中：　P_t——静态投资回收期；

$(CI-CO)_t$——第 t 年净现金流量。

静态投资回收期可根据现金流量表计算，其具体计算又分以下两种情况：

①项目建成投产后各年的净收益（即净现金流量）均相同，则自项目投产年算起的静态投资回收期的计算公式可简化如下：

$$P_t=\frac{TI}{A} \tag{4.2.5}$$

式中：TI——项目总投资；

A——每年净收益，即 $A=(CI-CO)_t$。

②项目建成投产后各年的净收益不相同，则静态投资回收期可根据累计净现金流量求得（图 4.2.2），也就是在现金流量表中累计净现金流量由负值转向正值之间的年份。其计算公式为：

$$P_t=(\text{累计净现金流量出现正值的年份数}-1)+\frac{\text{上一年累计净现金流量的绝对值}}{\text{出现正值年份的净现金流量}} \tag{4.2.6}$$

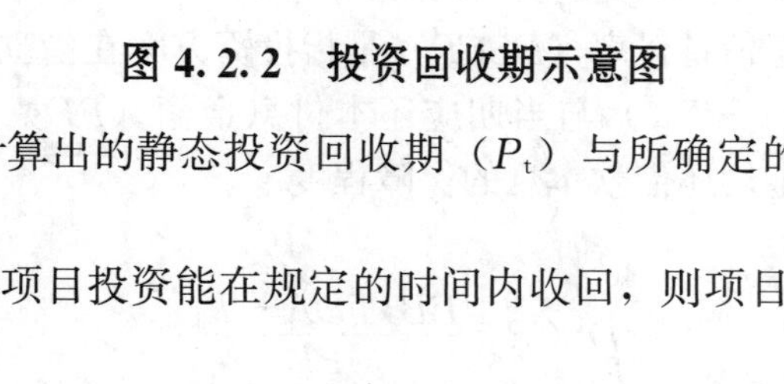

图 4.2.2　投资回收期示意图

2) 评价准则。将计算出的静态投资回收期（P_t）与所确定的基准投资回收期（P_e）进行比较：

①若 $P_t \leqslant P_e$，表明项目投资能在规定的时间内收回，则项目（或方案）在经济上可以考虑接受；

②若 $P_t > P_e$，则项目（或方案）在经济上是不可行的。

（2）动态投资回收期。动态投资回收期是将投资方案各年的净现金流量按基准收益率折现后，再来推算投资回收期，这是它与静态投资回收期的根本区别。动态投资回收期就是投资方案累计现值等于零时的时间（年份）。

动态投资回收期的表达式为：

$$\sum_{t=0}^{P'_t}(CI-CO)_t(1+i_c)^{-t}=0 \tag{4.2.7}$$

式中：P'_t——动态投资回收期；

i_c——基准收益率。

在实际应用中，可根据项目现金流量表用下列近似公式计算：

$$P'_t=(\text{累计净现金流量现值出现正值的年数}-1)+\frac{\text{上一年累计净现金流量现值的绝对值}}{\text{出现正值年份净现金流量的现值}} \tag{4.2.8}$$

按静态分析计算的投资回收期较短，决策者可能认为经济效果尚可以接受。但若考虑资金时间价值，用折现法计算出的动态投资回收期，要比用传统方法计算出的静态投资回收期长些，该方案未必能被接受。

（3）投资回收期指标的优点和不足。投资回收期指标容易理解，计算也比较简便；项目投资回收期在一定程度上显示了资本的周转速度。显然，资本周转速度越快，回收期越短，风险越小，盈利越多。这对那些技术上更新迅速的项目或资金相当短缺的项目或未来情况很难预测而投资者又特别关心资金补偿的项目进行分析是特别有用的。但不足的是，投资回收期没有全面考虑投资方案整个计算期内的现金流量，即只间接考虑投资回收之前的效果，不能反映投资回收之后的情况，即无法准确衡量方案在整个计算期内的经济效果。

3. 偿债能力指标

（1）利息备付率。利息备付率（*ICR*）也称已获利息倍数，是指投资方案在借款偿还期内的息税前利润（*EBIT*）与当期应付利息（*PI*）的比值。利息备付率从付息资金来源的充裕性角度反映投资方案偿付债务利息的保障程度。

1）计算公式：

$$ICR=\frac{EBIT}{PI} \tag{4.2.9}$$

式中：*EBIT*——息税前利润；

PI——计入总成本费用的应付利息。

2）评价准则。利息备付率应分年计算。利息备付率越高，表明利息偿付的保障程度越高。利息备付率应大于1，并结合债权人的要求确定。

（2）偿债备付率。偿债备付率（*DSCR*）是指投资方案在借款偿还期内各年可用于还本付息的资金（$EBITDA-T_{AX}$）与当期应还本付息金额（*PD*）的比值。偿债备付率表示可用于还本付息的资金偿还借款本息的保障程度。

1）计算公式：

$$DSCR=\frac{EBITDA-T_{AX}}{PD} \tag{4.2.10}$$

式中：*EBITDA*——息税前利润加折旧和摊销；

T_{AX}——企业所得税；

PD——应还本付息金额，包括还本金额和计入总成本费用的全部利息。融资租赁费用可视同借款偿还。运营期内的短期借款本息也应纳入计算。

如果项目在运营期内有维持运营的投资，可用于还本付息的资金应扣除维持运营的投资。

2）评价准则。偿债备付率应分年计算。偿债备付率越高，表明可用于还本付息的资金保障越高。偿债备付率应大于1，并结合债权人的要求确定。

（3）资产负债率。资产负债率（$LOAR$）是指投资方案各期末负债总额（TL）与资产总额（TA）的比率。计算公式为：

$$LOAR=\frac{TL}{TA}\times 100\% \tag{4.2.11}$$

式中：TL——期末负债总额；

TA——期末资产总额。

适度的资产负债率，表明企业经营安全、稳健，具有较强的筹资能力，也表明企业和债权人的风险较小。对该指标的分析，应结合国家宏观经济状况、行业发展前景、企业所处的竞争环境状况等具体条件确定。

4. 净现值

净现值（Net Present Value，NPV）是反映投资方案在计算期内获利能力的动态评价指标。投资方案的净现值是指用一个预定的基准收益率（或设定的折现率）i_c，分别将整个计算期内各年所发生的净现金流量都折现到投资方案开始实施时的现值之和。

（1）计算公式：

$$NPV=\sum_{t=0}^{n}(CI-CO)_t(1+i_c)^{-t} \tag{4.2.12}$$

式中：NPV——净现值；

$(CI-CO)_t$——第 t 年的净现金流量（应注意“+”“−”号）；

i_c——基准收益率；

n——投资方案计算期。

（2）评价准则。净现值是评价项目盈利能力的绝对指标。

1）当方案的 $NPV\geqslant 0$ 时，说明该方案能满足基准收益率要求的盈利水平，故在经济上是可行的；

2）当方案的 $NPV<0$ 时，说明该方案不能满足基准收益率要求的盈利水平，故在经济上是不可行的。

（3）净现值指标的优点与不足。净现值指标考虑了资金的时间价值，并全面考虑了项目在整个计算期内的经济状况；经济意义明确直观，能够直接以金额表示项目的盈利水平；判断直观。但不足之处是，必须首先确定一个符合经济现实的基准收益率，而基准收益率的确定往往是比较困难的；而且在互斥方案评价时，净现值必须慎重考虑互斥方案的寿命，如果互斥方案寿命不等，必须构造一个相同的分析期限，才能进行方案比选。此外，净现值不能反映项目投资中单位投资的使用效率，不能直接说明在项目运营期各年的经营成果。

(4) 基准收益率 i_c 的确定。基准收益率也称基准折现率，是企业或行业或投资者以动态的观点所确定的、可接受的投资方案最低标准的收益水平。它表明投资决策者对项目资金时间价值的估价，是投资资金应当获得的最低盈利率水平，是评价和判断投资方案在经济上是否可行的依据。

基准收益率的确定一般以行业的平均收益率为基础，同时综合考虑资金成本、投资风险、通货膨胀以及资金限制等影响因素。对于政府投资项目，进行经济评价时使用的基准收益率是由国家组织测定并发布的行业基准收益率；非政府投资项目，可由投资者自行确定基准收益率。确定基准收益率时应考虑以下因素：

1) 资金成本和投资机会成本 (i_1)。资金成本是为取得资金使用权所支付的费用。项目投资后所获净收益必须能补偿资金成本，然后才能有利可言。因此，基准收益率不应小于资金成本，否则便无利可图。投资的机会成本是指投资者将有限的资金用于除拟建项目以外的其他投资机会所能获得的最好收益。显然，基准收益率应既不低于单位资金成本，也不低于单位投资的机会成本，这样才能使资金得到最有效的利用。这一要求可用下式表达：

$$\boldsymbol{i_c \geqslant i_1 = \max\{\text{单位资金成本，单位投资机会成本}\}} \tag{4.2.13}$$

①当项目完全由企业自有资金投资时，可参考行业基准收益率；可以理解为一种资金的机会成本。

②当项目投资由自有资金和贷款组成时，最低收益率不应低于行业基准收益率与贷款利率的加权平均收益率。如果有几种不同的贷款时，贷款利率应为加权平均贷款利率。

2) 投资风险 (i_2)。在整个项目计算期内，有可能发生难以预料的环境变化，使投资者要冒着一定风险进行决策。因此，在确定基准收益率时，仅考虑资金成本、机会成本因素是不够的，还应考虑风险因素。通常，以一个适当的风险贴补率 i_2 来提高 i_c 值。即以一个较高的收益水平来补偿投资者所承担的风险，风险越大，贴补率越高。为此，投资者自然就要求获得较高的利润，否则，不会去冒风险的。为了限制对风险大、盈利低的项目进行投资，可以采取提高基准收益率的办法来进行投资方案的经济评价。

3) 通货膨胀 (i_3)。在通货膨胀影响下，各种材料、设备、房屋、土地的价格以及人工费都会上升。为反映和评价出拟建项目未来的真实经济效果，在确定基准收益率时，应考虑通货膨胀因素。若项目现金流量是按当年价格预测估算的，则应以年通货膨胀率 i_3 修正 i_c 值；若项目的现金流量是按基准年不变价格预测估算的，预测结果已排除通货膨胀因素的影响，就不再重复考虑通货膨胀的影响而去修正 i_c 值。

综合以上分析，基准收益率的确定如下：

当按当年价格预测项目现金流量时：

$$i_c = (1+i_1)(1+i_2)(1+i_3) - 1 \approx i_1 + i_2 + i_3 \tag{4.2.14}$$

当按不变价格预测项目现金流量时：

$$i_c = (1+i_1)(1+i_2) - 1 \approx i_1 + i_2 \tag{4.2.15}$$

上述近似处理的条件是 i_1、i_2、i_3 均为小数。

总之，资金成本和投资机会成本是确定基准收益率的基础，投资风险和通货膨胀是确定基准收益率必须考虑的影响因素。

5. 净年值

净年值（Net Annual Value，NAV）又称等额年值、等额年金，是以一定的基准收益率将项目计算期内净现金流量等值换算而成的等额年值。它与前述净现值（*NPV*）的相同之处是，两者都要在给出基准收益率的基础上进行计算；不同之处是，净现值将投资过程的现金流量换算为基准期的现值，而净年值则是将该现金流量换算为等额年值。由于同一现金流量的现值和等额年值是等价的（或等效的），因此，净现值法与净年值法在方案评价中能得出相同的结论。而在多方案评价时，特别是各方案的计算期不相同时，应用净年值比净现值更为方便。

（1）计算公式。净年值的计算公式为：

$$NAV=\left[\sum_{t=0}^{n}(CI-CO)_t(1+i_c)^{-t}\right](A/P,\ i_c,\ n) \tag{4.2.16}$$

或

$$NAV=NPV(A/P,\ i_c,\ n) \tag{4.2.17}$$

式中：$(A/P,\ i_c,\ n)$——资本回收系数。

（2）评价准则。由于 $(A/P,\ i_c,\ n)>0$，由公式（4.2.17）可知，*NAV* 与 *NPV* 总是同为正或同为负，故 *NAV* 与 *NPV* 在评价同一个项目时的结论总是一致的，其评价准则是：

1）$NAV\geqslant 0$ 时，则投资方案在经济上可以接受；

2）$NAV<0$ 时，则投资方案在经济上应予拒绝。

6. 内部收益率

内部收益率（Internal Rate of Return，IRR）是使投资方案在计算期内各年净现金流量的现值累计等于零时的折现率。即在该折现率时，项目的现金流入现值和等于其现金流出的现值和。

内部收益率容易被人误解为是项目初期投资的收益率。事实上，内部收益率的经济含义是投资方案占用的尚未回收资金的获利能力，它取决于项目内部。现举例说明如下：

【例 4.2.1】 某投资方案的现金流量见表 4.2.1，其内部收益率 $IRR=20\%$。

表 4.2.1 某投资方案的现金流量表 单位：万元

第 t 期末	0	1	2	3	4	5	6
现金流量 A_t	−1 000	300	300	300	300	300	307

由于已提走的资金是不能再生息的，因此，设 F_t 为第 t 期末尚未回收的投资余额，F_0 即项目计算期初的投资额 A_0。显然，只要在本周期内取得复利利息 $i\cdot F_{t-1}$，则第 t 期末的未回收投资余额为：

$$F_t=F_{t-1}(1+i)+A_t \tag{4.2.18}$$

将 $i=IRR=20\%$ 代入公式（4.2.18），计算出表 4.2.2 所示项目的未回收投资在计算期内的恢复过程。与表 4.2.2 相对应的现金流量图如图 4.2.3 所示。

表 4.2.2 未回收投资在计算期内的恢复过程　　单位：万元

第 t 期末	0	1	2	3	4	5	6
现金流量 A_t	−1 000	300	300	300	300	300	307
第 t 期初未回收投资 F_{t-1}	—	−1 000	−900	−780	−636	−463.20	−255.840
第 t 期末的利息 $i \times F_{t-1}$	—	−200	−180	−156	−127.2	−92.64	−51.168
第 t 期末未回收投资 F_t	−1 000	−900	−780	−636	−463.2	−255.84	0

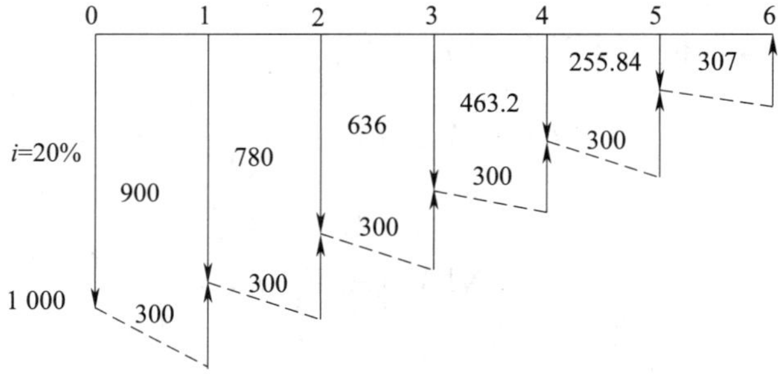

图 4.2.3 未回收投资现金流量示意图

由此可见，项目的内部收益率是项目到计算期末正好将未收回的资金全部收回来的折现率，是项目对贷款利率的最大承担能力。

从上述项目现金流量在计算期内的演变过程可发现，在整个计算期内，未回收投资 F_t 始终为负，只有计算期末的未回收投资 $F_n=0$。因此，可将内部收益率定义为：在项目的整个计算期内，如果按利率 $i=i^*$ 计算，始终存在未回收投资，且仅在计算期终了时，投资才恰被完全收回，即：

$$F_t\ (i^*) \leqslant 0\ (t=0,\ 1,\ 2,\ 3,\ \cdots,\ n-1) \tag{4.2.19}$$

$$F_n\ (i^*)=0\ (t=n) \tag{4.2.20}$$

于是，i^* 便是项目的内部收益率。这样，内部收益率的经济含义就是使未回收投资余额及其利息恰好在项目计算期末完全收回的一种利率，也是项目为其所占有资金（不含逐年已回收可作他用的资金）所提供的盈利率。它不仅受项目初始投资规模的影响，而且受项目计算期内各年净收益大小的影响。

在项目计算期内，由于项目始终处于“偿付”未被收回的投资的状况，内部收益率指标正是项目占用的尚未回收资金的获利能力。它能反映项目自身的盈利能力，其值越高，方案的经济性越好。因此，在工程经济分析中，内部收益率是考察项目盈利能力的主要动态评价指标。

对具有常规现金流量（即在计算期内，开始时有支出而后才有收益，且方案的净现金流量序列的符号只改变一次的现金流量）的投资方案，其净现值的大小与折现率的高低有直接的关系。若已知某投资方案各年的净现金流量，则该方案的净现值就完全取决于所选用的折现率。即净现值是折现率的函数，其表达式如下：

$$NPV(i) = \sum_{t=0}^{n} (CI - CO)_t (1+i)^{-t} \tag{4.2.21}$$

工程经济中常规投资项目的净现值函数曲线在$-1<i<+\infty$（对大多数工程经济实际问题来说是$0\leqslant i<+\infty$）内是单调下降的，且递减率逐渐减小，即：随着折现率的逐渐增大，净现值将由大变小，由正变负，NPV与i之间的关系一般如图4.2.4所示。

按照净现值的评价准则，只要$NPV\ (i)\geqslant 0$，方案或项目就可接受，但由于$NPV\ (i)$是i的递减函数，故折现率定得越高，方案被接受的可能性就越小。显然，i可以大到使$NPV\ (i)=0$，这时$NPV\ (i)$曲线与横轴相交，i达到了其临界值i^*。可以说，i^*是净现值评价准则的一个分水岭，i^*即为内部收益率IRR。其实质就是使投资方案在计算期内各年净现金流量的现值累计等于零时的折现率。

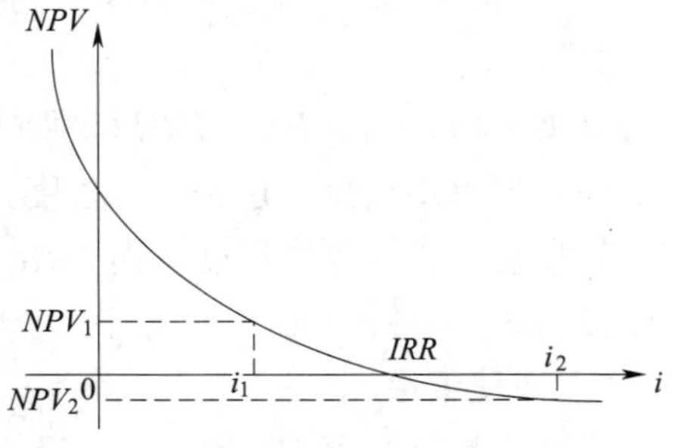

图4.2.4　净现值函数曲线

（1）计算公式。对常规投资项目，内部收益率就是净现值为零时的收益率，其数学表达式为：

$$NPV(IRR)=\sum_{t=0}^{n}(CI-CO)_t(1+IRR)^{-t} \tag{4.2.22}$$

式中：IRR——内部收益率。

由于IRR值可达到的项目净现值等于零，则项目的净年值也必为零，故有：

$$NPV\ (IRR)=NVA\ (IRR)=0 \tag{4.2.23}$$

内部收益率是一个未知的折现率，由公式（4.2.22）可知，求方程式中的折现率需解高次方程，不易求解。在实际工作中，一般是通过计算机进行计算，手算时可用试算法确定IRR。

试算法确定IRR的基本原理：首先试用i_1计算，若得$NPV_1>0$，再试用i_2（$i_2>i_1$）。若$NPV_2<0$，则$NPV=0$时的IRR一定在i_1至i_2之间，如图4.2.4所示。此时，可用内插法求得IRR的近似值，其计算公式为：

$$IRR=i_1+\frac{NPV_1}{NPV_1+|NPV_2|}\ (i_2-i_1) \tag{4.2.24}$$

为了保证IRR的精度，i_1与i_2之间的差距以不超过2%为宜，最大不要超过5%。

采用线性内插法计算IRR只适用于具有常规现金流量的投资方案。而对于具有非常规现金流量的方案，由于其内部收益率的存在可能不唯一，因而不太适用内插法。

（2）评价准则。求得内部收益率后，与基准收益率i_c进行比较：

1）若$IRR\geqslant i_c$，则投资方案在经济上可以接受；

2）若$IRR<i_c$，则投资方案在经济上应予拒绝。

（3）内部收益率指标的优点和不足。内部收益率指标考虑了资金的时间价值以及项目在整个计算期内的经济状况；能够直接衡量项目未回收投资的收益率；不需要事先确定一个基准收益率，而只需要知道基准收益率的大致范围即可。但不足的是内部收益率计算需要大量的与投资项目有关的数据，计算比较麻烦；对于具有非常规现金流量的项目来讲，其内部收益率往往不是唯一的，在某些情况下甚至不存在。

（4）IRR与NPV的比较。根据内部收益率原理，从图4.2.4的净现值函数曲线可知：

1）当 $IRR>i_1$（基准收益率）时，方案可以接受；从图 4.2.4 可见，i_1对应的 $NPV(i_1)>0$，方案也可以接受。

2）当 $IRR<i_2$（基准收益率）时，方案不能接受；i_2对应的 $NPV(i_2)<0$，方案也不能接受。

综上分析，用 NPV、IRR 均可对独立方案进行评价，且结论是一致的。NPV 法计算简便，但得不出投资过程收益程度，且受外部参数（i_c）的影响；IRR 法较为烦琐，但能反映投资过程的收益程度，而 IRR 的大小不受外部参数影响，完全取决于投资过程的现金流量。

7. 净现值率

净现值率（NPVR）是在 NPV 的基础上发展起来的，可作为 NPV 的一种补充。净现值率是项目净现值与项目全部投资现值之比，其经济含义是单位投资现值所能带来的净现值，是一个考察项目单位投资盈利能力的指标。由于净现值不直接考虑项目投资额的大小，故为考虑投资的利用效率，常用净现值率作为净现值的辅助评价指标。

当对比的两个方案投资额不同时，如果仅以各方案的 NPV 大小来选择方案，可能导致不正确的结论。因为净现值只表明盈利总额，不能说明投资的利用效果。单纯以净现值最大作为方案选优的标准，往往导致评价人趋向于选择投资大、盈利多的方案，而忽视盈利额较多，但投资更少，经济效果更好的方案。为此，可采用净现值的相对指标（单位投资的净现值）——净现值率来进行评价。

（1）计算公式。净现值率（NPVR）计算公式如下：

$$NPVR=\frac{NPV}{I_p} \tag{4.2.25}$$

$$I_p=\sum_{t=0}^{m} I_t\,(P/F,i_c,t) \tag{4.2.26}$$

式中：I_p——投资现值；

I_t——第 t 年投资额；

m——建设期年数。

（2）评价准则。若 $NPVR\geqslant 0$，说明投资方案在经济上可接受；若 $NPVR<0$，说明投资方案在经济上不可行。

二、经济效果评价方法

（一）评价方案的类型

运用经济效果评价指标对投资方案进行评价，主要有两个用途：一是对某一方案进行分析，判断该方案在经济上是否可行。对于这种情况，需要选用适当指标并计算指标值，根据判断准则评价其经济性即可；二是对于多方案进行经济上的比选，此时，如果仅计算各种方案的评价指标并作出结论，其结论可能是不可靠的。进行多方案比选时，首先必须了解方案所属的类型，从而按照方案的类型确定适合的评价方法和指标，为最终作出正确的投资决策提供科学依据。

所谓方案类型，是指一组备选方案之间所具有的相互关系。这种关系一般分为独立型方案和相关型方案两类。而相关型方案又分为互斥型、互补型、现金流量相关型、组合-互斥型和混合相关型 5 种，如图 4.2.5 所示。

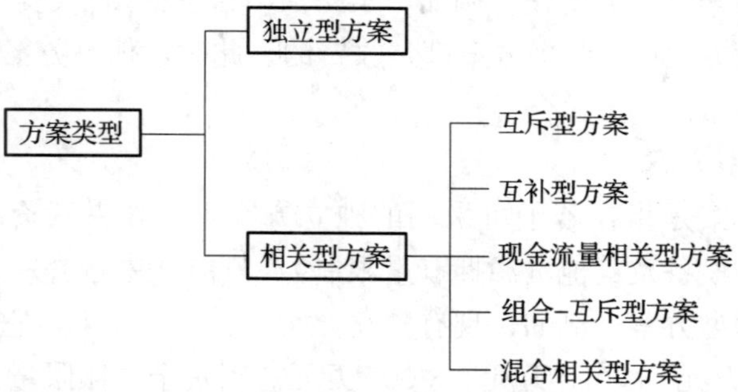

图 4.2.5 评价方案分类

1. 独立型方案

独立型方案是指方案间互不干扰，在经济上互不相关的方案，选择或放弃其中一个方案，并不影响其他方案的选择。因此，其评价主要是针对每个方案自身的经济效果情况进行判断，相互之间不影响。

2. 互斥型方案

互斥型方案是指在若干备选方案中，各个方案彼此可以相互代替。选择其中任何一个方案，则其他方案必然被排斥。在工程建设中，互斥型方案还可按以下因素进行分类：

（1）按服务寿命长短不同，投资方案可分为：

1）相同服务寿命的方案。即参与对比或评价的方案服务寿命均相同。

2）不同服务寿命的方案。即参与对比或评价的方案服务寿命均不相同。

3）无限长寿命的方案。在工程建设中永久性工程即可视为无限长寿命的工程，如大型水坝、运河工程等。

（2）按规模不同，投资方案可分为：

1）相同规模的方案。即参与对比或评价的方案具有相同的产出量或容量，在满足相同功能要求的数量方面具有一致性和可比性。

2）不同规模的方案。即参与评价的方案具有不同的产出量或容量，在满足相同功能要求的数量方面不具有一致性和可比性。

项目互斥方案比较，是工程经济评价工程的重要组成部分，也是寻求合理决策的必要手段。

3. 互补型方案

互补型方案是指在方案之间存在技术经济互补关系的一组方案。某一方案的接受有助于其他方案的接受。根据互补方案之间相互依存的关系，互补方案可能是对称的，如建设一个大型非港口电站，必须同时建设铁路、电厂，它们无论在建成时间、建设规模上都要彼此适应，缺少其中任何一个项目，其他项目就不能正常运行。因此，它们之间是互补型方案，又是对称的。此外，还存在着大量非对称的经济互补关系，如建造一座建筑物 A 和增加一个空调系统 B，建筑物 A 本身是有用的，增加空调系统 B 后使建筑物 A 更有用，但采用方案 A 并不一定要采用方案 B。

4. 现金流量相关型方案

现金流量相关型方案是指方案之间不完全互斥，也不完全相互依存，但任一方案的取舍会导致其他方案现金流量的变化。例如，某跨江项目考虑两个建设方案，一个是建桥方案 A，另一个是轮渡方案 B，两个方案都是收费的。此时，任一方案的实施或放弃都会影响另一方案的现金流量。

5. 组合一互斥型方案

组合一互斥型方案是指在若干可采用的独立方案中，如果有资源约束条件（如受资金、劳动力、材料、设备及其他资源拥有量限制），只能从中选择一部分方案实施时，可以将它们组合为互斥型方案。例如，现有独立方案 A、B、C、D，它们所需的投资分别为 10 000 万元、6 000 万元、4 000 万元、3 000 万元。当资金总额限量为 10 000 万元时，除方案 A 具有完全的排他性外，其他方案由于所需金额不大，可以互相组合。这样，可能选择的方案共有：A、B、C、D、B+C、B+D、C+D 7 个组合方案。因此，当受某种资源约束时，独立方案可以组成各种组合方案，这些组合方案之间是互斥或排他的。

6. 混合相关型方案

混合相关型方案是指在方案众多的情况下，方案间的相关关系可能包括上述类型中的多种，这些方案称为混合相关型方案。

在方案评价前，分清方案属于何种类型是非常重要的。因为方案类型不同，其评价方法、选择和判断的尺度就不同。如果方案类型划分不当，会带来错误的评价结果。在方案评价中，以独立型方案和互斥型方案最为常见。

（二）独立型方案的评价

独立型方案在经济上是否可接受，取决于方案自身的经济性，即方案的经济效果是否达到或超过预定的评价标准或水平。通过计算方案的经济效果指标，并按照指标的判别准则加以检验即可判断方案在经济上是否可行。这种对方案自身的经济性检验称为“绝对经济效果检验”。

1. 应用投资收益率进行评价

（1）确定行业的基准投资收益率（R_e）。

（2）计算投资方案的投资收益率（R）。

（3）进行判断。当 $R \geqslant R_e$ 时，表明方案在经济上是可行的。

2. 应用投资回收期进行评价

（1）确定行业或投资者的基准投资回收期（P_e）。

（2）计算投资方案的静态投资回收期（P_t）。

（3）进行判断。当 $P_t \leqslant P_e$ 时，表明方案在经济上是可行的。

3. 应用 *NPV* 进行评价

（1）依据现金流量和确定的基准收益率（i_c）计算方案的净现值（NPV）。

（2）进行判断。当 $NPV \geqslant 0$ 时，表明方案在经济上是可行的。

4. 应用 *IRR* 进行评价

计算出内部收益率后，将 IRR 与基准收益率 i_c 进行比较。当 $IRR \geqslant i_c$ 时，表明方案在经济上是可行的。

（三）互斥型方案的评价

互斥型方案经济效果评价包括两部分内容：一是考察各个方案自身的经济效果，即进行绝对（经济）效果检验；二是考察方案的相对最优性，称为相对（经济）效果检验。显然，本身就不可行的方案不能纳入比较，所以两种检验的目的和作用不同，缺一不可，从而确保所选方案不但可行而且最优。

在进行互斥方案相对（经济）效果评价时，一般按投资大小由低到高进行两个方案比选，然后淘汰较差的方案，以保留的较好方案再与其他方案比较，直至所有的方案都经过比较，最终选出经济性最优的方案。

进行多方案比选时，计算方案的经济效果还应考虑不同方案的计算期（寿命）是否相同。事实上，所有经济比选方法都必须建立在各方案计算期相同的条件下，只是在静态评价方法下，计算期不同不影响评价的结果，在某些动态评价方法下，计算期不同也不影响评价的结果。在运用具体评价指标和方法时要特别注意这一特点。

1. 静态评价方法

互斥方案静态分析常用增量投资收益率、增量投资回收期、年折算费用、综合总费用等评价方法进行相对经济效果的评价。

（1）增量投资收益率。增量投资收益率是指增量投资所带来的经营成本上的节约与增量投资之比。

现有甲、乙两个互斥方案，其规模相同或基本相同，如果其中一个方案的投资额和经营成本都为最小时，则该方案就是最理想的方案。但是，实践中往往达不到这样的要求。经常出现的情况是，某一个方案的投资额小，但经营成本却较高；而另一个方案则正好相反，其投资额较大，但经营成本却较省。这样，投资大的方案与投资小的方案就形成了增量的投资，但投资大的方案正好经营成本较低，它比投资小的方案在经营成本上又带来了节约。

现设 I_1、I_2 分别为甲、乙方案的投资额，C_1、C_2 为甲、乙方案的经营成本。

如 $I_1<I_2$，$C_1>C_2$，则增量投资收益率 $R_{(2-1)}$ 为：

$$R_{(2-1)}=\frac{C_1-C_2}{I_2-I_1}\times 100\% \tag{4.2.27}$$

当得到的增量投资收益率大于基准投资收益率时，则投资额大的方案可行，它表明投资的增量（I_2-I_1）完全可以由经营成本的节约（C_1-C_2）来得到补偿。反之，投资额小的方案为优选方案。

（2）增量投资回收期。增量投资回收期是指用经营成本的节约来补偿增量投资的年限。

当各年经营成本的节约（C_1-C_2）基本相同时，其计算公式为：

$$P_{t(2-1)}=\frac{I_2-I_1}{C_1-C_2} \tag{4.2.28}$$

当各年经营成本的节约（C_1-C_2）差异较大时，其计算公式为：

$$(I_2-I_1)=\sum_{t=1}^{P_{t(2-1)}}(C_1-C_2) \tag{4.2.29}$$

当得到的增量投资回收期小于基准投资回收期时，投资额大的方案可行。反之，投资额小的方案为优选方案。

在上述方案比较过程中，如果相比较的两个方案生产规模相同，即年收入相同时，其年经营成本的节约额实质上就是它们的年收益额之差。

(3) 年折算费用。当互斥方案个数较多时，用增量投资收益率、增量投资回收期进行方案经济比较，要进行两两比较逐个淘汰，比选次数较多。而运用年折算费用法，只需计算各方案的年折算费用，即将投资额用基准投资回收期分摊到各年，再与各年的年经营成本相加。年折算费用计算公式如下：

$$Z_j=\frac{I_j}{P_e}+C_j \tag{4.2.30}$$

或

$$Z_j=I_j \cdot i_c+C_j \tag{4.2.31}$$

式中：Z_j——第 j 个方案的年折算费用；

I_j——第 j 个方案的总投资；

P_e——基准投资回收期；

i_c——基准收益率；

C_j——第 j 个方案的年经营成本。

根据年折算费用，选择最小者为最优方案。这与增量投资收益率法的结论是一致的。年折算费用法计算简便，评价准则直观、明确。

(4) 综合总费用。方案的综合总费用即为方案的投资与基准投资回收期内年经营成本的总和。计算公式如下：

$$S_j=I_j+P_c \cdot C_j \tag{4.2.32}$$

式中：S_j——第 j 个方案的综合总费用。

显然，$S_j=P_c \cdot Z_j$。故方案的综合总费用即为基准投资回收期内年折算费用的总和。

在方案评选时，综合总费用为最小的方案即为最优方案。

以上几种互斥方案静态评价方法，虽然概念清晰，计算简便，但主要缺点是没有考虑资金的时间价值，对方案未来时期的发展变化情况，例如，投资方案的使用年限；投资回收以后方案的收益；方案使用年限终了时的残值；方案在使用过程中更新和追加的投资及其效果等未能充分反映。因此，静态评价方法仅适用于方案初评或作为辅助评价方法采用。

2. 动态评价方法

(1) 计算期相同的互斥方案经济效果的评价。对于计算期相同的互斥方案，常用的经济效果评价方法有以下几种：

1) 净现值（NPV）法。对互斥方案评价，首先剔除 $NPV<0$ 的方案，即进行方案的绝对效果检验；然后对所有 $NPV\geqslant 0$ 的方案比较其净现值，选择净现值最大的方案为最佳方案。

在工程经济分析中，对效益相同（或基本相同），但效益无法或很难用货币直接计量的互斥方案进行比较，常用费用现值（PW）比较替代净现值进行评价。为此，首先计算各备选方案的费用现值 PW，然后进行对比，以费用现值最低的方案为最佳。其表达式为：

$$PW=\sum_{t=0}^{n} CO_t(1+i_c)^{-t}=\sum_{t=0}^{n} CO_t(P/F,i_c,t) \tag{4.2.33}$$

2) 增量投资内部收益率（ΔIRR）法。由于内部收益率不是项目初始投资的收益率，而且内部收益率受现金流量分布的影响很大，净现值相同但分布状态不同的两个现金流量，会得出不同的内部收益率。因此，直接根据各互斥方案的内部收益并不一定能选出净现值（基准收益率下）最大的方案，即 $IRR_{(2)}>IRR_{(1)}$，并不意味着一定有 $IRR_{(2-1)}=\Delta IRR>i_c$。

【例 4.2.2】 现有两互斥方案，其净现金流量见表 4.2.3。设基准收益率为 10%，试用净现值和内部收益率评价方案。

表 4.2.3　两互斥方案净现金流量表　　单位：万元

方案	净现金流量				
	0	1	2	3	4
方案 1	−7 000	1 000	2 000	6 000	4 000
方案 2	−4 000	1 000	1 000	3 000	3 000

解：(1) 计算净现值 NPV：

$$NPV_{(1)}=-7\,000+1\,000\times(P/F,10\%,1)+2\,000\times(P/F,10\%,2)+6\,000\times(P/F,10\%,3)+4\,000\times(P/F,10\%,4)=2\,801.7\ (\text{万元})$$

$$NPV_{(2)}=-4\,000+1\,000\times(P/F,10\%,1)+1\,000\times(P/F,10\%,2)+3\,000\times(P/F,10\%,3)+3\,000\times(P/F,10\%,4)=2\,038.4\ (\text{万元})$$

(2) 计算内部收益率 IRR：

由 $NPV(IRR_1)=-7\,000+1\,000\times(P/F,IRR_1,1)+2\,000\times(P/F,IRR_1,2)+6\,000\times(P/F,IRR_1,3)+4\,000\times(P/F,IRR_1,4)=0$

解得：$IRR_1=23.67\%$

由 $NPV(IRR_2)=-4\,000+1\,000\times(P/F,IRR_2,1)+1\,000\times(P/F,IRR_2,2)+3\,000\times(P/F,IRR_2,3)+3\,000\times(P/F,IRR_2,4)=0$

解得：$IRR_2=27.29\%$

从以上情况可知，方案 1 的内部收益率低，净现值高；而方案 2 的内部收益率高，净现值低，如图 4.2.6 所示。

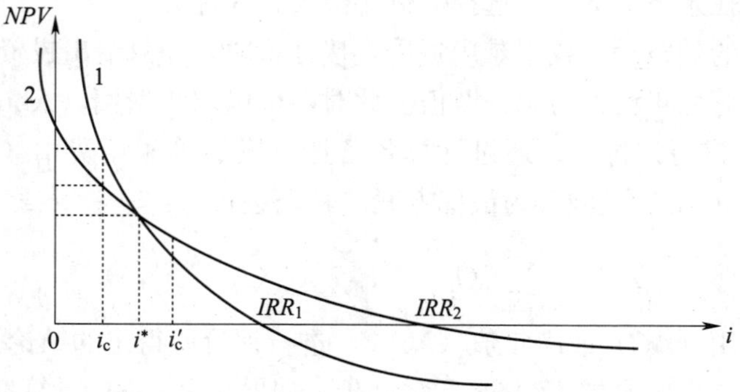

图 4.2.6　互斥方案净现值函数示意图

从计算结果或图 4.2.6 可看出，$IRR_{(2)}>IRR_{(1)}$，如果以内部收益率为评价准则，方案 2 优于方案 1；而以净现值为评价准则，基准收益率为 $i_c=10\%$，$NPV_{(1)}>NPV_{(2)}$，方案 1 优于方案 2，这就产生了矛盾。到底哪个方案更优，就需要考虑方案 1 比方案 2 多花的投资的内部收益率（即增量投资内部收益率 ΔIRR）是否大于基准收益率 i_c。

所谓增量投资内部收益率 ΔIRR，是指两方案各年净现金流量的差额的现值之和等于零时的折现率，其表达式为：

$$\Delta NPV(\Delta IRR)=\sum_{t=0}^{n}(A_1-A_2)_t(1+\Delta IRR)^{-t}=0 \tag{4.2.34}$$

$$\sum_{t=0}^{n}A_{1t}(1+\Delta IRR)^{-t}=\sum_{t=0}^{n}A_{2t}(1+\Delta IRR)^{-t} \tag{4.2.35}$$

式中：　　ΔIRR——增量投资内部收益率；

$A_{1t}=(CI-CO)_{1t}$——初始投资额大的方案年净现金流量；

$A_{2t}=(CI-CO)_{2t}$——初始投资额小的方案年净现金流量。

从公式（4.2.35）可以看出，增量投资内部收益率就是 $NPV_{(1)}=NPV_{(2)}$ 时的折现率。通过计算，本例的增量投资内部收益率 $\Delta IRR=18.41\%$。增量投资内部收益率大于基准收益率，则方案 1 为优选方案，与净现值评价准则的结论一致。若基准收益率为 $i'_c=20\%$，则 $\Delta IRR<i'_c$，$NPV'_{(1)}<NPV'_{(2)}$，$IRR_{(2)}>IRR_{(1)}$，则方案 2 优于方案 1。

应用 ΔIRR 法评价互斥方案的基本步骤如下：

①计算各备选方案的 IRR_j，分别与基准收益率 i_c 比较。IRR_j 小于 i_c 的方案，即予淘汰。

②将 $IRR_j\geqslant i_c$ 的方案按初始投资额由小到大依次排列。

③按初始投资额由小到大依次计算相邻两个方案的增量投资内部收益率 ΔIRR，若 $\Delta IRR>i_c$，则说明初始投资额大的方案优于初始投资额小的方案，保留投资额大的方案；反之，若 $\Delta IRR<i_c$，则保留投资额小的方案。直至全部方案比较完毕，保留的方案就是最优方案。

3）净年值（NAV）法。如前所述，净年值评价与净现值评价是等价的（或等效的）。同样，在互斥方案评价时，只需按方案的净年值的大小直接进行比较即可得出最优可行方案。在具体应用净年值评价互斥方案时常分以下两种情况：

当给出“+”“－”现金流量时，分别计算各方案的等额年值。凡等额年值小于 0 的方案，先行淘汰，在余下方案中，选择等额年值大者为优。

当方案所产生的效益无法或很难用货币直接计量时，即只给出投资和年经营成本或作业成本时，计算的等额年值也为“－”值。此时，可以用年费用（Annual Cost，AC）替代净年值（NAV）进行评价。即通过计算各备选方案的等额年费用（AC），然后进行对比，以等额年费用（AC）最低者为最佳方案。其表达式为：

$$AC=\sum_{t=0}^{n}CO_t\,(P/F,i_c,t)(A/P,i_c,n) \tag{4.2.36}$$

采用等额年费用（AC）或净年值（NAV）进行评价所得出的结论是完全一致的。

（2）计算期不同的互斥方案经济效果的评价。如果互斥方案的计算期不同，必须对计算期作出某种假定，使得方案在相等期限的基础上进行比较，这样才能保证得到合理的结论。

1）净年值（NAV）法。用净年值法进行寿命不等的互斥方案比选，实际上隐含着这样一种假定：各备选方案在其寿命结束时间均可按原方案重复实施或以与原方案经济效果水平相同的方案接续。由于净年值法是以“年”为时间单位比较各方案的经济效果，一个方案无论重复实施多少次，其净年值是不变的，从而使寿命不等的互斥方案之间具有可比性。

通过分别计算各备选方案净现金流量的等额年值（NAV）并进行比较，以 $NAV \geqslant 0$ 且 NAV 最大者为最优方案。

在对寿命不等的互斥方案进行比选时，净年值是最为简便的方法。同时，用等值年金可不考虑计算期的不同，故它也较净现值（NPV）简便，当参加比选的方案数目众多时，更是如此。

2）净现值（NPV）法。净现值（NPV）用于互斥方案评价时，必须考虑时间的可比性，即在相同的计算期下比较净现值（NPV）的大小。常用的方法有最小公倍数法和研究期法。

①最小公倍数法（又称方案重复法）。是以各备选方案计算期的最小公倍数作为比选方案的共同计算期，并假设各个方案均在共同的计算期内重复进行。对各方案计算期内各年的净现金流量进行重复计算，得出各个方案在共同的计算期内的净现值，以净现值最大的方案为最佳方案。

利用最小公倍数法有效地解决了寿命不等的方案之间净现值的可比性问题。但这种方法不是在任何情况下都适用的。对于某些不可再生资源开发型项目，在进行计算期不等的互斥方案比选时，方案可重复实施的假定不再成立，这种情况下就不能用最小公倍数法确定计算期。此外，如果用最小公倍数法求得的计算期过长，也不适合用最小公倍数法。

②研究期法。以相同时间来研究不同期限的方案就称为研究期法。

研究期的确定一般以互斥方案中年限最短方案的计算期作为互斥方案评价的共同研究期。通过比较各个方案在共同研究期内的净现值来对方案进行比选，以净现值最大的方案为最佳方案。

需要注意的是，对于计算期比共同的研究期长的方案，要对其在共同研究期以后的现金流量情况进行合理的估算，以免影响结论的正确性。

③无限计算期法。如果评价方案的最小公倍数计算期很长，为简化计算，则可以计算期为无穷大计算 NPV，NPV 最大者为最优方案，即：

$$NPV = NAV(P/A,\ i_c,\ n) = NAV\frac{(1+i)^n - 1}{i\ (1+i)^n} \tag{4.2.37}$$

当 $n \to \infty$，即计算期为无穷大时：

$$NPV = \frac{NAV}{i} \tag{4.2.38}$$

3）增量投资内部收益率（ΔIRR）法。用增量投资内部收益率进行寿命不等的互斥方案经济效果评价时，需要首先对各备选方案进行绝对效果检验。对于通过绝对效果检验（NPV、NAV 大于或等于零，IRR 大于或等于基准收益率）的方案，再用计算增量投资内部收益率的方法进行比选。

求解寿命不等互斥方案间增量投资内部收益率的方程可以两方案净年值相等的方式建立，其中隐含了方案可重复实施的假定。

$$\sum_{t=0}^{n_A} A_{At}(P/F,\Delta IRR,n_A)(A/P,\Delta IRR,n_A) = \sum_{t=0}^{n_B} A_{Bt}(P/F,\Delta IRR,n_B)(A/P,\Delta IRR,n_B) \tag{4.2.39}$$

或

$$\sum_{t=0}^{n_A} A_{At}(P/F,\Delta IRR,n_A)(A/P,\Delta IRR,n_A) - \sum_{t=0}^{n_B} A_{Bt}(P/F,\Delta IRR,n_B)(A/P,\Delta IRR,n_B) = 0 \tag{4.2.40}$$

在 ΔIRR 存在的情况下，若 $\Delta IRR > i_c$，则初始投资额大的方案为优选方案；若 $0 < \Delta IRR < i_c$，则初始投资额小的方案为优选方案。

对于仅有或仅需计算费用现金流量的寿命期不等的互斥方案，求解方案间增量投资内部收益率的方程可以两方案费用年值相等的方式建立，即：

$$\sum_{t=0}^{n_A} CO_{At}(P/F,\Delta IRR,t)(A/P,\Delta IRR,n_A) - \sum_{t=0}^{n_B} CO_{Bt}(P/F,\Delta IRR,t)(A/P,\Delta IRR,n_B) = 0 \tag{4.2.41}$$

在 ΔIRR 存在的情况下，若 $\Delta IRR > i_c$，则初始投资额大的方案为优选方案；若 $0 < \Delta IRR < i_c$，则初始投资额小的方案为优选方案。

【例 4.2.3】 已知表 4.2.4 数据，试用 NAV、NPV、$NPVR$、IRR 指标进行方案比较。设 $i_c = 10\%$。

表 4.2.4 方案比较原始数据

项　　目	方案 A	方案 B
投资/万元	3 500	5 000
年收益/万元	1 900	2 500
年支出/万元	645	1 383
估计寿命/年	4	8

解：(1) 绘制现金流量图（图 4.2.7）。

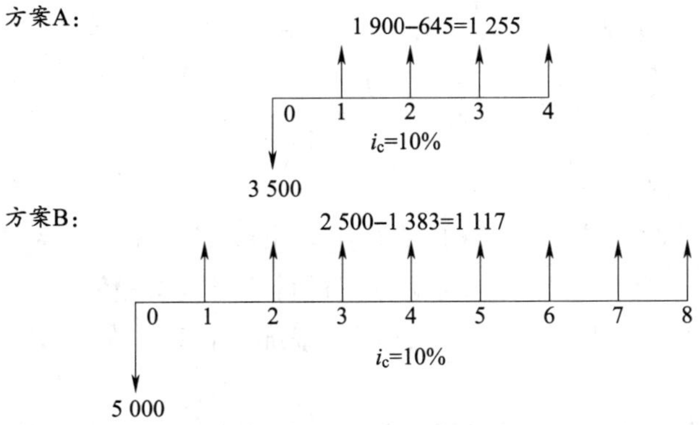

图 4.2.7 例 4.2.3 现金流量图

(2) 评价。

1) 净现值评价（图 4.2.8）。

①取各方案计算期的最小公倍数作为研究期，本例中研究期为 8 年。

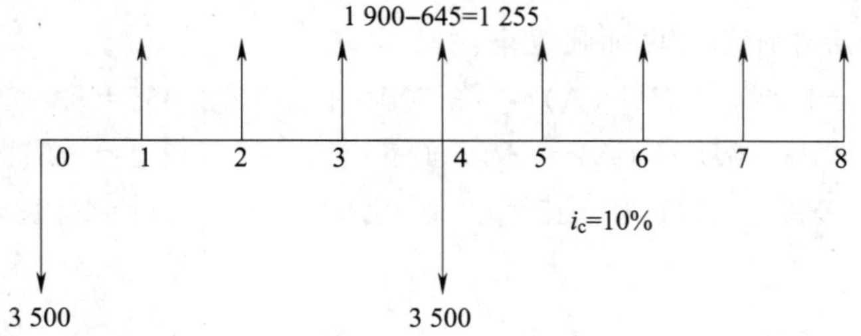

图 4.2.8　例 4.2.3 方案 A 净现值（NPV）评价现金流量图

$$NPV(A) = -3\,500\times[1+(P/F, 10\%, 4)]+1\,255\times(P/A, 10\%, 8)$$
$$= -3\,500\times(1+0.683\,0)+1\,255\times5.335=804.925\ (万元)$$

$$NPV(B) = -5\,000+1\,117\times(P/A, 10\%, 8)$$
$$= -5\,000+1\,117\times5.335=959.195\ (万元)$$

选择方案 B。

②取年限最短的方案寿命期作为共同的研究期，本例中研究期为 4 年。

$$NPV(A) = -3\,500+1\,255\times(P/A, 10\%, 4)$$
$$= -3\,500+1\,255\times3.17=478.35\ (万元)$$

$$NPV(B) = [-5\,000\ (A/P, 10\%, 8)+1\,117]\times(P/A, 10\%, 4)$$
$$= (-5\,000\times0.187\,44+1\,117)\times3.17=569.966\ (万元)$$

选择方案 B。

2) 净年值评价。

$$NAV(A) = -3\,500\times(A/P, 10\%, 4)+1\,255$$
$$= -3\,500\times0.315\,47+1\,255=150.855\ (万元)$$

$$NAV(B) = -5\,000\times(A/P, 10\%, 8)+1\,117$$
$$= -5\,000\times0.187\,44+1\,117=179.8\ (万元)$$

选择方案 B。

3) 净现值率评价。

$$NPVR(A)=478.35/3\,500=0.136\,67$$

或

$$NPVR(A) = 804.925/\{3\,500\times[1+(P/F, 10\%, 4)]\}=804.925/5\,890.5$$
$$=0.136\,65$$

$$NPVR(B)=959.195/5\,000=0.191\,84$$

或

$$NPVR(B) = 569.966/[5\,000\times(A/P, 10\%, 8)\times(P/A, 10\%, 4)]$$
$$=569.966/2\,970.924=0.191\,85$$

选择方案 B。

4）内部收益率评价。

①计算各方案自身内部收益率。

方案 A：

$$NPV\ (A)=-3\ 500+1\ 255\times(P/A,\ IRR_A,\ 4)=0$$

采用线性内插法可计算出内部收益率：

$$i_1=15\%,\ NPV\ (A)=-3\ 500+1\ 255\times 2.855=83.025$$

$$i_2=17\%,\ NPV\ (A)=-3\ 500+1\ 255\times 2.743\ 2=-57.284$$

$$IRR_A=15\%+83.025\times(17\%-15\%)/[83.025-(-57.284)]=16.18\%>i_c=10\%$$

方案 A 可行。

方案 B：

$$NPV\ (B)=-5\ 000+1\ 117\times(P/A,\ IRR_B,\ 8)=0$$

采用线性内插法可计算出内部收益率：

$$i_1=15\%,\ NPV\ (B)=-5\ 000+1\ 117\times 4.487\ 3=12.314\ 1$$

$$i_2=17\%,\ NPV\ (B)=-5\ 000+1\ 117\times 4.207\ 2=-300.56$$

$$IRR_B=15\%+12.314\ 1\times(17\%-15\%)/[12.314\ 1-(-300.56)]=15.08\%>i_c=10\%$$

方案 B 可行。

②计算增量投资内部收益率。

$$NAV\ (B-A)=-[5\ 000\ (A/P,\ \Delta IRR,\ 8)]-[-3\ 500\times(A/P,\ \Delta IRR,\ 4)]+(1\ 117-1\ 255)=0$$

$$i_1=12\%,\ NAV\ (B-A)=-5\ 000\times 0.201\ 3+3\ 500\times 0.329\ 2-138=7.805$$

$$i_2=13\%,\ NAV\ (B-A)=-5\ 000\times 0.208\ 4+3\ 500\times 0.336\ 2-138=-3.300$$

$$\Delta IRR=12\%+7.805\times(13\%-12\%)/[7.805-(-3.300)]=12.7\%>i_c=10\%$$

应选择初始投资额大的方案 B。

三、不确定性分析与风险分析

工程项目经济评价所采用的数据大部分来自预测和估算，具有一定程度的不确定性，为分析不确定性因素变化对评价指标的影响，估计项目可能承担的风险，应进行不确定性分析与风险分析，提出项目风险的预警、预报和相应的对策，为投资决策服务。

不确定性分析主要包括盈亏平衡分析和敏感性分析。风险分析应采用定性与定量相结合的方法，分析风险因素发生的可能性及给项目带来经济损失的程度。盈亏平衡分析只适用于财务评价，敏感性分析和风险分析可同时用于财务评价和国民经济评价。

1. 盈亏平衡分析

盈亏平衡分析系指通过计算项目达产年的盈亏平衡点（Break-even Point，BEP），分析项目成本与收入的平衡关系，判断项目对产出品数量、销售价格、成本等变化的适应能力和抗风险能力，为投资决策提供科学依据。

（1）基本的损益方程式。根据成本总额对产出品数量的依存关系，全部成本可分解成固定成本和变动成本两部分。在一定期间将成本分解成固定成本和变动成本两部分后，再同时考虑收入和利润，成本、产量和利润的关系就可统一于一个数学模型（也称为量本利模型）。其表达形式为：

$$利润=销售收入-总成本-税金 \tag{4.2.42}$$

假设产量等于销售量，并且项目的销售收入与总成本均是产量的线性函数，则在公式（4.2.42）中：

$$销售收入=单位售价\times销量 \tag{4.2.43}$$

$$总成本=变动成本+固定成本=单位变动成本\times产量+固定成本 \tag{4.2.44}$$

$$销售税金=单位产品销售税金及附加\times销售量 \tag{4.2.45}$$

将公式（4.2.43）～公式（4.2.45）代入公式（4.2.42）中，则利润的表达式如下：

$$B=p\cdot Q-C_V\cdot Q-C_F-t\cdot Q \tag{4.2.46}$$

式中：B——利润；

p——单位产品售价；

Q——销售量或生产量；

t——单位产品销售税金及附加（当投入产出均按不含税价格计算时，t 不含增值税）；

C_V——单位产品变动成本；

C_F——固定成本。

公式（4.2.46）明确表达了产销量、成本、利润之间的数量关系，是基本的损益方程式。它含有相互联系的 6 个变量，给定其中 5 个，便可求出另一个变量的值。

由于单位产品的销售税金及附加是随产品的销售单价变化而变化的，为了便于分析，将销售收入与销售税金及附加合并考虑，即可将产销量、成本、利润的关系反映在直角坐标系中，成为基本的量本利图，如图 4.2.9 所示。

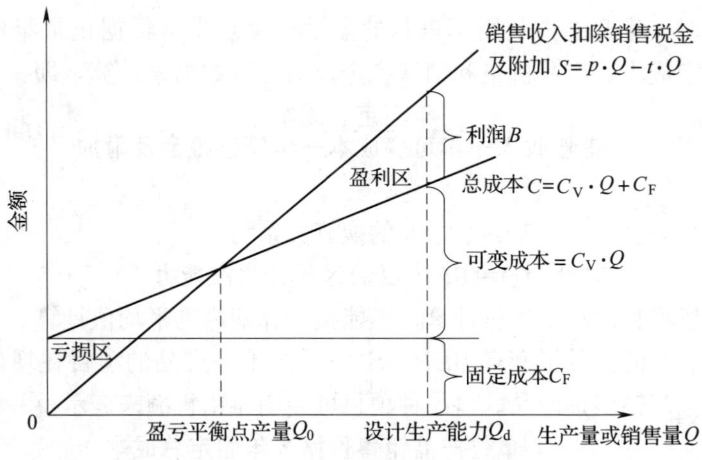

图 4.2.9 基本的量本利图

（2）盈亏平衡分析方法。由图 4.2.9 可知，销售收入线与总成本线的交点是盈亏平衡点，表明项目在此产销量下，总收入扣除销售税金及附加后与总成本相等，既没有利润，也不发生亏损。在此基础上，增加销售量，销售收入超过总成本，收入线与成本线之间的距离为利润值，形成盈利区；反之，形成亏损区。

由于图 4.2.9 能清晰地显示项目不盈利也不亏损时应达到的产销量，故又称为盈亏平衡图。用图示表达量本利之间的相互关系，不仅形象直观，一目了然，而且容易理解。

根据生产成本及销售收入与产销量之间是否呈线性关系，盈亏平衡分析又可进一步分为线性盈亏平衡分析和非线性盈亏平衡分析。通常只要求线性盈亏平衡分析。

1）线性盈亏平衡分析的前提条件：

①生产量等于销售量；

②生产量变化，单位可变成本不变，从而使总生产成本成为生产量的线性函数；

③生产量变化，销售单价不变，从而使销售收入成为销售量的线性函数；

④只生产单一产品；或者生产多种产品，但可以换算为单一产品计算。

2）盈亏平衡点的表达形式。项目盈亏平衡点（BEP）的表达形式有多种。可以用实物产销量、年销售额、单位产品售价、单位产品的可变成本以及年固定总成本的绝对量表示，也可以用某些相对值表示，例如生产能力利用率。其中，以产量和生产能力利用率表示的盈亏平衡点应用最为广泛。

①用产量表示的盈亏平衡点 BEP（Q）。由公式（4.2.46）可知，令基本损益方程式中的利润 $B=0$，此时的产量 Q_0 即为盈亏临界点产销量，即：

$$BEP\ (Q)=\frac{\text{年固定总成本}}{\text{单位产品销售价格}-\text{单位产品可变成本}-\text{单位产品销售税金及附加}} \tag{4.2.47}$$

②用生产能力利用率表示的盈亏平衡点 BEP（%）。生产能力利用率表示的盈亏平衡点，是指盈亏平衡点产销量占项目正常产量的比重。所谓正常产量，是指达到设计生产能力的产销数量，也可以用销售金额来表示。生产能力利用率的计算式如下：

$$BEP\ (\%)=\frac{\text{盈亏平衡点销售量}}{\text{正常产销量}}\times 100\% \tag{4.2.48}$$

进行项目评价时，生产能力利用率表示的盈亏平衡点常常根据正常年份的产品产销量、变动成本、固定成本、产品价格和销售税金及附加等数据来计算，即：

$$BEP\ (\%)=\frac{\text{年固定总成本}}{\text{年销售收入}-\text{年可变成本}-\text{年销售税金及附加}}\times 100\% \tag{4.2.49}$$

公式（4.2.47）与公式（4.2.49）之间的换算关系为：

$$BEP\ (Q)=BEP\ (\%)\times \text{设计生产能力} \tag{4.2.50}$$

盈亏平衡点应按项目的正常年份计算，不能按计算期内的平均值计算。

③用年销售额表示的盈亏平衡点 BEP（S）。生产单一产品的项目在现代经济中只占少数，大部分项目会产销多种产品。多品种项目可使用年销售额来表示盈亏临界点。

$$BEP\ (S)=\frac{\text{单位产品销售价格}\times\text{年固定总成本}}{\text{单位产品销售价格}-\text{单位产品可变成本}-\text{单位产品销售税金及附加}} \tag{4.2.51}$$

（3）用销售单价表示的盈亏平衡点 BEP（p）。如果按设计生产能力进行生产和销售，BEP 还可由盈亏平衡点价格 BEP（p）来表达，即：

$$BEP\ (p)=\frac{\text{年固定总成本}}{\text{设计生产能力}}+\text{单位产品可变成本}+\text{单位产品销售税金及附加} \tag{4.2.52}$$

【例 4.2.4】 某项目设计生产能力为年产 50 万件产品，根据资料分析，估计单位产品价格为 100 元，单位产品可变成本为 80 元，固定成本为 300 万元，试用产量、生产能力利用率、销售额、单位产品价格分别表示项目的盈亏平衡点。已知该产品销售税金及附加的合并税率为 5%。

解：(1) 计算 BEP (Q)，由公式 (4.2.47) 计算得：

$$BEP\ (Q)=\frac{300\times 10\ 000}{100-80-100\times 5\%}=200\ 000\ (\text{件})$$

(2) 计算 BEP (%)，由公式 (4.2.49) 计算得：

$$BEP\ (\%)=\frac{300}{(100-80-100\times 5\%)\times 50}\times 100\%=40\%$$

(3) 计算 BEP (S)，由公式 (4.2.51) 计算得：

$$BEP\ (S)=\frac{100\times 300}{100-80-100\times 5\%}=2\ 000\ (\text{万元})$$

(4) 计算 BEP (p)，由公式 (4.2.52) 计算得：

$$BEP\ (p)=\frac{300}{50}+80+BEP\ (p)\times 5\%=86+BEP\ (p)\times 5\%$$

$$BEP\ (p)=\frac{86}{1-5\%}=90.53\ (\text{元})$$

盈亏平衡点反映了项目对市场变化的适应能力和抗风险能力。从图 4.2.9 可以看出，产量盈亏平衡点越低，达到此点的盈亏平衡产量和收益或成本也就越少，项目投产后盈利的可能性越大，适应市场变化的能力越强，抗风险能力也越强。

线性盈亏平衡分析方法简单明了，但在应用中有一定的局限性，主要表现在实际的生产经营过程中，收益和成本与产品产销量之间的关系往往呈现出一种非线性关系，而非所假设的线性关系。例如，当项目的产销量在市场中占有较大份额时，其产销量的高低可能会明显影响市场的供求关系，从而使市场价格发生变化。再如，根据报酬递减规律，变动成本随着生产规模的扩大而可能与产量呈非线性的关系，在生产中还有一些辅助性的生产费用（通常称为半变动成本）随着产量的变化而呈曲线分布，这时就需要用到非线性盈亏平衡分析方法。

盈亏平衡分析虽然能够度量项目风险的大小，但并不能揭示产生项目风险的根源。虽然通过降低盈亏平衡点就可以降低项目的风险，提高项目的安全性；通过降低成本可以降低盈亏平衡点，但如何降低成本，应该采取哪些可行的方法或通过哪些有效的途径来达到该目的，盈亏平衡分析并没有给出答案，还需采用其他一些方法来帮助实现该目的。因此，在应用盈亏平衡分析时，应注意使用的场合及欲达到的目的，以便能够正确地运用这种方法。

2. 敏感性分析

敏感性分析系指通过分析不确定性因素发生增减变化时，对财务或经济评价指标的影响，并计算敏感度系数和临界点，找出敏感因素，确定评价指标对该因素的敏感程度和项目对其变化的承受能力。

敏感性分析有单因素敏感性分析和多因素敏感性分析两种。单因素敏感性分析是对单一不确定因素变化的影响进行分析，即假设各不确定性因素之间相互独立，每次只考察一个因素，其他因素保持不变，以分析这个可变因素对经济评价指标的影响程度和敏感程度。多因素敏感性分析是对两个或两个以上互相独立的不确定因素同时变化时，分析这些变化的因素对经济评价指标的影响程度和敏感程度。通常只进行单因素敏感性分析，单因素敏感性分析是敏感性分析的基本方法。

计算敏感度系数和临界点应符合下列规定：

(1) 敏感度系数（S_{AF}）。敏感度系数系指项目评价指标变化率与不确定性因素变化率之比，可按下式计算：

$$S_{AF}=\frac{\Delta A/A}{\Delta F/F} \tag{4.2.53}$$

式中：$\Delta F/F$——不确定性因素 F 的变化率；

$\Delta A/A$——不确定性因素 F 发生 ΔF 变化时，评价指标 A 的相应变化率。

(2) 临界点（转换值）。临界点系指不确定性因素的变化使项目由可行变为不可行的临界数值，一般采用不确定性因素相对基本方案的变化率或其对应的具体数值表示。临界点可通过敏感性分析图得到近似值，也可采用试算法求解。

敏感性分析的计算结果，应采用敏感性分析表和敏感性分析图表示。

【例 4.2.5】 某投资方案设计年生产能力为 10 万台，计划项目投产时总投资为 1 200 万元，其中建设投资为 1 150 万元，流动资金为 50 万元；预计产品价格为 39 元/台；销售税金及附加为销售收入的 10%；年经营成本为 140 万元；方案寿命期为 10 年；到期时预计固定资产余值为 30 万元，基准折现率为 10%，试就投资额、单位产品价格、经营成本这三个影响因素对该投资方案进行敏感性分析。

解：(1) 绘制的现金流量图如图 4.2.10 所示。

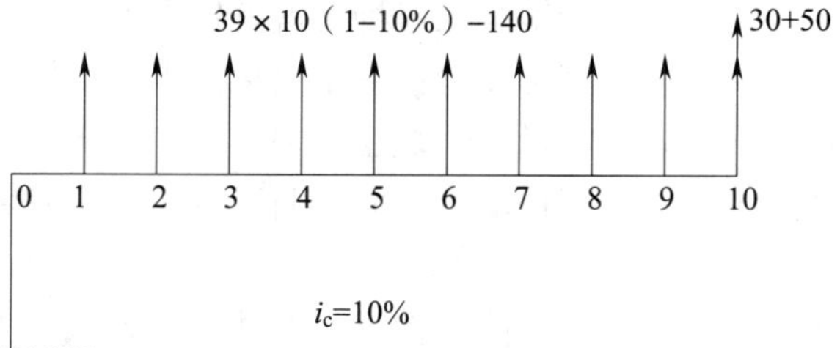

图 4.2.10 例 4.2.5 现金流量图

(2) 选择净现值为敏感性分析的对象，根据净现值的计算公式，可计算出项目在初始条件下的净现值。

$$NPV_0=-1\,200+[39\times10\times(1-10\%)-140]\times(P/A,10\%,10)+80\times(P/F,10\%,10)$$
$$=127.35\ (\text{万元})$$

由于 $NPV_0>0$，该项目是可行的。

(3) 对项目进行敏感性分析。取定三个因素：投资额、产品价格和经营成本，然后令其逐一在初始值的基础上按±10%、±20%的变化幅度变动。分别计算相对应的净现值的变化情况，得出结果如表 4.2.5 及图 4.2.11 所示。

表 4.2.5　单因素敏感性分析表　　单位：万元

项目	变化幅度						
	−20%	−10%	0	+10%	+20%	平均+1%	平均−1%
投资额	367.475	247.475	127.35	7.475	−112.525	−9.414%	+9.414%
产品价格	−303.904	−88.215	127.35	343.165	558.854	+16.92%	−16.92%
经营成本	299.535	213.505	127.35	41.445	−44.585	−6.749%	+6.749%

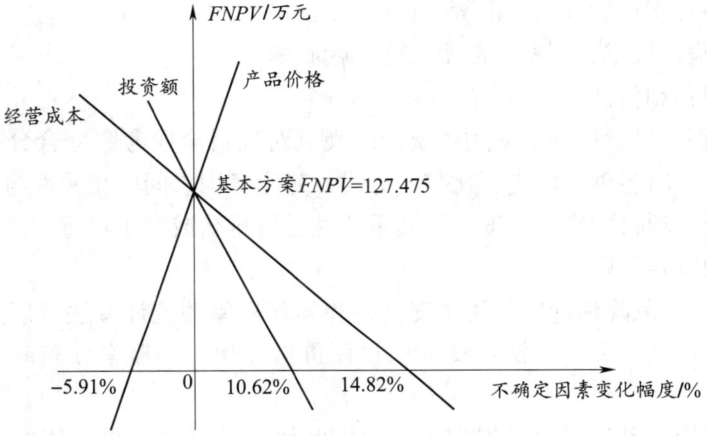

图 4.2.11　例 4.2.5 单因素敏感性分析图

由表 4.2.5 和图 4.2.11 可以看出，在各个变量因素变化率相同的情况下，产品价格每下降 1%，净现值下降 16.92%，且产品价格下降幅度超过 5.91%时，净现值将由正变负，也即项目由可行变为不可行；投资额每增加 1%，净现值将下降 9.414%，当投资额增加的幅度超过 10.62%时，净现值由正变负，项目变为不可行；经营成本每上升 1%，净现值下降 6.749%，当经营成本上升幅度超过 14.82%时，净现值由正变负，项目变为不可行。由此可见，按净现值对各个因素的敏感程度来排序，依次是产品价格、投资额、经营成本，最敏感的因素是产品价格。相应地，−5.91%、10.62%和 14.82%分别是产品价格、投资额和经营成本的临界点。因此，从方案决策角度来讲，应对产品价格进行进一步更准确的测算。因为从项目风险角度看，如果未来产品价格发生变化的可能性较大，则意味着这一投资项目的风险性亦较大。

综上所述，敏感性分析是工程项目经济评价时经常用到的一种方法，在一定程度上定量描述了不确定因素的变动对项目投资效果的影响，有助于搞清项目对不确定因素的不利变动所能容许的风险程度，有助于鉴别敏感因素，从而能够及早排除那些无足轻重的变动因素，将进一步深入调查研究的重点集中在那些敏感因素上，或者针对敏感因素制定出管理和应变对策，以达到尽量减少风险、增加决策可靠性的目的。但敏感性分析也有其局限性，它不能说明不确定因素发生变动的情况的可能性大小，也就是没有考虑不确定因素在未来发生变动的概率，而这种概率是与项目的风险大小密切相关的。

3. 风险分析

（1）风险因素。影响项目实现预期经济目标的风险因素来源于法律法规及政策、市场供需、资源开发与利用、技术可靠性、工程方案、融资方案、组织管理、环境与社会、外部配套条件等多个方面。而影响项目效益的风险因素可归纳为以下几个方面：

1）项目收益风险：产出品的数量（服务量）与预测（财务与经济）价格。

2）建设风险：建筑安装工程量、设备选型与数量、土地征用和拆迁安置费、人工、材料价格、施工机具使用费及取费标准等。

3）融资风险：资金来源、供应量与供应时间等。

4）建设工期风险：工期延长。

5）运营成本费用风险：投入的各种原料、材料、燃料、动力的需求量与预测价格、劳动力工资、各种管理费取费标准等。

6）政策风险：税率、利率、汇率及通货膨胀率等。

（2）风险识别和估计。

1）风险识别。风险识别应采用系统论的观点对项目全面考察综合分析，找出潜在的各种风险因素，并对各种风险进行比较、分类，确定各因素间的相关性与独立性，判断其发生的可能性及对项目的影响程度，按其重要性进行排队或赋予权重。敏感性分析是初步识别风险因素的重要手段。

2）风险估计。风险估计应采用主观概率和客观概率的统计方法，确定风险因素的概率分布，运用数理统计分析方法，计算项目评价指标相应的概率分布或累计概率、期望值、标准差。

（3）风险评价。风险评价应根据风险识别和风险估计的结果，依据项目风险判别标准，找出影响项目成败的关键风险因素。项目风险大小的评价标准应根据风险因素发生的可能性及其造成的损失来确定，一般采用评价指标的概率分布或累计概率、期望值、标准差作为判别标准，也可采用综合风险等级作为判别标准。具体操作应符合下列规定：

1）以评价指标作判别标准：

①财务（经济）内部收益率大于或等于基准收益率的累计概率值越大，风险越小；标准差越小，风险越小；

②财务（经济）净现值大于或等于零的累计概率值越大，风险越小；标准差越小，风险越小。

2）以综合风险等级作判别标准。根据风险因素发生的可能性及其造成损失的程度，建立综合风险等级的矩阵，将综合风险分为 K 级、M 级、T 级、R 级、I 级，见表 4.2.6。

表 4.2.6　综合等级分类表

综合风险等级		风险影响的程度			
		严重	较大	适度	轻微
风险的可能性	高	K	M	R	R
	较高	M	M	R	R
	适度	T	T	R	I
	低	T	T	R	I

（4）风险应对。根据风险评价的结果，研究规避、控制与防范风险的措施，为项目全过程风险管理提供依据。决策阶段风险应对的主要措施包括：强调多方案比选；对潜在风险因素提出必要研究与试验课题；对投资估算与财务（经济）分析，应留有充分的余地；对建设或生产经营期的潜在风险可建议采取回避、转移、分担和自担措施。

结合综合风险因素等级的分析结果，应提出下列应对方案：

K级：风险很强，出现这类风险就要放弃项目；

M级：风险强，修正拟议中的方案，通过改变设计或采取补偿措施等；

T级：风险较强，设定某些指标的临界值，指标一旦达到临界值，就要变更设计或对负面影响采取补偿措施；

R级：风险适度（较小），适当采取措施后不影响项目；

I级：风险弱，可忽略。

第三节　价 值 工 程

一、价值工程的基本原理和工作程序

（一）基本原理

1. 价值工程及其特点

价值工程（Value Engineering，VE）是以提高产品或作业价值为目的，通过有组织的创造性工作，寻求用最低的寿命周期成本，可靠地实现使用者所需功能的一种管理技术。价值工程中所述的“价值”是指作为某种产品（或作业）所具有的功能与获得该功能的全部费用的比值。它不是对象的使用价值，也不是对象的经济价值和交换价值，而是对象的比较价值，是作为评价事物有效程度的一种尺度提出来的。这种对比关系可用一个数学式表示为：

$$V=\frac{F}{C} \tag{4.3.1}$$

式中：V——研究对象的价值；

F——研究对象的功能；

C——研究对象的成本，即周期寿命成本。

由此可见，价值工程涉及价值、功能和寿命周期成本三个基本要素。价值工程具有以下特点：

（1）价值工程的目标是以最低的寿命周期成本，使产品具备其所必须具备的功能。简而言之，就是以提高对象的价值为目标。产品的寿命周期成本由生产成本和使用及维护成本组成。产品生产成本是指用户购买产品的费用，包括产品的科研、实验、设计、试制、生产、销售等费用及税收和利润等；而产品使用及维护成本是指用户在使用过程中支付的各种费用的总和，包括使用过程中的能耗费用、维修费用、人工费用、管理费用等，有时还包括报废拆除所需费用（扣除残值）。

在一定范围内，产品的生产成本和使用成本存在此消彼长的关系。随着产品功能水平提高，产品的生产成本 C_1 增加，使用及维护成本 C_2 降低；反之，产品功能水平降低，其

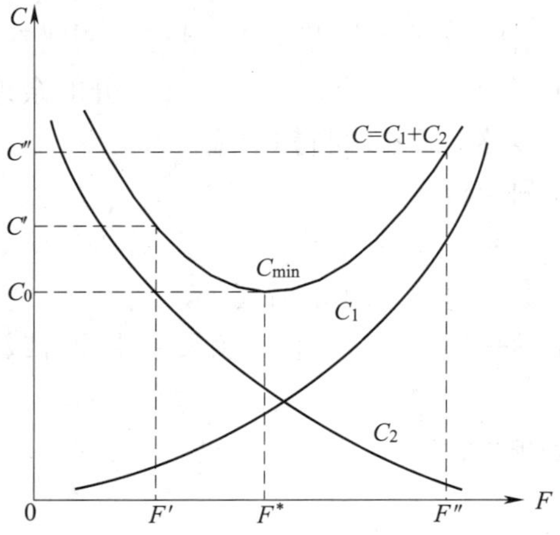

图 4.3.1 产品功能与成本的关系图

生产成本降低，但使用及维护成本会增加。因此，当功能水平逐步提高时，寿命周期成本 $C=C_1+C_2$，呈马鞍形变化，如图 4.3.1 所示。寿命周期成本为最小值 C_{min} 时，所对应的功能水平是从成本考虑的最适宜功能水平。

（2）价值工程的核心是对产品进行功能分析。价值工程中的功能是指对象能够满足某种要求的一种属性，具体讲，功能就是效用。如住宅的功能是提供居住空间，建筑物基础的功能是承受荷载，等等。用户向生产企业购买产品，是要求生产企业提供这种产品的功能，而不是产品的具体结构（或零部件）。企业生产的目的，也是通过生产获得用户所期望的功能，而结构、材质等是实现这些功能的手段。目的是主要的，手段可以广泛地选择。因此，价值工程分析产品，首先不是分析其结构，而是分析其功能。在分析功能的基础之上，再去研究结构、材质等问题。

（3）价值工程将产品价值、功能和成本作为一个整体同时来考虑。也就是说，价值工程中对价值、功能、成本的考虑，不是片面和孤立的，而是在确保产品功能的基础上综合考虑生产成本和使用成本，兼顾生产者和用户的利益，从而创造出总体价值最高的产品。

（4）价值工程强调不断改革和创新，开拓新构思和新途径，获得新方案，创造新功能载体，从而简化产品结构，节约原材料，节约能源，绿色环保，提高产品的技术经济效益。

（5）价值工程要求将功能定量化，即将功能转化为能够与成本直接相比的量化值。

（6）价值工程是以集体的智慧开展的有计划、有组织的管理活动。开展价值工程，要组织科研、设计、制造、管理、采购、供销、财务等各方面有经验的人员参加，组成一个智力结构合理的集体。发挥各方面、各环节人员的知识、经验和积极性，博采众长地进行产品设计，以达到提高产品价值的目的。

2. 提高产品价值的途径

由于价值工程以提高产品价值为目的，这既是用户的需要（侧重于功能），又是生产经营者追求的目标（侧重于成本）。两者的根本利益是一致的。因此，企业应当研究产品功能与成本的最佳匹配。价值工程的基本原理是 $V=F/C$，不仅深刻地反映出产品价值与产品功能和实现此功能所耗成本之间的关系，而且也为如何提高价值提供了有效途径。提高产品价值的途径有以下 5 种：

（1）在提高产品功能的同时，又降低产品成本，这是提高价值最为理想的途径。但对生产者要求较高。往往要借助科学技术的突破才能实现。

（2）在产品成本不变的条件下，通过提高产品的功能，提高利用资源的效果或效用，达到提高产品价值的目的。

（3）在保持产品功能不变的前提下，通过降低产品的寿命周期成本，达到提高产品价值的目的。

（4）产品功能有较大幅度提高，产品成本有较少提高。

（5）在产品功能略有下降、产品成本大幅降低的情况下，也可以达到提高产品价值的目的。在某些情况下，为了满足购买力较低的用户需求，或一些注重价格竞争而不需要高档的产品，适当生产价廉的低档品，也能取得较好的经济效益。

价值工程的主要应用可以概括为两大方面，一是应用于方案评价，既可在多方案中选择价值较高的方案，也可选择价值较低的对象作为改进对象；二是寻求提高对产品或对象价值的途径。总之，在产品形成的各个阶段，都可应用价值工程提高产品或对象的价值。但应注意，在不同阶段进行价值工程活动，其经济效果的提高幅度却大不相同。对于大型复杂的产品，应用价值工程的重点是在产品的研究、设计阶段，产品的设计图纸一旦完成并投入生产后，产品的价值就已基本确定，这时再进行价值工程分析就变得更加复杂。不仅原来的许多工作成果要付之东流，而且改变生产工艺、设备工具等可能会造成很大的浪费，使价值工程活动的技术经济效果大幅下降。因此，价值工程活动更侧重在产品的研究、设计阶段，以寻求技术突破，取得最佳的综合效果。

（二）工作程序

价值工程的工作程序一般可分为准备、分析、创新、实施与评价四个阶段。其工作步骤实质上就是针对产品功能和成本提出问题、分析问题和解决问题的过程，见表 4.3.1。

表 4.3.1　价值工程的工作程序

工作阶段	工作步骤	对应问题
一、准备阶段	对象选择 组成价值工程工作小组 制订工作计划	（1）价值工程的研究对象是什么 （2）围绕价值工程对象需要做哪些准备工作
二、分析阶段	收集整理资料 功能定义 功能整理 功能评价	（3）价值工程对象的功能是什么 （4）价值工程对象的成本是什么 （5）价值工程对象的价值是什么
三、创新阶段	方案创造 方案评价 提案编写	（6）有无其他方法可以实现同样功能 （7）新方案的成本是什么 （8）新方案能满足要求吗
四、方案实施与评价阶段	方案审批 方案实施 成果评价	（9）如何保证新方案的实施 （10）价值工程活动的效果如何

二、价值工程方法

（一）对象的选择

价值工程是就某个具体对象开展的有针对性的分析评价和改进，有了对象才有分析的内容和目标。对企业来讲，凡是为获取功能而发生费用的事物，都可以作为价值工程研究对象，如产品、工艺、工程、服务或它们的组成部分等。

价值工程的对象选择过程就是逐步收缩研究范围、寻找目标、确定主攻方向的过程。因为生产建设中的技术经济问题很多，涉及的范围也很广，为了节省资金，提高效率，只有精选其中的一部分来实施，并非企业生产的全部产品，也不一定是构成产品的全部零部件。因此，能否正确选择对象是价值工程收效大小与成败的关键。

1. 对象选择的一般原则

一般来说，选择价值工程的对象需遵循以下原则：

（1）从设计方面看，对工程结构复杂、性能和技术指标差距大、工程量大的部位进行价值工程活动，可使工程结构、性能、技术水平得到优化，从而提高工程价值。

（2）从施工方面看，对量多面广、关键部位、工艺复杂、原材料和能源消耗高、废品率高的部品部件特别是量多、成本比重大的部品部件，只要成本能下降，所取得的经济效果就大。

（3）从成本方面看，选择成本高于同类产品、成本比重大的，如材料费、管理费、人工费等。

2. 对象选择的方法

价值工程对象选择的方法有多种，不同的方法适宜于不同的价值工程对象。应根据具体情况选用适当的方法，以取得较好的效果。常用的方法有以下几种。

（1）因素分析法。又称经验分析法，是一种定性分析方法，依据分析人员经验作出选择，简便易行。特别是在被研究对象彼此相差比较大以及时间紧迫的情况下比较适用。因素分析法的缺点是缺乏定量依据，准确性较差，对象选择的正确与否，主要决定于价值工程活动人员的经验及工作态度，有时难以保证分析质量。为了提高分析的准确程度，可以选择技术水平高、经验丰富、熟悉业务的人员参加，并且要发挥集体智慧，共同确定对象。

（2）ABC 分析法。又称重点选择法或不均匀分布定律法，是指应用数理统计分析的方法来选择对象。这种方法由意大利经济学家帕累托提出，其基本原理为“关键的少数和次要的多数”，抓住关键的少数可以解决问题的大部分，在价值工程中，这种方法的基本思路是：首先将一个产品的各种部件（或企业各种产品）按成本的大小由高到低排列起来，然后绘成费用累积分配图（图 4.3.2）。然后将占总成本 70%～80%而占零部件总数 10%～20%的零部件划分为 A 类零部件，将占总成本 5%～10%而占零部件总数 60%～80%的零部件划分为 C 类，其余为 B 类。其中 A 类零部件是价值工程的主要研究对象。

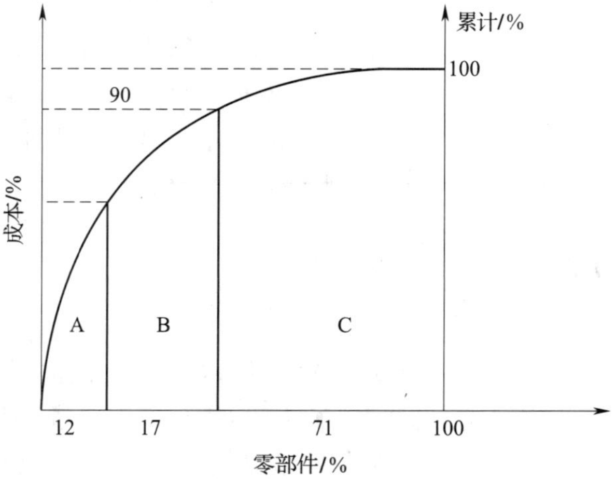

图 4.3.2　ABC 分析法原理图

有些产品不是由各个部件组成，如工程造价等，对这类产品可按费用构成项目分类，如分为管理费、动力费、人工费等，将其中所占比重最大的，作为价值工程的重点研究对象。

ABC 分析法抓住成本比重大的零部件或工序作为研究对象，有利于集中精力重点突破，取得较大效果，同时简便易行，因此，广泛为人们所采用。但在实际工作中，有时由于成本分配不合理，造成成本比重不大但用户认为功能重要的对象可能被漏选或排序推后。ABC 分析法的这一缺点可以通过经验分析法、强制确定法等方法补充修正。

（3）强制确定法。强制确定法是以功能重要程度作为选择价值工程对象的一种分析方法。具体做法是：先求出分析对象的成本系数、功能系数，然后得出价值系数，以揭示出分析对象的功能与成本之间是否相符。如果不相符，价值低的则被选为价值工程的研究对象。这种方法在功能评价和方案评价中也有应用。

强制确定法从功能和成本两方面综合考虑，能够明确揭示价值工程的研究对象。但这种方法是人为打分，不能准确反映功能差距的大小，只适用于部件间功能差别不太大且比较均匀的对象，而且一次分析的部件数目也不能太多，以不超过 10 个为宜。当部件很多时，可以先用 ABC 分析法、经验分析法选出重点部件，然后用强制确定法细选；也可以用逐层分析法，从部件选起，然后在重点部件中选出重点零件。

（4）百分比分析法。通过分析某种费用或资源对企业的某个技术经济指标的影响程度大小（百分比）来选择价值工程对象。

（5）价值指数法。通过比较各个对象（或零部件）之间的功能水平位次和成本位次，寻找价值较低对象（零部件），并将其作为价值工程研究对象。

（二）功能的系统分析

功能分析是价值工程活动的核心和基本内容。它通过分析信息资料，用动词和名词的组合方式简明正确地表达各对象的功能，明确功能特性要求，并绘制功能系统图，从而弄清楚产品各功能之间的关系。功能分析包括功能定义，功能整理和功能计量等内容。通过功能分析，可以准确掌握用户的功能要求。

1. 功能分类

根据功能的不同特性，可将功能从不同的角度进行分类：

（1）按功能的重要程度分类。产品的功能一般可分为基本功能和辅助功能两类。基本功能就是要达到这种产品的目的所必不可少的功能，是产品的主要功能，如果不具备这种功能，这种产品就失去其存在的价值。例如，建设工程承重外墙的基本功能是承受荷载，室内间壁墙的基本功能是分隔空间。辅助功能是为了更有效地实现基本功能而附加的功能，是次要功能。如墙体的隔声、隔热就是墙体的辅助功能。

（2）按功能的性质分类。产品的功能可分为使用功能和美学功能。使用功能是从功能的内涵反映其使用属性，是一种动态功能。美学功能是从产品的外观反映功能的艺术属性，是一种静态的外观功能。建筑产品的使用功能一般包括可靠性、安全性和维修性等，其美学功能一般包括造型、色彩、图案等。无论是使用功能和美学功能，都是通过基本功能和辅助功能来实现的。建筑产品构配件的使用功能和美学功能要根据产品的特点而有所侧重。有的产品应突出其使用功能，例如，地下电缆、地下管道等；有的应突出其美学功能，例如：塑料墙纸、陶瓷壁画等。当然，有的产品二者功能兼而有之。

（3）按用户的需求分类。功能可分为必要功能和不必要功能。必要功能是指用户所要求的功能以及与实现用户所需求功能有关的功能，使用功能、美学功能、基本功能、辅助功能等均为必要功能；不必要功能是不符合用户要求的功能，又包括三类：一是多余功能，二是重复功能，三是过剩功能。不必要功能必然产生不必要的费用，这不仅增加了用户的经济负担，而且还浪费资源。因此，功能分析是为了可靠地实现必要功能。对这部分功能，无论是使用功能还是美学功能，都应当充分而可靠地实现，即充分满足用户必不可少的功能要求。

（4）按功能的量化标准分类。产品的功能可分为过剩功能和不足功能。这是相对于功能的标准而言，从定量角度对功能采用的分类。过剩功能是指某些功能虽属必要，但满足需要有余，在数量上超过了用户要求或标准功能水平。不足功能是相对于过剩功能而言的，表现为产品整体功能或零部件功能水平在数量上低于标准功能水平，不能完全满足用户需要。

总之，用户购买产品，其目的不是为了获得产品本身，而是通过购买该产品来获得其所需要的功能。因此，价值工程中的功能，一般是指必要功能。价值工程对产品的分析，首先是对其功能的分析，通过功能分析，弄清哪些功能是必要的，哪些功能是不必要的，从而在创新方案中去掉不必要功能，补充不足功能，使产品的功能结构更加合理，达到可靠地实现使用者所需功能的目的。

2. 功能定义

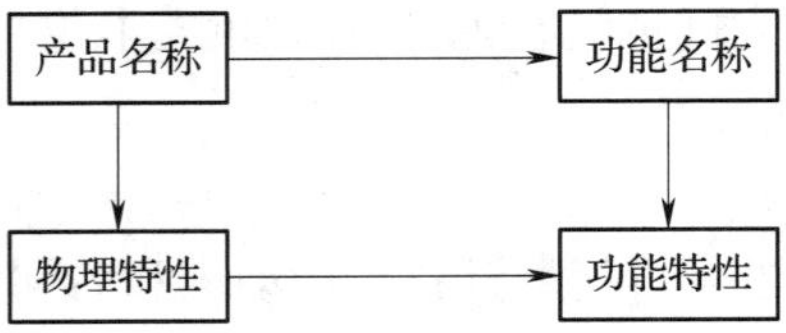

图 4.3.3 功能定义过程

任何产品都具有使用价值，即功能。功能定义就是以简洁的语言对产品的功能加以描述。这里要求描述的是“功能”，而不是对象的结构、外形或材质。因此，功能定义的过程即是解剖分析的过程，如图 4.3.3 所示。

通过对功能下定义，可以加深对产品功能的理解，并为以后提出功能代用方案提供依据。功能定义一定要抓住问题的本质，头脑里要问几个为什么。如这是干什么用的？为什么它是必不可少的？没有它行不行？等等。功能定义通常用一个动词和一个名词来描述，不宜太长，以简洁为好。动词是功能承担体发生的动作，而动作的对象就是作为宾语的名词。例如，建筑物基础的功能是“承受荷载”，这里基础是功能承担体，“承受”是表示功能承担体（基础）发生动作的动词。“荷载”则是作为动词宾语的名词。但是，并不是只要动词加名词就是功能定义。对功能所下的定义是否准确，对下一步工作影响很大。因此，对功能进行定义需要反复推敲，既简明准确，便于测定，又要系统全面，一一对应。

3. 功能整理

在进行功能定义时，只是把认识到的功能用动词加名词列出来，但因实际情况很复杂，这种表述不一定都很准确和有条理，因此，需要进一步加以整理。

（1）功能整理的目的。功能整理是用系统的观点将已经定义了的功能加以系统化，找出各局部功能相互之间的逻辑关系，并用图表形式表达，以明确产品的功能系统，从而为功能评价和方案构思提供依据。

（2）功能整理的一般程序。功能整理的主要任务就是建立功能系统图。因此，功能整理的过程也就是绘制功能系统图的过程，其工作程序如下：

1）编制功能卡片；

2）选出最基本的功能；

3）明确各功能之间的关系；

4）对功能定义做必要的修改、补充和取消；

5）按上下位关系，将经过调整、修改和补充的功能，排列成功能系统图。

功能系统图是按照一定的原则和方式，将定义的功能连接起来，从单个到局部，再从局部到整体而形成的一个完整的功能体系。其一般形式如图 4.3.4 所示。

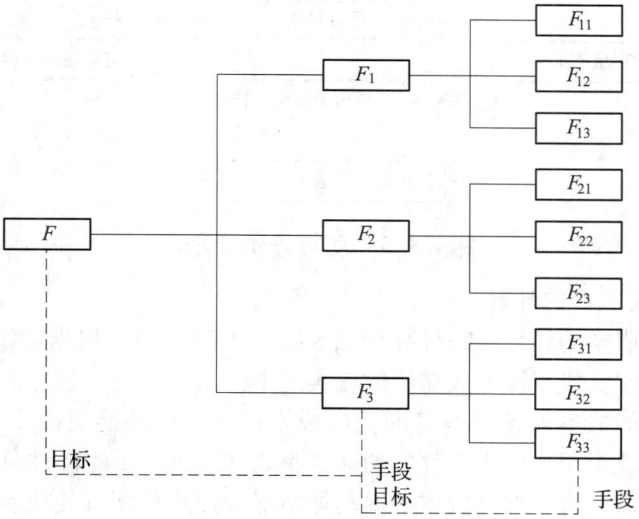

图 4.3.4　功能系统图

在图 4.3.4 中，从整体工程 F 开始。由左向右逐级展开，在位于不同级的相邻两个功能之间，左边的功能（上级）是右边功能（下级）的目标，而右边的功能（下级）是左边功能（上级）的手段。

4. 功能计量

功能计量是以功能系统图为基础，依据各个功能之间的逻辑关系，以对象整体功能的定量指标为出发点，从左向右地逐级测算、分析，确定出各级功能程度的数量指标，揭示出各级功能领域中有无功能不足或功能过剩，从而为保证必要功能、剔除过剩功能、补足不足功能的后续活动（功能评价、方案创新等）提供定性与定量相结合的依据。

功能计量又分对整体功能的量化和对各级子功能的量化。

(1) 整体功能的量化。整体功能的计量应以使用者的合理要求为出发点，以一定的手段、方法确定其必要功能的数量标准，它应能在质和量两个方面充分满足使用者的功能要求而无过剩或不足。整体功能的计量是对各级子功能进行计量的主要依据。

(2) 各级子功能的量化。产品整体功能的数量标准确定之后，就可依据“手段功能必须满足目的功能要求”的原则，运用目的——手段的逻辑判断，由上而下逐级推算、测定各级手段功能的数量标准。各级子功能的量化方法有很多，如理论计算法、技术测定法、统计分析法、类比类推法、德尔菲法等，可根据具体情况灵活选用。

(三) 功能评价

通过功能分析与整理明确必要功能后，价值工程的下一步工作就是功能评价。功能评价，即评定功能的价值，是指找出实现功能的最低费用作为功能的目标成本（又称功能评价值），以功能目标成本为基准，通过与功能现实成本的比较，求出两者的比值（功能价值）和两者的差异值（改善期望值），然后选择功能价值低、改善期望值大的功能作为价值工程活动的重点对象。功能评价工作可以更准确地选择价值工程研究对象，同时，制定目标成本，有利于提高价值工程的工作效率。

功能评价的程序如图 4.3.5 所示。

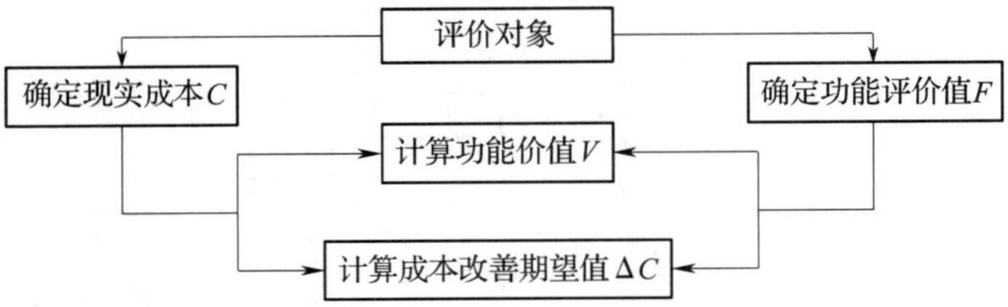

图 4.3.5　功能评价的程序

1. 功能现实成本 *C* 的计算

（1）功能现实成本的计算。在计算功能现实成本时，需要根据传统的成本核算资料，将产品或零部件的现实成本换算成功能的现实成本。具体地讲，当一个零部件只具有一个功能时，该零部件的成本就是其本身的功能成本；当一项功能要由多个零部件共同实现时，该功能的成本就等于这些零部件的功能成本之和。当一个零部件具有多项功能或与多项功能有关时，就需要将零部件成本根据具体情况分摊给各项有关功能。表 4.3.2 所示即为一项功能由若干零部件组成或一个零部件具有几个功能的情形。

表 4.3.2　功能现实成本计算表

零　部　件			功能区或功能领域					
序号	名称	成本/元	F_1	F_2	F_3	F_4	F_5	F_6
1	甲	300	100		100			100
2	乙	500		50	150	200		100
3	丙	60				40		20
4	丁	140	50	40			50	
		C	C_1	C_2	C_3	C_4	C_5	C_6
合计		1 000	150	90	250	240	50	220

（2）成本指数的计算。成本指数是指评价对象的现实成本在全部成本中所占的比率。其计算式如下：

$$第\ i\ 个评价对象的成本指数\ C_I=\frac{第\ i\ 个评价对象的现实成本\ C_i}{全部成本} \tag{4.3.2}$$

2. 功能评价值 *F* 的计算

对象的功能评价值 *F*（目标成本），是指可靠地实现用户要求功能的最低成本，它可以理解为是企业有把握，或者说应该达到的实现用户要求功能的最低成本。从企业目标的角度来看，功能评价值可以看成企业预期的、理想的成本目标值。功能评价值一般以货币价值形式表达。

功能的现实成本较易确定，而功能评价值较难确定。确定功能评价值的方法较多，这里仅介绍功能重要性系数评价法。

功能重要性系数评价法是一种根据功能重要性系数确定功能评价值的方法。这种方法是将功能划分为几个功能区（即子系统），并根据各功能区的重要程度和复杂程度，确定各个功能区在总功能中所占的比重，即功能重要性系数。然后将产品的目标成本按功能重要性系数分配给各功能区作为该功能区的目标成本，即功能评价值。

（1）确定功能重要性系数。功能重要性系数又称功能系数或功能指数，是指评价对象（如零部件等）的功能在整体功能中所占的比率。确定功能重要性系数的关键是对功能进行打分，常用的打分方法有强制打分法（0—1 评分法或 0—4 评分法）、多比例评分法、逻辑评分法、环比评分法等。这里主要介绍环比评分法和强制打分法。

1）环比评分法。环比评分法又称 DARE 法。这是一种通过确定各因素的重要性系数来评价和选择创新方案的方法。具体做法如下：

①根据功能系统图（见图 4.3.6）决定评价功能的级别，确定功能区 F_1、F_2、F_3、F_4，见表 4.3.3 的第（1）栏。

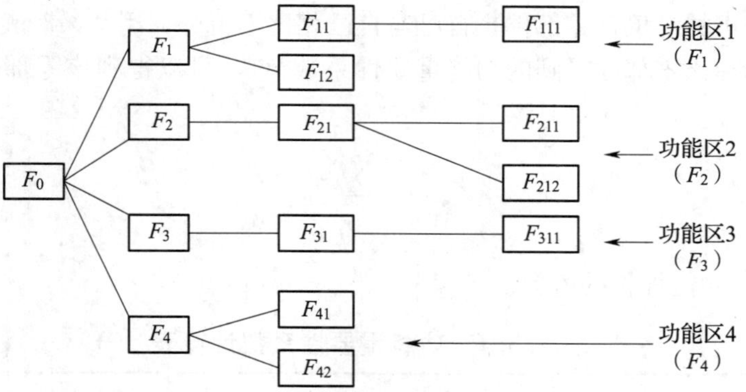

图 4.3.6　定量评分法确定功能区示意图

表 4.3.3　功能重要性系数计算表

功能区	功能重要性评价		
	暂定重要性系数	修正重要性系数	功能重要性系数
（1）	（2）	（3）	（4）
F_1	1.5	9.0	0.47
F_2	2.0	6.0	0.32
F_3	3.0	3.0	0.16
F_4		1.0	0.05
合计		19.0	1.00

②对上下相邻两项功能的重要性进行对比打分，所打的分作为暂定重要性系数。如表 4.3.3 中第（2）栏中的数据。将 F_1 与 F_2 进行对比，如果 F_1 的重要性是 F_2 的 1.5 倍，就将 1.5 记入第（2）栏内，同样，F_2 与 F_3 对比为 2.0 倍，F_3 与 F_4 对比为 3.0 倍。

③对暂定重要性系数进行修正。首先将最下面一项功能 F_4 的重要性系数定为 1.0，称为修正重要性系数，填入第（3）栏。由第（2）栏知道，由于 F_3 的暂定性重要性是 F_4 的 3.0 倍，故应得 F_3 的修正重要性系数为 3.0（=3.0×1.0），而 F_2 为 F_3 的 2.0 倍，故 F_2 定为 6.0（=3.0×2.0）。同理，F_1 的修正重要性系数为 9.0（=6.0×1.5），填入第（3）栏。将第（3）栏的各数相加，即得全部功能区的总分 19.0。

④将第（3）栏中各功能的修正重要性系数除以全部功能总分 19.0，即得到各功能区的重要性系数，填入第（4）栏中。如 F_1 的功能重要性系数为 9.0/19.0=0.47，F_2、F_3、F_4 的功能重要性系数依次为 0.32、0.16 和 0.05。

环比评分法适用于各个评价对象有明显的可比关系，能直接对比，并能准确地评定功能重要性程度比值的情况。

2）强制评分法。强制评分法又称 FD 法，包括 0—1 评分法和 0—4 评分法两种方法，它是采用一定的评分规则，采用强制对比打分来评定评价对象的功能重要性。

①0—1 评分法。0—1 评分法是请 5～15 名对产品熟悉的人员参加功能的评价。首先按照功能重要程度一一对比打分，重要的打 1 分，相对不重要的打 0 分，如表 4.3.4 所示。表中，要分析的对象（零部件）自己与自己相比不得分，用“×”表示。最后，根据每个参与人员选择该零部件得到的功能重要性系数 W_i，可以得到该零部件的功能重要性系数平均值 W。

$$W=\frac{\sum_{i=1}^{k}W_i}{k} \tag{4.3.3}$$

式中：k——参加功能评价的人数。

表 4.3.4　功能重要性系数计算表

零部件	A	B	C	D	E	功能总分	修正得分	功能重要性系数
A	×	1	1	0	1	3	4	0.267
B	0	×	1	0	1	2	3	0.200
C	0	0	×	0	1	1	2	0.133
D	1	1	1	×	1	4	5	0.333
E	0	0	0	0	×	0	1	0.067
合计						10	15	1.00

为了避免不重要的功能得零分，可将各功能累计得分加 1 分进行修正，用修正后的总分分别去除各功能累计得分即得到功能重要性系数。

②0—4 评分法。0—1 评分法中的重要程度的差别仅为 1 分，不能拉开档次。为了弥补这一不足，将分档扩大为 4 级，其打分矩阵仍同 0—1 评分法。档次划分如下：

F_1比F_2重要得多：　　F_1得4分，F_2得0分；
F_1比F_2重要：　　F_1得3分，F_2得1分；
F_1与F_2同等重要：　　F_1得2分，F_2得2分；
F_1不如F_2重要：　　F_1得1分，F_2得3分；
F_1远不如F_2重要：　　F_1得0分，F_2得4分。

强制确定打分法适用于被评价对象在功能重要程度上的差异性不太大，并且评价对象子功能数目不太多的情况。

以各部件功能得分占总分的比例确定各部件功能评价指数：

$$\text{第}\,i\,\text{个评价对象的功能指数}\,F_I=\frac{\text{第}\,i\,\text{个评价对象的功能得分值}\,F_i}{\text{全部功能得分值}} \tag{4.3.4}$$

功能评价指数大，说明功能重要；反之，功能评价指数小，说明功能不太重要。

(2) 确定功能评价值F。功能评价值的确定分以下两种情况：

1) 新产品设计。一般在产品设计之前，根据市场供需情况、价格、企业利润与成本水平，已初步设计了目标成本。因此，在功能重要性系数确定之后，就可将新产品设定的目标成本（如为800元）按已有的功能重要性系数加以分配计算，求得各个功能区的功能评价值，并将此功能评价值作为功能的目标成本，如表4.3.5所示。

表4.3.5　新产品功能评价计算表

功能区 (1)	功能重要性系数 (2)	功能评价值F (3)=(2)×800
F_1	0.47	376
F_2	0.32	256
F_3	0.16	128
F_4	0.05	40
合计	1.00	800

如果需要进一步求出各功能区所有各项功能的功能评价值时，可采取同样的方法。

2) 既有产品的改进设计。既有产品应以现实成本为基础确定功能评价值，进而确定功能的目标成本。由于既有产品已有现实成本，就没有必要再假定目标成本。但是，既有产品的现实成本原已分配到各功能区中去的比例不一定合理，这就需要根据改进设计中新确定的功能重要性系数，重新分配既有产品的原有成本。从分配结果看，各功能区新分配成本与原分配成本之间有差异。正确分析和处理这些差异，就能合理确定各功能区的功能评价值，求出产品功能区的目标成本。

表4.3.6中第（3）栏是将产品的现实成本$C=500$，按改进设计方案的新功能重要性系数重新分配给各功能区的结果。此分配结果可能有三种情况：

①功能区新分配的成本等于现实成本。如F_3就属于这种情况。此时应以现实成本作为功能评价值F。

②新分配成本小于现实成本。如F_2和F_4就属于这种情况。此时应以新分配的成本作为功能评价值F。

表 4.3.6 既有产品功能评价值计算表

功能区	功能现实成本 C/元	功能重要性系数	根据产品现实成本和功能重要性系数重新分配的功能区成本	功能评价值 F（或目标成本）	成本降低幅度 $\Delta C=(C-F)$
	(1)	(2)	(3)＝(2)×500 元	(4)	(5)
F_1	130	0.47	235	130	—
F_2	200	0.32	160	160	40
F_3	80	0.16	80	80	—
F_4	90	0.05	25	25	65
合计	500	1.00	500	395	105

③新分配的成本大于现实成本。如 F_1 就属于这种情况。为什么会出现这种情况，需进行具体分析。如果是因为功能重要性系数定高了，经过分析后可以将其适当降低。因功能重要性系数确定过高可能会存在多余功能，如果是这样，先调整功能重要性系数，再定功能评价值。如因成本确实投入太少而不能保证必要功能，可以允许适当提高一些。除此之外，即可用目前成本作为功能评价值 F。表 4.3.6 中，即是假定功能重要性系数合理，且现有 F_1 投入能保证必要功能，故将现有投入作为功能评价值。这样使目标成本降低 105 元。

3. 功能价值 V 的计算及分析

通过计算和分析对象的价值 V，可以分析成本功能的合理匹配程度。功能价值 V 的计算方法可分为两大类，即功能成本法和功能指数法。

（1）功能成本法。功能成本法又称绝对值法，是通过一定的测算方法，测定实现应有功能所必须耗费的最低成本，同时计算为实现应有功能所耗费的现实成本，经过分析、对比，求得对象价值系数和成本降低期望值，确定价值工程的改进对象。其表达式如下：

$$\text{第}\ i\ \text{个评价对象的价值系数}\ V=\frac{\text{第}\ i\ \text{个评价对象的功能评价值}\ F}{\text{第}\ i\ \text{个评价对象的现实成本}\ C} \tag{4.3.5}$$

一般可采用表 4.3.7 进行定量分析。

表 4.3.7 功能评价值与价值系数计算表

序号	项目					
	子项目	功能重要性系数 ①	功能评价值 ②＝目标成本×①	现实成本 ③	价值系数 ④＝②/③	改善幅度 ⑤＝③－②
1	A					
2	B					
3	C					
…	…					
合计						

研究对象的价值计算出来后，需要进行分析，以揭示功能与成本之间的内在联系，确定评价对象是否为功能改进的重点，以及其功能改进的方向及幅度，从而为后面的方案创造工作奠定良好的基础。

根据上述计算公式，功能的价值系数计算结果有以下三种情况：

1）$V=1$。即功能评价值等于功能现实成本。这表明评价对象的功能现实成本与实现功能所必需的最低成本大致相当。此时，说明评价对象的价值为最佳，一般无须改进。

2）$V<1$。即功能现实成本大于功能评价值。表明评价对象的现实成本偏高，而功能要求不高。这时，一种可能是由于存在着过剩的功能，另一种可能是功能虽无过剩，但实现功能的条件或方法不佳，以致实现功能的成本大于功能的现实需要。这两种情况都应列入功能改进的范围，并且以剔除过剩功能及降低现实成本为改进方向，使成本与功能比例趋于合理。

3）$V>1$。即功能现实成本小于功能评价值，表明该部件功能比较重要，但分配的成本较少。此时，应进行具体分析，功能与成本的分配问题可能已较理想，或者有不必要的功能，或者应该提高成本。

应注意一个情况，即 $V=0$ 时，要进一步分析。如果是不必要的功能，该部件应取消；但如果是最不重要的必要功能，则要根据实际情况处理。

【例 4.3.1】 某开发公司的某幢公寓建设工程，有 A、B、C、D 四个设计方案，经过有关专家对上述方案进行技术经济分析和论证，得到的资料见表 4.3.8 和表 4.3.9，试运用价值工程方法优选设计方案。

表 4.3.8 功能重要性评分表（0—4 评分法）

方案功能	F_1	F_2	F_3	F_4	F_5
F_1	×	4	2	3	1
F_2	0	×	0	1	0
F_3	2	4	×	3	1
F_4	1	1	3	×	0
F_5	3	4	3	4	×

表 4.3.9 方案功能得分及单方造价

方案功能	方案功能得分			
	A	B	C	D
F_1	9	10	9	8
F_2	10	10	8	9
F_3	9	9	10	9
F_4	8	8	8	7
F_5	9	7	9	6
单方造价/（元/m^2）	1 420.00	1 230.00	1 150.00	1 360.00

价值工程原理表明，对整个功能领域进行分析和改善比对单个功能进行分析和改善的效果好，上述四个方案各有其优点，如何取舍，可以利用价值工程原理对各个方案进行优化选择，其基本步骤如下：

（1）计算各方案的功能重要性系数：

F_1得分=4+2+3+1=10　　功能重要性系数=10/40=0.25

F_2得分=0+0+1+0=1　　功能重要性系数=1/40=0.025

F_3得分=2+4+3+1=10　　功能重要性系数=10/40=0.25

F_4得分=1+1+3+0=5　　功能重要性系数=5/40=0.125

F_5得分=3+4+3+4=14　　功能重要性系数=14/40=0.35

总得分=10+1+10+5+14=40

（2）计算功能系数：

$\phi_A=9\times0.25+10\times0.025+9\times0.25+8\times0.125+9\times0.35=8.90$

$\phi_B=10\times0.25+10\times0.025+9\times0.25+8\times0.125+7\times0.35=8.45$

$\phi_C=9\times0.25+8\times0.025+10\times0.25+8\times0.125+9\times0.35=9.10$

$\phi_D=8\times0.25+9\times0.025+9\times0.25+7\times0.125+6\times0.35=7.45$

总得分=8.90+8.45+9.10+7.45=33.90

功能系数计算：

$F_A=8.90/33.90=0.263$　$F_B=8.45/33.90=0.249$

$F_C=9.10/33.90=0.268$　$F_D=7.45/33.90=0.220$

（3）计算成本系数：

$C_A=1\,420.00/5\,160.00=0.275$　$C_B=1\,230.00/5\,160.00=0.238$

$C_C=1\,150.00/5\,160.00=0.223$　$C_D=1\,360.00/5\,160.00=0.264$

（4）计算价值系数：

$V_A=F_A/C_A=0.263/0.275=0.956$

$V_B=F_B/C_B=0.249/0.238=1.046$

$V_C=F_C/C_C=0.268/0.223=1.202$

$V_D=F_D/C_D=0.220/0.264=0.833$

（5）优选方案：A、B、C、D 四个方案中，以 C 方案的价值系数最高，故方案 C 为最优方案。

（2）功能指数法。功能指数法又称相对值法。在功能指数法中，功能的价值用价值指数 V_I 来表示，它是通过评定各对象功能的重要程度，用功能指数来表示其功能程度的大小，然后将评价对象的功能指数与相对应的成本指数进行比较，得出该评价对象的价值指数，从而确定改进对象，并求出该对象的成本改进期望值。其表达式如下：

$$\text{第 } i \text{ 个评价对象的价值指数 } V_I=\frac{\text{第 } i \text{ 个评价对象的功能指数 } F_I}{\text{第 } i \text{ 个评价对象的成本指数 } C_I} \tag{4.3.6}$$

功能指数法的特点是用归一化数值来表达功能程度的大小，以便使系统内部的功能与成本具有可比性，由于评价对象的功能水平和成本水平都用它们在总体中所占的比率来表示，这样就可以方便地应用公式（4.3.6）定量地表达评价对象价值的大小。因此，在功能指数法中，价值指数是作为评定对象功能价值的指标。

根据功能指数和成本指数计算价值指数，可以通过列表进行，见表 4.3.10。

表 4.3.10 价值指数计算表

零部件名称	功能指数①	现实成本/元②	成本指数③	价值指数④=①/③
A				
B				
C				
…				
合计	1.00		1.00	

价值指数的计算结果有以下三种情况：

1) $V_I=1$。此时评价对象的功能比重与成本比重大致平衡，可以认为功能的现实成本是比较合理的。

2) $V_I<1$。此时评价对象的成本比重大于其功能比重，表明相对于系统内的其他对象而言，目前所占的成本偏高，从而会导致该对象的功能过剩。应将评价对象列为改进对象，改善方向主要是降低成本。

3) $V_I>1$。此时评价对象的成本比重小于其功能比重。出现这种情况的原因可能有三种：第一，由于现实成本偏低，不能满足评价对象实现其应具有的功能的要求，致使对象功能偏低，这种情况应列为改进对象，改善方向是增加成本；第二，对象目前具有的功能已经超过其应该具有的水平，也即存在过剩功能，这种情况也应列为改进对象，改善方向是降低功能水平；第三，对象在技术、经济等方面具有某些特征，在客观上存在着功能很重要而消耗的成本却很少的情况，这种情况一般不列为改进对象。

4. 确定 VE 对象的改进范围

对产品部件进行价值分析，就是使每个部件的价值系数（或价值指数）尽可能趋近于1，根据此标准，就明确了改进的方向、目标和具体范围。确定对象改进范围的原则如下：

(1) F/C 值低的功能区域。计算出来的 $V<1$ 的功能区域，基本上都应进行改进，特别是 V 值比 1 小得较多的功能区域，应力求使 $V=1$。

(2) $C-F$ 值大的功能区域。通过核算和确定对象的实际成本和功能评价值，分析、测算成本改善期望值，从而排列出改进对象的重点及优先次序。成本改善期望值的表达式为：

$$\Delta C=C-F \tag{4.3.7}$$

式中：ΔC——成本改善期望值，即成本降低幅度。

当 n 个功能区域的价值系数同样低时，就要优先选择 ΔC 数值大的功能区域作为重点对象。一般情况下，当 ΔC 大于零时，ΔC 大者为优先改进对象。如表 4.3.6 中 F_4、F_2 即为价值工程优先选择的改进对象。

(3) 复杂的功能区域，复杂的功能区域，说明其功能是通过采用很多零件来实现的。一般的，复杂的功能区域其价值系数（或价值指数）也较低。

(四) 方案创造及评价

1. 方案创造

方案创造是从提高对象的功能价值出发，在正确的功能分析和评价的基础上，针对应改进的具体目标，通过创造性的思维活动，提出能够可靠地实现必要功能的新方案。从价值工程实践来看，方案创造是决定价值工程成败的关键。

方案创造的理论依据是功能载体具有替代性。这种功能载体替代的重点应放在以功能新产品替代原有产品和以功能创新的结构替代原有结构方案。而方案创造的过程是思想高度活跃、进行创造性开发的过程。为了引导和启发创造性的思考，可采用以下几种方法：

（1）头脑风暴（Brain Storming，BS）法。头脑风暴法是指自由奔放地思考问题。具体地说，就是由对改进对象有较深了解的人员组成的小集体在非常融洽和不受任何限制的气氛中进行讨论、座谈，打破常规、积极思考、互相启发、集思广益，提出创新方案。这种方法可使获得的方案新颖、全面、富于创造性，并可以防止片面和遗漏。

（2）哥顿（Gorden）法。哥顿法也是在会议上提方案，但究竟研究什么问题，目的是什么，只有会议的主持人知道，以免其他人受约束。例如，想要研究试制一种新型剪板机，主持会议者请大家就如何把东西切断和分离提出方案。当会议进行到一定时机，再宣布会议的具体要求，在此联想的基础上研究和提出各种新的具体方案。

这种方法的指导思想是把要研究的问题适当抽象，以利于拓展思路。在研究新方案时，会议主持人开始并不全部摊开要解决的问题，而是只对大家做一番抽象笼统的介绍，要求大家提出各种设想，以激发出有价值的创新方案。这种方法要求会议主持人机智灵活、提问得当。提问太具体，容易限制思路；提问太抽象，则方案可能离题太远。

（3）专家意见法。这种方法又称德尔菲（Delphi）法，是由组织者将研究对象的问题和要求，函寄给若干有关专家，使他们在互不商量的情况下提出各种建议和设想，专家返回设想意见，经整理分析后，归纳出若干较合理的方案和建议，再函寄给有关专家征求意见，再回收整理，如此经过几次反复后专家意见趋向一致，从而最后确定出新的功能实现方案。这种方法的特点是专家们彼此不见面，研究问题时间充裕，可以无顾虑、不受约束地从各种角度提出意见和方案。缺点是花费时间较长，缺乏面对面的交谈和商议。

（4）专家检查法。这个方法不是靠大家想办法，而由主管设计的工程师做出设计，提出完成所需要功能的办法和生产工艺，然后顺序请各方面的专家（材料方面的、生产工艺的、工艺装备的、成本管理的、采购方面的）审查。这种方法先由熟悉的人进行审查，以提高效率。

2. 方案评价

在方案创造阶段提出的设想和方案是多种多样的，能否付诸实施，就必须对各个方案的优缺点和可行性进行分析、比较、论证和评价，并在评价过程中进一步完善有希望的方案。方案评价包括概略评价和详细评价两个阶段。其评价内容都包括技术评价、经济评价、社会评价以及在三者基础上进行的综合评价，如图 4.3.7 所示。

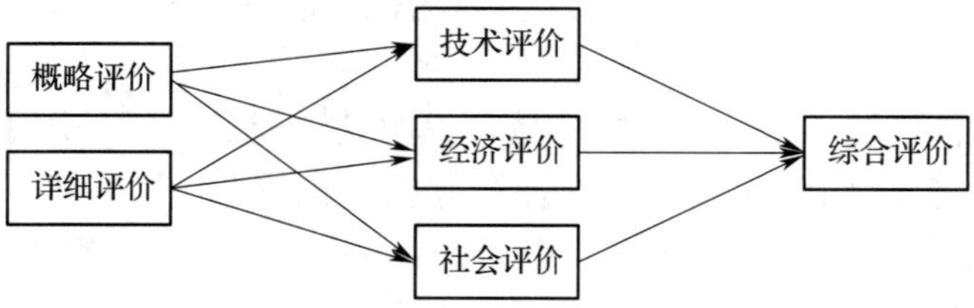

图 4.3.7 方案评价步骤示意图

在对方案进行评价时，无论是概略评价还是详细评价，一般可先进行技术评价，再分别进行经济评价和社会评价，最后进行综合评价。

（1）概略评价。概略评价是对方案创新阶段提出的各个方案设想进行初步评价，目的是淘汰那些明显不可行的方案，筛选出少数几个价值较高的方案，以供详细评价做进一步的分析。概况评价的内容包括以下几个方面：

1）技术可行性方面，应分析和研究创新方案能否满足所要求的功能及其本身在技术上能否实现；

2）经济可行性方面，应分析和研究产品成本能否降低和降低的幅度，以及实现目标成本的可能性；

3）社会评价方面，应分析研究创新方案对社会利害影响的大小；

4）综合评价方面，应分析和研究创新方案能否使价值工程活动对象的功能和价值有所提高。

（2）详细评价。详细评价是在掌握大量数据资料的基础上，对通过概略评价的少数方案，从技术、经济、社会三个方面进行详尽的评价分析，为提案的编写和审批提供依据。详细评价的内容应包括以下几个方面：

1）技术可行性方面，主要以用户需要的功能为依据，对创新方案的必要功能条件实现的程度作出分析评价，特别对产品或零部件，一般要对功能的实现程度（包括性能、质量、寿命等）、可靠性、维修性、操作性、安全性以及系统的协调性等进行评价。

2）经济可行性方面，主要考虑成本、利润、企业经营的要求；创新方案的适用期限与数量；实施方案所需费用、节约额与投资回收期以及实现方案所需的生产条件等。

3）社会评价方面，主要研究和分析创新方案给国家和社会带来的影响（如环境污染、生态平衡、国民经济效益等）。

4）综合评价方面，是在上述三种评价的基础上，对整个创新方案的诸因素作出全面系统的评价。为此，首先要明确评价项目，即确定评价所需的各种指标和因素；其次分析各个方案对每一评价项目的满足程度；最后根据方案对各评价项目的满足程度来权衡利弊，判断各方案的总体价值，从而选出总体价值最大的方案，即技术上先进、经济上合理和社会上有利的最优方案。

（3）方案综合评价法。用于方案综合评价的方法有很多，常用的定性方法有德尔菲（Delphi）法、优缺点列举法等；常用的定量方法有直接评分法、加权评分法、比较价值评分法、环比评分法、强制评分法、几何平均值评分法等。下面简要介绍几种方法：

1）优缺点列举法。把每一个方案在技术上、经济上的优缺点详细列出，进行综合分析，并对优缺点做进一步调查，用淘汰法逐步缩小考虑范围，从范围不断缩小的过程中找出最后的结论。

2）直接评分法。根据各种方案能够达到各项功能要求的程度，按 10 分制（或 100 分制）评分，然后算出每个方案达到功能要求的总分，比较各方案总分，作出采纳、保留、舍弃的决定，再对采纳、保留的方案进行成本比较，最后确定最优方案。

3）加权评分法。加权评分法又称矩阵评分法。这种方法是将功能、成本等各种因素，根据要求的不同进行加权计算，权数大小应根据其在产品中所处的地位而定，算出综合分数，最后与各方案寿命周期成本进行综合分析，选择最优方案。加权评分法主要包括以下四个步骤：

①确定评价项目及其权重系数；

②根据各方案对各评价项目的满足程度进行评分；

③计算各方案的评分权数和；

④计算各方案的价值系数，以较大的为优。

方案经过评价，不能满足要求的就淘汰，有价值的就保留。

（五）方案实施与评价

在方案实施过程中，应该对方案的实施情况进行检查，发现问题及时解决。方案实施完成后，要进行总结评价和验收。

第四节　工程寿命周期成本分析

一、工程寿命周期成本及其构成

（一）工程寿命周期成本的含义

工程寿命周期是指工程产品从研究开发、设计、建造、使用直到报废所经历的全部时间。在工程寿命周期成本（Life Cycle Cost，LCC）中，不仅包括经济意义上的成本，还包括环境成本和社会成本。

1. 工程寿命周期经济成本

工程寿命周期经济成本是指工程项目从项目构思到项目建成投入使用直至工程寿命终结全过程所发生的一切可直接体现为资金耗费的投入总和，包括建设成本和使用成本。建设成本是指建筑产品从筹建到竣工验收为止所投入的全部成本费用。使用成本则是指建筑产品在使用过程中发生的各种费用，包括各种能耗成本、维护成本和管理成本等。从其性质上讲，这种投入可以是资金的直接投入，也包括资源性投入，如人力资源、自然资源等。从其投入时间上讲，可以是一次性投入，如建设成本；也可以是分批、连续投入，如使用成本。

2. 工程寿命周期环境成本

工程寿命周期环境成本是指工程产品系列在其全寿命周期内对于环境的潜在和显现的不利影响。工程建设对于环境的影响可能是正面的，也可能是负面的，前者体现为某种形式的收益，后者则体现为某种形式的成本。在分析及计算环境成本时，应对环境影响进行分析甄别，剔除不属于成本的系列。在计量环境成本时，由于这种成本并不直接体现为某种货币化数值，必须借助于其他技术手段将环境影响货币化。这是计量环境成本的一个难点。图 4.4.1 表现了住宅产品寿命周期可能影响环境的各个阶段。

3. 工程寿命周期社会成本

工程寿命周期社会成本是指工程产品在从项目构思、产品建成投入使用直至报废不堪再用全过程中对社会的不利影响。与环境成本一样，工程建设及工程产品对于社会的影响可以是正面的，也可以是负面的。因此，也必须进行甄别，剔除不属于成本的系列。比如，一方面，建设某个工程项目可以增加社会就业率，有助于社会安定，这种影响就不应计算为成本；另一方面，如果一个工程项目的建设会增加社会的运行成本，如由于工程建设引起大规模的移民，可能增加社会的不安定因素，这种影响就应计算为社会成本。

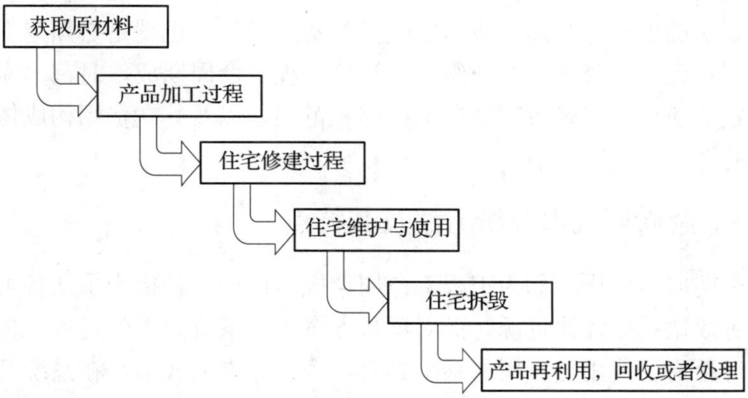

图 4.4.1 住宅产品寿命周期

在工程寿命周期成本中，环境成本和社会成本都是隐性成本，它们不直接表现为量化成本，而必须借助于其他方法转化为可直接计量的成本，这就使得它们比经济成本更难以计量。但在工程建设及运行的全过程中，这类成本始终是发生的。目前，在我国工程建设实践中，往往只偏重于经济成本的管理，而对于环境成本和社会成本则考虑得较少，这也是我国的成本管理与西方发达国家差距较大的一个地方。在主观上，我们对项目自身的财务效果考虑得多，对环境、社会等的项目外部效果还不够重视，项目国民经济评价虽然也做外部效果评价，但往往是流于形式；在客观上，由于环境和社会成本难以计量，对其在实践中的地位也有影响。考虑到各种因素，本书仍主要考虑工程寿命周期的经济成本。

（二）工程寿命周期成本的构成

工程寿命周期成本是工程设计、开发、建造、使用、维修和报废等过程中发生的费用，即该项工程在其确定的工程寿命周期内或在预定的有效期内所需支付的研究开发费、施工安装费、运行维修费、报废回收费等费用的总和。不同阶段工程寿命周期成本的构成情况如图 4.4.2 所示。对于不同的工程项目，图 4.4.2 中的数据可能有所不同，而且在一

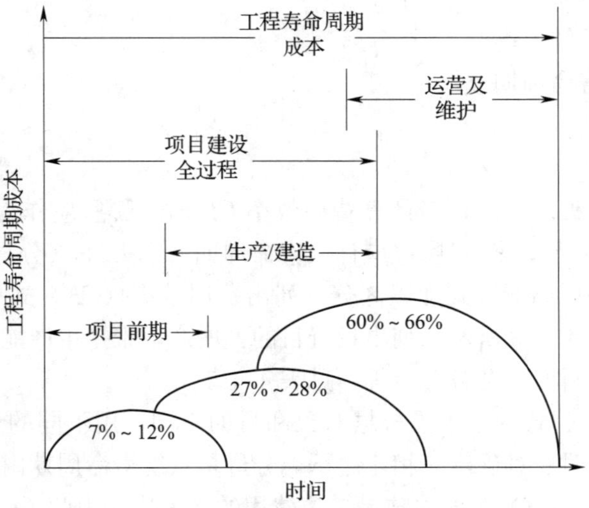

图 4.4.2 典型工程寿命周期成本状态

般情况下，运营及维护成本往往大于项目建设的一次性投入。因此，在分析工程寿命周期成本时，首先要明确工程寿命周期成本所包括的费用项目，也就是必须建立工程寿命周期成本的构成体系。无论选择什么样的结构，计算工程寿命周期成本时都不应遗漏重要的项目，也不能有重复项目。明确各项费用的内容和范围，以及其在费用构成体系中的相互关系是十分重要的。

二、工程寿命周期成本分析方法及其特点

工程寿命周期成本分析又称为工程寿命周期成本评价，是指为了从各可行方案中筛选出最佳方案以有效地利用稀缺资源，而对项目方案进行系统分析的过程。换言之，工程寿命周期成本评价是为了使用户所用的系统具有经济寿命周期成本，在系统开发阶段将工程寿命周期成本作为设计的参数，而对系统进行彻底的分析比较后作出决策的方法。

（一）工程寿命周期成本分析方法

在通常情况下，从追求工程寿命周期成本最低的立场出发，第一，确定工程寿命周期成本的各要素，将各要素的成本降低到普通水平；第二，将设置费和维持费两者进行权衡，以便确定研究的侧重点，从而使总费用更为经济；第三，再从工程寿命周期成本与系统效率之间的关系进行研究；第四，由于工程寿命周期成本是在长时期内发生的，对费用发生的时间顺序必须加以掌握。材料费和劳务费用的价格一般都会发生波动，在估算时要对此加以考虑。同时，在工程寿命周期成本分析中必须考虑资金的时间价值。

常用的工程寿命周期成本评价方法有费用效率（*CE*）法、固定效率法和固定费用法、权衡分析法等。

1. 费用效率（*CE*）法

费用效率（*CE*）法是指工程系统效率（*SE*）与工程寿命周期成本（*LCC*）的比值。其计算公式如下：

$$CE=\frac{SE}{LCC}=\frac{SE}{IC+SC} \tag{4.4.1}$$

式中：*CE*——费用效率；

SE——工程系统效率；

LCC——工程寿命周期成本；

IC——设置费；

SC——维持费。

投资的目的是多种多样的，当计算费用效率 *CE* 时，哪些应作为投资所得的“成果”计入系统效率 *SE*（分子要素），哪些应计入寿命周期成本 *LCC*（分母要素），有时是难以区分的。因此，可采用如下方式加以区分：列出费用效率（*CE*）式中分子、分母所包含的各主要项目，如图 4.4.3 所示；列出投资目的：增产，维持生产能力，提高质量，稳定质量，降低成本（材料费、劳务费）等，见表 4.4.1。

费用效率（*CE*）公式的分子需根据对象和目的不同，用不同的量化值来表示。究竟采用何种量化值，有时较难确定。相比之下，分母是系统寿命周期内的总费用，故比较明确。可以把费用效率（*CE*）公式看成是单位费用的输出值。因此，*CE* 值越大越好。如果 *CE* 公式的分子为一定值，则可认为寿命周期成本少者为好。

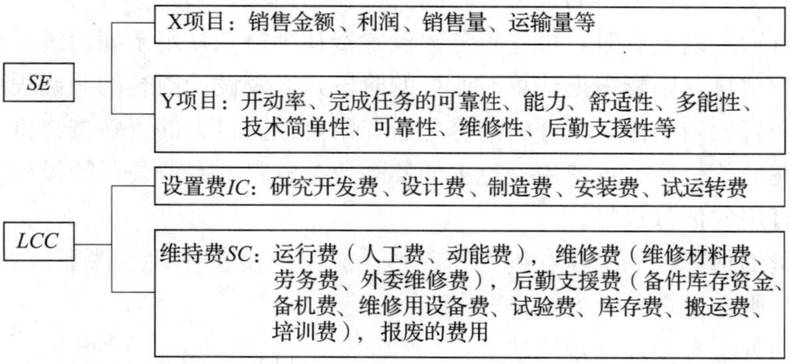

图 4.4.3 SE 与 LCC 的主要构成

表 4.4.1 投资目的和成果的计算方法

	投资目的	在 CE 中所属项目（SE，LCC）
A	• 增产 • 维持生产能力	• 增产所得的增收额列入 X 项目 • 防止生产能力下降的部分相当于 Y 项目
B	• 提高质量 • 稳定质量	• 提高质量所得的增收额列入 Y 项目 提高质量的增收额＝平均售价提高部分×销售量 • 防止质量下降而投入的部分列入 Y 项目
C	• 降低成本 • 材料费 • 劳务费	• 由于节约材料所得的增收额列入 X 项目（注意：产品的材料费，节约额不包括在 LCC 的 SC 中，应计入分子 SE 中） • 由于减少劳动量而节省的劳务费应计入分母 SC 中，SE 不变

（1）系统效率。系统效率是投入工程寿命周期成本后所取得的效果或者说明任务完成到什么程度的指标。如以工程寿命周期成本为输入，则系统效率为输出。通常，系统的输出为经济效益、价值、效率（效果）等。

由于系统的目的不同，输出系统效率的具体表现方式也有所不同。它可用完成任务的数量、年平均产量、利用率、可靠性、维修性、后勤支援效率等来表示，也可以用销售额、附加价值、利润、产值等来表示。用来表示系统效率的量化值有很多。如果系统效率（SE）可由销售额、附加值、利润、销售量中的一项来表示，则在计算上非常方便。当不能用一个综合要素来表示时，就必须取用几个单项要素。但是，为了求出费用效率，在任何情况下都必须进行定量计算。当系统的寿命很长时，它在工程寿命周期内的全部输出都要列为计算对象。

（2）工程寿命周期成本。工程寿命周期成本为设置费和维持费的合计额，也就是系统在寿命周期内的总费用。

对于工程寿命周期成本的估算，必须尽可能地在系统开发的初期进行。由于在初期阶段还没有作出完整而详尽的设计，因此，在此时进行费用估算并不是一件容易的事情。如果设计进行到一定的程度，估算费用会比较容易些。但是，即使是达到可以看清楚具体内容的程度，也需要花费相当多的人力和时间进行费用估算。

估算工程寿命周期成本时，可先粗分为设置费和维持费。至于如何进一步分别对设置费和维持费进行估算，则要根据估算时所处的阶段，以及设计内容的明确程度来决定。

对设置费而言，当掌握了工程的内容之后，则要根据过去的资料按物价上涨率加以修正，折算成现在的价格后方可使用。过去的实际业务资料，专业公司的投标资料和估算书等，都是非常有用的估算资料。

对于维持费的估算，如果存有过去的资料，能够说明在什么条件下，支出什么费用，花费有多少等，则在估算时就方便得多。

费用估算的方法有很多，常用的有：

1）费用模型估算法。费用模型是指汇总各项实际资料后用某种统计方法分析求得的数学模型，它是针对所需计算的费用（因变量），运用对其起作用的要因（自变量）经简化归纳而成的数学表达式。

2）参数估算法。这种方法在研制设计阶段将系统分解为各个子系统和组成部分，运用过去的资料制定出物理的、性能的、费用的适当参数逐个进行估算，将结果累计起来便可求出总估算额。所用的参数有时间、重量、性能、费用等。

3）类比估算法。这种方法在开发研究的初期阶段运用。通常在不能采用费用模型法和参数估算法时才采用，但实际上它是应用得最广泛的方法。这种方法是参照过去已有的相似系统或其“部分”，做类比后算出估算值。为了更好地进行这种类比，需要有相当的经验和专门知识，而且由于在时间上有过去和将来的差别，还必须考虑通货膨胀和当地的具体情况。

4）费用项目分别估算法。进行系统总费用的估算，无论运用哪一种现成的方法，都要充分研究使用的条件，必要时应进行适当的修正。

2. 固定效率法和固定费用法

所谓固定费用法，是将费用值固定下来，然后选出能得到最佳效率的方案。反之，固定效率法是将效率值固定下来，然后选取能达到这个效率而费用最低的方案。

各种方案都可用这两种评价法进行比较。例如，住宅的预算只有一个规定的数额，要根据这个数额的预算选出效果最佳的方案，就可采取固定费用法。又如，要建设一个供水系统，可以在完成供水任务的前提下选取费用最低的方案，这就是固定效率法。根据系统情况的不同，有的只需采用固定费用法或固定效率法即可，有的则需同时运用两种方法。

3. 权衡分析法

权衡分析是对费用和效率两个要素做适当处理，其目的是提高总体的经济性。工程寿命周期成本评价法的重要特点是进行有效的权衡分析。通过有效的权衡分析，可使系统的任务能较好地完成，既保证了系统的性能，又可使有限的资源（人、财、物）得到有效的利用。

在工程寿命周期成本评价法中，权衡分析的对象包括以下五种情况：

(1) 设置费与维持费的权衡分析；

(2) 设置费中各项费用之间的权衡分析；

(3) 维持费中各项费用之间的权衡分析；

(4) 系统效率和寿命周期成本的权衡分析；

(5) 从开发到系统设置完成这段时间与设置费的权衡分析。

【例 4.4.1】 某机加工产品生产线有关数据资料见表 4.4.2。

表 4.4.2　某机加工产品生产线有关数据资料　　单位：万元

规划方案	系统效率 SE	设置费 IC	维持费 SC
原规划方案一	6 000	1 000	2 000
新规划方案二	6 000	1 500	1 200
新规划方案三	7 200	1 200	2 100

(1) 设置费与维持费的权衡分析：由公式 (4.4.1)，原规划方案一的费用效率为 CE_1；新规划方案二的费用效率为 CE_2。

$$CE_1=\frac{6\,000}{1\,000+2\,000}=\frac{6\,000}{3\,000}=2.00$$

$$CE_2=\frac{6\,000}{1\,500+1\,200}=\frac{6\,000}{2\,700}=2.22$$

通过上述设置费与维持费的权衡分析可知：方案二的设置费虽比原规划方案增加了 500 万元，但使维持费减少了 800 万元，从而使工程寿命周期成本 LCC_2 比 LCC_1 减少了 300 万元，其结果是费用效率由 2.00 提高到 2.22。这表明设置费的增加带来维持费的下降是可行的，即新规划方案二在费用效率上比原规划方案一好。

为了提高费用效率，该机加工产品生产线还可以采用以下各种有效的手段：

1) 改善原设计材质，降低维修频度；

2) 支出适当的后勤支援费，改善作业环境，减少维修作业；

3) 制订防振、防尘、冷却等对策，提高可靠性；

4) 进行维修性设计；

5) 置备备用的配套件、部件和整机，设置迂回的工艺路线，提高可维修性；

6) 进行节省劳力的设计，减少操作人员的费用；

7) 进行节能设计，节省运行所需的动力费用；

8) 进行防止操作和维修失误的设计。

(2) 设置费中各项费用之间的权衡分析：

1) 进行充分的研制，降低制造费；

2) 将预知的维修系统装入机内，减少备件的购置量；

3) 购买专利的使用权，从而减少设计、试制、制造、试验费用；

4) 采用整体结构，减少安装费。

(3) 维持费中各项费用之间的权衡分析：

1) 采用计划预修，减少停机损失；

2) 对操作人员进行充分培训，由于操作人员能自己进行维修，可减少维修人员的劳务费；

3) 反复地完成具有相同的功能的行为，其产生的效果的体现形式便是缩短时间，减少用料，最终表现为费用减少。而且，重复的次数越多，这种效果就越显著，这就是熟练曲线。计算工程寿命周期成本时，对系统效率中的作业时间和准备时间，以及定期维修作业时间等，都可能适用熟练曲线，必须予以注意。

(4) 系统效率与工程寿命周期成本之间的权衡：由表 4.4.2 可知，新规划方案三的费用效率 CE_3 为：

$$CE_3=\frac{7\ 200}{1\ 200+2\ 100}=\frac{7\ 200}{3\ 300}=2.18$$

通过系统效率与工程寿命周期成本之间的权衡分析可知：方案三的工程寿命周期成本增加了 300 万元（其中：设置费增加了 200 万元，维持费增加了 100 万元），但由于系统效率增加了 1 200 万元，其结果是使费用效率由 2.00 提高到 2.18。这表明方案三在费用效率上比原规划方案一好。因为方案三系统效率增加的幅度大于工程寿命周期成本增加的幅度，故费用效率得以提高。

在系统效率 SE 和工程寿命周期成本 LCC 之间进行权衡时，可以采用以下的有效手段：

1）通过增加设置费使系统的能力增大（如增加产量）；

2）通过增加设置费使产品精度提高，从而有可能提高产品售价；

3）通过增加设置费提高材料的周转速度，使生产成本降低；

4）通过增加设置费，产品的使用性能具有更大的吸引力（例如，使用简便，舒适性提高，容易掌握，具有多种用途等），可使售价和销售量得以提高。

(5) 从开发到系统设置完成这段时间与设置费之间的权衡：

如果要在短时期内实现从开发到设置完成的全过程，往往就得增加设置费。如果将开发到设置完成这段期限规定得太短，便不能进行充分研究，致使设计有缺陷，将会造成维持费增加的不利后果。因此，这一期限与费用之间也有着重要的关系。进行这项权衡分析时，可以运用计划评审技术（PERT）。

综上所述，工程寿命周期成本评价法在很大程度上依赖于权衡分析的彻底程度。从工程寿命周期成本评价法的基本原理来看，可以认为：

工程寿命周期成本分析评价法≈权衡分析

（二）工程寿命周期成本分析法的特点和局限性

1. 工程寿命周期成本分析法的特点

工程寿命周期成本评价的目的是降低系统的工程寿命周期成本，提高系统的经济性。在不考虑技术细节问题的基础上，与传统的投资计算法相比，工程寿命周期成本评价法具有以下显著特点：

(1) 当选择系统时，不仅要考虑设置费，还要研究所有的费用。

(2) 在系统开发的初期就考虑工程寿命周期成本。

(3) 进行“费用设计”，将工程寿命周期成本作为系统开发的主要因素。

(4) 进行设置费与维持费的权衡，系统效率与工程寿命周期成本之间的权衡，以及开发、设置所需的时间与工程寿命周期成本之间的权衡。

2. 工程寿命周期成本分析法的局限性

尽管工程寿命周期成本分析法得到越来越广泛的应用，但仍存在着局限性：

(1) 假定项目方案有确定的工程寿命周期。在工程实践中，由于技术进步或人们对工程产品的功能要求发生变化，使得工程寿命周期往往很难确定。因此，对于工程寿命周期的确定只有通过假设来预测，这样，工程寿命周期的合理性和准确性就可能对其分析效果产生影响。

（2）在项目早期进行评价的准确性难以保证。为辅助决策，工程寿命周期成本分析必须在项目早期进行。但由于工程项目的建设期和运营期都较长，影响成本的因素众多，在项目早期不可能预见到一切变化，从而使工程寿命周期成本分析的准确性受到影响。

（3）工程寿命周期成本分析的高成本未必适用于所有项目。工程寿命周期成本分析是一项系统工程，涉及因素众多，专业性、技术性强，分析成本也比较高，并不是所有的工程项目都适宜或必须进行工程寿命周期成本分析。

第五章　工程项目投融资

工程项目投融资是工程造价管理的基础和前提。造价工程师需要理解工程项目资本金制度、资金筹措渠道与方式、资金成本与资本结构，掌握工程项目融资程序和主要方式，理解工程项目相关税收及保险规定。

第一节　工程项目资金来源

一、项目资本金制度

项目资本金是指在项目总投资中由投资者认缴的出资额。对项目来说，项目资本金是非债务性资金，项目法人不承担这部分资金的任何利息和债务。投资者可按其出资的比例依法享有所有者权益，也可转让其出资，但不得以任何方式抽回。对于提供债务融资的债权人来说，项目资本金可以视为负债融资的信用基础，项目资本金后于负债受偿，可以降低债权人债权的回收风险。

项目资本金分类实施核算管理。设立独立法人的项目，其所有者权益可以全部作为投资项目资本金。对未设立独立法人的项目，项目单位应设立专门账户，规范设置和使用会计科目，按照国家有关财务制度、会计制度对拨入的资金和项目的资产、负债进行独立核算，并据此核定项目资本金的额度和比例。

为了建立投资风险约束机制，有效地控制投资规模，《国务院关于固定资产投资项目试行资本金制度的通知》（国发〔1996〕35 号）规定，各种经营性固定资产投资项目，包括国有单位的基本建设、技术改造、房地产开发项目和集体投资项目，试行资本金制度，投资项目必须首先落实资本金才能进行建设。个体和私营企业的经营性投资项目参照规定执行。公益性投资项目不实行资本金制度。外商投资项目（包括外商投资、中外合资、中外合作经营项目）按现行有关法规执行。

（一）项目资本金来源

项目资本金可以用货币出资，也可以用实物、工业产权、非专利技术、土地使用权作价出资。对作为资本金的实物、工业产权、非专利技术、土地使用权，必须经过有资格的资产评估机构依照法律、法规评估作价，不得高估或低估。以工业产权、非专利技术作价出资的比例不得超过投资项目资本金总额的 20%，国家对采用高新技术成果有特别规定的除外。

投资者以货币方式认缴的资本金，其资金来源有：

（1）各级人民政府的财政预算内资金、国家批准的各种专项建设基金、经营性基本建设基金回收的本息、土地批租收入、国有企业产权转让收入、地方人民政府按国家有关规定收取的各种规费及其他预算外资金。

（2）国家授权的投资机构及企业法人的所有者权益（包括资本金、资本公积金、盈余公积金和未分配利润、股票上市收益资金等）、企业折旧资金以及投资者按照国家规定从资金市场上筹措的资金。

（3）社会个人合法所有的资金。

（4）国家规定的其他可以用作投资项目资本金的资金。

根据项目资本金制度，鼓励依法依规筹措重大投资项目资本金。基础设施领域和国家鼓励发展的行业项目，可通过发行权益类、股权类金融工具多渠道筹措资本金，但不得超过项目资本金总额的50%。存在下列情形之一的，不得认定为资本金：①存在本息回购承诺、兜底保障等收益附加条件；②当期债务性资金偿还前，可以分红或取得收益；③在清算时受偿顺序优先于其他债务性资金。地方各级政府可统筹使用本级预算资金、上级补助资金等各类财政资金筹集项目资本金，可按有关规定将专项债券作为符合条件的重大项目资本金。

（二）项目资本金比例

根据项目资本金制度，固定资产投资项目的资本金占项目总投资最低比例见表5.1.1。

表5.1.1　项目资本金占项目总投资最低比例

序号	投资项目		项目资本金占项目总投资最低比例
1	城市和交通基础设施项目	城市轨道交通项目	20%
		港口、沿海及内河航运项目	
		铁路、公路项目	
		机场项目	25%
		其他项目	20%（补短板的基础设施项目可最多下调至15%）
2	房地产开发项目	保障性住房和普通商品住房项目	20%
		其他项目	25%
3	产能过剩行业项目	钢铁、电解铝项目	40%
		水泥项目	35%
		煤炭、电石、铁合金、烧碱、焦炭、黄磷、多晶硅项目	30%
4	其他工业项目	玉米深加工项目	20%
		化肥（钾肥除外）项目	25%
		电力等其他项目	20%

作为计算资本金基数的总投资，是指投资项目的固定资产投资与铺底流动资金之和，具体核定时以经批准的动态概算为依据。

投资项目资本金的具体比例，由项目审批单位根据投资项目的经济效益以及银行贷款意愿和评估意见等情况，在审批可行性研究报告时核定。经国务院批准，对个别情况特殊的国家重点建设项目，可以适当降低资本金比例。

对于公路、铁路、城建、物流、生态环保、社会民生等领域的补短板基础设施项目，在投资回报机制明确、收益可靠、风险可控的前提下，可适当降低资本金最低比例，但下调不得超过 5 个百分点。实行审批制的项目，审批部门可以明确项目单位按此规定合理确定的投资项目资本金比例。实行核准或备案制的项目，项目单位与金融机构可以按此规定自主调整资本金比例。

按照有关要求，外商投资企业的注册资本应与生产经营规模相适应，其注册资本占投资总额的最低比例见表 5.1.2，表中的投资总额是指投资项目的固定资产投资与铺底流动资金之和。

表 5.1.2 外商投资企业注册资本占投资总额的最低比例

序号	投资总额	注册资本占投资总额的最低比例	特别要求
1	300 万美元以下（含 300 万美元）	7/10	—
2	300 万美元～1 000 万美元（含 1 000 万美元）	1/2	投资总额在 420 万美元以下的，注册资金不低于 210 万美元
3	1 000 万美元～3 000 万美元（含 3 000 万美元）	2/5	投资总额在 1 250 万美元以下的，注册资金不低于 500 万美元
4	3 000 万美元以上	1/3	投资总额在 3 600 万美元以下的，注册资金不低于 1 200 万美元

（三）项目资本金管理

投资项目的资本金一次认缴，并根据批准的建设进度按比例逐年到位。

投资项目在可行性研究报告中要就资本金筹措情况作出详细说明，包括出资方、出资方式、资本金来源及数额、资本金认缴进度等有关内容。上报可行性研究报告时需附有各出资方承诺出资的文件，以实物、工业产权、非专利技术、土地使用权作价出资的，还需附有资产评估证明等有关材料。

对于主要使用商业银行贷款的投资项目，投资者应将资本金按分年应到位数量存入其主要贷款银行；主要使用国家开发银行贷款的投资项目，应将资本金存入国家开发银行指定的银行。投资项目资本金只能用于项目建设，不得挪作他用，更不得抽回。有关银行承诺贷款后，要根据投资项目建设进度和资本金到位情况分年发放贷款。

有关部门要按照国家规定对投资项目资本金到位和使用情况进行监督。对资本金未按照规定进度和数额到位的投资项目，投资管理部门不发给投资许可证，金融部门不予贷款。对将已存入银行的资本金挪作他用的，在投资者未按规定予以纠正之前，银行要停止对该项目拨付贷款。

对资本金来源不符合有关规定，弄虚作假，以及抽逃资本金的，要根据情节轻重，对有关责任者处以行政处分或经济处罚，必要时停缓建有关项目。

凡资本金不落实的投资项目，一律不得开工建设。

项目借贷资金和不符合国家规定的股东借款、“名股实债”等资金，不得作为投资项目资本金。筹措投资项目资本金，不得违规增加地方政府隐性债务，不得违反国有企业资产负债率的相关要求。

二、项目资金筹措渠道与方式

项目资金筹措的渠道和方式既有区别又有联系，同一渠道的资金可采用不同的筹资方式，而同一筹资方式下往往又可筹集到不同渠道的资金。因此，应认真分析研究各种筹资渠道和筹资方式的特点及适应性，将二者结合起来，以确定最佳的资金结构。

项目资金筹措应遵循以下基本原则：

（1）规模适宜原则。筹措资金的目的在于确保项目所必需的资金，筹资的数量不能盲目确定，必须做到以需定筹。若筹资不足，必然会影响其生产经营活动的正常开展；反之，又会造成资金浪费，降低资金的使用效率，因此，在筹资时必须掌握一个合理的规模，使资金的筹集量与需求量达到平衡。

（2）时机适宜原则。筹资的时机应依据资金的使用时间来合理安排。筹资过早，会造成资金闲置；筹资太迟，又会影响投资机会。

（3）经济效益原则。筹资渠道和方式多种多样，不同筹资渠道和方式的资金成本、筹资的难易程度、资金供给者的约束条件等可能各不相同，因此，应综合考虑，力求以最低的综合资金成本实现最大的投资效益。

（4）结构合理原则。合理的资金来源结构包括两个方面：一是合理安排权益资本和债务资金的比例；二是合理安排长期资金和短期资金的比例。因此，在筹资过程中，应合理安排筹资结构，寻求筹资方式的最优组合。

总体来看，项目的资金来源可分为投入资金和借入资金，前者形成项目的资本金，后者形成项目的负债。

（一）资本金筹措渠道与方式

根据项目资本金筹措的主体不同，可分为既有法人项目资本金筹措和新设法人项目资本金筹措。

1. 既有法人项目资本金筹措

既有法人作为项目法人进行项目资本金筹措，不组建新的独立法人，筹资方案应与既有法人公司（包括企业、事业单位等）的总体财务安排相协调。既有法人可用于项目资本金的资金来源分为内、外两个方面。

（1）内部资金来源。主要包括以下几个方面：

1）企业的现金。企业库存现金和银行存款可由企业的资产负债表得以反映，其中可能有一部分可以投入项目。即扣除保持必要的日常经营所需的货币资金额，多余的资金可用于项目投资。

2）未来生产经营中获得的可用于项目的资金。在未来的项目建设期间，企业可从生产经营中获得新的现金，扣除生产经营开支及其他必要开支之后，剩余部分可以用于项目投资。未来企业经营获得的净现金流量，需要通过对企业未来现金流量的预测来估算。实践中常采用经营收益间接估算企业未来的经营净现金流量。其计算公式如下：

经营净现金流量＝经营净收益－流动资金占用的增加 (5.1.1)

经营净收益＝净利润＋折旧＋无形及其他资产摊销＋财务费用 (5.1.2)

经营净现金流量＝净利润＋折旧＋无形及其他资产摊销＋财务费用－流动资金占用的增加 (5.1.3)

企业未来经营净现金流量中，财务费用及流动资金占用的增加部分将不能用于固定资产投资，折旧、无形及其他资产摊销通常认为可用于再投资或偿还债务，净利润中有一部分可能需要用于分红或用作盈余公积金和公益金留存，其余部分可用于再投资或偿还债务。因此，可用于再投资及偿还债务的企业经营净现金可按下式估算：

可以用于再投资及偿还债务的企业经营净现金＝净利润＋折旧＋无形及其他资产摊销－流动资金占用的增加－利润分红－利润中需要留作企业盈余公积金和公益金的部分 (5.1.4)

3）企业资产变现。既有法人可将流动资产、长期投资或固定资产变现，取得现金用于新项目投资。企业资产变现通常包括：短期投资、长期投资、固定资产、无形资产的变现。降低流动资产中的应收款项和存货，可以增加企业能使用的现金，这类流动资产的变现通常体现在企业外来净现金流量估算中。企业也可通过加强财务管理，提高流动资产周转率，减少存货、应收账款等流动资产占用而取得现金，或者出让有价证券取得现金。企业的长期投资包括长期股权投资和长期债权投资，一般都可以通过转让而变现。企业的固定资产中，有些由于产品方案改变而被闲置，有些由于技术更新而被替换，这些都可以出售变现。

4）企业产权转让。企业可将原拥有的产权部分或全部转让给他人，换取资金用作新项目的资本金。

资产变现表现为一个企业资产总额构成的变化，即非现金货币资产的减少，现金货币资产的增加，而资产总额并没有发生变化。产权转让则是企业资产控制权或产权结构发生变化，对于原有的产权人，经转让后其控制的企业原有资产总量会减少。

既有法人应通过分析其财务和经营状况，预测企业未来的现金流，判断现有企业是否具备足够的自有资金投资于拟建项目。如果不具备足够的资金能力，或者不愿意失掉原有的资产权益，或者不愿意使其自身的资金运用过于紧张，就应该设计外部资金来源的资本金筹集方案。

（2）外部资金来源。包括既有法人通过在资本市场发行股票和企业增资扩股，以及一些准资本金手段，如发行优先股来获取外部投资人的权益资金投入，同时也包括接受国家预算内资金为来源的融资方式。

1）企业增资扩股。企业可以通过原有股东增资扩股以及吸收新股东增资扩股，包括国家股、企业法人股、个人股和外资股的增资扩股。

2）优先股。优先股与普通股相同的是没有还本期限，与债券特征相似的是股息固定。相对于其他借款融资，优先股的受偿顺序通常靠后，对于项目公司其他债权人来说，可视为项目资本金。而对于普通股股东来说，优先股通常要优先受偿，是一种负债。因此，优先股是一种介于股本资金与负债之间的融资方式。优先股股东不参与公司经营管理，没有公司控制权，不会分散普通股东的控股权。发行优先股通常不需要还本，只需支付固定股息，可减少公司的偿债风险和压力。但优先股融资成本较高，且股利不能像债券利息一样在税前扣除。

3）国家预算内投资。国家预算内投资是指以国家预算资金为来源并列入国家计划的固定资产投资。目前包括国家预算、地方财政、主管部门和国家专项投资拨给或委托银行贷给建设单位的基本建设拨款及中央基本建设基金，拨给企业单位的更新改造拨款，以及中央财政安排的专项拨款中用于基本建设的资金。

2. 新设法人项目资本金筹措

新设法人项目资本金的形成分为两种形式：一种是在新法人设立时由发起人和投资人按项目资本金额度要求提供足额资金，另一种是由新设法人在资本市场上进行融资来形成项目资本金。

新设项目法人项目资本金通常以注册资本的方式投入。有限责任公司及股份公司的注册资本由公司的股东按股权比例认缴，合作制公司的注册资本由合作投资方按预先约定金额投入。如果公司注册资本的额度要求低于项目资本金额度的要求，股东按项目资本金额度要求投入企业的资金超过注册资本的部分，通常以资本公积的形式记账。有些情况下，投资者还可以准资本金方式投入资金，包括优先股、股东借款等。

由初期设立的项目法人进行的资本金筹措形式主要有：

（1）在资本市场募集股本资金。在资本市场募集股本资金可以采取两种基本方式，即公开募集（公募）和非公开募集（私募）。

1）公开募集（公募）。公开募集是在证券市场上公开向社会发行销售。在证券市场上公开发行股票，需要取得证券监管机关的批准，需要通过证券公司或投资银行向社会推销，需要提供详细的文件，保证公司的信息披露，保证公司的经营及财务透明度，筹资费用较高，筹资时间较长。

2）非公开募集（私募）。非公开募集是指将股票直接出售给少数特定的投资者，不通过公开市场销售。私募程序相对简化，但在信息披露方面仍必须满足投资者的要求。

（2）合资合作。通过在资本投资市场上寻求新的投资者，由初期设立的项目法人与新的投资者以合资合作等多种形式，重新组建新的法人，或者由设立初期项目法人的发起人和投资人与新的投资者进行资本整合，重新设立新的法人，使重新设立的新法人拥有的资本达到或满足项目资本金投资的额度要求。采用这一方式，新法人往往需要重新进行公司注册或变更登记。

（二）债务资金筹措渠道与方式

债务资金是指项目投资中除项目资本金外，投资人（项目法人）以负债方式取得的资金。债务资金是项目公司一项重要的资金来源。债务融资的优点是速度快、成本较低，缺点是融资风险较大，有还本付息的压力。

筹措债务资金应考虑债务期限、债务偿还、债务序列、债权保证、违约风险利率结构、货币结构与国家风险等主要因素。债务资金主要通过信贷、债券、租赁等方式进行筹措。

1. 信贷方式融资

信贷方式融资是项目负债融资的重要组成部分，是公司融资和项目融资中最基本和最简单，也是比重最大的债务融资形式。国内信贷资金主要有商业银行和政策性银行等提供的贷款。国外信贷资金主要有商业银行的贷款，以及世界银行、亚洲开发银行等国际金融机构贷款。此外，还有外国政府贷款、出口信贷以及信托投资公司等非银行金融机构提供的贷款。信贷融资方案应说明拟提供贷款的机构及其贷款条件，包括支付方式、贷款期限、贷款利率、还本付息方式及附加条件等。

(1) 商业银行贷款。按照所有制形式不同，我国的商业银行分为国有商业银行和股份制银行。按照经营区域不同，我国的商业银行分为全国性银行和地区性银行。境外商业银行也是得到银行贷款的来源。我国加入 WTO 后，逐步放宽对外国银行的准入，外国商业银行可在我国获准设立分行，或者设立合资或独资的子银行，允许我国境内的外资商业银行开展外汇及人民币贷款业务。

按照贷款期限，商业银行的贷款分为短期贷款、中期贷款和长期贷款。贷款期限在 1 年以内的为短期贷款，超过 1 年至 3 年的为中期贷款，3 年以上期限的为长期贷款。

按照资金使用用途分，商业银行贷款在银行内部管理中分为固定资产贷款、流动资金贷款、房地产开发贷款等。

项目投资使用中长期银行贷款，银行要进行独立的项目评估，评估内容主要包括：项目建设内容、必要性、产品市场需求、项目建设及生产条件、工艺技术及主要设备、投资估算与筹资方案、财务盈利性、偿债能力、贷款风险、保证措施等。

除商业银行可以提供贷款外，一些城市或农村信用社、信托投资公司等非银行金融机构也可提供商业贷款，条件与商业银行类似。

国外商业银行贷款利率有浮动利率与固定利率两种形式。浮动利率通常以某种国际金融市场的利率为基础，加上一个固定的加成率构成。较多见的是以伦敦同业拆借利率（LIBOR）为基础的浮动利率。固定利率则在贷款合同中约定。国外商业银行的贷款利率由市场决定，各国政府的中央银行对于本国金融市场利率通过一定的手段进行调控。

中国人民银行已放开贷款利率管制，取消商业银行贷款利率 70%的下限，由商业银行根据商业原则自主确定贷款利率水平，对农村信用社贷款利率也不再设立上限。商业银行与客户协商定价的空间将进一步扩大。

(2) 政策性银行贷款。为了支持一些特殊的生产、贸易、基础设施建设项目，国家政策性银行可以提供政策性银行贷款。政策性银行贷款利率通常比商业银行贷款利率低。我国的政策性银行有：中国进出口银行、中国农业发展银行。国家开发银行原来也属于政策性银行，但在 2008 年底改制后，成为开发性金融机构，为实现国家中长期发展战略提供投融资服务和开发性金融服务。

(3) 出口信贷。项目建设需要进口设备的，可以使用设备出口国的出口信贷。按照获得贷款资金的借款人，出口信贷分为买方信贷、卖方信贷和福费廷（FORFEIT）等。出口信贷通常不能对设备价款全额贷款，通常只能提供设备价款 85%的贷款，设备出口商则给予设备的购买方以延期付款条件。出口信贷利率通常要低于国际上商业银行的贷款利率。OECD（欧洲经济合作与发展组织）国家出口信贷利率一般要遵循商业参考利率（CIRR）。出口信贷通常需要支付一定的附加费用，如管理费、承诺费、信贷保险费等。

1）买方信贷。买方信贷是出口商所在地银行为促进本国商品的出口，而对国外进口商（或其银行）所发放的一种贷款。买方信贷可以通过进口国的商业银行转贷款，也可以不通过进口国商业银行转贷。通过进口国商业银行转贷时，设备出口国的贷款银行将贷款贷给进口国的一家转贷银行，再由进口国转贷银行将贷款贷给设备进口商。从国际范围内看，买方信贷使用更为广泛些，特别是把贷款发放给进口商所在地银行再转贷给进口商的买方信贷使用得更为广泛。

2）卖方信贷。卖方信贷是出口商所在地有关银行，为便于该国出口商以延期付款形式出口商品而给予本国出口商的一种贷款。出口商向银行借取卖方信贷后，其资金得以通融，便可允许进口商延期付款，具体为：进出口商签订合同后，进口商先支付10％～15％的定金；在分批交货验收和保证期满时，进口商再分期付给10％～15％的货款，其余70％～80％的货款在全部交货后若干年内分期偿还，并付给延期付款期间的利息。

3）福费廷。福费廷是一种专门的代理融资技术。一些大型资本货物，如在大型水轮机组和发电机组等设备的采购中，由于从设备的制造、安装到投产需要多年时间，进口商往往要求延期付款，按项目的建设周期分期偿还。为了鼓励设备出口，几家出口商所在地银行专门开设了针对大型设备出口的特殊融资：出口商把经进口商承兑的、期限在半年以上到5～6年以上的远期汇票，无追索权地出售给出口商所在地的银行，以提前取得现款。为了保证在进口商不能履行义务的情况下出口商也能获得贷款，出口商要求进口商承兑的远期汇票附有银行担保。

（4）银团贷款。随着工程建设规模扩大，所需建设资金也越来越多，出于风险控制或银行资金实力方面的考虑，一家商业银行的贷款往往无法满足项目债务资金的需求，于是出现了银团贷款，也称辛迪加贷款，是指由一家银行牵头，多家银行与非银行金融机构参加而组成的银行集团采用统一贷款协议，按商定的期限和条件向同一借款人提供融资的贷款方式。贷款银团中还需要有一家或数家代理银行，负责监管借款人的账户，监控借款人的资金，划收及划转贷款本息。

使用银团贷款，除贷款利率之外，借款人还要支付一些附加费用，包括管理费、安排费、代理费、承诺费、杂费等。

银团贷款的具体操作方式有两种：直接参与和间接参与。直接参与是指银团内各个成员银行直接与项目借款人签订借贷协议，按贷款协议所规定的统一条件贷款给项目借款人，贷款的具体发放工作由借贷协议中指定代理行统一管理。间接参与是指由一家牵头银行向项目借款人贷款，然后由该银行将参加贷款权分别转让给其他参与行，参与行按照各自承担的贷款数额贷款给项目借款人，贷款工作由牵头银行负责管理。

（5）国际金融机构贷款。国际金融机构贷款是指国际金融机构按照章程向其成员国提供的各种贷款。提供项目贷款的主要国际金融机构有：世界银行、国际金融公司、欧洲复兴与开发银行、亚洲开发银行、美洲开发银行等全球性或地区性金融机构等。目前与我国关系最为密切的国际金融机构是国际货币基金组织、世界银行、亚洲开发银行和亚洲基础设施投资银行。国际金融机构的贷款通常带有一定的优惠性，贷款利率低于商业银行贷款利率，贷款期限可以安排得很长，但也有可能需要支付某些附加费用，例如承诺费。国际金融机构贷款通常要求设备采购进行国际招标。

不同的国际金融机构的贷款政策各不相同，只有那些得到认可的项目才能获得贷款。使用国际金融机构的贷款项目，需要按照规定程序和方法来实施。以与我国联系密切的4家金融机构为例：

1）国际货币基金组织（International Monetary Fund，IMF）。IMF的贷款只限于成员国的财政和金融当局，IMF不与任何企业发生业务，贷款用途限于弥补国际收支逆差或用于经常项目的国际支付，期限为1～5年。

2）世界银行（The World Bank）。世界银行主要提供用于确定工程项目的贷款，以鼓励较不发达国家生产与资源的开发。世界银行贷款仅限于会员国，凡参加世界银行贷款的国家必须首先是国际货币基金组织的成员国，若贷款对象为非会员国的政府时，则该贷款须由会员国政府、中央银行和世界银行认可的机构进行担保。贷款的发放和管理按照项目周期进行，必须专款专用，并接受世界银行的监督。贷款期限一般较长，最长可达30年。

3）亚洲开发银行（Asian Development Bank，ADB）。ADB是类似于世界银行但只面向亚太地区的区域性政府间金融开发机构。ADB根据1990年人均国民生产总值的不同，将发展中国家成员分为A、B、C三类，对不同种类的国家或地区采用不同的贷款或捐赠条件。

4）亚洲基础设施投资银行（Asian Infrastructure Investment Bank，AIIB）。亚洲基础设施投资银行简称亚投行，是由中国倡议设立的一个政府间性质的亚洲区域多边开发机构，主要业务是援助亚太地区国家的基础设施建设，以促进亚洲区域的建设互联互通化和经济一体化进程，并加强中国及其他亚洲国家和地区的合作。

2. 债券方式融资

债券是债务人为筹集债务资金而发行的、约定在一定期限内还本付息的一种有价证券。企业债券融资是一种直接融资。发行债券融资可从资金市场直接获得资金，资金成本（利率）一般应低于银行借款。由于有较为严格的证券监管，只有实力很强并且有很好资信的企业才有能力发行企业债券。发行债券融资，大多需要有第三方担保，获得债券信用增级，以使债券成功发行，并可降低债券发行成本。在国内发行企业债券需要通过国家证券监管机构及金融监管机构的审批。在国外市场上也可发行债券，主要的国外发债市场有美国、日本、欧洲。发行债券通常要取得债券资信等级评级。国内债券由国内评级机构评级，国外发债通常需要由一些知名度较高的评级机构评级。债券评级较高的，可以较低的利率发行。而较低评级的债券，则利率较高。债券发行与股票发行相似，可在资本市场上公开发行，也可以私募方式发行。

除一般债券融资外，还有可转换债券融资。可转换债券是企业发行的一种特殊形式债券。在预先约定的期限内，可转换债的债券持有人有权选择按照预先规定的条件将债权转换为发行人公司的股权。在公司经营业绩变好时，股票价值上升，可转换债券的持有人倾向于将债权转为股权；而当公司业绩下降或者没有达到预期效益时，股票价值下降，则倾向于兑付本息。现有公司发行可转换债券，通常不设定后于其他债权受偿，对于其他向公司提供贷款的债权人来说，可转换债不能视为公司的资本金融资。可转换债的发行条件与一般企业债券类似，但由于附加有可转换为股权的权利，通常可转换债券的利率更低。

（1）债券筹资的优点：

1）筹资成本较低。发行债券筹资的成本要比股票筹资的成本低。这是因为债券发行费用较低，其利息允许在所得税前支付，可以享受扣减所得税的优惠，因此，企业实际上负担的债券成本一般低于股票成本。

2）保障股东控制权。债券持有人无权干涉企业管理事务，因此，发行企业债券不会像增发股票那样可能会分散股东对企业的控制权。

3）发挥财务杠杆作用。不论企业盈利水平如何，债券持有人只收取固定的利息，更多的收益可用于分配给股东，或留归企业以扩大经营。

4）便于调整资本结构。企业通过发行可转换债券，或在发行债券时规定可提前赎回债券，有利于企业主动地、合理地调整资本结构确定负债与资本的合理比率。

（2）债券筹资的缺点：

1）可能产生财务杠杆负效应。债券必须还本付息，是企业固定的支付费用。随着这种固定支出的增加，企业的财务负担和破产可能性增大。一旦企业资产收益率下降到债券利率之下，会产生财务杠杆的负效应。

2）可能使企业总资金成本增大。企业财务风险和破产风险会因其债务的增加而上升，这些风险的上升又导致企业债券成本、权益资金成本上升，从而增大了企业总资金成本。

3）经营灵活性降低。在债券合同中，各种保护性条款使企业在股息策略融资方式和资金调度等多方面受到制约，经营灵活性降低。

3. 租赁方式融资

租赁方式融资是指当企业需要筹措资金、添置必要的设备时，可以通过租赁公司代其购入所选择的设备，并以租赁的方式将设备租给企业使用。在大多数情况下，出租人在租赁期内向承租人分期回收设备的全部成本、利息和利润。租赁期满后，将租赁设备的所有权转移给承租人，通常为长期租赁。根据交易实质的不同，租赁分为融资租赁与经营租赁两类。

（1）融资租赁。融资租赁又称为金融租赁或财务租赁。采取这种租赁方式，通常由承租人选定需要的设备，由出租人购置后给承租人使用，承租人向出租人支付租金，承租人租赁取得的设备按照固定资产计提折旧，租赁期满，设备一般要由承租人所有，由承租人以事先约定的很低的价格向出租人收购的形式取得设备的所有权。

1）融资租赁的优点。融资租赁的优点主要有：

①融资租赁是一种融资与融物相结合的融资方式，能够迅速获得所需资产的长期使用权；

②融资租赁可以避免长期借款筹资所附加的各种限制性条款，具有较强的灵活性；

③融资租赁的融资与进口设备都由有经验和对市场熟悉的租赁公司承担，可以减少设备进口费，从而降低设备取得成本。

2）融资租赁的租金。融资租赁的租金包括三大部分：

①租赁资产的成本：租赁资产的成本大体由资产的购买价、运杂费、运输途中的保险费等项目构成；

②租赁资产的利息：承租人所实际承担的购买租赁设备的贷款利息；

③租赁手续费：包括出租人承办租赁业务的费用以及出租人向承租人提供租赁服务所赚取的利润。

（2）经营租赁。经营租赁是出租方以自己经营的设备租给承租方使用，出租方收取租金。承租方则通过租入设备的方式，节省了项目设备购置投资，或等同于筹集到了一笔设备购置资金，承租方只需为此支付一定的租金。当预计项目中使用设备的租赁期短于租入设备的经济寿命时，经营租赁可以节约项目运行期间的成本开支，并避免设备经济寿命在项目上的空耗。

（三）新兴项目资金筹措渠道

1. 绿色金融

绿色金融是指为支持环境改善、应对气候变化和资源节约高效利用的经济活动，即对环保、节能、清洁能源、绿色交通、绿色建筑等领域的项目投融资、项目运营、风险管理等所提供的金融服务。

（1）产品类型。按产品形式不同，绿色金融产品可分为绿色融资产品、绿色投资及交易类产品、环境风险管理产品以及环境信息类产品等。

按资金属性不同，绿色金融产品可分为债务类产品和权益类产品。其中，债务类产品包括绿色信贷，绿色、社会与可持续发展债券，绿色融资租赁等。权益类产品包括绿色投资产品、ESG（环境、社会和治理）投资产品、气候投融资产品。其中，绿色投资产品进一步细分为绿色基金、绿色指数、绿色信托；ESG 投资产品进一步细分为 ESG 指数、ESG 基金、ESG 理财；气候投融资产品进一步细分为气候指数、气候基金、气候私募股权投资等。

常见的绿色金融产品包括绿色信贷、绿色债券、绿色基金、绿色租赁、绿色信托、绿色票据、碳金融产品等金融工具。

1）绿色信贷。为支持环境改善、应对气候变化和资源节约高效利用的经济活动所提供的信贷产品及服务。2018 年，中国人民银行印发《关于建立绿色贷款专项统计制度的通知》，明确绿色贷款的统计对象、统计内容、统计标准、实施要求，并将绿色信贷情况正式纳入宏观审慎评估框架（MPA），以量化指标引导金融机构合理、高效地支持绿色产业。绿色信贷产品包括传统的绿色、可持续性贷款，能效贷款，还包括新推出的社会债券、绿色供应链金融产品、绿色 ABS、绿色基础设施 REITs 等产品。

2）绿色债券。绿色债券是指将募集资金专门用于支持符合规定条件的绿色产业、绿色项目或绿色经济活动，依照法定程序发行并按约定还本付息的有价证券。绿色债券包括金融机构发行的绿色金融债券，以及由非金融企业发行的绿色企业债券、绿色公司债、绿色债务融资工具、绿色资产支持证券、经绿色债券评估认证机构认证为绿色的地方政府专项债券等产品等。我国绿色债券的最大特色是聚焦碳中和、国际化。

3）绿色基金。以促进绿色发展、改善生态环境为目标，投资于能产生环境效益或从事环境相关业务企业和项目的公募基金产品或其他投资主体。绿色基金是促进绿色投资、加快绿色资产周转的重要产品与工具。根据投资标的不同，绿色基金可划分为绿色产业投资基金和绿色证券投资基金，绿色产业投资基金针对股权或绿色产业项目进行投资，绿色证券投资基金针对绿色债券和绿色企业的股票进行投资。根据资金募集与流通特点，绿色基金分为绿色公募证券投资基金和绿色私募证券投资基金。

4）绿色租赁。租赁机构为支持环境改善、应对气候变化和资源节约高效利用等经济活动，所提供的租赁产品及服务。

5）绿色信托。信托机构为支持环境改善、应对气候变化和资源节约高效利用等经济活动，通过绿色信托贷款、绿色股权投资、绿色债券投资、绿色资产证券化、绿色产业基金、绿色慈善信托等方式提供的信托产品及受托服务。

6）绿色票据。企业在能够产生环境效益、降低环境成本与风险的项目相关交易中签发、取得、转让的汇票、本票和支票等票据。

7）绿色债券指数。以绿色债券为样本券构成的债券指数，用于反映绿色债券的市场走势和价格变化，给投资者提供业绩比较基准和投资标的。包括中债绿色债券系列指数、中债碳中和债券指数、中证交易所绿色债券系列指数等。

8）ESG股票指数。将上市公司在环境、社会和治理等方面的评级，运用于样本选取和加权设计的股票类指数。

9）环境权益融资工具。企业基于合法拥有的碳排放权、排污权、用能权、水权、绿色电力证书等环境权益进行资金融通活动所使用的金融产品，主要包括环境权益直接融资工具（环境权益回购、环境权益借贷、环境权益债券等）和间接融资工具（碳配额抵质押贷款、排污权抵质押贷款等）两种。

10）碳金融产品。主要是金融机构围绕碳排放权配额履约及交易，引入融资、保理、资产管理、基金、债券等金融产品，包括碳资产质押融资、碳金融结构性存款、碳中和债券、低碳信用卡等。①碳资产质押融资，是控排企业将碳排放权作为抵质押物进行融资。②碳金融结构性存款，是通过金融衍生交易将产品的还本付息金额与碳排放权交易价格波动挂钩，同时引入碳配额交易作为新的支付标的，解决企业碳配额需求的理财产品。③碳中和债券，是绿色债务融资工具的子品种，募集资金专项用于碳减排效益的绿色项目的债务融资工具，募集资金应全部用于清洁能源、清洁交通、可持续建筑、工业低碳改造等绿色项目。④低碳信用卡，是商业银行发行的低碳信用卡，主要目的是倡导个人绿色消费、绿色生活，以绿色消费方式支持国家应对气候变化目标。

（2）重点领域。2024年10月12日，中国人民银行等四部门印发《关于发挥绿色金融作用 服务美丽中国建设的意见》，强调着力提升金融机构绿色金融服务能力，丰富绿色金融产品和服务。

1）支持四大重点领域。聚焦美丽中国建设实际需要，统筹谋划一批标志性重大工程项目，加大对接融资支持。按照协同推进降碳、减污、扩绿、增长的要求，围绕美丽中国先行区建设、重点行业绿色低碳发展、深入推进污染防治攻坚、生态保护修复等重点领域，搭建美丽中国建设项目库，有效提升金融支持精准性。

2）加大绿色信贷投放，发展绿色金融产品，强化绿色融资支持。聚焦区域性生态环保项目、碳市场、资源环境要素、生态环境导向的开发（EOD）项目、多元化气候投融资、绿色消费等关键环节和领域，加大绿色金融产品创新力度。

《企业投资项目可行性研究报告编写参考大纲（2023 年版）》明确指出，在项目可行性研究过程中，应结合企业和项目经济、社会、环境等评价结果，研究项目获得绿色金融、绿色债券支持的可能性。

2. 转型金融

转型金融作为绿色金融的延伸和扩展，由经济合作与发展组织（OECD）于 2019 年正式提出，是指在经济主体向可持续发展目标转型过程中，为他们提供融资以帮助其转型的金融活动。

2022 年 11 月，二十国集团（G20）领导人峰会发布并通过了《G20 转型金融框架》，提出五大支柱和 22 条原则，对转型金融进行了界定：转型金融应有助于市场主体用较低成本识别转型活动，应具有透明、可信、可比的减排目标，适用于转型企业、转型项目、相关金融产品和投资组合，能够反映市场、政策、技术发展的动态需求，应考虑公正转型的要求，应具有国际可比性和兼容性。

（1）转型金融五大支柱。《G20 转型金融框架》提出的五大支柱如下：

1）界定标准：①利于较低成本识别转型活动，并有效应对“假转型”风险；②所界定的转型活动和投资应具有透明、可信、可比的减排目标；③适用于转型企业、项目、金融产品和投资组合；④反映市场、政策、技术发展动态，并具有国际可比性和兼容性。

2）信息披露：①提供可信、可验证的转型计划；②短期、中期、长期温室气体减排目标；③气候适应目标；④温室气体排放数据；⑤公司治理信息；⑥计量排放数据的方法；⑦资金用途和关键绩效指标。

3）转型金融工具：①高碳企业资产负债率高，技术风险和操作风险高，仅绿色信贷和债券无法满足多元化金融需求，需发展创新金融产品；②转型金融应有透明、科学的计划，有奖惩机制，鼓励融资主体减排。

4）激励政策：①各成员的决策部门设计和推动落地一批激励政策与机制，以提升转型活动的可融资性；②多边金融机构也应帮助发展中国家设计这些机制。

5）公正转型：①监管部门和投资者可要求转型金融涉及的企业提供就业影响评估；②若影响负面，企业需制定技能培训再就业计划并公布；③监管部门和投资者可定制与再就业业绩相关的 KPI 并纳入转型金融产品设计中。

（2）转型金融特点。转型金融与绿色金融都属于可持续金融范畴。与绿色金融相比，转型金融具有以下特点：

1）支持领域不同。绿色金融主要支持“纯绿”或接近“纯绿”经济活动，如清洁能源、节能环保等；而转型金融的核心服务对象是高碳排放行业和活动、环境影响相对较大的行业，如水泥、钢铁、建材行业等。

2）服务对象不同。从投融资对象覆盖主体而言，转型金融范围更广、更灵活。转型金融既涵盖具有低碳、减碳效应的项目或活动，也包括建立了明确减碳目标和实施路径的企业。而绿色金融聚焦于已经达到或接近净零排放的项目或活动。

3）评估标准不同。绿色金融关注项目当前是否为“绿色”属性，转型金融关注主体或项目能否从“棕色”逐步向“绿色化”“低碳化”转变。

（3）转型金融产品类型。典型的转型金融产品包括转型债券和可持续发展挂钩债券。

1）转型债券。属于可持续发展类债券，募集资金用于支持传统行业与能源结构向低碳直至零碳转型相关项目的债券。公用事业、水泥、铝、钢铁等传统行业中具有转型效益的项目类别，属于转型债券项目范畴。

2）可持续发展挂钩债券。是指将债券条款与发行人可持续发展目标挂钩的债务融资工具。挂钩目标包括关键绩效指标（KPI）和可持续发展绩效目标（SPT）两种，其中KPI是对发行人运营有核心作用的可持续发展业绩指标，SPT是对关键绩效指标的量化评估目标，两者均需明确达成时限。债券存续期间第三方机构会介入对相关指标进行验证，如果KPI在上述时限未达到（或达到）预定的可持续发展绩效目标，将触发债券条款的调整。

三、资金成本与资本结构

（一）资金成本

1. 资金成本及其构成

资金成本是指企业为筹集和使用资金而付出的代价。广义地讲，企业筹集和使用任何资金，不论是短期的还是长期的，都需要付出代价。狭义的资金成本仅指筹集和使用长期资金（包括自有资金和借入长期资金）的成本。由于长期资金也被称为资本，所以，长期资金的成本也可称为资本成本。在这里所说的资金成本主要是指狭义的资金成本，即资本成本。资金成本由资金筹集成本和资金使用成本两部分构成。

（1）资金筹集成本。资金筹集成本又称为筹资费，是指在资金筹集过程中所支付的各项费用，包括发行股票或债券支付的印刷费、发行手续费、律师费、资信评估费、公证费、担保费、广告费等。资金筹集成本一般属于一次性费用，筹资次数越多，资金筹集成本也就越高。

（2）资金使用成本。资金使用成本又称为资金占用费，是指占用资金而支付的费用，它主要包括支付给股东的各种股息和红利、向债权人支付的贷款利息及支付给其他债权人的各种利息费用等。资金使用成本一般与所筹集的资金多少以及使用时间的长短有关，具有经常性、定期性的特征，是资金成本的主要内容。

资金筹集成本与资金使用成本是有区别的，前者是在筹措资金时一次支付的，在使用资金过程中不再发生，因此可作为筹资金额的一项扣除，而后者是在资金使用过程中多次、定期发生的。

2. 资金成本的特点

资金成本是在商品经济社会中，由于资金所有权与资金使用权相分离而产生的。

（1）资金成本是资金使用者向资金所有者和中介机构支付的筹资费和占用费之和。作为资金的所有者，它绝不会将资金无偿让渡给资金使用者去使用；而作为资金的使用者，也不能无偿地占用他人的资金。因此，企业筹集资金后，暂时取得这些资金的使用价值，就要为资金所有者暂时地丧失其使用价值而付出代价，即承担资金成本。

（2）资金成本与资金的时间价值既有联系，又有区别。资金的时间价值与资金成本都基于同一个前提，即资金或资本参与任何交易活动都有代价。具体而言，资金的时间价值是资本所有者在一定时期内从资本使用者那里获得的报酬，资金成本则是资金的使用者由于使用他人的资金而付出的代价。它们都以利息、股利等作为表现形式。两者的区别主要表现在两个方面：第一，资金的时间价值表现为资金所有者的利息收入，而资金成本是资金使用人的筹资费用和利息费用；第二，资金的时间价值一般表现为时间的函数，而资金成本则表现为资金占用额的函数。

（3）资金成本在会计处理中，根据其性质和用途不同，可分为计入产品成本和不计入产品成本两种情形。

1）计入产品成本的资金成本。在特定情况下，资金成本可以计入产品成本，通常涉及借款费用的资本化。根据《企业会计准则第 17 号——借款费用》，借款费用若是直接用于符合资本化条件的资产购建或生产，如固定资产、投资性房地产和存货等，那这部分借款费用可以资本化，计入相关资产的成本。

2）不计入产品成本的资金成本。通常情况下，资金成本不直接计入产品成本。这类成本主要包括：支付给债权人的利息费用，这类费用通常作为财务费用在利润表中体现，影响当期的损益，而不计入产品成本；分配给股东的股息，这类支出作为利润分配处理，不计入产品成本。

3. 资金成本的作用

资金成本是比较筹资方式、选择筹资方案的依据。资金成本有个别资金成本、综合资金成本、边际资金成本等形式，不同形式的资金成本在不同情况下有着各自不同的作用。

（1）个别资金成本主要用于比较各种筹资方式资金成本的高低，是确定筹资方式的重要依据。工程项目筹集长期资金一般有多种方式可供选择，如长期借款、发行债券、发行股票等。运用不同的筹资方式，个别资金成本是不同的。这时，个别资金成本的高低可作为比较各种筹资方式优劣的一个依据。

（2）综合资金成本是项目公司资本结构决策的依据。通常，项目所需的全部长期资金是采用多种筹资方式组合构成的，这种筹资组合往往有多个筹资方案可供选择。所以，综合资金成本的高低就是比较各个筹资方案，作出最佳资本结构决策的基本依据。

（3）边际资金成本是追加筹资决策的重要依据。项目公司为了扩大项目规模，增加所需资产或投资，往往需要追加筹集资金。在这种情况下，边际资金成本就成为比较选择各个追加筹资方案的重要依据。

4. 资金成本的计算

（1）资金成本计算的一般形式。资金成本的表示方法有两种，即绝对数表示方法和相对数表示方法。绝对数表示方法是指为筹集和使用资本而发生的实际费用。相对数表示方法则是通过资金成本率来表示，用每年资金占用费与筹得的资金净额（筹资金额与筹资费用之差）的比率来定义。由于在不同条件下筹集资金的数额不相同，成本便不相同，因此，资金成本通常以相对数表示。其计算公式如下：

$$K=\frac{D}{P-F} \tag{5.1.5}$$

或

$$K=\frac{D}{P(1-f)} \tag{5.1.6}$$

式中：K——资金成本率（一般也可称为资金成本）；

P——筹资资金总额；

D——资金占用费；

F——筹资费；

f——筹资费费率（即筹资费占筹资资金总额的比率）。

（2）个别资金成本。个别资金成本是指各种资金来源的成本。项目公司从不同渠道、以不同方式取得资本所付出的代价和承担的风险是不同的，因此，个别资金成本是不同的。企业的长期资金一般有优先股、普通股、留存收益、长期借款、债券、租赁等，其中前三者统称权益资金，后三者统称债务资金。根据资金来源也就相应地分为优先股成本、普通股成本、留存收益成本、长期借款成本、债券成本、租赁成本等，前三者统称权益资金成本，后三者统称债务资金成本。

1）权益资金成本。

①优先股成本。优先股最大的一个特点是每年的股利不是固定不变的，当项目运营过程中出现资金紧张时可暂不支付。但因其股息是在税后支付，无法抵消所得税，因此，筹资成本大于债券，这对企业来说是必须支付的固定成本。优先股成本率的计算公式为：

$$K_p=\frac{D_p}{P_0\ (1-f)} \tag{5.1.7}$$

或

$$K_p=\frac{P_0\cdot i}{P_0\ (1-f)}=\frac{i}{1-f} \tag{5.1.8}$$

式中：K_p——优先股成本率；

P_0——优先股票面值；

D_p——优先股每年股息；

i——股息率；

f——筹资费费率（即筹资费占筹资资金总额的比率）。

【例 5.1.1】 某公司发行优先股股票，票面额按正常市价计算为 200 万元，筹资费费率为 4%，股息率为 14%，则优先股成本率为：

$$K_p=\frac{200\times 14\%}{200\times(1-4\%)}=\frac{14\%}{1-4\%}=14.58\%$$

②普通股成本。由于普通股股东的收益是随着项目公司税后收益额的大小而变动的，每年股利可能各不相同，而且这种变化深受项目公司融资意向与投资意向及股票市场股价变动因素的影响，因此，确定普通股成本通常比确定债务成本及优先股成本更困难些。确定普通股资金成本的方法有股利增长模型法、税前债务成本加风险溢价法和资本资产定价模型法。

a. 股利增长模型法。普通股的股利往往不是固定的，因此，其资金成本率的计算通常用股利增长模型法计算。一般假定收益以固定的年增长率递增，则普通股成本率的计算公式为：

$$K_s=\frac{D_c}{P_c\ (1-f)}+g=\frac{i_c}{1-f}+g \tag{5.1.9}$$

式中：K_s——普通股成本率；

P_c——普通股票面值；

D_c——普通股预计年股利额；

i_c——普通股预计年股利率；

g——普通股利年增长率；

f——筹资费费率（即筹资费占筹资资金总额的比率）。

【例 5.1.2】 某公司发行普通股正常市价为 56 元，估计年增长率为 12%，第一年预计发放股利 2 元，筹资费费率为股票市价的 10%，则普通股成本率为：

$$K_s=\frac{2}{56\times(1-10\%)}+12\%=15.97\%$$

b. 税前债务成本加风险溢价法。根据投资“风险越大，要求的报酬率越高”的原理，投资者的投资风险大于提供债务融资的债权人，因而会在债权人要求的收益率上再要求一定的风险溢价。在这种前提下，普通股成本率的计算公式为：

$$K_s=K_b+RP_c \tag{5.1.10}$$

式中：K_s——普通股成本率；

K_b——所得税前的债务资金成本；

RP_c——投资者比债权人承担更大风险所要求的风险溢价。

c. 资本资产定价模型法。这种方法是根据投资者对股票的期望收益来确定资金成本，在这种前提下，普通股成本率的计算公式为：

$$K_s=R_f+\beta\ (R_m-R_f) \tag{5.1.11}$$

式中：K_s——普通股成本率；

R_f——社会无风险投资收益率；

β——股票的投资风险系数；

R_m——市场投资组合预期收益率。

【例 5.1.3】 某期间市场无风险报酬率为 12%，平均风险股票必要报酬率为 14%，某公司普通股 β 值为 1.2，则普通股成本率为：

$$K_s=12\%+1.2\times(14\%-12\%)=14.4\%$$

③保留盈余成本。保留盈余又称为留存收益，是企业缴纳所得税后形成的，其所有权属于股东。股东将这一部分未分派的税后利润留在企业，实质上是对其追加投资。对此，股东同样要求这部分投资有一定的报酬，所以，保留盈余也有资金成本。它的资金成本是股东失去向外投资的机会成本，故与普通股成本的计算基本相同，只是不考虑筹资费用。其计算公式为：

$$K_R=\frac{D_c}{P_c}+g=i+g \tag{5.1.12}$$

式中：K_R——保留盈余成本率。

2）债务资金成本。

①长期借款成本。长期借款成本一般由借款利息和借款手续费两部分组成。按照国际惯例和各国税法的规定，借款利息可以计入税前成本费用，起到抵税的作用，因而使企业的实际支出相应减少。

对每年年末支付利息、贷款期末一次全部还本的借款，其借款成本率为：

$$K_g=\frac{I_t\ (1-T)}{G-F}=i_g\cdot\frac{1-T}{1-f} \tag{5.1.13}$$

式中：K_g——借款成本率；

G——贷款总额；

T——公司所得税税率；

I_t——贷款年利息；

i_g——贷款年利率；

F——贷款费用；

f——筹资费费率（即筹资费占筹资资金总额的比率）。

②债券成本。债券的成本主要是指债券利息和筹资费用。债券利息的处理和长期借款利息的处理相同，应以税后的债务成本为计算依据。债券的筹资费用一般比较高，不可以在计算资金成本时省略。因此，债券成本率可以按下列公式计算：

$$K_B=\frac{I_t\ (1-T)}{B\ (1-f)} \tag{5.1.14}$$

或

$$K_B=i_b\cdot\frac{1-T}{1-f} \tag{5.1.15}$$

式中：K_B——债券成本率；

B——债券筹资额；

I_t——债券年利息；

i_b——债券年利息利率；

T——公司所得税税率；

f——筹资费费率（即筹资费占筹资资金总额的比率）。

【例 5.1.4】 某公司为新建项目发行总面额为 1 000 万元的 10 年期债券，票面利率为 13%，发行费用为 5%，公司所得税税率为 25%。该债券成本率为：

$$K_B=\frac{1\,000\times13\%\times(1-25\%)}{1\,000\times(1-5\%)}=10.26\%$$

由于债券的发行价格受发行市场利率的影响，致使债券发行价格出现等价、溢价、折价等情况，因此，在计算债券成本时，债券的利息按票面利率确定，但债券的筹资金额按照发行价格计算。

【例 5.1.5】 假定上述公司发行面额为 1 000 万元的 10 年期债券，票面利率为 13%，发行费用率为 5%，发行价格为 1 200 万元，公司所得税税率为 25%。该债券成本率为：

$$K_B=\frac{1\,000\times13\%\times(1-25\%)}{1\,200\times(1-5\%)}=8.55\%$$

③租赁成本。企业租入某项资产，获得其使用权，要定期支付租金，并且租金列入企业成本，可以减少应付所得税。因此，其租赁成本率为：

$$K_L=\frac{E}{P_L}\cdot(1-T) \tag{5.1.16}$$

式中：K_L——租赁成本率；

P_L——租赁资产价值；

E——年租金额；

T——公司所得税税率。

④考虑时间价值的负债融资成本计算。上述负债融资成本计算公式假设各期所支付的

利息是相同的，并且没有考虑不同时期所支付利息的时间价值，同时也没有考虑还本付息的方式。如综合考虑这些因素，负债融资成本的表达式为：

$$P_0(1-f)=\sum_{t=1}^{n}\frac{P_t+I_t(1-T)}{(1+K_d)^t} \tag{5.1.17}$$

式中：P_0——债券发行额或长期借款金额，即债务现值；

f——债务资金筹资费用率；

I_t——约定的第 t 期末支付的债务利息；

P_t——约定的第 t 期末偿还的债务本金；

K_d——所得税后债务资金成本；

n——债务期限，通常以年表示；

T——公司所得税税率。

公式（5.1.17）中，等号左边是债务人的实际现金流入；等号右边为债务引起的未来现金流出的现值总额。使用该公式时，应根据项目具体情况确定债务年限内各年的利息是否应乘以（1－T），如在项目的建设期内不应乘以（1－T），在项目运营期内的所得税免征年份也不应乘以（1－T）。

（3）加权平均资金成本。企业不可能只使用某种单一的筹资方式，往往需要通过多种方式筹集所需资金。为进行筹资决策，就要计算确定企业长期资金的总成本——加权平均资金成本。加权平均资金成本一般是以各种资本占全部资本的比重为权重，对各类资金成本进行加权平均确定的。其计算公式为：

$$K_w=\sum_{i=1}^{n}W_i\cdot K_i \tag{5.1.18}$$

式中：K_w——加权平均资金成本；

W_i——各种资本占全部资本的比重；

K_i——第 i 类资金成本。

【例 5.1.6】 某企业账面反映的长期资金共 1 000 万元，其中长期借款 300 万元，应付长期债券 200 万元，普通股 400 万元，保留盈余 100 万元；其资金成本分别为 5.64%、6.25%、15.7%、15%。该企业的加权平均资金成本为：

$$5.64\%\times\frac{300}{1\,000}+6.25\%\times\frac{200}{1\,000}+15.7\%\times\frac{400}{1\,000}+15\%\times\frac{100}{1\,000}=10.722\%$$

上述计算中的个别资金成本的比重，是按账面价值确定的，其资料容易取得。但当资本的账面价值与市场价值差别较大时，如股票、债券的市场价格发生较大变动时，计算结果会与实际有较大的差距，从而贻误筹资决策。为了克服这一缺陷，个别资金成本的比重还可以按市场价值或目标价值确定。

（二）资本结构

资本结构是指项目融资方案中各种资金来源的构成及其比例关系，又称资金结构。在项目融资活动中，资本结构有广义和狭义之分。广义的资本结构是指项目公司全部资本的构成，不但包括长期资本，还包括短期资本，主要是短期债务资本。狭义的资本结构是指项目公司所拥有的各种长期资本的构成及其比例关系，尤其是指长期的股权资本与债务资本的构成及其比例关系。

项目的资金结构安排和资金来源选择在项目融资中起着非常关键的作用，巧妙地安排项目的资金构成比例，选择合适的资金形式，可以达到既能减少项目投资者自有资金的直接投入，又能提高项目综合经济效益的双重目的。

资本结构的分析应包括项目筹集资金中股本资金、债务资金的形式，各种资金所占比例，以及资金的来源，包括项目资本金与债务资金比例、项目资本金结构和项目债务资金结构。

1. 项目资本金与债务资金比例

项目建设资金的权益资金和债务资金结构是融资方案制定中必须考虑的一个重要方面。在项目总投资和投资风险一定的条件下，项目资本金比例越高，权益投资人投入项目的资金越多，承担的风险越高，而提供债务资金的债权人承担的风险越低。从权益投资人的角度考虑，项目融资的资金结构应追求以较低的资本金投资争取较多的债务资金，同时要争取尽可能低的股东追索。另外，由于债务资本的利息在所得税前列支，在考虑公司所得税的基础上，债务资本要比项目资本金的资金成本低很多，由于财务杠杆作用，适当的债务资本比例能够提高项目资本金财务内部收益率。而提供债务资金的债权人则希望债权得到有效的风险控制，项目有较高的资本金比例可以承担较高的市场风险，有利于债权得到有效的风险控制。同时，项目资本金比例越高，贷款的风险越低，贷款的利率可以越低，如果权益资金过大，风险可能会过于集中，财务杠杆作用下滑。但如果项目资本金占的比重太少，会导致负债融资的难度提升和融资成本的提高。

因此，对于大多数项目，资本安排中实际的资本结构必须在项目资本金和债务资本金间达到一个合理的比例关系，它们之间的合理比例需要由各个参与方的利益平衡来决定。一般认为，在符合国家资本金的制度规定、金融机构信贷法规及债权人有关资产负债比例要求的前提下，既能满足权益投资者获得期望投资回报的要求，又能较好地防范财务风险的比例是较理想的资本金与债务资金比例。

2. 项目资本金结构

项目资本金内部结构比例是指项目投资各方的出资比例。投资方对项目不同的出资比例决定了投资各方对项目的建设和经营所享有的决策权、应承担的责任以及项目收益的分配。采用新设法人筹资方式的项目，应根据投资各方在资本、技术、人力和市场开发等方面的优势，通过协商确定各方的出资比例、出资形式和出资时间。采用既有法人筹资方式的项目，在确定项目资本金结构时，要考虑既有法人的财务状况和筹资能力，合理确定既有法人内部筹资与新增资本金在项目筹资总额中所占的比例，分析既有法人内部筹资与新增资本金的可能性与合理性。因为既有法人将自身所拥有的现金和非现金资产投资于拟建项目，一方面，在其投资额度上受到公司自身财务资源的限制；另一方面，投资的这一部分资产将被拟建项目长期占用，势必会降低自身的财务流动性。

另外，按照我国现行相关制度规定，有些项目不允许国外资本控股，有些项目要求必须由国有资本控股。因此，对于国内投资项目，应分析控股股东的合法性和合理性；对于外商投资项目，要注意对外商投资建设项目的规定，分析外方出资比例的合法性和合理性。

3. 项目债务资金结构

在一般情况下，项目融资中债务融资占有较大的比例，因此，项目债务资金的筹集是解决项目融资的资金结构问题的核心。项目债务资本结构比例反映债权各方为项目提供债务资本的数额比例、债务期限比例、内债和外债的比例，以及外债中各币种债务的比例等。不同类型的债务资本融资成本不同，融资的风险也不一样。譬如增加短期债务资本能降低总的融资成本，但会增大公司的财务风险；而增加长期债务虽然能降低公司的财务风险，但会增加公司的融资成本。因此，在确定项目债务资本结构比例时，需要在融资成本和融资风险之间取得平衡，既要降低融资成本，又要控制融资风险。

选择债务融资的结构应该考虑以下几个方面：

(1) 债务期限配比。在项目负债结构中，长短期负债借款需要合理搭配。短期借款利率低于长期借款，适当安排一些短期融资可以降低总的融资成本，但如果过多的采用短期融资，会使项目公司的财务流动性不足，项目的财务稳定性下降，产生过高的财务风险。长期负债融资的期限应当与项目的经营期限相协调。

(2) 债务偿还顺序。长期债务需要根据一个事先确定下来的比较稳定的还款计划表来还本付息。对于从建设期开始的项目融资，债务安排中一般还有一定的宽限期。在此期间，贷款的利息可以资本化。但是，某些类型的债务资金安排对提前还款有所限制，例如一些债券形式要求至少一定年限内借款人不能提前还款，又如，采用固定利率的银团贷款，因为银行安排固定利率的成本原因，如果提前还款，借款人可能会被要求承担一定的罚款或分担银行的成本。通常，在多种债务中，对于借款人来讲，在时间上，由于较高的利率意味着较重的利息负担，所以应当先偿还利率较高的债务，后偿还利率较低的债务。对于有外债的项目，由于有汇率风险，通常应先偿还硬货币的债务，后偿还软货币的债务。但是为了使所有债权人都有一个比较满意的偿还顺序，在融资方案中应对此作出妥善安排。

(3) 境内外借款占比。对于借款公司来讲，使用境外借款或国内银行外汇贷款，如果贷款条件一样，并没有什么区别。境内外借款主要决定于项目使用外汇的额度，同时可能主要由借款取得可能性及方便程度决定。但是对于国家来讲，项目使用境外贷款，相对于使用国内银行的外汇贷款而言，国家的总体外汇收入增加，对于当期的国家外汇平衡有利。但对于境外贷款偿还期内的国家外汇平衡会产生不利影响。从项目的资金平衡利益考虑，如果项目的产品销售不取得外汇，应当尽量不要使用外汇贷款，投资中如果需要外汇，可以采取投资方注入外汇，或者以人民币购汇。如果项目使用的外汇额度很大，以至于项目大量购汇将会对当期国家的外汇平衡产生难以承受的影响，则需要考虑使用外汇贷款。如果国家需要利用项目从境外借款融入外汇，改善国家当期外汇平衡，也可以考虑由项目公司在国际上借贷融资，包括向世界银行等国际金融机构借款。

(4) 利率结构。项目融资中的债务资金利率主要为浮动利率、固定利率及浮动/固定利率三种机制。评价项目融资中应该采用何种利率结构，需要综合考虑三方面的因素：

1) 项目现金流量的特征起着决定性的作用。对于一些工程项目而言，项目的现金流量相对稳定，可预测性很强。采用固定利率机制有许多优点，有利于项目现金流量的预测，减少项目风险。相反，一些有关产品或资源项目的现金流量很不稳定，采用固定利率就有一定的缺点，在产品价格不好时将会增加项目的风险。

2) 对进入市场中利率的走向分析在决定债务资金利率结构时也起到很重要的作用。在利率达到或接近谷底时，如果能够将部分或全部浮动利率债务转换成为固定利率债务，无疑对借款人是一种有利的安排，这样可以在较低成本条件下将一部分融资成本固定下来。

3）任何一种利率结构都有可能为借款人带来一定的利益，但也会相应增加一定的成本，最终取决于借款人如何在控制融资风险和减少融资成本之间的权衡。如果借款人将控制融资风险放在第一位，在适当的时机将利率固定下来是有利的，然而短期内可能要承受较高的利息成本。如果借款人更趋向于减少融资成本，问题就变得相对复杂得多，要更多地依赖金融市场上利率走向的分析。因此，近几年来在上述两种利率机制上派生出几种具有固定利率特征的浮动利率机制，以满足借款人的不同需要。

简单地说，具有固定利率特征的浮动利率机制使相对浮动利率加以优化，对于借款人来讲，在某个固定利率之下，利率可以自由变化，但是，利率如果超过该固定水平，借款人只按照该固定利率支付利息。这种利率安排同样是需要成本的。

（5）货币结构。项目融资债务资金的货币结构可以依据项目现金流量的货币结构加以设计，以减少项目的外汇风险。不同币种的外汇汇率总是在不断变化。如果条件许可，项目使用外汇贷款需要仔细选择外汇币种。外汇贷款的借款币种与还款币种有时是可以不同的。通常主要应当考虑的是还款成本，选择币值较为软弱的币种作为还款币种。这样，当这种外汇币值下降时，还款金额相对降低了。当然，币值软弱的外汇贷款利率通常较高。这就需要在汇率变化和利率差异之间做出预测权衡和抉择。

4. 资本结构的比选方法

资本结构是否合理，一般是通过分析每股收益的变化来进行衡量的。凡是能够提高每股收益的资本结构就是合理的，反之则是不合理的。一般来说，每股收益一方面受资本结构的影响，同样也受销售水平的影响。因此，可运用融资的每股收益分析方法分析三者的关系。

每股收益分析是利用每股收益的无差别点进行的。所谓每股收益的无差别点，是指每股收益不受融资方式影响的销售水平。根据每股收益无差别点，可以分析判断不同销售水平下适用的资本结构。每股收益 EPS 的计算式如下：

$$EPS=\frac{(S-VC-F-I)(1-T)-D_p}{N}=\frac{(EBIT-I)(1-T)-D_p}{N} \tag{5.1.19}$$

式中：S——销售额；

VC——变动成本；

F——固定成本；

I——债务利息；

N——流通在外的普通股股数；

$EBIT$——息税前盈余；

D_p——优先股年股利。

在每股收益无差别点上，无论是采用负债融资，还是采用权益融资，每股收益都是相等的。若以 EPS_1 表示负债融资，以 EPS_2 表示权益融资，有：

$$EPS_1=EPS_2$$

$$\frac{(S_1-VC_1-F_1-I_1)(1-T)-D_{p1}}{N_1}=\frac{(S_2-VC_2-F_2-I_2)(1-T)-D_{p2}}{N_2} \tag{5.1.20}$$

在每股收益无差别点上，$S_1=S_2$，则：

$$\frac{(S-VC_1-F_1-I_1)(1-T)-D_{p1}}{N_1}=\frac{(S-VC_2-F_2-I_2)(1-T)-D_{p2}}{N_2} \quad (5.1.21)$$

能使得上述公式成立的销售额 S 即为每股收益无差别点销售额。

【例 5.1.7】 某项目公司原有资本 5 000 万元，其中长期债务资本 2 000 万元，优先股股本 500 万元，普通股股本 2 500 万元。该公司每年负担的利息费用为 200 万元，每年发放的优先股股利为 55 万元。该公司发行在外的普通股为 100 万股，每股面值为 25 元。该公司的企业所得税税率为 25%。因该公司决定扩大项目规模，为此需要追加筹集 2 500 万元长期资本。现有两种备选方案。

一是全部发行公司债券，票面利率为 12%，利息为 300 万元。

二是全部发行普通股，增发 100 万股普通股，每股面值为 25 元。

将上述资料中的有关数据代入条件公式：

$$\frac{(EBIT-500)\times(1-25\%)-55}{100}=\frac{(EBIT-200)(1-25\%)-55}{200}$$

$$EBIT=873.33\ （万元）$$

此时的每股收益额为：

$$\frac{(873.33-500)\times(1-25\%)-55}{100}=2.25\ （元）$$

上述每股收益无差别分析，如图 5.1.1 所示。

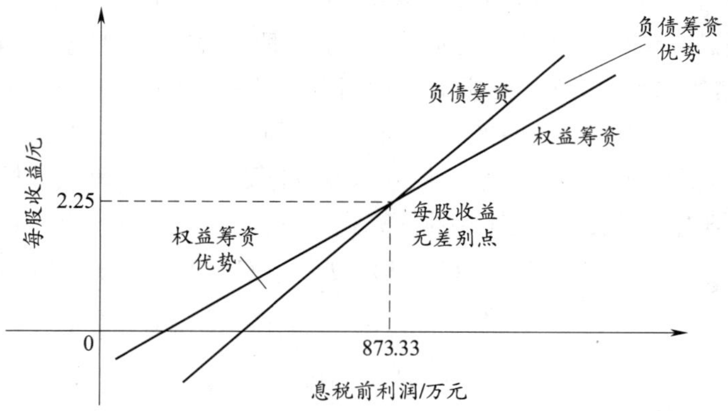

图 5.1.1 每股收益无差别分析

从图 5.1.1 中可以看出，当息税前利润大于 873.33 万元时，采用负债筹资方式较为有利；当息税前利润低于 873.33 万元时，采用发行普通股筹资方式较为有利；而当息税前利润等于 873.33 万元时，采用这两种方式并无差别。

第二节 工程项目融资

项目融资有广义和狭义两种理解。广义上讲，项目融资就是指“为项目而融资”，包括以新建项目、收购既有项目或对既有项目进行债务重组等为目的而进行的融资活动。狭义的项目融资则是指无追索或有限追索形式的融资活动，是以项目的资产、预期收益、预期现金流量等作为偿还贷款的资金来源。

一、项目融资的特点和程序

(一) 项目融资的特点

与传统融资方式相比，项目融资在融资出发点、资金使用的关注点等方面均有所不同。项目融资主要具有项目导向、有限追索、风险分配合理、非公司负债型融资、信用结构多样化、融资成本高、可利用税务优势的特点。

1. 项目导向

项目融资主要以项目为主体来安排融资，而不是以项目的投资者（借款人）或发起人为主体。债权人在项目融资过程中重点关注的是项目的未来收益和资产，而不依赖于项目投资者或发起人的信誉、财务实力等。与传统融资方式相比，项目融资一般可以获得较高的贷款比例，某些项目甚至可以做到100%的融资。由于以项目为导向，项目融资的贷款期限可以根据项目的具体需要和项目的经济生命期来安排设计，可以比一般商业贷款期限长，有的项目贷款期限可长达20～30年。

2. 有限追索

传统融资方式中，贷款人为项目借款人提供的主要是完全追索形式的贷款，即贷款人主要依赖借款人自身的资信情况。而作为有限追索的项目融资，贷款人可以在贷款的某个特定阶段（如项目建设期和试生产期）对项目借款人实行追索，或在一个规定的范围（这种范围包括金额和形式的限制）内对项目借款人实行追索。除此之外，无论项目出现任何问题，贷款人均不能追索到项目借款人除该项目资产、现金流量及所承担的义务之外的任何形式的财产。

“无追索”是有限追索的特殊情况，即融资百分之百地依赖于项目预期收益。在融资的任何阶段，贷款人均不能追索到项目借款人除项目之外的资产。事实上，“无追索”融资结构在工程实践中发生较少。

3. 风险分配合理

项目融资具有风险大、风险种类多的特点。为了实现项目融资的有限追索，需要将与项目有关的各种风险以某种形式在项目贷款人、投资者（借款人）、其他与项目开发有直接或间接利益关系的参与者之间进行合理分配。在组织项目融资的过程中，项目借款人应能够识别和分析项目的各种风险因素，确定自身、贷款人及其他参与者所能承受风险的最大能力及可能性，充分利用与项目有关的一切可以利用的优势，设计出对投资者具有最低追索的融资结构。

4. 非公司负债型融资

项目融资也称为非公司负债型融资，是资产负债表之外的融资，即指项目的债务不出现在项目投资者（即实际借款人）的资产负债表中。这样的会计处理是通过对投资结构和融资结构的设计来实现的。而传统融资方式的债务，会出现在项目投资者的资产负债表中。对于项目投资者而言，非公司负债型融资的优势在于：公司能够以有限的财力从事更多的投资，同时将投资风险分散和限制在更多的项目之中，而不会出现传统融资方式下投资者的项目投资和其他投资之间互相制约的问题。在实际融资过程中，项目融资方式的优势在公司从事超过自身资产规模的项目投资，或同时开发几个大型项目时，体现得尤为明显。

5. 信用结构多样化

在项目融资中，用于支持贷款的信用结构的安排是灵活多样的。一个成功的项目融资，可以将贷款的信用支持分配到与项目有关的各个关键方面。典型的做法包括以下几个方面：

（1）在市场方面，可以要求对项目产品感兴趣的购买者提供一种长期购买合作作为融资的信用支持（这种信用支持所能起到的作用取决于合同的形式和购买者的资信）。资源性项目的开发受到国际市场的需求、价格变动的影响很大，能否获得一个稳定的、合乎贷款银行要求的项目产品长期销售合同往往成为能否成功组织项目融资的关键。

（2）在工程建设方面，为了减少风险，可以要求工程承包公司提供固定价格、固定工期的合同，或"交钥匙"工程合同，可以要求项目设计者提供工程技术保证等。

（3）在原材料和能源供应方面，可以要求供应方在保证供应的同时，根据项目产品的价格变化设计一定的价格调整公式，保证项目的最低收益。

上述这些做法，都可以成为项目融资强有力的信用支持，提高项目的债务承受能力，减少融资对投资者（借款人）资信和其他资产的依赖程度。

6. 融资成本较高

与传统融资方式相比，项目融资成本高、时间长。主要表现在以下几个方面：

（1）前期工作量大、耗时长。项目融资需要完成风险分担、税收结构、资产抵押等一系列技术性工作，通常从开始准备到完成整个融资计划需要 3～6 个月，有些大型项目融资甚至需要几年时间。

（2）成本高。前期工作量大和有限追索性质，导致项目融资成本高于传统融资成本。项目融资成本包括：前期费用和利息成本。项目规模越小，前期费用所占贷款金额的比例就越大；项目融资的利息成本变化幅度与贷款银行在融资结构中承担的风险有关。

7. 可利用税务优势

追求充分利用税务优势降低融资成本，提高项目的综合收益率和偿债能力，是项目融资的一个重要特点。这一问题贯穿于项目融资的各个阶段、各个组成部分的设计之中。所谓充分利用税务优势，是指在项目所在国法律允许的范围内，通过精心设计的投资结构、融资模式，将所在国政府对投资的税务鼓励政策在项目参与各方中最大限度地加以分配和利用，以此降低筹资成本、提高项目的偿债能力。这些税务政策随国家、地区不同而不同，通常包括加速折旧、利息成本、投资优惠及其他费用的抵税等。

（二）项目融资程序

从项目投资决策开始，至选择项目融资方式为项目建设筹措资金，再到最后完成该项目融资为止，项目融资大致可分为五个阶段：投资决策分析、融资决策分析、融资结构设计、融资谈判及融资执行。每一阶段的主要工作如图 5.2.1 所示。

1. 投资决策分析

在进行项目投资决策之前，投资者需要对一个项目进行相当周密的投资决策分析，投资决策分析的结论是投资决策的主要依据。这些分析包括宏观经济形势的判断，项目的行业、技术和市场分析，以及项目可行性研究等内容。投资者一旦做出投资决策，随后工作就是确定项目的投资结构，因为项目的投资结构与融资结构和资金来源有着密切联系。此外，在很多情况下，项目投资决策也与项目能否融资及如何融资密切相关。投资者在决定项目投资结构时需要考虑的因素很多，主要包括项目的产权形式、产品分配形式、债务责任、决策程序、现金流量控制、会计处理和税务结构等。投资结构的选择会影响项目融资的结构和资金来源的选择；反过来，项目融资结构的设计也可能导致投资结构的调整。

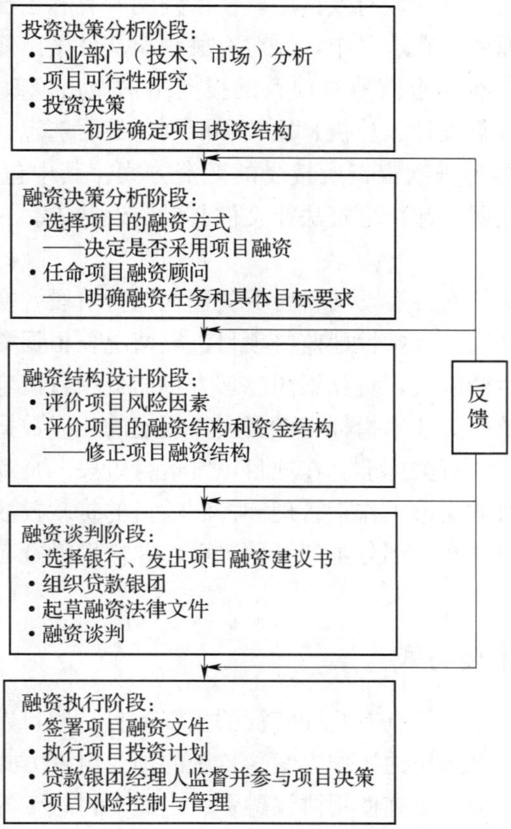

图 5.2.1 项目融资程序

2. 融资决策分析

这一阶段的主要内容是项目投资者将决定采用何种融资方式为项目开发筹集资金。项目建设是否采用项目融资方式主要取决于项目的贷款数量、时间、融资费用、债务责任分担以及债务会计处理等方面的要求。如果决定选择项目融资作为筹资手段，投资者就需要聘请融资顾问，如投资银行、财务公司或者商业银行中的项目融资部门。融资顾问在明确融资的具体任务和目标要求后，开始研究和设计项目的融资结构。

3. 融资结构设计

这一阶段的一个重要步骤是对与项目有关的风险因素进行全面分析、判断和评估，确定项目的债务承受能力和风险，设计切实可行的融资方案和抵押保证结构。项目融资信用结构的基础是由项目本身的经济强度以及与之有关的各个利益主体与项目的契约关系和信用保证构成的。项目融资结构及相应的资金结构的设计和选择，必须全面地反映投资者的融资战略要求和考虑。

4. 融资谈判

在项目融资方案初步确定以后，项目融资进入谈判阶段。首先，融资顾问向商业银行或其他金融机构发出参加项目融资的建议书，组织银团贷款，并起草项目融资的有关文件。随后，与银行进行谈判。在谈判中，法律顾问、融资顾问和税务顾问将发挥重要作用。他们一方面可以使投资者在谈判中处于有利地位，保护投资者利益；另一方面可以在谈判陷入僵局时，及时灵活地采取有效措施，使谈判朝着有利于投资者利益的方向进行。

融资谈判不会一蹴而就。在谈判中，要对有关法律文件做出修改，有时还会涉及融资结构或资金来源的调整，有时也需要对项目的投资结构做出修改，以满足贷款银团的要求。通过对融资方案的反复设计、分析、比较和谈判，最后选定一个既能最大限度地保护项目投资人的利益，又能为贷款银行所接受的融资方案。其中包括选择银行、发出项目融资建议书、组织贷款银团、起草融资法律文件、融资谈判等。

5. 融资执行

正式签署项目融资法律文件后，项目融资就进入执行阶段。在项目建设阶段，贷款银团将委派融资顾问为经理人，经常性地监督项目进展情况，根据资金预算和项目建设进度表安排贷款。在项目试生产阶段，贷款银团经理人将监督项目试生产（运行）情况，将项目的实际生产成本数据及有关技术指标与融资文件规定的相应数据和指标对比，确认项目是否已达到融资文件规定的有关标准。在项目正常运行阶段，贷款银团经理人将根据融资文件规定，参与部分项目的决策工作，管理和控制项目的贷款投放和部分现金流量。除此之外，贷款银团经理人也会参与部分生产经营决策，并协助投资者加强对项目风险的控制与管理。

二、项目融资的主要方式

项目融资方式是指对于某类具有共同特征的投资项目，项目发起人或投资者在进行投融资设计时可以效仿并重复运用的操作方案。传统的项目融资方式主要包括直接融资、项目公司融资、杠杆租赁融资、设施使用协议融资、产品支付融资等，新型项目融资方式有政府和社会资本合作、资产证券化、不动产投资信托基金等方式，这里主要介绍新型项目融资方式。

（一）政府和社会资本合作

政府和社会资本合作（Public－Private Partnership，PPP）于1982年由英国提出，2014年正式引入我国，先后经历推广、规范发展阶段。2023年11月3日，国务院办公厅转发国家发展改革委、财政部《关于规范实施政府和社会资本合作新机制的指导意见》（国办函〔2023〕115号）颁布，规定了PPP新机制。2024年3月28日，国家发展改革委等六部门联合发布《基础设施和公用事业特许经营管理办法》，对PPP项目的实施管理进行了新的系统性规定。为了进一步细化和规范PPP项目的执行，《政府和社会资本合作项目特许经营方案编写大纲（2024年试行版）》和《政府和社会资本合作项目特许经营协议（编制）范本（2024年试行版）》陆续发布。这些文件的出台标志着我国PPP进入了一个更加规范、透明和可操作的阶段。

市场化程度较高、公共属性较弱的项目，应由民营企业独资或控股；关系国计民生、公共属性较强的项目，民营企业股权占比原则上不低于35%；少数涉及国家安全、公共属性强且具有自然垄断属性的项目，应积极创造条件、支持民营企业参与。

PPP项目的特许经营期限原则上不超过40年，投资规模大、回报周期长的特许经营项目可以根据实际情况适当延长。特许经营期限拟超过 40 年的，应当在特许经营方案中充分论证并随特许经营方案一并报请批准。

1. PPP 特征、主要参与方及重点实施领域

PPP 可理解为政府和社会资本在风险分担、利益共享的基础上建立并维持长期的合作伙伴关系，通过发挥各自的优势及特长，最终为公众提供质量更高、效果更好的公共产品及服务的项目投融资方式。

（1）特征。PPP 的核心特征是：伙伴关系、利益共享及风险共担。具体体现在以下几方面：①适用于基础设施项目，通常投资规模大、项目生命周期长；②实施方式众多（BOT、TOT 等）、付费机制多样（使用者付费、政府付费等）；③政府部门通过与社会资本签订协议和合同，有利于分散和转移项目风险；④减少政府的直接财政负担，减轻政府的借款负债义务；⑤充分发挥社会资本的先进技术和项目管理经验，有利于提高项目运作效率；⑥引入社会资本和使用者付费机制，实现政府和社会资本的利益共享，提前满足社会和公众需求。

（2）主要参与方。PPP 项目参与方主要包括：政府、社会资本、项目公司、融资方、承包商、产品或服务购买方、保险公司及专业机构等。各参与方之间的权利义务关系依托各种合同和协议确定。其中，政府和社会资本或项目公司签订的 PPP 项目合同为核心合同。

社会资本是 PPP 项目的实际投资人，但实践中社会资本通常专门成立针对项目的项目公司，作为 PPP 项目合同及其他相关合同的签约主体，负责项目融资、建设和运营维护的具体实施。

项目公司是依法设立的自主运营、自负盈亏的具有独立法人资格的经营实体，是社会资本专门为特定 PPP 项目设立的特殊目的机构（Special Purpose Vehicle，SPV），由社会资本（一家企业或者多家企业组成的联合体）出资设立，也可由政府和社会资本共同出资设立，以实现项目融资的无追索或有限追索。

PPP 项目的融资方是指为项目提供资金的机构，通常为商业银行、出口信贷机构、多边金融机构、信托公司以及相关基金等。根据 PPP 项目的融资规模，融资方可以是一两家，也可以是多家组成的财团，融资方式具体可以采用贷款、债券、资产证券化等多种形式。

PPP 项目的全过程涉及项目立项、准备、招标采购、合同谈判及签订、项目执行和移交收尾诸多方面和环节。社会资本介入 PPP 项目的时间和阶段决定了所采用的具体实施方式。

（3）重点实施领域。PPP 应限定于有经营性收益的项目，主要包括公路、铁路、民航基础设施和交通枢纽等交通项目，物流枢纽、物流园区项目，城镇供水、供气、供热、停车场等市政项目，城镇污水垃圾收集处理及资源化利用等生态保护和环境治理项目，具有发电功能的水利项目，体育、旅游公共服务等社会项目，智慧城市、智慧交通、智慧农业等新型基础设施项目，城市更新、综合交通枢纽改造等盘活存量和改扩建有机结合的项目。

2. PPP 具体实施方式

PPP 可分为基于使用者付费的特许经营和基于公共部门（政府）付费的私人融资计

划（PFI）两种模式。其中，基于使用者付费的特许经营的具体实施方式包括：建设—运营—移交（BOT）、移交—运营—移交（TOT）、改建—运营—移交（ROT）、建设—拥有—运营—移交（BOOT）、设计—建设—融资—运营—移交（DBFOT）等。

《财政部关于推广运用政府和社会资本合作模式有关问题的通知》指出，PPP 应全部采取特许经营模式实施，根据项目实际情况，合理采用具体的实施方式。

（1）BOT 方式。BOT（Build－Operate－Transfer，建设－运营－移交）方式的基本思路是，由政府部门为项目的建设和经营提供一种特许权协议（Concession Agreement）作为项目融资的基础，由社会资本作为项目的投资者和经营者安排融资、承担风险、开发建设项目并在特许权协议期间经营项目获取商业利润。在项目特许经营期内，社会资本只拥有项目资产经营权，并不拥有项目资产所有权。特许期届满后，根据协议将该项目移交给政府部门。

BOT 方式主要适用于新建项目，从项目可行性研究到经营期结束，时间跨度大，项目融资风险相对较高。按可控程度不同，PPP 项目风险分为系统风险和非系统风险。系统风险属于可控风险，是项目融资中参与各方可以自行控制和处理的风险，包括信用风险、市场风险、竞争性风险、建设工程风险、运营维护风险、环境风险等。非系统风险属于不可控风险，是指与国家宏观经济环境有关的、超出发起人和项目公司控制范围的风险，包括不可抗力风险、违约风险、政策法规变化风险、金融风险等。

（2）BOO 方式。BOO（Build－Own－Operate，建设—拥有—运营）方式是指社会资本根据政府赋予的特许权，建设并经营基础设施项目。其最大特点在于，社会资本无需将项目移交给政府部门（即为永久私有化），旨在鼓励社会资本从项目全生命期角度合理建设和经营基础设施，提高项目产品/服务的质量，追求全生命期总成本的降低和效率的提高，使项目的产品/服务价格更低。

BOO 与 BOT 方式的相同之处在于，都是利用社会资本投资建设基础设施项目。二者的区别在于，BOT 项目中的社会资本在特许期届满后必须将项目设施移交给政府部门；而 BOO 项目中的社会资本有权不受任何时间限制地拥有并经营项目。

（3）BOOT 方式。BOOT（Build－Own－Operate－Transfer，建设－拥有－运营－移交）方式是指社会资本融资建设基础设施项目，项目建成后，在特许经营期内拥有所有权并进行经营，特许经营期届满后将项目移交给政府部门。BOOT 方式的特点是，社会资本在特许经营期内既拥有经营权，又拥有所有权，政府允许社会资本在一定范围和一定时期内，将项目资产以融资目的抵押给银行，以获得更优惠的贷款条件，从而使项目的产品/服务价格降低，但特许经营期一般比 BOT 方式的长。

（4）TOT 方式。TOT（Transfer－Operate－Transfer，移交—运营—移交）方式是指社会资本向政府部门购买已建成并运营的项目资产所有权，并在特许期内负责经营该资产以收回投资并获取收益，而政府部门将这笔资金用于缓解财政压力或投资建设新项目。待特许期届满后，社会资本将项目所有权及经营权移交给政府部门。TOT 方式为政府在资金不足的情况下建设大型项目提供了解决途径，还为各类资本投资基础设施项目开辟了新渠道。

1）TOT 方式的运作程序。TOT 项目运作程序一般包括以下步骤：①制订 TOT 方案并按有关规定报送有关部门批准；②项目发起人（同时又是投产项目的所有者）设立

SPV，将完工项目的所有权和新建项目的所有权均转让给 SPV，以确保有专门机构对两个项目的管理、转让、建造负责，并对出现的问题加以协调；③TOT 项目招标包括招标准备、资格预审、准备招标文件、评标等步骤；④SPV 与投资者洽谈，以达成转让投产运行项目在未来一定期限内全部或部分经营权的协议，并取得资金；⑤转让方利用获得的资金建设新项目；⑥新项目投入使用；⑦转让项目经营期届满后，应在无债务、未设定担保、设施状况完好的情况下将资产移交给原转让方。

2）TOT 方式的特点。与 BOT 方式相比，TOT 方式主要有以下特点：

①融资结构不同。BOT 方式涉及参与方多、协议量大，其复杂性和难度高于 TOT 方式。TOT 方式下，由于项目的建设已完成，仅通过项目经营权和（或）所有权移交来完成一次融资。

②融资目的不同。TOT 方式是通过已建成项目为其他新项目进行融资，BOT 方式则是为筹建中的项目进行融资。

③运作周期不同。TOT 方式避开了建设过程中所包含的大量风险和矛盾（如建设成本超支、延期、停建、无法正常运营等），且仅涉及转让经营权，而不涉及产权、股权等问题，在项目融资谈判过程中较容易使双方意愿达成一致，且不会威胁基础设施的控制权与国家安全。

④投资者风险不同。BOT 方式下，投资者需要先投入资金建设，并设计合理的信用保证结构，花费时间长，承担风险大；TOT 方式下，投资者购买的是正在运营的资产和资产的经营权，资产收益具有确定性，且不需要太复杂的信用保证结构。

（5）ROT 方式。ROT（Renovate - Operate - Transfer，改建—运营—移交）方式由 TOT 方式发展而来，主要是在 TOT 基础上增加了改扩建项目。社会资本在获得政府部门授予的特许权后，对存量资产进行改造、扩建等，并获得改扩建后一段时间的特许经营权，拥有获得相应回报的权利。特许经营期届满后，社会资本将有关资产移交给政府部门。ROT 方式广泛应用于水务和废物管理领域，特别适合于那些已建成但需要升级或改造以提高服务质量和运营效率的既有设施。

（6）DBFOT 方式。DBFOT（Design - Build - Finance - Operate - Transfer，设计—建设—融资—运营—移交）方式是指社会资本负责项目设计、建设、融资，以及提供运营和维护服务，最后将项目资产移交给政府部门。

（7）PFI 方式。PFI（Private Finance Initiative，私人主动融资）方式是指由私营企业进行项目建设与运营，从政府部门或接受服务方收取费用以回收成本。在运营期结束时，私营企业应将所运营的项目完好地、无债务地归还政府。通过 PFI 方式，政府与私营企业进行合作，由私营企业承担部分政府公共物品的生产或提供公共服务，政府购买私营企业提供的产品或服务，或给予私营企业以收费特许权，或政府与私营企业以合伙方式共同营运，来实现政府公共物品产出中的资源配置最优化、效率和产出的最大化。

1）PFI 典型实施方式。在英国的实践中，PFI 有以下三种典型实施方式：

①在经济上自立的项目。私营企业提供服务时，政府不向其提供财政的支持，但在政府的政策支持下，私营企业通过项目的服务向最终使用者收费，以回收成本和实现利润。

②向公共部门出售服务的项目。私营企业提供项目服务所产生的成本，完全或主要通过私营企业服务提供者向公共部门收费来补偿，这类项目主要包括私人融资兴建的监狱、

医院和交通线路等。

③合资经营项目。公共部门与私营企业共同出资、分担成本和共享收益。但为了使项目成为一个真正的 PFI 项目，项目的控制权必须由私营企业来掌握，公共部门只是一个合伙人角色。

2）PFI 方式的优点：①有利于拓展融资渠道，减少政府开支，减轻政府财政负担；②适当转移项目风险；③提高公共项目的建设效率并节约成本；④有利于先进技术和管理经验的应用；⑤提高公共物品产出水平等。

3）PFI 方式与 BOT 方式的比较。

PFI 方式与 BOT 方式在本质上没有太大区别，但在细节上有所不同。

①适用领域不同。BOT 方式主要用于基础设施或市政设施，如机场、港口、电厂、公路、自来水厂等，以及自然资源开发项目。PFI 方式的应用面更广，除上述项目之外，一些非营利性的公共服务设施项目（如学校、医院、监狱等）同样适用 PFI 方式。

②合同类型不同。两种融资方式中，政府与私营企业签署的合同类型不尽相同。BOT 项目的合同类型是特许经营合同，而 PFI 项目合同是服务合同，PFI 项目合同一般会对设施的管理、维护提出特殊要求。

③合同期届满处理方式不同。BOT 项目合同一般会规定特许经营期届满后，项目必须无偿交给政府管理及运营，而 PFI 项目合同往往会规定，如果私营企业通过正常经营未达到合同规定的收益，可以继续保持运营权。

3. PPP 项目特许经营方案

（1）特许经营方案内容。根据《政府和社会资本合作项目特许经营方案编写大纲（2024 年试行版）》，对于新建（含改扩建）项目，特许经营方案应包括以下内容：

1）概述。包括：项目概况、项目实施机构、特许经营主要内容、政府承诺和保障。

2）项目可行性分析。包括：建设必要性、建设方案分析、要素保障条件、运营服务要求、主要风险识别和分析。

3）特许经营模式可行性论证。包括：项目属性分析、项目收费渠道和方式、项目盈利能力分析、比较优势分析、参与意愿分析、合法合规性分析、特许经营风险分析。

4）特许经营主要内容。包括：特许经营范围，实施方式，特许经营期限和资产权属，特许经营主要原则和合作边界，特许经营者选择，交易结构与投融资结构，监督管理和运营评价，风险管控；政府承诺和保障，调整、变更等其他要求，违约责任与争议解决等要求。

5）结论和建议。包括：主要研究结论，问题与建议，附表、附图和附件。

（2）特许经营方案编制和审核。项目实施机构根据授权，参照可行性研究报告编写规范，牵头编制特许经营方案。实施机构可以委托具有相应能力和经验的第三方机构，开展特许经营可行性论证，完善特许经营方案。

特许经营可行性论证，应当从项目全生命周期成本、产出或服务效果、建设运营效率、风险防范控制等方面，特别是对采取特许经营模式和传统政府投资模式在投入产出、经济社会效益等方面进行比较分析，对项目是否适合采用特许经营模式进行论证。此外，还应当对相关领域市场发育程度、企业建设运营能力状况和参与意愿、项目产品服务使用者支付意愿和能力进行评估，确保特许经营模式可以落地实施。

特许经营方案按照政府投资项目审批权限和要求，报送投资主管部门或者其他有关部门审核，合理控制项目建设内容和规模，明确项目产出方案。审核特许经营方案时，应当对项目是否适合采取特许经营模式进行认真比较和论证，根据职责分工征求有关部门意见，必要时可以委托专业咨询机构进行评估。

4. PPP 项目特许经营协议

实施机构应当与依法选定的特许经营者签订特许经营协议。需要成立项目公司的，实施机构应当与依法选定的特许经营者签订初步协议，约定其在规定期限内注册成立项目公司，并与项目公司签订特许经营协议。

特许经营协议应当主要包括以下内容：①项目名称、内容；②特许经营方式、区域、范围和期限；③如成立项目公司，明确项目公司的经营范围、注册资本、股东出资方式、出资比例、股权转让等；④所提供产品或者服务的数量、质量和标准；⑤特许经营项目建设、运营期间的资产权属，以及相应的维护和更新改造；⑥监测评估；⑦投融资期限和方式；⑧收益取得方式，价格和收费标准的确定方法以及调整程序；⑨履约担保；⑩特许经营期内的风险分担；⑪因法律法规、标准规范、国家政策等管理要求调整变化对特许经营者提出的相应要求，以及成本承担方式；⑫政府承诺和保障；⑬应急预案和临时接管预案；⑭特许经营期限届满后，项目及资产移交方式、程序和要求等；⑮实施环境变化、重大技术变化、市场价格重大变化等协议变更情形，提前终止及补偿；⑯违约责任；⑰争议解决方式；⑱需要明确的其他事项。

（二）资产证券化

资产证券化（Asset-Backed Securitization，ABS）是 20 世纪 80 年代在美国兴起的一种金融工具，它将缺乏流动性但具有未来现金流的资产归集起来，建立资产池并通过结构性重组，进而转变为可在金融市场上出售和流通的证券。

1. 资产证券化特点

资产证券化具有以下特点：①资产证券化产品通过 SPV 发行；②资产证券化产品在基础资产发起人的会计处理上表现为资产出售，而不是债务融资；③在资产证券化交易中，需要为投资者提供基础资产的维护服务；④资产证券化产品的信用主要取决于基础抵押资产的信用；⑤资产证券化产品通常需要进行信用增级。

2. 资产证券化类型

中国金融市场实行“分业经营、分业监管”模式，资产证券化主要分为以下 4 种类型：

（1）信贷资产证券化。主要用于提高银行、保险机构等金融机构的资金流动性，加大金融机构的信贷资产投放。由中国人民银行主管，审核方式为中国人民银行注册制和国家金融监督管理总局备案制。发起人是银行业金融机构（如商业银行、政策银行、邮政储蓄银行、财务公司、信用社、汽车金融公司、金融资产管理公司等），通过公开发行或非公开发行方式，投资者是银行间债券市场机构投资者（如银行、财务公司、保险公司、基金、券商等）。

（2）企业资产证券化。又称资产支持专项计划，直接作用于企业，提高企业的资产流动性，盘活企业存量资产。由中国证券监督管理委员会主管，审核方式为事后备案制。

（3）资产支持票据（Asset-Backed Notes，ABN）。是指非金融企业在银行间债券市场发行的，由基础资产所产生的现金流作为还款支持的，约定在一定期限内还本付息的债务融资工具。ABN由中国银行间市场交易商协会（简称交易商协会）负责注册，不强制要求设立SPV，可公开发行也可定向发行，流通市场为银行间债券市场。公开发行面向银行间债券市场所有投资者，非公开发行面向合格投资者。

（4）项目资产支持计划。由国家金融监督管理总局主管，审核方式为初次申报核准，同类产品事后报告。目前以非公开发行方式为主，投资者是保险机构以及其他具有风险识别和承受能力的合格投资者。

3. 资产证券化运作流程

（1）确定证券化资产并组建资产池。必要时，发起人会委托第三方机构对资产池进行审核。

（2）成立SPV。由发起人成立SPV作为证券的发行机构，保证其以经营资产证券化为唯一目的，在法律上形成“破产隔离”载体。

（3）转让资产，实现“真实出售”。发起人将资产或资产池转让给SPV，这种转让需要构成真实出售，确保将资产有效地从原始权益人手中剥离，转移到SPV手中。

（4）信用增级和信用评级。发起人或第三方机构对SPV的资产或资产池进行信用增级，由中立的信用评级机构对SPV拟发行的证券进行信用评级。

（5）销售交易。SPV以特定的资产或资产池为基础，发行证券；SPV以证券发行收入为基础，向发起人支付资产转让的款项。

（6）服务与管理。由SPV或其他机构作为服务商对资产或资产池进行日常管理，获得资产或资产池产生的现金流收入。

（7）SPV偿债。SPV以上述现金流收入为基础，向持有证券的投资者还本付息。

在上述运作流程中，基础资产的现金流分析是资产证券化的核心，资产重组、信用增级、破产风险隔离是资产证券化的关键环节。

4. ABS方式与BOT方式的比较

ABS方式与BOT方式在项目所有权、运营权归属，适用范围，资金来源，对项目所在国的影响，风险分散度，融资成本等方面都有不同之处。

（1）项目所有权、运营权归属。BOT方式中，项目的所有权与运营权在特许经营期内是属于项目公司的，在特许经营期结束后，所有权与运营权将会移交给政府；在ABS方式中，根据合同规定，项目的所有权在债券存续期内由原始权益人转至SPV，而运营权与决策权仍属于原始权益人，债券到期后，利用项目所产生的收益还本付息并支付各类费用之后，项目的所有权重新回到原始权益人手中。

（2）适用范围。对于关系国家经济命脉或包括国防项目在内的敏感项目，采用BOT方式是不可行的，容易引起政治、社会、经济等各方面的问题；在ABS方式中，虽在债券存续期内资产的所有权归SPV所有，但是资产的运营与决策权仍然归属原始权益人，SPV不参与运营，不必担心被外商或私营机构控制，因此应用更加广泛。

（3）资金来源。BOT方式与ABS方式的资金来源主要都是民间资本，可以是国内资金，也可以是外资，如项目发起人自有资金、银行贷款等；但ABS方式强调通过证券市场发行债券这一方式筹集资金，这是ABS方式与其他项目融资方式的一个较大的区别。

（4）对项目所在国的影响。BOT方式会给东道国带来一定负面效应，如掠夺性经营、国家税收流失及国家承担价格、外汇等多种风险，ABS 方式则较少出现上述问题。

（5）风险分散度。BOT 方式的风险主要由政府、投资者/经营者、贷款机构承担；ABS 方式的风险则由众多的投资者承担，而且债券可以在二级市场转让，变现能力强。

（6）融资成本。BOT 方式的过程复杂、牵涉面广，融资成本因中间环节多而增加；ABS 方式则只涉及原始权益人、SPV、证券承销商和投资者，无须政府的许可、授权、担保等，采用民间的非政府途径，过程简单，降低了融资成本。

（三）不动产投资信托基金

不动产投资信托基金（Real Estate Investment Trusts，REITs）是指按照信托原理设计，通过发行收益凭证的方式汇集投资者资金，交由专门投资机构进行投资经营管理，并将投资综合收益按比例分配给投资者的一种金融投资产品。其本质是将流动性差的实体物业资产在二级市场打包上市，变为流动性更好的可交易金融产品，由广大公众分享底层资产租金收入和资产增值收益。

REITs 最早出现于 20 世纪 60 年代的美国，并逐步扩展至全球其他国家和地区。目前，REITs 已经成为股票、债券及衍生品之外的第四大类资产配置产品。2021 年 6 月，中国大陆地区市场上推出第一批 REITs 项目。

1. REITs 特点

REITs 具有以下特点：①使不动产投资小额化、分散化，降低了投资者的门槛；②流动性、变现能力较强，不动产变动产；③底层物业多元化；④收益稳定且具有一定增长性，风险低；⑤免税制度；⑥政府监控较为严格。

2. REITs 类型

（1）根据资产组成和投资收益来源不同，REITs 可分为权益型、抵押型和混合型。

1）权益型 REITs：投资者拥有并经营收益型不动产，同时提供物业管理服务，获得不动产的产权以取得经营收入，收益来自租金和不动产的增值，是 REITs 市场的主导类型。

2）抵押型 REITs：又称债券型 REITs，是指直接向不动产所有者、物业或开发商企业提供抵押信贷，或者通过购买抵押贷款支持证券间接提供融资，拥有的是不动产的债权。其收益来源主要是手续费和抵押贷款利息，因此抵押型 REITs 资产组合的价值受利率影响较大。

3）混合型 REITs：既拥有并经营不动产，又向不动产所有者和开发商提供资金，是上述两种类型的混合。

（2）根据治理结构不同，REITs 可分为公司型和契约型。

1）公司型 REITs：由一批具有共同投资理念的投资者，依法组成投资于特定对象的，以营利为目的的股份制投资公司。这类公司通过发行股票的方式募集资金，是具有独立法人资格的经济实体。在美国、日本、韩国、英国等国家较为流行。

2）契约型 REITs：投资者与投资公司或 REITs 管理人签订信托契约，后者又与 REITs 托管人订立托管协议，通过发行收益凭证而组建的投资信托基金。在新加坡、中国香港等国家和地区较为流行。

（3）根据资金募集与流通特点不同，REITs 可分为公募和私募。

1）公募 REITs：以公开发行方式向社会公众投资者募集信托资金的 REITs，其投资者人数一般不受限制，每个投资者的最低投资数量一般没有限定。公募 REITs 是国际资本市场不动产金融产品的主流形式，与股票一样具有高流动性，可以上市交易。目前，我国基础设施 REITs 均为公募 REITs。

2）私募 REITs：以非公开方式向特定投资者募集 REITs 资金并以不动产为投资对象的投资信托。私募 REITs 对投资者的风险承受能力要求较高，监管相对宽松，各个国家和地区的法律法规明确限定了私募 REITs 持有人的最高人数和投资者的资格要求，否则私募 REITs 不得设立。

（4）根据信托期限不同，REITs 可分为有限期 REITs 和无限期 REITs。

（5）根据财产初始状态不同，REITs 可分为资金型 REITs 和财产型 REITs。

3. 基础设施公募 REITs

2020 年 4 月，中国证监会与国家发展改革委联合发布《关于推进基础设施领域不动产投资信托基金（REITs）试点相关工作的通知》（证监发〔2020〕40 号），标志着中国境内公募 REITs 市场正式开启。根据《基础设施和公用事业特许经营管理办法》（国家发展改革委等 6 部委 2024 年第 17 号令），特许经营项目可以依法合规利用预期收益质押贷款，将项目相关收益作为还款来源。积极支持符合条件的特许经营项目发行基础设施REITs。

基础设施建设具有典型的资本密集属性，其价值具有长期性，回报周期也比较长，基础设施领域的建设与发展需要资本市场与金融市场的支持与推动。公募 REITs 的发行意义在于：社会资本将收益稳定的 PPP 项目优质资产转化为由社会资金持有，可以实现真实出售 PPP 项目资产而成功退出；能够吸引更多的投资者参与基础设施的前期开发与运营投资。

第三节　与工程项目有关的税收及保险规定

一、与工程项目有关的税收规定

在工程项目的投资与建设过程中，所要缴纳的主要税收包括增值税、所得税、城市维护建设税和教育费附加（可视作税收）。此外，针对其占有的财产和行为，还涉及房产税、土地使用税、土地增值税、契税及进出口关税等的征收。

（一）增值税

1. 纳税人

在中华人民共和国境内销售或进口货物，提供加工、修理修配劳务，以及销售服务、无形资产或者不动产的单位和个人，为增值税纳税人，应当按照《营业税改征增值税试点实施办法》缴纳增值税，不缴纳营业税。

单位以承包、承租、挂靠方式经营的，承包人、承租人、挂靠人（以下统称承包人）以发包人、出租人、被挂靠人（以下统称发包人）名义对外经营并由发包人承担相关法律责任的，以该发包人为纳税人。否则，以承包人为纳税人。

纳税人分为一般纳税人和小规模纳税人。应税行为的年应征增值税销售额超过财政部和税务总局规定标准的纳税人为一般纳税人，未超过规定标准的纳税人为小规模纳税人。

2. 增值税税率

不同应税交易的增值税税率见表 5.3.1。

表 5.3.1　不同应税交易的增值税税率

序号	应税交易	增值税税率
1	销售货物、加工修理修配服务、有形动产租赁服务，进口货物（另有列举的除外）	13%
2	销售交通运输、邮政、基础电信、建筑、不动产租赁服务，销售不动产，转让土地使用权，销售或者进口下列货物（另有列举的除外）： （1）农产品、食用植物油、食用盐； （2）自来水、暖气、冷气、热水、煤气、石油液化气、天然气、二甲醚、沼气、居民用煤炭制品； （3）图书、报纸、杂志、音像制品、电子出版物； （4）饲料、化肥、农药、农机、农膜	9%
3	销售服务、无形资产（另有列举的除外）	6%
4	出口货物（国务院另有规定的除外）	零税率
	境内单位和个人跨境销售国务院规定范围内的服务、无形资产	

纳税人兼营不同税率的项目，应当分别核算不同税率项目的销售额；未分别核算销售额的，从高适用税率。

3. 应纳税额

（1）应纳税额计算。应纳税额为当期销项税额抵扣当期进项税额后的余额。应纳税额计算公式：

$$\text{应纳税额}=\text{当期销项税额}-\text{当期进项税额} \tag{5.3.1}$$

销项税额是指纳税人发生应税交易，按照销售额乘以法律规定的税率计算的增值税税额。销售额是指纳税人发生应税交易取得的与之相关的价款，包括货币和非货币形式的经济利益对应的全部价款，不包括按照一般计税方法计算的销项税额和按照简易计税方法计算的应纳税额。

进项税额是指纳税人购进货物、服务、无形资产、不动产支付或者负担的增值税税额。

纳税人应当凭法律、行政法规或者国务院规定的增值税扣税凭证从销项税额中抵扣进项税额。

当期进项税额大于当期销项税额的部分，纳税人可以按照国务院的规定选择结转下期继续抵扣或者申请退还。

（2）不得抵扣的进项税额。纳税人的下列进项税额不得从其销项税额中抵扣：

1）适用简易计税方法计税项目对应的进项税额；

2）免征增值税项目对应的进项税额；

3）非正常损失项目对应的进项税额；

4）购进并用于集体福利或者个人消费的货物、服务、无形资产、不动产对应的进项税额；

5）购进并直接用于消费的餐饮服务、居民日常服务和娱乐服务对应的进项税额；

6）国务院规定的其他进项税额。

4. 小规模纳税人应纳税额简易计算办法

小规模纳税人发生应税交易，实行按照销售额和征收率计算应纳税额的简易办法，并不得抵扣进项税额。应纳税额计算公式：

$$\text{应纳税额}=\text{销售额}\times\text{征收率} \tag{5.3.2}$$

小规模纳税人增值税征收率为3%。

5. 建筑业增值税计算办法

建筑安装工程费用的增值税是指国家税法规定应计入建筑安装工程造价内的增值税销项税额。增值税的计税方法包括一般计税方法和简易计税方法。一般纳税人发生应税行为适用一般计税方法计税。小规模纳税人发生应税行为适用简易计税方法计税。

（1）一般计税方法。当采用一般计税方法时，建筑业增值税税率为9%。计算公式为：

$$\text{增值税销项税额}=\text{税前造价}\times 9\% \tag{5.3.3}$$

税前造价为人工费、材料费、施工机具使用费、企业管理费、利润之和，各费用项目均以不包含增值税可抵扣进项税额的价格计算。

（2）简易计税方法。简易计税方法的应纳税额是指按照销售额和增值税征收率计算的增值税额，不得抵扣进项税额。

当采用简易计税方法时，建筑业增值税征收率为3%。计算公式为：

$$\text{增值税}=\text{税前造价（含进项税）}\times 3\% \tag{5.3.4}$$

税前造价为人工费、材料费、施工机具使用费、企业管理费、利润之和，各费用项目均以包含增值税进项税额的含税价格计算。

6. 纳税地点

（1）有固定生产经营场所的纳税人，应当向其机构所在地或者居住地主管税务机关申报纳税。总机构和分支机构不在同一县（市）的，应当分别向各自所在地的主管税务机关申报纳税；经省级以上财政、税务主管部门批准，可以由总机构汇总向总机构所在地的主管税务机关申报纳税。

（2）无固定生产经营场所的纳税人，应当向其应税交易发生地主管税务机关申报纳税；未申报纳税的，由其机构所在地或者居住地主管税务机关补征税款。

（3）自然人销售或者租赁不动产，转让自然资源使用权，提供建筑服务，应当向不动产所在地、自然资源所在地、建筑服务发生地主管税务机关申报纳税。

（4）进口货物的纳税人，应当按照海关规定的地点申报纳税。

（5）扣缴义务人应当向其机构所在地或者居住地主管税务机关申报缴纳扣缴的税款；机构所在地或者居住地在境外的，应当向应税交易发生地主管税务机关申报缴纳扣缴的税款。

（二）所得税

所得税又称所得课税、收益税，是指国家对法人、自然人和其他经济组织在一定时期内的各种所得征收的一类税收。所得税主要包括企业所得税和个人所得税。

1. 纳税人和纳税对象

企业所得税的纳税人是指企业或其他取得收入的组织（以下统称企业）。可分为居民企业和非居民企业。

（1）居民企业是指依法在中国境内成立，或者依照外国（地区）法律成立但实际管理机构在中国境内的企业。居民企业应当就其来源于中国境内、境外的所得缴纳企业所得税。

（2）非居民企业是指依照外国（地区）法律成立且实际管理机构不在中国境内，但在中国境内设立机构、场所的，或者在中国境内未设立机构、场所，但有来源于中国境内所得的企业。

1）非居民企业在中国境内设立机构、场所的，应当就其所设机构、场所取得的来源于中国境内的所得，以及发生在中国境外但与其所设机构、场所有实际联系的所得，缴纳企业所得税。

2）非居民企业在中国境内未设立机构、场所的，或者虽设立机构、场所但取得的所得与其所设机构、场所没有实际联系的，应当就其来源于中国境内的所得缴纳企业所得税。

2. 计税依据和税率

（1）计税依据。企业所得税的计税依据为应纳税所得额。即企业每一纳税年度的收入总额，减除不征税收入、免税收入、各项扣除以及允许弥补的以前年度亏损后的余额。计算公式为：

$$\text{应纳税所得额}=\text{收入总额}-\text{不征税收入}-\text{免税收入}-\text{各项扣除}-\text{弥补以前年度亏损} \quad (5.3.5)$$

1）收入总额。是指企业以货币形式和非货币形式从各种来源取得的收入，包括：销售货物收入；提供劳务收入；转让财产收入；股息、红利等权益性投资收益；利息收入；租金收入；特许权使用费收入；接受捐赠收入；其他收入。

2）不征税收入。收入总额中的下列收入为不征税收入：财政拨款；依法收取并纳入财政管理的行政事业性收费、政府性基金；国务院规定的其他不征税收入。

3）免税收入。企业的下列收入为免税收入：国债利息收入；符合条件的居民企业之间的股息、红利等权益性投资收益；在中国境内设立机构、场所的非居民企业从居民企业取得与该机构、场所有实际联系的股息、红利等权益性投资收益；符合条件的非营利组织的收入。

4）各项扣除。企业实际发生的与取得收入有关的、合理的支出，包括成本、费用、税金、损失和其他支出，准予在计算应纳税所得额时扣除。同时，企业发生的公益性捐赠支出，在年度利润总额12%以内的部分，准予在计算应纳税所得额时扣除。

5）弥补以前年度亏损。根据利润的分配顺序，企业发生的年度亏损，在连续5年内可以用税前利润弥补进行弥补。

6）在计算应纳税所得额时不得扣除的支出。向投资者支付的股息、红利等权益性投资收益款项；企业所得税税款；税收滞纳金；罚金、罚款和被没收财物的损失；允许扣除范围以外的捐赠支出；赞助支出；未经核定的准备金支出；与取得收入无关的其他支出。

（2）税率。企业所得税实行25%的比例税率。对于非居民企业取得的应税所得额，适用税率为20%。

符合条件的小型微利企业，减按20%的税率征收企业所得税。国家需要重点扶持的高新技术企业，减按15%的税率征收企业所得税。此外，企业的下列所得可以免征、减征企业所得税：从事农、林、牧、渔业项目的所得；从事国家重点扶持的公共基础设施项目投资经营的所得；从事符合条件的环境保护、节能节水项目的所得；符合条件的技术转让所得。

3. 应纳税额计算

企业的应纳税所得额乘以适用税率，减除有关税收优惠的规定减免和抵免的税额后的余额，为应纳税额：

应纳税额＝应纳税所得额×所得税税率－减免和抵免的税额 (5.3.6)

企业取得的下列所得已在境外缴纳的所得税税额，可以从其当期应纳税额中抵免，抵免限额为该项所得依照规定计算的应纳税额；超过抵免限额的部分，可以在以后5个年度内，用每年度抵免限额抵免当年应抵税额后的余额进行抵补：

(1) 居民企业来源于中国境外的应税所得；

(2) 非居民企业在中国境内设立机构、场所，取得发生在中国境外且与该机构、场所有实际联系的应税所得。

居民企业从其直接或者间接控制的外国企业分得的来源于中国境外的股息、红利等权益性投资收益，外国企业在境外实际缴纳的所得税税额中属于该项所得负担的部分，可以作为该居民企业的可抵免境外所得税税额，在规定的抵免限额内抵免。

(三) 城市维护建设税与教育费附加

1. 城市维护建设税

城市维护建设税是国家为加强城市的维护建设，扩大和稳定城市维护建设资金来源而开征的一种税。

(1) 纳税人。城市维护建设税的纳税人，是指缴纳增值税、消费税的单位和个人。

(2) 征税范围。城市维护建设税的征税范围包括城市、县城、建制镇，以及税法规定征收增值税、消费税的其他地区。

(3) 计税依据和税率。城市维护建设税的计税依据，是纳税人依法缴纳的增值税、消费税税额。城市维护建设税的计税依据应当按照规定扣除期末留抵退税退还的增值税税额。

城市维护建设税实行差别比例税率。按照纳税人所在地区的不同，设置了三档比例税率：

1) 纳税人所在地区为市区的，税率为7%；

2) 纳税人所在地区为县城、镇的，税率为5%；

3) 纳税人所在地区不在市区、县城或镇的，税率为1%。

纳税人所在地，是指纳税人住所地或者与纳税人生产经营活动相关的其他地点，具体地点由省、自治区、直辖市确定。

(4) 应纳税额计算。城市维护建设税应纳税额的计算基本上与增值税、消费税一致，其计算公式为：

城市维护建设税应纳税额＝实际缴纳的增值税、消费税税额之和×适用税率 (5.3.7)

（5）根据国民经济和社会发展的需要，国务院对重大公共基础设施建设、特殊产业和群体以及重大突发事件应对等情形可以规定减征或者免征城市维护建设税，报全国人民代表大会常务委员会备案。

【例 5.3.1】 某公司为国有企业，位于某市区，2023 年 12 月应缴增值税 120 000 元，实际缴纳增值税 100 000 元；应缴消费税 80 000 元，实际缴纳消费税 70 000 元。计算该公司 12 月应缴的城市维护建设税税额。

解：

$$
\begin{aligned}
\text{城市维护建设税税额} &= (100\,000+70\,000)\times 7\% \\
&= 170\,000\times 7\% \\
&= 11\,900\ (\text{元})
\end{aligned}
$$

2. 教育费附加

教育费附加是为加快发展地方教育事业，扩大地方教育经费的资金来源而征收的一种附加税。

（1）纳税人。教育费附加的纳税人与城市维护建设税的纳税人相同，是指实际缴纳增值税、消费税的单位和个人。自 2010 年 12 月 1 日起，对外商投资企业、外国企业及外籍个人征收教育费附加。

（2）计税依据和税率。教育费附加以纳税人实际缴纳的增值税、消费税税额之和作为计税依据。现行教育费附加征收比率为 3%。

（3）应纳税额计算。教育费附加应纳税额的计算基本上与增值税、消费税一致，其计算公式为：

教育费附加应纳税额＝实际缴纳的增值税、消费税税额之和×征收税率（5.3.8）

（4）地方教育附加。为进一步规范和拓宽财政性教育经费筹资渠道，支持地方教育事业发展，财政部下发了《关于统一地方教育附加政策有关问题的通知》（财综〔2010〕98 号）。根据文件要求，各地统一征收地方教育附加，地方教育附加征收标准为单位和个人实际缴纳的增值税和消费税之和的 2%。我国现已有 20 多个省（自治区、直辖市）开征了地方教育附加。

（四）房产税

1. 纳税人

房产税的纳税义务人是征税范围内的房屋的产权所有人，包括国家所有和集体、个人所有房屋的产权所有人、经营管理单位、承典人、房产代管人或使用人四类。

（1）产权属全民所有的，由经营管理的单位纳税；产权属集体和个人所有的，由集体单位和个人纳税。

（2）产权出典的，由承典人纳税。所谓产权出典，是指产权所有人将房屋、生产资料等的产权，在一定期限内典当给他人使用，而取得资金的一种融资业务。

（3）产权所有人、承典人不在房屋所在地的，或者产权未确定及租典纠纷未解决的，由房产代管人或者使用人纳税。

（4）无租使用其他单位房产的房产，应由使用人代为缴纳房产税。

（5）外商投资企业、外国企业和外国人经营的房产不适用房产税。

2. 纳税对象

房产税的纳税对象为房产。与房屋不可分割的各种附属设施或不单独计价的配套设施，也属于房屋，应一并征收房产税；但独立于房屋之外的建筑物（如水塔、围墙等）不属于房屋，不征房产税。

房地产开发企业建造的商品房，在出售前，不征收房产税；但对出售前房地产开发企业已使用或出租、出借的商品房应按规定征收房产税。

3. 计税依据和税率

（1）从价计征。计税依据是房产原值一次减除10%～30%的扣除比例后的余值，税率为1.2%。房产原值是指纳税人按照会计制度规定，在账簿“固定资产”科目中记载的房屋原价。房产原值应包括与房屋不可分割的各种附属设备或一般不单独计算价值的配套设施。纳税人对原有房屋进行改建、扩建的，要相应增加房屋的原值。

需要注意的特殊问题：

1）以房产联营投资的，房产税计税依据应区别对待：

①以房产联营投资，共担经营风险的，按房产余值为计税依据计征房产税；

②以房产联营投资，不承担经营风险，只收取固定收入的，实际是以联营名义取得房产租金，因此，应由出租方按租金收入计征房产税。

2）融资租赁房屋的，以房产余值为计税依据计征房产税，租赁期内该税的纳税人，由当地税务机关根据实际情况确定。

3）新建房屋空调设备价值计入房产原值的，应并入房产税计税依据计征房产税。

（2）从租计征。计税依据为房产租金收入，税率为12%，对个人按市场价格出租的居民住房，暂按4%税率征收房产税。

4. 应纳税额

房产税应纳税额按表5.3.2的规定计算。

表5.3.2 房产税应纳税额计算表

计税方法	计税依据	税率	税额计算公式
从价计征	房产计税余值	1.2%	全年应纳税额＝应税房产原值×（1－扣除比例）×1.2%
从租计征	房屋租金	12%（个人为4%）	全年应纳税额＝租金收入×12%（个人为4%）

【例5.3.2】 某企业2023年1月1日的房产原值为3 000万元，4月1日将其中原值为1 000万元的临街房出租给某连锁商店，月租金5万元。当地政府规定允许按房产原值减除20%后的余值计税。试确定该企业当年应缴纳的房产税额。

解： 自身经营用房的房产税按房产余值从价计征，临街房4月1日才出租，1月至3月仍从价计征。

自身经营用房应缴房产税额＝(3 000－1 000)×(1－20%)×1.2%＋1 000×(1－20%)×1.2%÷12×3＝19.2＋2.4＝21.6（万元）

出租的房产按本年租金从租计征房产税额＝5×9×12%＝5.4（万元）

企业当年应缴房产税额＝21.6＋5.4＝27（万元）

【例5.3.3】 某企业有一处房产原值1 000万元，2023年7月1日用于联营投资（收取固定收入，不承担联营风险），投资期为5年。已知该企业当年取得固定收入50万元，当地政府规定的扣除比例为20%。试确定该企业2023年应缴纳的房产税额。

解：以房产联营投资，不承担风险，只收取固定收入，应由出租方按租金收入计缴房产税。

应缴房产税额=1 000×(1−20%)×1.2%÷2+50×12%=4.8+6=10.8（万元）

5. 免纳房产税的房产

(1) 国家机关、人民团体、军队自用的房产；

(2) 由国家财政部门拨付事业经费的单位自用的房产；

(3) 宗教寺庙、公园、名胜古迹自用的房产；

(4) 个人所有非营业用的房产；

(5) 经财政部批准免税的其他房产。

(五) 城镇土地使用税

1. 纳税人

城镇土地使用税的纳税义务人，是指在城市、县城、建制镇、工矿区范围内使用土地的单位和个人。单位包括国有企业、集体企业、私营企业、股份制企业、外商投资企业、外国企业以及其他企业和事业单位、社会团体、国家机关、军队以及其他单位；个人包括个体工商户以及其他个人。

2. 纳税对象

城镇土地使用税的纳税对象包括在城市、县城、建制镇和工矿区内的国有和集体所有土地。但不包括农村土地。

3. 计税依据和税率

城镇土地使用税以纳税人实际占用的土地面积（m^2）为计税依据。

纳税人实际占用的土地面积按下列办法确定：

(1) 凡有由省、自治区、直辖市人民政府确定的单位组织测定土地面积的，以测定的面积为准。

(2) 尚未组织测量，但纳税人持有政府部门核发的土地使用证书的，以证书确认的土地面积为准。

(3) 尚未核发出土地使用证书的，应由纳税人申报土地面积，据以纳税，待核发土地使用证后再作调整。

城镇土地使用税采用定额税率。按大、中、小城市和县城、建制镇和工矿区分别规定每平方米土地使用税年应纳税额。具体标准：

1) 大城市，为1.5～30元；

2) 中等城市，为1.2～24元；

3) 小城市，为0.9～18元；

4) 县城、建制镇和工矿区，为0.6～12元。

各省、自治区、直辖市人民政府可根据市政建设状况、经济繁荣程度等条件在规定税额幅度内，确定所辖地区适用税额幅度。

4. 应纳税额

城镇土地使用税应纳税额可通过纳税人实际占用的土地面积乘以该土地所在地段的适用税额求得。计算公式为：

$$全年应纳税额=实际占用应税土地面积(m^2)\times适用税额 \quad (5.3.9)$$

【例 5.3.4】 某城市的一家公司，实际占地 23 000m²。由于经营规模扩大，年初该公司又受让了一块尚未办理土地使用证的土地 3 000m²，公司按其当年开发使用的 2 000m² 土地面积申报纳税，以上土地均适用 2 元/m² 的城镇土地使用税税率。试确定该公司当年应缴纳的城镇土地使用税额。

解： 应纳税额 =(23 000+2 000)×2=50 000（元）

（六）土地增值税

1. 纳税人

土地增值税的纳税人是转让国有土地使用权、地上建筑物及其附着物并取得收入的单位和个人。包括内外资企业、行政事业单位、中外籍个人等。

2. 纳税对象

土地增值税的纳税对象为：转让国有土地使用权、地上建筑物及其附属物连同国有土地使用权一并转让所取得的增值额。土地增值税的征税范围常以三个标准来判定：

（1）转让的土地使用权是否国家所有。

（2）土地使用权、地上建筑物及其附着物是否发生产权转让。

（3）转让房地产是否取得收入。

3. 计税依据和税率

（1）计税依据。土地增值税以纳税人转让房地产所取得的收入减除税法规定的扣除项目金额后的余额为计税依据。

所谓转让房地产所取得的收入，是指纳税人转让房地产从受让方收取的，没有任何扣除的全部收入，包括货币收入、实物收入和其他收入。

税法准予纳税人从转让收入中扣除的项目包括下列几项：

1）取得土地使用权支付的金额：

①纳税人为取得土地使用权所支付的地价款。以转让方式取得土地使用权的，是实际支付的地价款；其他方式取得的，为支付的土地出让金；

②按国家统一规定交纳的有关登记、过户手续费。

2）房地产开发成本。包括土地的征用及拆迁补偿费、前期工程费、建筑安装费、基础设施费、公共配套设施费、开发间接费用。

3）房地产开发费用。包括与房地产开发项目有关的管理费用、销售费用、财务费用。这三项费用不能据实扣除，应按下列标准扣除：

①纳税人能够按转让房地产项目计算分摊利息支出，并能提供金融机构的贷款证明的：

$$房地产开发费用扣除总额=利息+(取得土地使用权所支付的金额+房地产开发成本)\times5\%以内 \quad (5.3.10)$$

②纳税人不能按转让房地产项目计算分摊利息支出，或不能提供金融机构贷款证明的：

$$房地产开发费用扣除总额=(取得土地使用权所支付的金额+房地产开发成本)\times10\%以内 \quad (5.3.11)$$

4）与转让房地产有关的税金。非房地产开发企业扣除：营业税、城市维护建设税、教育费附加和印花税；房地产开发企业因印花税已列入管理费用中，故不允许在此扣除。

5）其他扣除项目。对于从事房地产开发的纳税人可加计 20%的扣除：

加计扣除费用=(取得土地使用权支付的金额+房地产开发成本)×20%　(5.3.12)

6）旧房及建筑物的评估价格。是指转让已使用的房屋及建筑物时，由政府批准设立的房地产评估机构评定的重置成本价乘以成新率后的价格。

转让旧房的扣除额=评估价+取得土地使用权所支付的地价款+按国家规定交纳的费用+转让环节缴纳的税金　(5.3.13)

(2) 税率。土地增值税实行四级超率累进税率。具体税率见表 5.3.3。

表 5.3.3　土地增值税税率表

增值额占扣除项目金额比例	税率	速算扣除系数
50%以下（含 50%）	30%	0
超过 50%～100%（含 100%）	40%	5%
超过 100%～200%（含 200%）	50%	15%
200%以上	60%	35%

4. 应纳税额

土地增值税应纳税额的计算公式为：

应纳税额=Σ（每级距的土地增值额×适用税率）　(5.3.14)

或

应纳税额=增值额×适用税率-扣除项目金额×速算扣除系数　(5.3.15)

土地增值额=转让收入-扣除项目金额　(5.3.16)

【例 5.3.5】 某企业 2023 年转让一栋新建办公楼取得收入 5 000 万元，该办公楼建造成本和相关费用 3 700 万元，缴纳与转让办公楼相关的税金 277.5 万元（其中印花税金 2.5 万元）。试确定该企业应缴纳的土地增值税。

解： 扣除项目金额=3 700+277.5=3 977.5（万元）

土地增值额=5 000-3 977.5=1 022.5（万元）

增值额与扣除项目比例=1 022.5/3 977.5≈26%，适用税率为 30%，扣除率为 0，应纳土地增值税=1 022.5×30%=306.75（万元）。

【例 5.3.6】 某企业转让房地产，收入总额为 1 000 万元，扣除项目金额为 250 万元，试计算此次转让房地产应缴纳的土地增值税。

解： 应纳土地增值税可按以下步骤进行：

(1) 计算增值额：

1 000-250=750（万元）

(2) 计算增值额与扣除项目金额的比值：

750/250=3=300%

(3) 计算每级距的土地增值额：

税率为 30%部分的土地增值额：

250×50%=125（万元）

税率为40%部分的土地增值额：

$$250\times100\%-250\times50\%=125\text{（万元）}$$

税率为50%部分的土地增值额：

$$250\times200\%-250\times100\%=250\text{（万元）}$$

税率为60%部分的土地增值额：

$$750-250\times200\%=250\text{（万元）}$$

（4）计算应纳土地增值税税额：

$$125\times30\%+125\times40\%+250\times50\%+250\times60\%=362.5\text{（万元）}$$

本例中增值额占扣除项目比例为200%以上，税率为60%，速算扣除系数为0.35，采用速算扣除法可计算如下：

$$\begin{aligned}\text{应纳税额}&=750\times60\%-250\times0.35\\&=450-87.5\\&=362.5\text{（万元）}\end{aligned}$$

5. 税收优惠

（1）纳税人建造普通住宅出售时，增值额未超过扣除项目金额20%的，免征土地增值税；增值额超过扣除项目金额20%的，就其全部增值额计税。

（2）对个人转让房地产的，凡居住满5年或以上的，免征土地增值税；满3年未满5年的，减半征收；未满3年的，不实行优惠。

（3）因国家建设需要依法征用、收回的房地产，免征土地增值税。

（4）1994年1月1日前签订的房地产转让合同，无论房地产在何时转让，均免征土地增值税。

（七）契税

1. 纳税人

契税的纳税义务人是在境内转移土地、房屋权属承受的单位和个人。单位包括内外资企业、事业单位、国家机关、军事单位和社会团体。个人包括中国公民和外籍人员。

2. 纳税对象

契税的纳税对象是在境内转移土地、房屋权属的行为。具体包括以下5种情况：

（1）土地使用权出让（转让方不交土地增值税）。

（2）土地使用权转让（转让方还应交土地增值税）。

（3）房屋买卖（转让方符合条件的还需交土地增值税）。以下几种特殊情况也视同买卖房屋：

1）以房产抵债或实物交换房屋；

2）以房产做投资或做股权转让；

3）买房拆料或翻建新房。

（4）房屋赠与，包括以获奖方式承受土地房屋权属。

（5）房屋交换（单位之间进行房地产交换还应交土地增值税）。

3. 计税依据和税率

契税的计税依据是不动产的价格。依不动产的转移方式、定价方法不同，契税计税依据有以下几种情况：

（1）土地使用权出让、土地使用权出售、房屋买卖，以成交价格为计税依据，包括应交付的货币以及实物、其他经济利益对应的价款。

（2）土地使用权赠与、房屋赠与以及其他没有价格的转移土地、房屋权属行为，由税务机关参照土地使用权出售、房屋买卖的市场价格核定。

（3）土地使用权互换、房屋交换，以所交换的土地使用权、房屋价格的差额为计税依据。

（4）以划拨方式取得土地使用权，经批准转让房地产时，由房地产转让者补交契税，计税依据为补交的土地使用权出让费用或者土地收益。

（5）房屋附属设施征收契税的依据：

1）采取分期付款方式购买房屋附属设施土地使用权、房屋所有权的，应按合同规定的总价款计征契税；

2）承受的房屋附属设施权属如为单独计价的，按照当地确定的适用税率征收契税；如与房屋统一计价的，适用与房屋相同的契税税率。

契税实行3%～5%的幅度税率。

4. 应纳税额

契税应纳税额的计算公式为：

$$\text{契税应纳税额}=\text{计税依据}\times\text{税率} \tag{5.3.17}$$

【例5.3.7】 某公司2023年发生两笔互换房产业务，并已办理了相关手续。第一笔业务换出的房产价值500万元，换进的房产价值800万元；第二笔业务换出的房产价值700万元，换进的房产价值300万元。已知当地政府规定的契税税率为3%。试确定该公司应缴纳的契税额。

解： 房屋或土地使用权相交换，交换价格相等，免征契税；交换价格不等，由多交付货币、实物、无形资产或其他利益的一方按价差缴纳契税。第一笔交换业务应由该公司交契税，第二笔交换业务由对方承受方缴纳契税。该公司应缴契税为：

$$(800-500)\times 3\%=9\text{（万元）}$$

（八）进出口关税

1. 纳税人

进出口关税的纳税人是进口货物的收货人、出口货物的发货人及进境物品的所有人。

2. 计税依据和税率

进出口关税的计税依据以进出口货物的完税价格为计税依据。进（出）口货物的完税价格由海关以该货物的成交价格以及该货物运抵中华人民共和国境内输入（输出）地点起卸前的运输及其相关费用、保险费为基础审查确定。

进口关税设置最惠国税率、协定税率、特惠税率、普通税率、关税配额税率等税率。对进出口货物在一定期限内可以实行暂定税率。

（1）原产于共同适用最惠国待遇条款的世界贸易组织成员的进口货物，原产于与中华人民共和国签订含有相互给予最惠国待遇条款的双边贸易协定的国家或者地区的进口货物，以及原产于中华人民共和国境内的进口货物，适用最惠国税率。

（2）原产于与中华人民共和国签订含有关税优惠条款的区域性贸易协定的国家或者地区的进口货物，适用协定税率。

（3）原产于与中华人民共和国签订含有特殊关税优惠条款的贸易协定的国家或者地区的进口货物，适用特惠税率。

（4）原产于上述（1）、（2）、（3）项所列以外国家或者地区的进口货物，以及原产地不明的进口货物，适用普通税率。

3. 应纳税额

进出口货物关税，以从价计征、从量计征或者国家规定的其他方式征收。从价计征的计算公式为：

$$应纳税额=完税价格\times 关税税率 \tag{5.3.18}$$

从量计征的计算公式为：

$$应纳税额=货物数量\times 单位税额 \tag{5.3.19}$$

4. 免税范围

国家鼓励发展的国内投资项目和外商投资项目进口设备，在规定的范围内，免征关税和进口环节增值税。

（1）对符合《外商投资产业指导目录》鼓励类和限制乙类，并转让技术的外商投资项目，在投资总额内进口的自用设备，除《外商投资项目不予免税的进口商品目录》所列商品外，免征关税和进口环节增值税。

外国政府贷款和国际金融组织贷款项目进口的自用设备、加工贸易外商提供的作价进口设备，比照上款执行，即除《外商投资项目不予免税的进口商品目录》所列商品外，免征关税和进口环节增值税。

（2）对符合《当前国家重点鼓励发展的产业、产品和技术目录》的国内投资项目，在投资总额内进口的自用设备，除《国内投资项目不予免税的进口商品目录》所列商品外，免征关税和进口环节增值税。

（3）对符合上述规定的项目，按照合同随设备进口的技术及配套件、备件，也免征关税和进口环节增值税。

（4）在上述规定范围之外的进口设备减免征，由国务院决定。

二、与工程项目有关的保险规定

目前，我国已开办的与工程项目有关的保险包括建筑工程一切险、安装工程一切险、工伤保险和意外伤害保险；正在逐步推行勘察设计、工程监理及其他工程咨询机构的职业责任险、工程质量保修保险（工程质量潜在缺陷责任险）等。这里主要介绍建筑工程一切险、安装工程一切险、工伤保险和意外伤害保险的相关规定。

（一）建筑工程一切险

建筑工程一切险是承保以土木建筑为主体的工程项目在整个建筑期间因自然灾害或意外事故造成的物质损失，以及依法应承担的第三者责任的保险。

1. 被保险人与投保人

（1）被保险人。在工程建设期间，业主和承包商对所建工程都承担有一定风险，即具有可保利益，可向保险公司投保建筑工程一切险。保险公司则可以在一张保险单上对所有涉及该项工程的有关各方都予以合理的保险保障。建筑工程保险一张保单下可以有多个被保险人，这是工程保险区别于其他财产保险的特点之一。建筑工程一切险的被保险人一般可包括以下各方：

1）业主：建设单位或工程所有人；

2）承包商：总承包商及分包商；

3）技术顾问：业主聘请的建筑师、设计师、工程师和其他专业顾问；

4）其他关系方，如贷款银行或其他债权人。

（2）投保人。

1）全部承包方式，由承包方负责投保；

2）部分承包方式，在合同中规定由某一方投保；

3）分段承包方式，一般由业主投保；

4）施工单位只提供劳务的承包方式，一般也由业主投保。

2. 保险项目与保险金额

建筑工程一切险的保险项目包括物质损失部分、第三者责任及附加险三部分。

（1）物质损失。

1）建筑工程。建筑工程包括永久和临时性工程及物料，这是建筑工程保险的主要保险项目。该部分保险金额为承包工程合同的总金额，即建成该项工程的实际价格，包括设计费、材料设备费、施工费（人工及施工设备费）、运杂费、税款及其他有关费用。

2）业主提供的物料及项目。业主提供的物料及项目是指未包括在工程合同价格之内的，由业主提供的物料及负责建筑的项目。该项保险金额应按这一部分标的的重置价值确定。

3）安装工程项目。安装工程项目是指承包工程合同中未包含的机器设备安装工程的项目。该项目的保险金额为其重置价值。所占保额不应超过总保险金额的 20%。超过 20%的，按安装工程一切险费率计收保费；超过 50%，则另投保安装工程一切险。

4）施工用机器、装置及设备。施工用机器、装置及设备是指施工用的推土机、钻机、脚手架、吊车等。此类物品一般为承包商所有，其价值不包括在工程合同价之内，因而作专项承保。该项保险金额应按机器、装置及设备的重置价值（重新购置同一厂牌、型号、规格、性能或类似型号、规格、性能的机器、设备及装置的价格，包括出厂价、运费、关税、安装费及其他必要的费用在内）确定。

5）场地清理费。发生承保风险所致损失后，为清理工地现场所必须支付的一项费用，不包括在工程合同价格之内。该项保险金额一般按大工程不超过其工程合同价格的 5%，小工程不超过其工程合同价格的 10%计算。

6）工地内现成的建筑物。工地内现成的建筑物是指不在承保的工程范围内的，业主或承包单位所有的或由其保管的工地内已有的建筑物或财产。该项保险金额由双方共同商定，但最高不得超过该建筑物的实际价值。

7）业主或承包商在工地上的其他财产。上述 6 项范围之外的其他可保财产。该项保险金额由双方共同商定。

以上各部分之和为建筑工程一切险物质损失部分的总保险金额。货币、票证、有价证券、文件、账簿、图表、技术资料，领有公共运输执照的车辆、船舶以及其他无法鉴定价值的财产，不能作为建筑工程一切险的保险项目。

（2）第三者责任。第三者责任是指被保险人在工程保险期内因意外事故造成工地及工地附近的第三者人身伤亡或财产损失依法应负的赔偿责任。保险金额一般通过一个赔偿限额来确定，该限额根据工地责任风险的大小确定。通常有两种方式：

1）只规定每次事故的赔偿限额，不具体限定为人身伤亡或财产损失的分项限额，也不规定在保险期限内的累计赔偿限额，这种方式适用于责任风险较低的第三者责任。

2）先规定每次事故人身伤亡及财产损失的分项赔偿限额，进而规定对每人的限额，然后将分项的人身伤亡限额与财产损失限额组成每次事故的总赔偿限额，最后再规定保险期限内的累计赔偿限额，这种方式适用于责任风险较大的第三者责任。

（3）附加险。根据投保人的特别要求或某项工程的特性需要可以增加一些附加保险，保险金额由双方商定。

3. 保险责任与除外责任

（1）物质损失的保险责任与除外责任。

1）责任范围。

①在保险期限内，若保险单列明的被保险财产在列明的工地范围内，因发生除外责任之外的任何自然灾害或意外事故造成的物质损失，保险人应负责赔偿。自然灾害包括地震、海啸、雷电、飓风、台风、龙卷风、风暴、暴雨、洪水、水灾、冻灾、冰雹、地崩、雪崩、火山爆发、地面下陷下沉及其他人力不可抗拒的破坏力强大的自然现象。意外事故是指被保险人不可预料以及无法控制并造成物质损失或人身伤亡的突发性事件，包括火灾和爆炸等。

②上述有关费用包括必要的场地清理费用和专业费用等，也包括被保险人采取施救措施而支出的合理费用。但这些费用并非自动承保，保险人在承保时须在明细表中列明有关费用，并加上相应的附加条款。如果被保险人没有向保险公司投保清理费用，保险公司将不负责该项费用的赔偿。

2）除外责任。保险人对以下情况不承担赔偿责任：

①设计错误引起的损失和费用；

②自然磨损、内在或潜在缺陷、物质本身变化、自燃、自热、氧化、锈蚀、渗漏、鼠咬、虫蛀、大气（气候或气温）变化、正常水位变化或其他渐变原因造成的被保险财产自身的损失和费用；

③因原材料缺陷或工艺不善引起的被保险财产本身的损失以及为换置、修理或矫正这些缺点错误所支付的费用；

④非外力引起的机械或电气装置的本身损失，或施工用机具、设备、机械装置失灵造成的本身损失；

⑤维修保养或正常检修的费用；

⑥档案、文件、账簿、票据、现金、各种有价证券、图表资料及包装物料的损失；

⑦盘点时发现的短缺；

⑧领有公共运输行驶执照的，或已由其他保险予以保障的车辆、船舶和飞机的损失；

⑨除已将工地内现成的建筑物或其他财产列入保险范围，在被保险工程开始以前已经存在或形成的位于工地范围内或其周围的属于被保险人的财产的损失；

⑩除非另有约定，在保险期限终止以前，被保险财产中已由工程所有人签发完工验收证书或验收合格或实际占有或使用或接收的部分。

（2）第三者责任的保险责任与除外责任。

1）责任范围。

①在保险期限内，因发生与承保工程直接相关的意外事故引起工地内及邻近区域的第三者人身伤亡、疾病或财产损失，依法应由被保险人承担的经济赔偿责任，保险公司负责赔偿。

②对被保险人因上述原因而支付的诉讼费用以及事先经保险公司书面同意而支付的其他费用，保险公司亦负责赔偿。

2）除外责任。

①物质损失项下或本应在该项下予以负责的损失及各种费用。

②由于震动、移动或减弱支撑而造成的任何财产、土地、建筑物的损失及由此造成的任何人身伤害和物质损失。

③下列原因引起的赔偿责任：

a. 工程所有人、承包商或其他关系方或他们所雇佣的在工地现场从事与工程有关工作的职员、工人以及他们的家庭成员的人身伤亡或疾病；

b. 工程所有人、承包商或其他关系方或他们所雇佣的职员、工人所有的或由其照管、控制的财产发生的损失；

c. 领有公共运输行驶执照的车辆、船舶、飞机造成的事故；

d. 被保险人根据与他人的协议应支付的赔偿或其他款项。但即使没有这种协议，被保险人仍应承担的责任不在此限。

（3）总除外责任。保险人对以下各项不承担赔偿责任：

①战争、类似战争行为、敌对行为、武装冲突、恐怖活动、谋反、政变引起的任何损失、费用和责任；政府命令或任何公共当局的没收、征用、销毁或毁坏；罢工、暴动、民众骚乱引起的任何损失、费用和责任。

②被保险人及其代表的故意行为或重大过失引起的任何损失、费用和责任。

③核裂变、核聚变、核武器、核材料、核辐射及放射性污染引起的任何损失、费用和责任。

④大气、土地、水污染及其他各种污染引起的任何损失、费用和责任。

⑤工程部分停工或全部停工引起的任何损失、费用和责任。

⑥罚金、延误、丧失合同及其他后果损失。

⑦保险单明细表或有关条款中规定的应由被保险人自行负担的免赔额。

4. 保险期限

保险期限是在保险单列明的建筑期限内，自投保工程动工日或自被保险项目被卸至建筑工地时起生效，直至建筑工程完毕经验收合格时终止。

（1）建筑期。

1）保险责任的开始有两种情况：

①工程破土动工之日；

②保险工程材料、设备运抵至工地时。

以先发生者为准，但不得超过保单规定的生效日期。

2）保险责任的终止也有两种情况：

①工程所有人对部分或全部工程签发验收证书或验收合格时；

②工程所有人实际占有或使用或接受该部分或全部工程时。

以先发生者为准且最迟不得超过保单规定的终止日期。

在实际承保中，在保险期限终止日前，如其中一部分保险项目先完工验收移交或实际投入使用时，该完工部分自验收移交或交付使用时，保险责任即告终止。

（2）试车期。若被保险设备本身是在本次安装前已被使用过的设备或转手设备，则自其试车之日起，保险责任即告终止。如安装的是新机器，保险人按保单列明的试车期，对试车和考核期限内引起的损失、费用和责任负责赔偿。

（3）保证期。保证期的保险期限一般与工程合同中规定的质量保修期一致。从工程所有人对部分或全部工程签发完工验收证书或验收合格，或工程所有人实际占有或使用或接收该部分或全部工程时起算，以先发生者为准。保证期投保与否，由投保人自己决定，需要投保时，必须加批单，增收相应的保费。

（4）保险期限的延长。如工程不能在保险单规定的保险期内完工，经投保人申请并加缴规定的保费后，可签发批单延长保险期限。

5. 保险费率

建筑工程一切险的费率依各个工程的具体情况分别确定。

（1）一般来讲，确定建筑工程一切险的费率应考虑以下因素：

1）工程的性质、建筑材料、建筑物的高度；

2）工地及邻近地区的自然条件、有无特别危险存在；

3）工程所处的地理位置；

4）工期长短及施工季节；

5）巨灾的可能性，最大可能损失程度；

6）施工现场安全防护条件；

7）承包商及工程其他有关方的资信情况，施工人员的素质及承包商的管理水平；

8）免赔额的高低及特种危险的赔偿限额；

9）保险公司以往对类似工程的赔付情况。

（2）建筑工程一切险的费率应分项确定，一般可分为以下几项：

1）建筑工程、安装工程、场地清理费、业主提供的物质及项目、工地内现成的建筑物、业主或承包商在工地上的其他财产，各项为一个总的费率，整个工期实行一次性费率；

2）施工用机器、装置及设备为单独的年费率。保期不足一年的，按短期费率计收保费；

3）保证期费率，是整个保证期一次性费率；

4）各种附加保障增收费率，也是整个工期一次性费率；

5）第三者责任险费率，按整个工期一次性费率计取。

6. 赔偿处理

（1）保险财产发生损失，保险人以将被保险财产修复至或基本恢复至其受损前状态的费用扣除残值后的金额为准进行赔偿；但若修复费用等于或超过被保险财产损失前的价值时，则以被保险财产损失前的实际价值扣除残值后的金额为准。被保险人为减少损失而采取必要措施所产生的合理费用，保险人可予赔偿，但本项费用与物质损失赔偿金额之和以受损的被保险财产的保险金额为限。

（2）保险人可有三种赔偿方式，即以现金支付赔款；修复或重置；赔付修理费用。具体采用哪种方式，应视具体情况与被保险人商定。但保险人的赔偿责任就每一项或每一件保险财产而言，不得超过其单独列明的保额，就总体而言，不得超过保单列明的总保险金额。

（3）损失赔付后，保险金额应相应减少，并且不退还保险金额减少部分的保险费。如被保险人要求恢复至原保险金额，应按约定的保险费率加缴恢复部分从损失发生之日起至保险期限终止之日止按日比例计算的保险费。

（4）在发生第三者责任项下的索赔时：保险人有权以被保险人的名义接办或自行处理任何诉讼或解决任何索赔案件。被保险人有义务向保险人提供一切所需的资料和协助。

（5）在发生物质损失时，若受损保险财产的分项或总保险金额低于对应的应保险金额，其差额部分视为被保险人所自保，保险人按保险列明的保险金额与应保险金额的比例负责赔偿，即：

赔款金额＝损失金额×某项目现行保额/某项目按规定应投保金额　（5.3.20）

（6）如同一保险财产损失存在着一种以上的保险保障，不论该保险赔偿与否，保险公司按该种保险的保险单保额与所有保单保额之和的比例承担保险责任。

（7）被保险人的索赔期限，从损失发生之日起，不得超过两年。

（二）安装工程一切险

安装工程一切险是以设备的购货合同价和安装合同价加各种费用或以安装工程的最后建成价格为保额的，以重置基础进行赔偿的，专门承保机器、设备或钢结构建筑物在安装、调试期间，由于保险责任范围内的风险造成的保险财产的物质损失和列明的费用的保险。与建筑工程一切险相比，安装工程一切险具有下列特点：

（1）建筑工程保险的标的从开工以后逐步增加，保险额也逐步提高，而安装工程一切险的保险标的一开始就存放于工地，保险公司一开始就承担着全部货价的风险。在机器安装好之后，试车、考核和保证阶段风险最大。由于风险集中，试车期的安装工程一切险的保险费通常占整个工期的保费的1/3左右。

（2）在一般情况下，建筑工程一切险承担的风险主要为自然灾害，而安装工程一切险承担的风险主要为人为事故损失。

（3）安装工程一切险的风险较大，保险费率也要高于建筑工程一切险。

建筑工程一切险和安装工程一切险在保单结构、条款内容、保险项目上基本一致，是承保工程项目相辅相成的两个险种。以下主要介绍安装工程一切险与建筑工程一切险的不同部分。

1. 被保险人与投保人

安装工程责任方主要有：业主（应对自然灾害及人力不可抗拒的事故负责）；承包商（应对不属于卖方责任的安装、试车中的疏忽、过失负责）；卖方（应对机器设备本身问题及技术指标导致安装试车过程中的损失负责）。由于安装期间发生损失的原因很复杂，往往各种原因交错，难以截然区分，因此，将有关利益方，即具有可保利益的，都视为安装工程险项下的共同被保险人。

安装工程一切险的被保险人包括：

（1）业主；

（2）承包商（含分包商）；

（3）供货商，即负责提供被安装机器设备的一方；

（4）制造商，即被安装机器设备的制造商，但因制造商的过失引起的直接损失，即本身部分，不包括在安装工程险责任范围内；

（5）技术顾问；

（6）其他关系方。

一般来说，在全部承包方式下，由承包商作为投保人投保整个工程的安装工程保险。同时把有关利益方列为共同被保险人，如非全部承包方式，最好由业主投保。

2. 保险项目与保险金额

（1）安装项目。这是安装工程险承保的主要保险项目，包括被安装的机器设备、装置、物料、基础工程以及工程所需的各种临时设施，如水、电、照明、通信等设施。适用安装工程险保单承保的标的，大致有三种类型：

1）新建工厂、矿山或某一车间生产线安装的成套设备。

2）单独的大型机械装置如发电机组、锅炉、巨型吊车、传送装置的组装工程。

3）各种钢结构建筑物如储油罐、桥梁、电视发射塔之类的安装和管道、电缆的铺设工程等。这部分的保险金额的确定与承包方式有关，在采用完全承包方式时，为该项目的承包合同价；由业主投保引进设备时，保险金额应包括设备的购货合同价加上国外运费和保险费、国内运费和保险费、关税和安装费（人工、材料）。

（2）土木建筑工程项目。这是新建、扩建厂矿必须有的工程项目。保险金额应为该工程项目建成的价格，包括设计费、材料设备费、施工费、运杂费、税款及其他有关费用。该项保险金额不能超过安装工程一切险金额的20%，超过20%时，应按建筑工程保险费率计收保险费。超过50%时，则需单独投保建筑工程一切险。

（3）安装施工用机器设备。保险金额按重置价值计算。

（4）业主或承包商在工地上的其他财产。保险金额可由保险人与被保险人商定，但最高不能超过其实际价值。

（5）清理费用。此项费用的保险金额由被保险人自定并单独投保，不包括在工程合同价内。保险金额对大工程一般不超过其工程总价值的5%；对小工程一般不超过工程总价值的10%。

以上各项之和即可构成安装工程保险物质损失部分总的保险金额。被保险人可以以工程合同规定的工程造价确定投保金额。第三者责任保险金额的确定同建筑工程一切险。

3. 保险责任与除外责任

安装工程一切险的保险责任与建筑工程一切险基本相同，主要承保保单列明的除外责任以外的任何自然灾害或意外事故造成的损失及有关费用。

安装工程一切险与建筑工程一切险的除外责任除以下两条外基本相同：

（1）因设计错误、铸造或原材料缺陷或工艺不善引起的保险财产本身的损失及为置换、修理或矫正这些缺点错误所支付的费用，都属于除外责任范围。值得注意的是，安装工程一切险只对设计错误等原因引起保险财产的直接损失及其有关费用不予赔偿，而对由于设计错误等原因造成其他保险财产的损失仍予以负责。因为设计错误等原因造成保险财产的直接损失，被保险人可根据购货合同向设计者或供货方或制造商要求赔偿。

建筑工程一切险不承保设计错误引起的保险财产本身的损失及费用，同时也不负责因此造成其他保险财产的损失和费用。

（2）由于超负荷、超电压、碰线等电气原因造成电气设备或电气用具本身的损失，安装工程一切险不予负责，只对由于电气原因造成的其他保险财产的损失予以赔偿。而建筑工程一切险对于此种原因造成的任何损失都不予赔偿。

4. 保险期限

（1）安装期。

1）保险责任的开始。在保险单列明的起始日期前提下，实际保险责任的开始有两种情况：

①投保工程动工之日；

②保险财产运到施工地点。以先发生者为准，但不得超过保单列明的生效日。

2）保险责任的终止，也有两种情况：

①安装完毕签发验收证书或验收合格时终止；

②工程所有人实际占有或使用或接受该部分或全部工程时，最晚终止日不超过保险单中列明的终止日期。

在实践中，工程的安装一般分期或分项进行，尤其是大型项目。因此，对于在保险期限内提前验收移交或实际投入使用的部分项目，则在验收完毕或实际投入使用时对该部分的责任即告终止。

（2）试车考核期。是指工程安装完毕后的冷试、热试和试生产。其长短由保险人与被保险人商定或根据工程合同上的规定来决定，并在保单上列明。试车考核期的保险责任一般不超过 3 个月，若超过 3 个月，应另行加费。对于试车考核期内，因试车引起的损失、费用和责任，保险人负责赔偿；若保险设备是使用过的，则自试车之时起，保险人的责任终止。

（3）保证期。保证期的保险期限一般与工程合同中规定的质量保修期一致。保证期自工程验收合格或工程所有人使用时开始，以先发生者为准。工程提前完工，则从该日起算加上规定的月份数至该期限的最后一天终止；如按时完工，则按保单上规定的日期终止。要注意的是，对旧的机器设备，一律不负责试车，也不承保保证期责任。试车一开始，保险责任即告终止。

（4）保险期限的延长。与建筑工程一切险的有关规定相同。

5. 保险费率

安装工程一切险的费率，应按不同类型的工程项目确定，主要考虑以下因素：

（1）工程本身的危险程度，工程的性质及安装技术难度；

（2）工地及邻近地区的自然地理条件，有无特别危险存在；

（3）最大可能损失程度及工地现场管理和施工及安全条件；

（4）被安装机器设备的质量、型号；

（5）工期长短及安装季节，试车期和保证期的长短；

（6）承包商及其他工程关系方的资信，施工人员的技术水平和管理人员的素质；

（7）同类工程以往的损失记录；

(8) 免赔额的高低及特种危险的赔偿限额。

同时，还应注意，安装工程一切险的费率与建筑工程一切险基本相同，只是对试车期设定单独费率，是一次性费率。

(三) 工伤保险

工伤保险是国家和社会为在工作、生产过程中遭受事故伤害和患职业性疾病的劳动者及其亲属提供医疗救治、生活保障、经济补偿、医疗和职业康复等物质帮助的一种社会保障制度。我国《建筑法》第四十八条规定："建筑施工企业应当依法为职工参加工伤保险缴纳工伤保险费。"这一举措，是保护建筑业从业人员合法权益，转移企业事故风险，增强企业预防和控制事故的能力，促进企业安全生产的重要手段。

1. 被保险人与投保人

《工伤保险条例》第二条规定：中华人民共和国境内的企业、事业单位、社会团体、民办非企业单位、基金会、律师事务所、会计师事务所等组织和有雇工的个体工商户（以下称用人单位）应当依照本条例规定参加工伤保险，为本单位全部职工或者雇工（以下称职工）缴纳工伤保险费。中华人民共和国境内的企业、事业单位、社会团体、民办非企业单位、基金会、律师事务所、会计师事务所等组织的职工和个体工商户的雇工，均有依照本条例的规定享受工伤保险待遇的权利。

由此可看出，工伤保险的投保人是中华人民共和国境内的用人单位，而被保险人则是其用人单位的全部职工或者雇工。在这里应特别注意的是，无论劳动者与用人单位是否订立书面劳动合同，劳动者的用工形式无论是长期工、季节工还是临时工，只要形成了劳动关系或事实上形成了劳动关系，均享有工伤保险待遇的权利。

2. 责任范围

我国现行《工伤保险条例》对工伤责任范围作出了详细的规定，使工伤责任认定有章可循，有法可依。

(1) 工伤责任范围。《工伤保险条例》明确规定了认定工伤的七种情形，具体包括：

1) 在工作时间和工作场所内，因工作原因受到事故伤害的；

2) 工作时间前后在工作场所内，从事与工作有关的预备性或者收尾性工作受到事故伤害的；

3) 在工作时间和工作场所内，因履行工作职责受到暴力等意外伤害的；

4) 患职业病的；

5) 因工外出期间，由于工作原因受到伤害或者发生事故下落不明的；

6) 在上下班途中，受到非本人主要责任的交通事故或者城市轨道交通、客运轮渡、火车事故伤害的；

7) 法律、行政法规规定应当认定为工伤的其他情形。

(2) 视同工伤范围：

1) 在工作时间和工作岗位，突发疾病死亡或者在48小时之内经抢救无效死亡的；

2) 在抢险救灾等维护国家利益、公共利益活动中受到伤害的；

3) 职工原在军队服役，因战、因公负伤致残，已取得革命伤残军人证，到用人单位后旧伤复发的。

职工有第1) 项、第2) 项情形的，按照《工伤保险条例》中有关规定享受工伤保险待遇；职工有第 3）项情形的，按照《工伤保险条例》中有关规定享受除一次性伤残补助金以外的工伤保险待遇。

（3）工伤除外责任。为了防止工伤认定的扩大化，保证确保保险基金合理支出，维护广大职工的利益，《工伤保险条例》同时还规定了不得认定为工伤和不得视同工伤的三种情形：

1）故意犯罪的；

2）醉酒或者吸毒的；

3）自残或者自杀的。

3. 工伤保险基金与费率

（1）工伤保险基金。工伤保险基金由以下三部分构成：企业缴纳的工伤保险费、工伤保险基金的利息和其他资金。

1）工伤保险费。由企业按照职工工资总额的一定比例缴纳，职工个人不缴纳工伤保险费。企业缴纳的工伤保险费按照国家规定的渠道列支，企业的开户银行按规定代为扣缴。

2）保险基金的利息。保险基金的利息是指在对工伤保险基金的管理过程中，工伤保险基金所产生的利息。

3）其他资金。其他资金是指在其他法律、法规中规定应纳入工伤保险基金的各种资金。

工伤保险基金存入社会保障基金财政专户，用于《工伤保险条例》规定的工伤保险待遇，劳动能力鉴定，工伤预防的宣传、培训等费用，以及法律、法规规定的用于工伤保险的其他费用的支付。

（2）费率。我国工伤保险收缴保费按照“以支定收、收支平衡”的原则，根据不同行业的工伤风险程度，确定行业的差别费率，并根据工伤保险费使用、工伤发生率等情况，在每个行业内确定若干费率档次。

人力资源和社会保障部、财政部于 2015 年联合发布了《关于调整工伤保险费率政策的通知》（人社部发〔2015〕71 号），根据不同行业工伤风险程度，由低到高，依次将行业工伤风险划分为一类至八类（房屋建筑业、土木工程建筑业属于六类；建筑安装业、建筑装饰和其他建筑业属于五类），对应的全国工伤保险行业基准费率分别控制在该行业用人单位职工工资总额的 0.2％、0.4％、0.7％、0.9％、1.1％、1.3％、1.6％、1.9％左右。

用人单位通过费率浮动的办法确定每个行业的费率档次。一类行业分为三个档次，即在基准费率基础上，可向上浮动至 120％、150％，二类至八类行业分为五个档次，即在基准费率基础上，可分别向上浮动至 120％、150％或向下浮动至 80％、50％。费率浮动的具体办法由统筹地区人力资源社会保障部门商财政部门制定，并征求工会组织、用人单位代表的意见。

（四）意外伤害保险

意外伤害保险是指建筑企业为施工现场从事施工作业和管理的人员，向保险公司办理意外伤害保险、支付保险费，保险公司对于在施工活动过程中发生的人身意外伤亡事故、对遭受意外伤害的施工人员实施赔付的保险。

1. 被保险人与投保人

意外伤害保险是以工程项目作为投保单位的，凡从事土木、水利、道路、桥梁等建筑工程施工、线路管道设备安装、构筑物、建筑物拆除和建筑装饰装修的企业，均可作为投保人为其在工程项目施工现场人员投保。具体包括房屋建筑工程及市政基础设施工程新建、扩建、改建和拆除等工程。

对于参保人员的界定，不能认为意外伤害保险只是局限于在施工工地从事危险作业人员才能作为意外险投保的对象。实际上，由于施工现场的管理人员也经常到施工现场，他们也同样面临着施工带来的人身伤害的危险，所以被保险人也应包括施工现场的管理人员。因此，不论是固定工还是合同工，是正式工还是农民工，是操作工还是管理者，都应属于意外伤害保险的投保对象，凡在建筑工程施工现场从事作业和管理并与施工企业建立劳动关系的人员均可作为被保险人，还应包括在施工现场从事监理工作和需要到施工现场履行视察、监督检查职责或参与施工现场救援抢险等有关人员。有关文件规定，意外伤害保险实行不记名的投保方式。

2. 保险范围

施工人员意外伤害保险的范围应当覆盖工程项目，是指施工单位为施工现场从事施工作业和管理的人员受到的意外伤害，以及由于施工现场施工直接给其他人员造成的意外伤害。已在企业所在地参加工伤保险的人员，从事现场施工时仍可参加施工人员意外伤害保险。

3. 保险金额

各地建设主管部门结合本地区实际情况确定合理的最低保险金额。施工人员意外伤害保险投保的保险金额不得低于最低保险金额。最低保险金额要能够保障施工伤亡人员得到有效的经济补偿。

4. 保险期限

意外伤害保险期限应从施工工程项目被批准正式开工，并且投保人已缴付保险费的次日（或约定起保日）零时起，至施工合同规定的工程竣工之日二十四时止。提前竣工的，保险责任自行终止。工程因故延长工期或停工的，需书面通知保险人并办理保险期间顺延手续，但保险期间自开工之日起最长不超过五年。工程停工期间，保险人不承担保险责任。

5. 保险费率

施工单位和保险公司双方根据各类风险因素商定施工人员意外伤害保险费率，实行差别费率和浮动费率。差别费率可与工程规模、类型、工程项目风险程度和施工现场环境等因素挂钩。浮动费率可与施工单位安全生产业绩、安全生产管理状况等因素挂钩。

第六章 工程建设全过程造价管理

造价工程师的工作范围可覆盖工程建设全过程。工程建设全过程造价管理可分为决策、设计、发承包、施工和竣工等阶段，造价工程师应掌握工程建设全过程造价管理的内容和方法。

第一节 决策阶段造价管理

一、工程项目策划

工程项目策划是指将建设意图转换为定义明确、系统清晰、目标具体且具有策略性运作思路的高智力系统活动。工程项目策划主要包括建设前期项目系统构思策划、建设期间项目管理策划和项目建成后运营策划。工程项目策划以工程项目管理理论为指导，不仅服务于工程建设全过程，而且是工程造价管理的重要基础。

（一）工程项目策划的主要作用

1. 构思工程项目系统框架

工程项目策划的首要任务是根据建设意图进行工程项目的定义和定位，全面构想一个待建项目系统。工程项目定义是指要明确界定工程项目的用途、性质，如某类工业项目、交通运输项目、公共项目、房地产开发项目等，具体描述工程项目的主要用途和目的。工程项目定位是要根据市场需求，综合考虑投资能力和最有利的投资方案，决定工程项目的规格和档次。例如，设想建设一幢高层写字楼，根据需求和建设条件，可以建成普通办公大楼，也可以建成具有多功能的现代化办公楼宇，总之，工程项目必须通过定位策划作出准确定位。

在工程项目定义和定位明确的前提下，需要提出工程项目系统框架，进行工程项目功能分析，确定工程项目系统组成。例如，要建设一个现代化钢铁生产项目，其系统构成应包括从原料投入各类钢材产品产出全过程的若干单项工程——原材料输送子系统，炼铁子系统，炼钢子系统，轧钢子系统，产成品包装、储存和销售子系统等。再如，要新建一所学校，其系统构成应包括教学楼、实验室、办公楼、食堂、体育设施，以及视教师和学生的住宿情况建设必要的教师宿舍、学生集体宿舍和浴室等其他生活设施。通过策划工程项目系统框架，应使工程项目的基本设想变为具体而明确的建设内容和要求。

2. 奠定工程项目决策基础

在通常情况下，工程项目的投资决策是建立在可行性研究基础之上的，而工程项目可行性研究不仅包含建设方案，而且需要充分考虑工程项目所赖以生存和发展的社会经济环境和市场。建设方案的产生，并不是由投资主体的主观愿望和某种意图的简单构想就能完成的，必须通过专家的总体策划和若干重要细节的策划（如项目定位、系统构成、目标设定及管理运作等的具体策划）并进行可能性和可操作性的分析，才能使建设方案建立在可运作的基础上。也只有在此基础上，才会使工程项目可行性研究所提供的结论具有可实现性。例如，项目融资方案、项目建设总进度目标等都对工程项目可行性研究结论产生重要影响，如果仅是从理想条件出发作出决定，在此条件下的可行性研究所得出的结论虽很乐观，但在项目实施过程中却不能按预想的融资方案运作，不能按预想总进度目标开展建设，项目实施的实际结果可能会与原来的可行性研究结论相悖。因此，只有经过科学、缜密的工程项目策划，才能为可行性研究和项目决策奠定客观而具有运作可能性的基础。

3. 指导工程项目管理工作

由于工程项目策划需要密切结合具体工程项目系统的整体特征，不仅要把握和揭示工程项目系统总体发展的条件和规律，而且要深入工程项目系统构成的各个层面，还要针对各个阶段的发展变化对工程项目管理的运作方案提出系统的、具有可操作性的构想，因此，工程项目策划将直接成为指导工程项目实施和工程项目管理的基本依据。

工程项目管理工作的中心任务是进行工程项目目标控制，因此，工程项目策划是工程项目管理的前提，也是工程造价管理的工作内容之一。没有策划的工程项目管理及造价管理，将会陷入管理事务的盲目性和被动之中，没有科学管理作支撑的工程项目策划也将会成为纸上谈兵，而缺乏实用价值。

（二）工程项目策划的主要内容

工程项目策划可分为总体策划和局部策划两种。工程项目总体策划一般是指在项目立项决策过程中所进行的全面策划，而工程项目局部策划可以是对全面策划任务进行分解后的一个单项性或专业性问题的策划，例如，一个生产子系统的工艺策划或设备选型配置策划等。局部策划既可在工程项目前期策划决策阶段进行，也可在工程项目实施过程中进行。根据策划工作的对象和性质不同，策划内容、依据、深度和要求也不一样。

1. 工程项目构思策划

工程项目的提出，一般根据国家经济社会发展的近远期规划以及提出者（单位或个人）生产经营或社会物质文化生活的实际需要。因此，项目构思策划必须以法律法规和有关政策方针为依据，结合实际建设条件和地区经济社会环境进行。如果已确定在特定的地点建设，还必须与地区或城市规划的要求相适应。项目构思策划的主要内容包括：

（1）工程项目的定义。即描述工程项目的性质、用途和基本内容。

（2）工程项目的定位。即描述工程项目的建设规模、建设水准，工程项目在社会经济发展中的地位、作用和影响力，并进行工程项目定位依据及必要性和可能性分析。

（3）工程项目的系统构成。描述系统的总体功能，系统内部各单项工程、单位工程的构成，各自作用和相互联系，内部系统与外部系统的协调、协作和配套的策划思路及方案的可行性分析。

（4）其他。与工程项目实施及运行有关的重要环节策划，均可列入工程项目构思策划的范畴。

2. 工程项目实施策划

工程项目实施策划旨在将体现建设意图的工程项目构思，变成有实现可能性和可操作性的行动方案，提出带有谋略性和指导性的设想。

（1）工程项目组织策划。对于政府投资的经营性项目，需要实行项目法人责任制，应按《中华人民共和国公司法》要求组建项目法人。对于政府投资的非经营性项目，可以实行代建制，也可以采用其他实施方式。工程项目组织策划既是工程项目总体构思策划的重要内容，也是对工程项目实施过程产生重要影响的策划内容。

（2）工程项目融资策划。资金是工程项目实施的物质基础。工程项目投资额大、建设周期长，资金的筹措和运用对工程项目的成败关系重大。建设资金的来源渠道广泛，各种融资方式有其不同的特点和风险因素。融资方案的策划是控制资金使用成本，进而控制工程造价、降低工程项目风险所不可忽视的环节。工程项目融资策划具有很强的政策性、技巧性和谋略性，它取决于工程项目的性质和工程项目实施的运作方式。竞争性项目、基础性项目和公益性项目的融资有不同特点，只有通过策划才能确定和选择最佳融资方案。

（3）工程项目目标策划。工程项目必须具有明确的目的和要求、明确的建设任务量和时间界限、明确的项目系统构成和组织关系，才能进行有效的项目目标控制。也就是说，确定项目的质量目标、造价目标和进度目标是工程项目管理的前提，同时，还要兼顾安全和环保目标。由于工程项目目标之间的内在联系和制约，使工程项目目标的设定变得复杂和困难。为此，需要在工程项目系统构成和定位策划的过程中做到工程项目目标之间的最佳匹配。

（4）工程项目实施过程策划。工程项目实施过程策划是对工程项目实施的任务分解和组织工作策划，包括设计、施工、采购任务的招标投标，合同结构，项目管理机构设置、工作程序、制度及运行机制，项目管理组织协调，管理信息收集、加工处理和应用等。工程项目实施过程策划视工程项目系统的规模和复杂程度，分层次、分阶段地展开，从总体轮廓性概略策划，到局部实施性详细策划逐步深化。

（三）多方案比选

不论是总体策划还是局部策划，也不论是决策阶段构思策划还是项目实施策划，都是在构思多方案的基础上，通过方案比选，为决策提供依据。

工程项目多方案比选主要包括：工艺方案比选、规模方案比选、选址方案比选，甚至包括污染防治措施方案比选等。无论哪一类方案比选，均包括技术方案比选和经济效益比选两个方面。

1. 技术方案比选

由于工程项目的技术内容不同，技术方案比较的内容、重点和方法也各不相同。总的比选原则应是在满足技术先进适用、符合社会经济发展要求的前提下，选择能更好地满足决策目标的方案。

技术方案比选方法分为两大类，即传统方法和现代方法。

（1）传统方法。包括：经验判断法、方案评分法和经济计算法。

1）经验判断法。利用人们的知识、经验和主观判断能力，靠直觉进行方案评价。其优点是适用性强，决策灵活；缺点是缺乏严格的科学论证，容易导致主观、片面的结果。

2）方案评分法。根据评价指标对方案进行打分，最后根据得分多少判断优劣。常用的方法有加法评分法、乘法评分法、综合价值系数法。其优点是能够定量判断方案的优劣，比起笼统地用“很好”“好”“不好”等定性评价要更为细致、更为准确。

3）经济计算法。通过指标的大小来判断方案的优劣，是一种准确的方案比选方法。可应用于较准确地计算各方案经济效益的情形，如价值工程中的新产品开发、技术改造、可行性研究中的投资方案等。

（2）现代方法。主要包括：目标规划法、层次分析法、模糊数学综合评价法、灰色理论分析法和人工神经网络法等。

2. 经济效益比选

（1）方案比选要点。由于不同投资方案产出品的质量、数量、投资、费用和收益的大小不同，发生的时间、方案的寿命期也不尽相同，因此，在比较各种不同方案时，必须有一定的前提条件和规范的判别标准。

1）筛选备选方案。筛选备选方案实际上就是单方案检验，利用经济评价指标的判断准则剔除不可行方案。

2）保证备选方案之间的可比性。既可按方案的全部因素计算多个方案的全部经济效益和费用，进行全面分析对比；也可就各个方案的不同因素计算其相对经济效益和费用，进行局部分析对比，但要遵循效益和费用计算口径一致的原则，保证各个方案之间的可比性。

3）针对备选方案的结构类型选用适宜的比选方法。对于不同结构类型的方案，要选用不同的比较方法和评价指标。考察结构类型所涉及的因素有：方案的计算期是否相同；方案所需的资金来源是否有限制；方案的投资额是否相差过大等。

多方案比选是一个复杂的系统工程，涉及许多因素，这些因素不仅包括经济因素，还包括诸如项目本身及项目内外部的其他相关因素。如产品市场、市场营销、企业形象、环境保护、外部竞争、市场风险等，只有对这些因素进行全面的调查研究和深入分析，再结合工程项目经济效益分析情况，才能比选出最佳方案，为科学的投资决策奠定基础。

（2）方案比选方法。互斥型方案的比选方法包括：静态差额投资收益率法、静态差额投资回收期法、差额投资内部收益率法、净现值法、净现值率法、年值法、总费用现值比较法、年费用比较法等。

在工程项目构思策划、实施策划和方案比选决策中，都离不开造价管理的支持。

二、工程项目经济评价

工程项目经济评价应根据国民经济和社会发展及行业、地区发展规划的要求，在工程项目初步方案的基础上，采用科学的分析方法，对拟建项目的财务可行性和经济合理性进行分析论证，为工程项目的科学决策提供经济方面的依据。

工程项目经济评价是工程项目决策阶段重要的工作内容，对于提高投资决策科学化水平，引导和促进各类资源合理配置，优化投资结构，减少和规避投资风险，充分发挥投资效益，具有十分重要的作用。

（一）工程项目经济评价的内容、方法和原则

1. 工程项目经济评价的内容

工程项目经济评价包括财务分析和经济分析。

（1）财务分析。财务分析是在国家现行财税制度和市场价格的前提下，从项目的角度出发，计算项目范围内的财务效益和费用，测算项目的盈利能力和清偿能力，分析项目在财务上的可行性。

（2）经济分析。经济分析是在合理配置社会资源的前提下，从国家经济整体利益的角度出发，计算项目对国民经济的贡献，测算项目的经济效率、效果和对社会的影响，分析

项目在宏观经济上的合理性。

2. 财务分析与经济分析的联系和区别

（1）财务分析与经济分析的联系。

1）财务分析是经济分析的基础。大多数经济分析是在项目财务分析的基础上进行的，任何一个项目财务分析的数据资料都是项目经济分析的基础。

2）经济分析是财务分析的前提。对大型工程项目而言，国民经济效益的可行性与否决定了项目的最终可行性，它是决定大型项目决策的先决条件和主要依据之一。

因此，在进行项目投资决策时，既要考虑项目的财务分析结果，更要遵循使国家与社会获益的项目经济分析原则。

（2）财务分析与经济分析的区别。

1）两种评价的出发点和目的不同。项目财务分析是站在企业或投资人立场上，从其利益角度分析评价项目的财务收益和成本，而项目经济分析则是从国家或地区的角度分析评价项目对整个国民经济乃至整个社会所产生的收益和成本。

2）两种分析中费用和效益的组成不同。在项目财务分析中，凡是流入或流出的项目货币收支均视为企业或投资者的费用和效益，而在项目经济分析中，只有当项目的投入或产出能够给国民经济带来贡献时才被当作项目的费用或效益进行评价。

3）两种分析的对象不同。项目财务分析的对象是企业或投资人的财务收益和成本，而项目经济分析的对象是由项目带来的国民收入增值情况。

4）两种分析中衡量费用和效益的价格尺度不同。项目财务分析关注的是项目的实际货币效果，它根据预测的市场交易价格去计量项目投入和产出物的价值，而项目经济分析关注的是对国民经济的贡献，采用体现资源合理有效配置的影子价格去计量项目投入和产出物的价值。

5）两种分析的内容和方法不同。项目财务分析主要采用企业成本和效益的分析方法，项目经济分析需要采用费用和效益分析、成本和效益分析和多目标综合分析等方法。

6）两种分析采用的评价标准和参数不同。项目财务分析的主要标准和参数是净利润、财务净现值、市场利率等，而项目经济分析的主要标准和参数是净收益、经济净现值、社会折现率等。

7）两种分析的时效性不同。项目财务分析必须随着国家财务制度的变更而作出相应的变化，而项目经济分析多数是按照经济原则进行评价。

3. 工程项目经济评价内容和方法的选择

工程项目的类型、性质、目标和行业特点等都会影响项目评价的方法、内容和参数。

（1）对于一般项目，财务分析结果将对其决策、实施和运营产生重大影响，财务分析必不可少。由于这类项目产出品的市场价格基本上能够反映其真实价值，当财务分析的结果能够满足决策需要时，可以不进行经济分析。

（2）对于那些关系国家安全、国土开发、市场不能有效配置资源等具有较明显外部效果的项目（一般为政府审批或核准项目），需要从国家经济整体利益角度来考察项目，并以能反映资源真实价值的影子价格来计算项目的经济效益和费用，通过经济评价指标的计算和分析，得出项目是否对整个社会经济有益的结论。

（3）对于特别重大的工程项目，除进行财务分析与经济费用效益分析外，还应专门进行项目对区域经济或宏观经济影响的研究和分析。

4. 工程项目经济评价应遵循的基本原则

(1)“有无对比”原则。“有无对比”是指“有项目”相对于“无项目”的对比分析。“无项目”状态是指不对该项目进行投资时，在计算期内，与项目有关的资产、费用与收益的预计发展情况；“有项目”状态是指对该项目进行投资后，在计算期内，资产、费用与收益的预计情况。“有无对比”求出项目的增量效益，排除了项目实施以前各种条件的影响，突出项目活动的效果。“有项目”与“无项目”两种情况下，效益和费用的计算范围、计算期应保持一致，具有可比性。

(2) 效益与费用计算口径对应一致的原则。将效益与费用限定在同一个范围内，才有可能进行比较，计算的净效益才是项目投入的真实回报。

(3) 收益与风险权衡的原则。投资人关心的是效益指标，但是，对于可能给项目带来风险的因素考虑得不全面，对风险可能造成的损失估计不足，结果往往有可能使项目失败。收益与风险权衡的原则提示投资者，在进行投资决策时，不仅要看到效益，也要关注风险，权衡得失利弊后再进行决策。

(4) 定量分析与定性分析相结合，以定量分析为主的原则。经济评价的本质就是要对拟建项目在整个计算期的经济活动，通过效益与费用的计算，对项目经济效益进行分析和比较。一般来说，项目经济评价要求尽量采用定量指标，但对一些不能量化的经济因素，不能直接进行数量分析，为此，需要进行定性分析，并与定量分析结合起来进行评价。

(5) 动态分析与静态分析相结合，以动态分析为主的原则。动态分析是指考虑资金的时间价值对现金流量进行分析。静态分析是指不考虑资金的时间价值对现金流量进行分析。项目经济评价的核心是动态分析，静态指标与一般的财务和经济指标内涵基本相同，比较直观，但只能作为辅助指标。

(二) 工程项目财务分析

1. 财务效益和费用的估算

财务效益和费用是财务分析的重要基础，其估算的准确性与可靠程度直接影响财务分析结论。

(1) 财务效益和费用的识别和估算应注意的问题：

1) 财务效益和费用的估算应遵守现行会计准则及税收制度规定。由于财务效益和费用的识别和估算是对未来情况的预测，经济评价中允许进行有别于财会制度的处理，但要求财务效益和费用的识别和估算在总体上与会计准则及税收制度相适应。

2) 财务效益和费用的估算应遵守“有无对比”的原则。在识别项目的效益和费用时，需注意只有“有无对比”的差额部分才是由于项目建设增加的效益和费用，这样才能真正体现项目投资的净效益。

3) 财务效益和费用的估算范围应体现效益和费用对应一致的原则。即在合理确定的项目范围内，对等地估算财务主体的直接效益以及相应的直接费用，避免高估或低估项目的净效益。

4) 财务效益和费用的估算应根据项目性质、类别和行业特点，明确相关政策和其他依据、选取适宜的方法，进行文字说明，并编制相关表格。

(2) 财务效益和费用的构成。项目的财务效益与项目目标有直接的关系，项目目标不同，财务效益包含的内容也不同。

1）市场化运作的经营性项目，项目目标是通过销售产品或提供服务实现盈利，其财务效益主要是指所获取的营业收入。对于某些国家鼓励发展的经营性项目，可以获得增值税的优惠。按照有关会计及税收制度，先征后返的增值税应记作补贴收入，作为财务效益进行核算。财务分析中应根据国家规定的优惠范围落实是否可采用这些优惠政策。对先征后返的增值税，财务分析中可进行有别于实际的处理，不考虑“征”和“返”的时间差。

2）对于以提供公共产品服务于社会或以保护环境等为目标的非经营性项目，往往没有直接的营业收入，也就没有直接的财务效益。这类项目需要政府提供补贴才能维持正常运转，应将补贴作为项目的财务收益，通过预算平衡计算所需要补贴的数额。

3）对于为社会提供准公共产品或服务，且运营维护采用经营方式的项目，如市政公用设施、交通、电力等项目，其产出价格往往受到政府管制，营业收入可能基本满足或不能满足补偿成本的要求，有些需要在政府提供补贴的情况下才具有财务生存能力。因此，这类项目的财务效益包括营业收入和补贴收入。

4）项目所支出的费用主要包括投资、成本费用和税金等。

（3）财务效益和费用采用的价格。财务分析应采用以市场价格体系为基础的预测价格。在建设期内，一般应考虑投入的相对价格变动及价格总水平变动。在运营期内，若能合理判断未来市场价格变动趋势，投入与产出可采用相对变动价格；若难以确定投入与产出的价格变动，一般可采用项目运营期初的价格；有要求时，也可考虑价格总水平的变动。运营期财务效益和费用的估算采用的价格，应符合下列要求：

1）效益和费用估算采用的价格体系应一致；

2）采用预测价格，有要求时可考虑价格变动因素；

3）对适用增值税的项目，运营期内投入和产出的估算表格可采用不含增值税价格；若采用含增值税价格，应予以说明，并调整相关表格。

（4）财务效益和费用的估算步骤。财务效益和费用的估算步骤应与财务分析步骤相匹配。在进行融资前分析时，应先估算独立于融资方案的建设投资和营业收入，然后是经营成本和流动资金。在进行融资后分析时，应先确定初步融资方案，然后估算建设期利息，进而完成固定资产原值的估算，通过还本付息计算求得运营期各年利息，最终完成总成本费用的估算。

2. 财务分析参数

财务分析参数包括计算、衡量项目的财务费用效益的各类计算参数和判定项目财务合理性的判据参数。

（1）基准收益率。财务基准收益率系指工程项目财务评价中对可货币化的项目费用和效益采用折现方法计算财务净现值的基准折现率，是衡量项目财务内部收益率的基准值，是项目财务可行性和方案比选的主要判据。财务基准收益率反映投资者对相应项目占用资金的时间价值的判断，应是投资者在相应项目上最低可接受的财务收益率。

财务基准收益率的测定应符合下列规定：

1）在政府投资项目以及按政府要求进行经济评价的工程项目中采用的行业财务基准收益率，应根据政府的政策导向进行确定。

2）项目产出物（或服务）价格由政府进行控制和干预的项目，其行业财务基准收益率需要结合国家在一定时期的发展战略、发展规划、产业政策、投资管理规定、社会经济发展水平和公众承受能力等因素，权衡效率与公平、局部与整体、当前与未来、受益群体与受损群体等得失利弊，区分不同行业投资项目的实际情况，结合政府资源、宏观调控意图、履行政府职能等因素综合测定。

3）在企业投资等其他各类建设项目的经济评价中参考选用的行业财务基准收益率，应在分析一定时期内国家和行业发展战略、发展规划、产业政策、资源供给、市场需求、资金时间价值、项目目标等情况的基础上，结合行业特点、行业资本构成情况等因素综合测定。

4）对境外投资项目财务基准收益率的测定，应首先考虑国家风险因素。

5）投资者自行测定项目的最低可接受财务收益率，应充分考虑项目资源的稀缺性、进出口情况、建设周期长短、市场变化速度、竞争情况、技术寿命、资金来源等，并根据自身的发展战略和经营策略、具体项目特点与风险、资金成本、机会成本等因素综合测定。

国家行政主管部门统一测定并发布的行业财务基准收益率，在政府投资项目以及按政府要求进行经济评价的建设项目中必须采用；在企业投资等其他各类建设项目的经济评价中可参考选用。

（2）计算期。工程项目经济评价的计算期，包括建设期和运营期。建设期应参照项目建设的合理工期或项目的建设进度计划合理确定；运营期应根据项目特点参照项目的合理经济寿命确定。计算现金流的时间单位，一般采用年，也可采用其他常用的时间单位。

（3）财务评价判断参数。财务评价判断参数主要包括下列判断项目盈利能力的参数和判断项目偿债能力的参数：

1）判断项目盈利能力的参数主要包括财务内部收益率（*FIRR*）、总投资收益率、项目资本金净利润率等指标的基准值或参考值。

2）判断项目偿债能力的参数主要包括利息备付率、偿债备付率、资产负债率、流动比率、速动比率等指标的基准值或参考值。

国家有关部门（行业）发布的供项目财务分析使用的总投资收益率、项目资本金净利润率（即权益资金净利润率，下同）、利息备付率、偿债备付率、资产负债率、项目计算期、折旧年限、有关费率等指标的基准值或参考值，在各类工程项目经济评价中可参考选用。

3. 财务分析内容和指标

财务分析应在项目财务效益与费用估算的基础上进行。对于经营性项目，财务分析应通过编制财务分析报表，计算财务指标，分析项目的盈利能力、偿债能力和财务生存能力，判断项目的财务可接受性，明确项目对财务主体及投资者的价值贡献，为项目决策提供依据。对于非经营性项目，财务分析应主要分析项目的财务生存能力。

（1）经营性项目财务分析。财务分析可分为融资前分析和融资后分析，一般宜先进行融资前分析，在融资前分析结论满足要求的情况下，初步设定融资方案，再进行融资后分析。在项目建议书阶段，可只进行融资前分析。融资前分析应以动态分析（考虑资金的时间价值）为主，静态分析（不考虑资金的时间价值）为辅。

1）融资前分析。融资前动态分析应以营业收入、建设投资、经营成本和流动资金的估算为基础，考察整个计算期内现金流入和现金流出，编制项目投资现金流量表，利用资金时间价值的原理进行折现，计算项目投资内部收益率和净现值等指标。融资前分析排除了融资方案变化的影响，从项目投资总获利能力的角度，考察项目方案设计的合理性。融资前分析计算的相关指标，应作为初步投资决策与融资方案研究的依据和基础。

根据分析角度的不同，融资前分析可选择计算所得税前指标和（或）所得税后指标。融资前分析也可计算静态投资回收期（P_0）指标，用以反映收回项目投资所需要的时间。

2）融资后分析。融资后分析应以融资前分析和初步的融资方案为基础，考察项目在拟定融资条件下的盈利能力、偿债能力和财务生存能力，判断项目方案在融资条件下的可行性。融资后分析用于比选融资方案，帮助投资者作出融资决策。融资后的盈利能力分析应包括动态分析和静态分析。

①动态分析。动态分析包括两个层次：

a. 项目资本金现金流量分析，应在拟定的融资方案下，从项目资本金出资者整体的角度，确定其现金流入和现金流出，编制项目资本金现金流量表，利用资金时间价值的原理进行折现，计算项目资本金财务内部收益率指标，考察项目资本金可获得的收益水平；

b. 投资各方现金流量分析，应从投资各方实际收入和支出的角度，确定其现金流入和现金流出，分别编制投资各方现金流量表，计算投资各方的财务内部收益率指标，考察投资各方可能获得的收益水平。当投资各方不按股本比例进行分配或有其他不对等的收益时，可选择进行投资各方现金流量分析。

②静态分析。静态分析系指不采取折现方式处理数据，依据利润与利润分配表计算项目资本金净利润率（*ROE*）和总投资收益率（*ROI*）指标。静态盈利能力分析可根据项目的具体情况选做。

盈利能力分析的主要指标包括项目投资财务内部收益率和财务净现值、项目资本金财务内部收益率、投资回收期、总投资收益率、项目资本金净利润率等，可根据项目的特点及财务分析的目的、要求等选用。

财务生存能力分析，应在财务分析辅助表和利润与利润分配表的基础上编制财务计划现金流量表，通过考察项目计算期内的投资、融资和经营活动所产生的各项现金流入和流出，计算净现金流量和累计盈余资金，分析项目是否有足够的净现金流量维持正常运营，以实现财务可持续性。财务可持续性应首先体现在有足够大的经营活动净现金流量，其次，各年累计盈余资金不应出现负值。若出现负值，应进行短期借款，同时分析该短期借款的年份长短和数额大小，进一步判断项目的财务生存能力。短期借款应体现在财务计划现金流量表中，其利息应计入财务费用。为维持项目正常运营，还应分析短期借款的可靠性。

（2）非经营性项目财务分析。对于非经营性项目，财务分析可按下列要求进行：

1）对没有营业收入的项目，不进行盈利能力分析，主要考察项目财务生存能力。此类项目通常需要政府长期补贴才能维持运营，应合理估算项目运营期各年所需的政府补贴数额，并分析政府补贴的可能性与支付能力。对有债务资金的项目，还应结合借款偿还要求进行财务生存能力分析。

2）对有营业收入的项目，财务分析应根据收入抵补支出的程度，区别对待。收入补偿费用的顺序应为：补偿人工、材料等生产经营耗费、缴纳流转税、偿还借款利息、计提折旧和偿还借款本金。有营业收入的非经营性项目可分为下列两类：

①营业收入在补偿生产经营耗费、缴纳流转税、偿还借款利息、计提折旧和偿还借款本金后尚有盈余，表明项目在财务上有盈利能力和生存能力，其财务分析方法与一般项目基本相同。

②对一定时期内收入不足以补偿全部成本费用，但通过在运行期内逐步提高价格（收费）水平，可实现其设定的补偿生产经营耗费、缴纳流转税、偿还借款利息、计提折旧、偿还借款本金的目标，并预期在中、长期产生盈余的项目，可只进行偿债能力分析和财务生存能力分析。由于项目运营前期需要政府在一定时期内给予补贴，以维持运营，因此，应估算各年所需的政府补贴数额，并分析政府在一定时期内可能提供财政补贴的能力。

（三）工程项目经济分析

经济分析主要是通过经济费用效益对项目进行评价，作为决策的依据。经济费用效益分析应从资源合理配置的角度，分析项目投资的经济效率和对社会福利所作出的贡献，评价项目的经济合理性。对于财务现金流量不能全面、真实地反映其经济价值，需要进行经济费用效益分析的项目，应将经济费用效益分析的结论作为项目决策的主要依据之一。

1. 经济分析的范围

对于财务价格扭曲，不能真实反映项目产出的经济价值，财务成本不能包含项目对资源的全部消耗，财务效益不能包含项目产出的全部经济效果的项目，需要进行经济费用效益分析。下列类型项目应进行经济费用效益分析：

（1）具有垄断特征的项目；

（2）产出具有公共产品特征的项目；

（3）外部效果显著的项目；

（4）资源开发项目；

（5）涉及国家经济安全的项目；

（6）受过度行政干预的项目。

2. 经济效益和费用的识别和计算

项目经济效益和费用的识别应符合下列规定：

（1）遵循有无对比的原则；

（2）对项目所涉及的所有成员及群体的费用和效益进行全面分析；

（3）正确识别正面和负面外部效果，防止误算、漏算或重复计算；

（4）合理确定效益和费用的空间范围和时间跨度；

（5）正确识别和调整转移支付，根据不同情况区别对待。

经济效益的计算应遵循支付意愿（WTP）原则和（或）接受补偿意愿（WTA）原则；经济费用的计算应遵循机会成本原则。经济效益和经济费用可直接识别，也可通过调整财务效益和财务费用得到。经济效益和经济费用应采用影子价格计算，具体包括货物影子价格、影子工资、影子汇率等。

效益表现为费用节约的项目，应根据“有无对比”分析，计算节约的经济费用，计入项目相应的经济效益。

对于表现为时间节约的运输项目，其经济价值应采用“有无对比”分析方法，根据不同人群、货物、出行目的等，区别情况计算时间节约价值：根据不同人群及不同出行目的对时间的敏感程度，分析受益者为得到这种节约所愿意支付的货币数量，测算出行时间节约的价值。根据不同货物对时间的敏感程度，分析受益者为了得到这种节约所愿意支付的价格，测算其时间节约的价值。

外部效果系指项目的产出或投入无意识地给他人带来费用或效益，且项目却没有为此付出代价或为此获得收益。为防止外部效果计算扩大化，一般只应计算一次相关效果。

环境及生态影响的外部效果是经济费用效益分析必须加以考虑的一种特殊形式的外部效果，应尽可能对项目所带来的环境影响的效益和费用（损失）进行量化和货币化，将其列入经济现金流。环境及生态影响的效益和费用，应根据项目的时间范围和空间范围、具体特点、评价的深度要求及资料占有情况，采用适当的评估方法与技术对环境影响的外部效果进行识别、量化和货币化。

3. 经济费用效益分析

经济费用效益分析应采用以影子价格体系为基础的预测价格，不考虑价格总水平变动因素。项目经济费用效益分析采用社会折现率对未来经济效益和经济费用流量进行折现。项目的所有效益和费用（包括不能货币化的效果）一般均应在共同的时点基础上予以折现。

经济费用效益分析可在直接识别估算经济费用和经济效益的基础上，利用表格计算相关指标；也可在财务分析的基础上将财务现金流量转换为经济效益与费用流量，利用表格计算相关指标。如果项目的经济费用和效益能够进行货币化，应在费用效益识别和计算的基础上，编制经济费用效益流量表，计算经济费用效益分析指标，分析项目投资的经济效率，具体可以采用经济净现值（*ENPV*）、经济内部收益率（*EIRR*）、经济效益费用比（*RBC*）等指标。

在完成经济费用效益分析之后，应进一步分析对比经济费用效益与财务现金流量之间的差异，并根据需要对财务分析与经济费用效益分析结论之间的差异进行分析，找出受益或受损群体，分析项目对不同利益相关者在经济上的影响程度，并提出改进资源配置效率及财务生存能力的政策建议。

4. 费用效果分析

对于效益和费用可以货币化的项目应采用上述经济费用效益分析方法。对于效益难以货币化的项目，应采用费用效果分析方法；对于效益和费用均难以量化的项目，应进行定性经济费用效益分析。

费用效果分析系通过比较项目预期的效果与所支付的费用，判断项目的费用有效性或经济合理性。效果难于或不能货币化，或货币化的效果不是项目目标的主体时，在经济评价中应采用费用效果分析法，其结论作为项目投资决策的依据之一。

5. 区域经济与宏观经济影响分析

区域经济影响分析系指从区域经济的角度出发，分析项目对所在区域乃至更大范围的经济发展的影响。宏观经济影响分析系指从国民经济整体的角度出发，分析项目对国家宏观经济各方面的影响。直接影响范围限于局部区域的项目应进行区域经济影响分析，直接影响国家经济全局的项目应进行宏观经济影响分析。具备下列部分或全部特征的特大型建设项目应进行区域经济或宏观经济影响分析：一是项目投资巨大、工期超长（跨五年计划或十年规划）；二是项目实施前后对所在区域或国家的经济结构、社会结构以及群体利益格局等有较大改变；三是项目导致技术进步和技术转变，引发关联产业或新产业群体的发展变化；四是项目对生态与环境影响大，范围广；五是项目对国家经济安全影响较大；六是项目对区域或国家长期财政收支影响较大；七是项目的投入或产出对进出口影响大；八是其他对区域经济或宏观经济有重大影响的项目。

（1）区域经济与宏观经济影响分析内容。区域经济与宏观经济影响分析应立足于项目的实施能够促进和保障经济有序高效运行和可持续发展，分析重点应是项目与区域发展战略和国家长远规划的关系。分析内容应包括直接贡献和间接贡献、有利影响和不利影响等方面。

1）直接贡献。项目对区域经济或宏观经济的直接贡献通常表现在：促进经济增长，优化经济结构，提高居民收入，增加就业，减少贫困，扩大进出口，改善生态环境，增加地方或国家财政收入，保障国家经济安全等方面。

2）间接贡献。项目对区域经济或宏观经济影响的间接贡献表现在：促进人口合理分布和流动，促进城市化，带动相关产业，克服经济瓶颈，促进经济社会均衡发展，提高居民生活质量，合理开发、有效利用资源，促进技术进步，提高产业国际竞争力等方面。

3）不利影响。项目可能产生的不利影响包括：非有效占用土地资源、污染环境、损害生态平衡、危害历史文化遗产；出现供求关系与生产格局的失衡，引发通货膨胀；冲击地方传统经济；产生新的相对贫困阶层及隐性失业；对国家经济安全可能带来的不利影响等。

（2）区域经济与宏观经济影响分析指标。区域经济与宏观经济影响分析应遵循系统性、综合性、定性分析与定量分析相结合的原则。分析的指标体系宜由经济总量指标、经济结构指标、社会与环境指标和国力适应性指标等构成。

1）经济总量指标。反映项目对国民经济总量的贡献，包括增加值、净产值、纯收入、财政收入等经济指标；总量指标可使用当年值、净现值总额和折现年值。

2）经济结构指标。反映项目对经济结构的影响，主要包括三次产业结构、就业结构、影响力系数等指标。

3）社会与环境指标。主要包括就业效果指标、收益分配效果指标、资源合理利用指标和环境影响效果指标等。为了分析项目对贫困地区经济的贡献，可设置贫困地区收益分配比重指标。

三、工程项目经济评价报表的编制

（一）投资方案现金流量表

投资方案现金流量表由现金流入、现金流出和净现金流量构成，其具体内容随投资方案经济效果评价的角度、范围和方法不同而不同，主要有投资现金流量表、资本金现金流量表、投资各方现金流量表和财务计划现金流量表。

1. 投资现金流量表

投资现金流量表是以投资方案为一独立系统进行设置的。它以投资方案建设所需的总投资作为计算基础，反映投资方案在整个计算期（包括建设期和生产运营期）内现金的流入和流出，其现金流量表构成见表 6.1.1（举例）。通过投资现金流量表可计算投资方案的财务内部收益率、财务净现值和静态投资回收期等经济效果评价指标，并可考察投资方案融资前的盈利能力，为各个方案进行比较建立共同的基础。根据需要，可从所得税前（即息税前）和（或）所得税后（即息税后）两个角度进行考察，选择计算所得税前和（或）所得税后指标。注意，这里所指的“所得税”是根据息税前利润（计算时其原则上不受融资方案变动的影响，即不受利息多少的影响）乘以所得税税率计算的，称为“调整所得税”。区别于按照税后利润计算的所得税。

表 6.1.1　投资现金流量表　　单位：万元

序号	项目	合计	计算期						
			1	2	3	4	5	…	20
1	现金流入	341 947				11 310	13 572		45 631
1.1	经营收入	316 673				11 310	13 572		20 358
1.2	补贴收入								
1.3	回收固定资产余值	24 074							24 074
1.4	回收流动资金	1 200							1 200
1.5	其他现金流入								
2	现金流出	184 518	28 788	11 481	8 748	5 410	5 971		8 674
2.1	建设投资（不含建设期利息）	47 818	28 788	11 481	7 548				
2.2	流动资金	1 200			1 200				
2.3	经营成本	71 285				4 125	3 988		4 236
2.4	销售税金及附加	17 417				622	746		1 120
2.5	维持运营投资								
2.6	其他现金流出								
3	所得税前净现金流量	204 227	−28 788	−11 481	−8 748	6 562	8 837		40 276
4	累计税前净现金流量		−28 788	−40 269	−49 018	−42 455	−33 619		204 227
5	调整所得税	46 798				663	1 236		3 318
6	所得税后净现金流量	157 429	−28 788	−11 481	−8 748	5 900	7 601		36 957
7	累计税后净现金流量		−28 788	−40 269	−49 018	−43 118	−35 517		157 429

计算指标：	所得税前	所得税后
投资财务内部收益率：	17.73%	15.00%
投资财务净现值（i=10%）：	35 575 万元	21 248 万元
投资回收期：	8.09 年	8.72 年

注：1. 本表适用于新设法人项目与既有法人项目的增量和“有项目”的现金流量分析。

2. 调整所得税为以息税前利润为基数计算的所得税，区别于“利润与利润分配表”“项目资本金现金流量表”和“财务计划现金流量表”中的所得税。

3. 投入和产出均按不含税价格计算时，“销售税金及附加”不含增值税。

2. 资本金现金流量表

资本金现金流量表是从投资方案权益投资者整体（即项目法人）角度出发，以投资方案资本金作为计算的基础，把借款本金偿还和利息支付作为现金流出，用以计算资本金财务内部收益率，反映在一定融资方案下投资者权益投资的获利能力，用以比选融资方案，为投资者投资决策、融资决策提供依据。资本金现金流量表构成见表 6.1.2（举例）。

表 6.1.2 资本金现金流量表 单位：万元

序号	项目	合计	计算期						
			1	2	3	4	5	…	20
1	现金流入	341 948				11 310	13 572		456 312
1.1	经营收入	316 673				11 310	13 572		20 358
1.2	补贴收入								
1.3	回收固定资产余值	24 074							24 074
1.4	回收流动资金	1 200							1 200
1.5	其他现金流入								
2	现金流出	207 192	19 730	2 183	3 383	7 893	9 835		8 674
2.1	投资方案资本金	19 657	18 457		1 200				
2.2	借款本金偿还	35 000				300	1 700		
2.3	借款利息支付	17 034	1 273	2 183	2 183	2 183	2 164		
2.4	经营成本	71 285				4 125	3 988		4 236
2.5	销售税金及附加	17 417				622	746		1 120
2.6	所得税	46 798				663	1 236		3 318
2.7	维持运营投资								
2.8	其他现金流出								
3	净现金流量	134 755	−19 730	−2 183	−3 383	3 417	3 737		36 957
计算指标： 资本金财务内部收益率=16.08%									

注：1. 项目资本金包括用于建设投资、建设期利息和流动资金的资金。

2. 对外商投资项目，现金流出中应增加职工奖励及福利基金科目。

3. 本表适用于新设法人项目与既有法人项目“有项目”的现金流量分析。

3. 投资各方现金流量表

投资各方现金流量表是分别从投资方案各个投资者的角度出发，以投资者的出资额作为计算的基础，用以计算投资方案投资各方财务内部收益率。投资各方现金流量表构成见表 6.1.3。一般情况下，投资方案投资各方按股本比例分配利润和分担亏损及风险，因此，投资各方的利益一般是均等的，没有必要计算投资各方的财务内部收益率。只有投资方案投资者中各方有股权之外的不对等的利益分配时（契约式合作企业常常会有这种情况），投资各方的收益率才会有差异，此时常常需要计算投资各方的财务内部收益率，以看出各方收益是否均衡，或者其非均衡性是否在一个合理的水平，有助于促成投资方案投资各方在合作谈判中达成平等互利协议。

表 6.1.3 投资各方现金流量表

序号	项目	合计	计算期				
			1	2	3	4	…
1	现金流入						
1.1	实分利润						
1.2	资产处置收益分配						
1.3	租赁费收入						
1.4	技术转让或使用收入						
1.5	其他现金流入						
2	现金流出						
2.1	实缴资本						
2.2	租赁资产支出						
2.3	其他现金流出						
3	净现金流量（1－2）						
计算指标： 投资各方财务内部收益率（%）＝							

注：本表可按不同投资方分别编制。投资各方现金流量表中现金流入是指出资方因该投资方案的实施将实际获得的各种收入；现金流出是指出资方因该投资方案的实施将实际投入的各种支出。表中科目应根据投资方案具体情况调整。

1. 实分利润是指投资者由投资方案获取的利润。
2. 资产处置收益分配是指对有明确的合营期限或合资期限的投资方案，在期满时对资产余值按股比或约定比例的分配。
3. 租赁费收入是指出资方将自己的资产租赁给投资方案使用所获得的收入，此时应将资产价值作为现金流出，列为租赁资产支出科目。
4. 技术转让或使用收入是指出资方将专利或专有技术转让或允许该投资方案使用所获得的收入。

4. 财务计划现金流量表

财务计划现金流量表反映投资方案计算期各年的投资、融资及经营活动的现金流入和流出，用于计算累计盈余资金，分析投资方案的财务生存能力。财务计划现金流量表构成见表 6.1.4（举例）。

表 6.1.4 财务计划现金流量表 单位：万元

序号	项目	合计	计算期						
			1	2	3	4	5	…	20
1	经营活动净现金流量	394 114				16 720	19 543		29 031
1.1	现金流入	316 673				11 310	13 572		20 358
1.1.1	营业收入	316 673				11 310	13 572		20 358
1.1.2	补贴收入								
1.1.3	其他流入								
1.2	现金流出	135 500				5 410	5 971		8 674
1.2.1	经营成本	71 285				4 125	3 988		4 236
1.2.2	销售税金及附加	17 417				622	746		1 120
1.2.3	所得税	46 798				663	1 236		3 318
1.2.4	其他流出								
2	投资活动净现金流量	−49 018	−28 788	−11 481	−8 748				
2.1	现金流入								
2.2	现金流出	49 018	28 788	11 481	8 748				
2.2.1	建设投资	47 818	28 788	11 481	7 548				
2.2.2	维持运营投资								
2.2.3	流动资金	1 200			1 200				
2.2.4	其他流出								
3	筹资活动净现金流量	2 623	28 788	11 481	8 748	−2 483	−3 864		
3.1	现金流入	54 657	30 061	13 664	10 931				
3.1.1	项目资本金投入	19 657	18 457		1 200				
3.1.2	建设投资借款	35 000	11 604	13 664	9 731				
3.1.3	流动资金借款								
3.1.4	债券								
3.1.5	短期借款								
3.1.6	其他流入								
3.2	现金流出	52 034	1 273	2 183	2 183	2 483	3 864		
3.2.1	各种利息支出	17 034	1 273	2 183	2 183	2 183	2 164		

续表 6.1.4

序号	项目	合计	计算期						
			1	2	3	4	5	…	20
3.2.2	偿还债务本金	35 000				300	1 700		
3.2.3	应付利润								
3.2.4	其他流出								
4	净现金流量	405 778				14 237	15 678		29 031
5	累计盈余资金					14 237	29 915		405 778

5. 投资方案现金流量表构成要素

在工程经济分析中，经济效果评价指标起着重要的作用，而经济效果评价的主要指标实际上又是通过投资方案现金流量表计算导出的。从表 6.1.1～表 6.1.4 可知，必须在明确考察角度和系统范围的前提下正确区分现金流入与现金流出。对于一般性投资方案经济效果评价来说，投资、经营成本、营业收入和税金等经济量本身既是经济指标，又是导出其他经济效果评价指标的依据，所以它们是构成投资方案现金流量的基本要素，也是进行工程经济分析最重要的基础数据。

(1) 营业收入。营业收入是指投资方案实施后各年销售产品或提供服务所获得的收入，即：

营业收入＝产品销售量（或服务量）×产品单价（或服务）　　(6.1.1)

主副产品（或不同等级产品）的销售收入应全部计入营业收入；所提供的不同类型服务收入也应同时计入营业收入。营业收入是现金流量表中现金流入的主体，也是利润表的主要科目。营业收入是经济效果分析的重要数据，其估算的准确性极大地影响着投资方案经济效果的评价。因此，营业收入的计算既需要在正确估计各年生产能力利用率（或称生产负荷或开工率）基础之上的年产品销售量（或服务量），也需要合理确定产品（或服务）的价格。

1) 产品年销售量（或服务量）的确定。在投资方案营业收入估算中，应首先根据市场需求预测确定投资方案产品（或服务量）的市场份额，进而合理确定企业的生产规模，再根据企业的设计生产能力和各年的运营负荷确定年产量（服务量）。为计算简便，假定年生产量即为年销售量，不考虑库存，即当期的产出（扣除自用量后）当期全部销售，也就是当期产品产量等于当期销售量。但须注意年销售量应按投产期与达产期分别测算。

投资方案各年运营负荷一般开始投产时负荷较低，以后各年逐步提高，提高的幅度应根据技术的成熟度、市场的开发程度、产品的寿命期、需求量的增减变化等因素，结合行业和投资方案特点，通过制定运营计划合理确定。有些投资方案的产出寿命期较短、更新快，达到一定负荷后，在适当的年份开始减少产量，甚至适时终止生产。

2) 产品（或服务）价格的选择。经济效果分析采用以市场价格体系为基础的预测价格，有要求时可考虑价格变动因素。它取决于产品的销售去向和市场需求，故应考虑国内外产品价格变化趋势来确定产品价格水平。产品销售价格一般采用出厂价格，即：

$$产品出厂价格=目标市场价格-运杂费 \tag{6.1.2}$$

对国内市场销售的产品，可在现行市场价格的基础上换算为产品的出厂价格；也可根据预计成本、利润和税金确定价格。对于供出口的产品，应先按国际目标市场价格扣减海外运杂费并考虑其他因素影响后，确定离岸价格，然后换算为出厂价格；如果其销售价格选择离岸价格，则应同时将由投资方案所在地到口岸的运杂费计入成本。对适用增值税的投资方案，运营期经济效果评价所用的价格可以是含增值税的价格，也可以是不含增值税的价格，但需要在分析中予以说明。总之，在选择产品（或服务）的价格时，要分析所采用的价格基点、价格体系、价格预测方法，特别应对采用价格的合理性进行说明。

生产多种产品和提供多项服务的营业收入计算对生产多种产品和提供多项服务的，应分别计算各种产品及服务的营业收入。对于不便按详细的品种分类计算营业收入的，可采取折算为标准产品（或服务）的方法计算营业收入。

（2）补贴收入。某些经营性的公益事业、基础设施投资方案，如城市轨道交通项目、垃圾处理项目、污水处理项目等，政府在项目运营期给予一定数额的财政补助，以维持正常运营，使投资者能获得合理的投资收益。对这类投资方案应按有关规定估算企业可能得到与收益相关的政府补助（与资产相关的政府补助不在此处核算，与资产相关的政府补助是指企业取得的、用于购建或以其他方式形成长期资产的政府补助），包括先征后返的增值税、按销量或工作量等依据国家规定的补助定额计算并按期给予的定额补贴，以及属于财政扶持而给予的其他形式的补贴等，应按相关规定合理估算，记作补贴收入。补贴收入同营业收入一样，应列入投资方案投资现金流量表、资本金现金流量表和财务计划现金流量表。以上补贴收入，应根据财政、税务部门的规定，分别计入或不计入应税收入。

（3）投资。投资是投资主体为了特定的目的，以达到预期收益的价值垫付行为。投资方案经济效果评价中的总投资是建设投资、建设期利息和流动资金之和。

建设投资是指投资方案按拟定建设规模（分期实施的投资方案为分期建设规模）、产品方案、建设内容进行建设所需的投入。在投资方案建成后按有关规定建设投资中的各分项将分别形成固定资产、无形资产和其他资产。形成的固定资产原值可用于计算折旧费，投资方案寿命期结束时，固定资产的残余价值（一般指当时市场上可实现的预测价值）对于投资者来说是一项在期末可回收的现金流入。形成的无形资产和其他资产原值可用于计算摊销费。

在建设投资分年计划的基础上可设定初步融资方案，对采用债务融资的投资方案应估算建设期利息。建设期利息系指筹措债务资金时在建设期内发生并按规定允许在投产后计入固定资产原值的利息，即资本化利息。建设期利息包括银行借款和其他债务资金的利息，以及其他融资费用。其他融资费用是指某些债务融资中发生的手续费、承诺费、管理费、信贷保险费等融资费用，一般情况下应将其单独计算并计入建设期利息。分期建成投产的投资方案，应按各期投产时间分别停止借款费用的资本化，此后发生的借款利息应计入总成本费用。

流动资金是指运营期内长期占用并周转使用的营运资金，不包括运营中需要的临时性营运资金。流动资金的估算基础是经营成本和商业信用等，它是流动资产与流动负债的差额。流动资产的构成要素一般包括存货、库存现金、应收账款和预付账款；流动负债的构成要素一般只考虑应付账款和预收账款。投产第一年所需的流动资金应在投资方案投产前安排，为了简化计算，投资方案经济效果评价中流动资金可从投产第一年开始安排。在投资方案寿命期结束时，投入的流动资金应予以回收。

（4）投资方案资本金。投资方案资本金（即投资方案权益资金）是指在投资方案总投资中，由投资者认缴的出资额，对投资方案来说是非债务性资金，投资方案权益投资者整体（即项目法人）不承担这部分资金的任何利息和债务；投资者可按其出资的比例依法享有所有者权益，也可转让其出资，但一般不得以任何方式抽回。

投资方案资本金主要强调的是作为投资方案实体而不是企业所注册的资金。注册资金是指企业实体在工商行政管理部门登记的注册资金，通常指营业执照登记的资金，即会计上的“实收资本”或“股本”，是企业投资者按比例投入的资金。在我国注册资金又称为企业资本金。因此，投资方案资本金是有别于注册资金的。投资方案的资本金是由投资方案的发起人、股权投资人以获得投资方案财产权和控制权的方式投入的资金。资本金出资形态可以是现金，也可以是实物、工业产权、非专利技术、土地使用权、资源开采权作价出资，但必须经过有资格的资产评估机构评估作价。通常企业未分配利润以及从税后利润提取的公积金可投资于投资方案，成为投资方案的资本金。为了使投资方案保持合理的资产结构，应根据投资各方及投资方案的具体情况选择投资方案资本金的出资方式，以保证投资方案能顺利建设并在建成后能正常运营。

（5）维持运营投资。某些投资方案在运营期需要进行一定的固定资产投资才能维持正常运营，例如设备更新费用、油田的开发费用、矿山的井巷开拓延伸费用等。不同类型和不同行业的投资方案投资的内容可能不同，但发生维持运营投资时应估算其投资费用，并在现金流量表中将其作为现金流出，参与财务内部收益率等指标的计算。同时，也应反映在财务计划现金流量表中，参与财务生存能力分析。维持运营投资是否能予以资本化，按照《企业会计准则——固定资产》，取决于其是否能为企业带来经济利益且该固定资产的成本是否能够可靠地计量。投资方案经济效果评价中，如果该投资投入延长了固定资产的使用寿命，或使产品质量实质性提高，或成本实质性降低等，使可能流入企业的经济利益增加，那么，该维持运营投资应予以资本化，即应计入固定资产原值，并计提折旧。否则该投资只能费用化，不形成新的固定资产原值。

（6）总成本。在投资方案运营期内，各年的总成本费用按生产要素消耗计算如下：

总成本费用＝外购原材料、燃料及动力费＋工资及福利费＋修理费＋折旧费＋摊销费＋财务费用（利息支出）＋其他费用　(6.1.3)

1）外购原材料、燃料及动力费。耗用量大的主要原材料、燃料及动力应分别按照其年消耗量和供应单价进行估算，然后汇总，即：

外购原材料、燃料及动力费＝$\sum$年消耗量×原材料、燃料及动力供应单价　(6.1.4)

其他耗用量不大，但是种类繁多的原材料、燃料及动力成本可以参照类似企业统计资料计算的其他材料、燃料及动力占主要原材料、燃料及动力成本的比率进行估算。

原材料、燃料及动力价格是在选定价格体系下的预测价格，该价格应按到厂价格计，并考虑运输及仓储损耗。采用的价格时点和价格体系应与营业收入的估算一致。外购原材料和燃料及动力费估算要充分体现行业特点和投资方案具体情况。

2）工资及福利费。工资及福利费是指企业为获得职工提供的服务而给予各种形式的报酬以及其他相关支出，通常包括职工工资、奖金、津贴和补贴，职工福利费，以及医疗、养老、失业、工伤、生育等社会保险费和住房公积金中由职工个人缴付的部分。工资及福利费一般按照投资方案建成投产后各年所需的职工总数即劳动定员数和人均年工资及福利费水平测算，即：

工资及福利费＝企业职工定员数×人均年工资及福利费 (6.1.5)

确定工资及福利费水平时需考虑投资方案性质、投资方案地点、行业特点等因素。依托老企业的投资方案，还要考虑原企业工资水平。也可按照不同人员类型和层次分别估算不同档次职工的工资及福利费，然后汇总；同时，可以根据工资及福利费的历史数据并结合工资及福利费的现行增长趋势确定一个合理的年增长率，在各年的工资及福利费水平中反映出这种增长趋势。

3）修理费。修理费是指为保持固定资产的正常运转和使用，充分发挥使用效能，对其进行必要修理所发生的费用。按修理范围的大小和修理时间间隔的长短可以分为大修理和中小修理。投资方案评价中可直接按固定资产原值（扣除所含的建设期利息）或折旧额的一定百分数估算，百分数的选取应考虑行业的投资方案特点，修理费可按下列公式之一计算：

修理费＝固定资产原值×计提比率（%） (6.1.6)

修理费＝固定资产折旧额×计提比率（%） (6.1.7)

修理费允许直接在成本中列支，如果当期发生的修理费用数额较大，可采用预提或摊销的办法。在生产运营的各年中，修理费率的取值，一般采用固定值。根据投资方案特点也可以间断性地调整修理费率，开始取较低值，以后取较高值。

4）折旧费。固定资产折旧费，可以分类计算，也可以综合计算。

5）摊销费。摊销费是指无形资产和其他资产在投资方案投产后一定期限内分期摊销的费用。按照有关规定，无形资产从开始使用之日起，在有效使用期限内平均摊入成本。法律和合同规定了法定有效期限或者受益年限的，摊销年限从其规定，否则摊销年限应注意符合税法的要求。无形资产的摊销一般采用年限平均法，不计残值。

其他资产的摊销可以采用年限平均法，不计残值，摊销年限应注意符合税法的相关规定。

6）利息支出。利息支出是指按照会计法规，企业为筹集所需资金而发生的费用称为借款费用，又称财务费用，包括利息支出（减利息收入）、汇兑损失（减汇兑收益）以及相关的手续费等。在投资方案的经济效果分析中，通常只考虑利息支出。利息支出的估算包括长期借款利息、流动资金借款利息和短期借款利息三部分。建设投资贷款在生产期间的利息支出应根据不同的还款方式和条件采用不同的计息方法；流动资金借款利息按照每年年初借款余额和预计的年利率计算。需要注意的是，在生产运营期利息是可以进入总成本的，因而每年计算的利息不再参与以后各年利息的计算。

7）其他费用。其他费用包括其他制造费用、其他管理费用和其他营业费用这三项费用，系指制造费用、管理费用和营业费用中分别扣除工资及福利费、折旧费、摊销费、修理费以后的其余部分，应计入生产总成本费用的其他所有费用。产品出口退税和减免税项目按规定不能抵扣的进项税额也可包括在内。

（7）经营成本。经营成本是工程经济分析中的专用术语，用于投资方案经济效果评价的现金流量分析。

在经济效果评价中，现金流量表反映投资方案在计算期内逐年发生的现金流入和流出。由于建设投资已按其发生的时间作为一次性支出被计入现金流出，在投资方案建成后建设投资形成固定资产、无形资产和其他资产。折旧是建设投资所形成的固定资产的补偿价值，如将折旧随成本计入现金流出，会造成现金流出的重复计算。同样，由于无形资产及其他资产摊销费也是建设投资所形成资产的补偿价值，只是投资方案内部的现金转移，而非现金支出，故为避免重复计算也不予考虑。贷款利息是使用借贷资金所要付出的代价，对于投资方案来说是实际的现金流出，但在评价投资方案总投资的经济效果时，并不考虑资金来源问题，故在这种情况下也不考虑贷款利息的支出。在资本金现金流量表中由于已将利息支出单列，因此经营成本中也不包括利息支出。由此可见，经营成本作为投资方案现金流量表中运营期现金流出的主体部分，是从投资方案本身考察的，在一定期间（通常为一年）内由于生产和销售产品及提供服务而实际发生的现金支出，按下列公式计算：

经营成本＝总成本费用－折旧费－摊销费－利息支出　　(6.1.8)

或

经营成本＝外购原材料、燃料及动力费＋工资及福利费＋修理费＋其他费用　　(6.1.9)

经营成本与融资方案无关。因此在完成建设投资和营业收入估算后，就可以估算经营成本，为投资方案融资前分析提供数据。

（8）税金。税金是国家凭借政治权力参与国民收入分配和再分配的一种货币形式。在投资方案经济效果评价中合理计算各种税费，是正确计算投资方案效益与费用的重要基础。投资方案经济效果评价涉及的税费主要包括关税、增值税、消费税、所得税、资源税、城市维护建设税和教育费附加等，有些行业还包括土地增值税。税金一般属于财务现金流出，在进行税金计算时应说明税种、税基、税率、计税额等。

（二）经济分析主要报表

经济分析主要报表包括项目投资经济费用效益流量表、经济费用效益分析投资费用估算调整表和经济费用效益分析经营费用估算调整表。

第二节　设计阶段造价管理

设计阶段是分析处理工程技术与经济关系的关键环节，也是有效控制工程造价的重要阶段。在工程设计阶段，工程造价管理人员需要密切配合设计人员进行限额设计，处理好工程技术先进性与经济合理性之间的关系。在初步设计阶段，要按照可行性研究报告及投资估算进行多方案的技术经济分析比较，确定初步设计方案，审查工程概算；在施工图设计阶段，要按照审批的初步设计内容、范围和概算进行技术经济评价与分析，提出设计优化建议，确定施工图设计方案，审查施工图预算。

设计阶段工程造价管理的主要方法是通过多方案技术经济分析，优化设计方案，选用适宜方法审查工程概预算；同时，通过推行限额设计和标准化设计，有效控制工程造价。

一、限额设计

限额设计是指按照批准的可行性研究报告中的投资限额进行初步设计、按照批准的初步设计概算进行施工图设计、按照施工图预算造价编制施工图设计中各个专业设计文件的过程。

限额设计中，工程使用功能不能减少，技术标准不能降低，工程规模也不能削减。因此，限额设计需要在投资额度不变的情况下，实现使用功能和建设规模的最大化。限额设计是工程造价控制系统中的一个重要环节，是设计阶段进行技术经济分析、实施工程造价控制的一项重要措施。

（一）限额设计工作内容

1. 合理确定设计限额目标

投资决策阶段是限额设计的关键。对政府工程而言，投资决策阶段的可行性研究报告是政府部门核准投资总额的主要依据，而批准的投资总额则是进行限额设计的重要依据。为此，应在多方案技术经济分析和评价后确定最终方案，提高投资估算准确度，合理确定设计限额目标。

2. 确定合理的初步设计方案

初步设计阶段需要依据最终确定的可行性研究方案和投资估算，对影响投资的因素按照专业进行分解，并将规定的投资限额下达到各专业设计人员。设计人员应用价值工程基本原理，通过多方案技术经济比选，创造出价值较高、技术经济性较为合理的初步设计方案，并将设计概算控制在批准的投资估算内。

3. 在概算范围内进行施工图设计

施工图是设计单位的最终成果文件，应按照批准的初步设计方案进行限额设计，施工图预算需控制在批准的设计概算范围内。

（二）限额设计实施程序

限额设计强调技术与经济的统一，需要工程设计人员和工程造价管理专业人员密切合作。工程设计人员进行设计时，应基于建设工程全寿命期，充分考虑工程造价的影响因素，对方案进行比较，优化设计；工程造价管理专业人员要及时进行投资估算，在设计过程中协助工程设计人员进行技术经济分析和论证，从而达到有效控制工程造价的目的。

限额设计的实施是建设工程造价目标的动态反馈和管理过程，可分为目标制定、目标分解、目标推进和成果评价四个阶段。

（1）目标制定。限额设计目标包括：造价目标、质量目标、进度目标、安全目标及环保目标。各个目标之间既相互关联又相互制约，因此，在分析论证限额设计目标时，应统筹兼顾，全面考虑，追求技术经济合理的最佳整体目标。

（2）目标分解。分解工程造价目标是实行限额设计的一个有效途径和主要方法。首先，将上一阶段确定的投资额分解到建筑、结构、电气、给排水和暖通等设计部门的各个专业。其次，将投资限额再分解到各个单项工程、单位工程、分部工程及分项工程。在目标分解过程中，要对设计方案进行综合分析与评价。最后，将各细化的目标明确到相应设计人员，制订明确的限额设计方案。通过层层目标分解和限额设计，实现对投资限额的有效控制。

（3）目标推进。目标推进通常包括限额初步设计和限额施工图设计两个阶段。

1）限额初步设计阶段。应严格按照分配的工程造价控制目标进行方案的规划和设计。在初步设计方案完成后，由工程造价管理人员及时编制初步设计概算，并进行初步设计方案的技术经济分析，直至满足限额要求。初步设计只有在满足各项功能要求并符合限额设计目标的情况下，才能作为下一阶段的限额目标给予批准。

2）限额施工图设计阶段。遵循各目标协调并进的原则，做到各目标之间的有机结合和统一，防止忽略其中任何一个。在施工图设计完成后，进行施工图设计的技术经济论证，分析施工图预算是否满足设计限额要求，以供设计决策者参考。

（4）成果评价。成果评价是目标管理的总结阶段。通过对设计成果的评价，总结经验和教训，作为指导和开展后续工作的重要依据。

值得指出的是，当考虑建设工程全寿命期成本时，按照限额要求设计的方案未必具有最佳经济性，此时亦可考虑突破原有限额，重新选择设计方案。

二、设计方案评价与优化

设计方案评价与优化是设计过程的重要环节，它是指通过技术比较、经济分析和效益评价，正确处理技术先进与经济合理之间的关系，力求达到技术先进与经济合理的和谐统一。

设计方案评价与优化通常采用技术经济分析法，即将技术与经济相结合，按照建设工程经济效果，针对不同的设计方案，分析其技术经济指标，从中选出经济效果最优的方案。由于设计方案不同，其功能、造价、工期和设备、材料、人工消耗等标准均存在差异，因此，技术经济分析法不仅要考察工程技术方案，还要关注工程费用。

1. 基本程序

设计方案评价与优化的基本程序如下：

（1）按照使用功能、技术标准、投资限额的要求，结合工程所在地实际情况，探讨和建立可能的设计方案；

（2）从所有可能的设计方案中初步筛选出各方面都较为满意的方案作为比选方案；

（3）根据设计方案的评价目的，明确评价的任务和范围；

（4）确定能反映方案特征并能满足评价目的的指标体系；

（5）根据设计方案计算各项指标及对比参数；

（6）根据方案评价的目的，将方案的分析评价指标分为基本指标和主要指标，通过评价指标的分析计算，排出方案的优劣次序，并提出推荐方案；

（7）综合分析，进行方案选择或提出技术优化建议；

（8）对技术优化建议进行组合搭配，确定优化方案；

（9）实施优化方案并总结备案。

设计方案评价与优化的基本程序如图 6.2.1 所示。

在设计方案评价与优化过程中，建立合理的指标体系，并采取有效的评价方法进行方案优化是最基本和最重要的工作内容。

2. 评价指标体系

设计方案的评价指标是方案评价与优化的衡量标准，对于技术经济分析的准确性和科学性具有重要作用。内容严谨、标准明确的指标体系，是对设计方案进行评价与优化的基础。

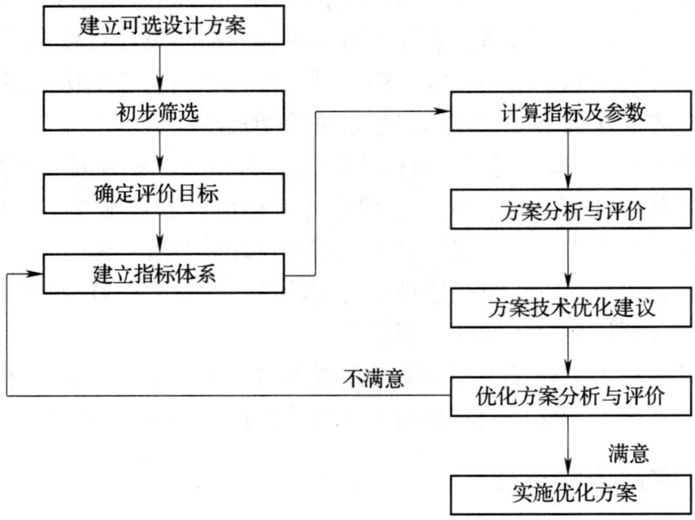

图 6.2.1 设计方案评价与优化的基本程序

评价指标应能充分反映工程项目满足社会需求的程度，以及为取得使用价值所需投入的社会必要劳动和社会必要消耗量。因此，指标体系应包括以下内容：

(1) 使用价值指标，即工程项目满足需要程度（功能）的指标；

(2) 消耗量指标，即反映创造使用价值所消耗的资金、材料、劳动量等资源的指标；

(3) 其他指标。

对建立的指标体系，可按指标的重要程度设置主要指标和辅助指标，并选择主要指标进行分析比较。

3. 评价方法

设计方案的评价方法主要有多指标法、单指标法以及多因素评分法。

(1) 多指标法。多指标法就是采用多个指标，将各个对比方案的相应指标值逐一进行分析比较，按照各种指标数值的高低对其作出评价。其评价指标包括：

1) 工程造价指标。造价指标是指反映建设工程一次性投资的综合货币指标，根据分析和评价工程项目所处的时间段，可依据设计概（预）算予以确定。例如：每平方米建筑造价、给排水工程造价、采暖工程造价、通风工程造价、设备安装工程造价等。

2) 主要材料消耗指标。该指标从实物形态的角度反映主要材料的消耗数量，如钢材消耗量指标、水泥消耗量指标、木材消耗量指标等。

3) 劳动消耗指标。该指标所反映的劳动消耗量，包括现场施工和预制加工厂的劳动消耗。

4) 工期指标。工期指标是指建设工程从开工到竣工所耗费的时间，可用来评价不同方案对工期的影响。

以上四类指标，可以根据工程的具体特点来选择。从建设工程全面造价管理的角度考虑，仅利用这四类指标还不能完全满足设计方案的评价，还需要考虑建设工程全寿命期成本，并考虑工期成本、质量成本、安全成本及环保成本等诸多因素。

在采用多指标法对不同设计方案进行分析和评价时，如果某一方案的所有指标都优于其他方案，则为最佳方案；如果各个方案的其他指标都相同，只有一个指标相互之间有差异，则该指标最优的方案就是最佳方案。这两种情况对于优选决策来说都比较简单，但实际中很少有这种情况。在大多数情况下，不同方案之间往往是各有所长，有些指标较优，有些指标较差，而且各种指标对方案经济效果的影响也不相同。这时，若采用加权求和的方法，各指标的权重又很难确定，因而需要采用其他分析评价方法，如单指标法。

（2）单指标法。单指标法是以单一指标为基础对建设工程技术方案进行综合分析与评价的方法。单指标法有很多种类，各种方法的使用条件也不尽相同，较常用的有以下几种：

1）综合费用法。这里的费用包括方案投产后的年度使用费、方案的建设投资以及由于工期提前或延误而产生的收益或亏损等。该方法的基本出发点在于将建设投资和使用费结合起来考虑，同时考虑建设周期对投资效益的影响，以综合费用最小为最佳方案。综合费用法是一种静态价值指标评价方法，没有考虑资金的时间价值，只适用于建设周期较短的工程。此外，由于综合费用法只考虑费用，未能反映功能、质量、安全、环保等方面的差异，因而只有在方案的功能、建设标准等条件相同或基本相同时才能采用。

2）全寿命期费用法。建设工程全寿命期费用除包括筹建、征地拆迁、咨询、勘察、设计、施工、设备购置以及贷款支付利息等与工程建设有关的一次性投资费用之外，还包括工程完成后交付使用期内经常发生的费用支出，如维修费、设施更新费、采暖费、电梯费、空调费、保险费等。这些费用统称为使用费，按年计算时称为年度使用费。全寿命期费用评价法考虑了资金的时间价值，是一种动态的价值指标评价方法。由于不同技术方案的寿命期不同，因此，应用全寿命期费用评价法计算费用时，不用净现值法，而用年度等值法，以年度费用最小者为最优方案。

3）价值工程法。价值工程法主要是对产品进行功能分析，研究如何以最低的全寿命期成本实现产品的必要功能，从而提高产品价值。在建设工程施工阶段应用该方法来提高建设工程价值的作用是有限的。要使建设工程的价值能够大幅提高，获得较高的经济效益，必须首先在设计阶段应用价值工程法，使建设工程的功能与成本合理匹配。也就是说，在设计中应用价值工程的原理和方法，在保证建设工程功能不变或功能改善的情况下，力求节约成本，以设计出更加符合用户要求的产品。

在工程设计阶段，应用价值工程法对设计方案进行评价的步骤如下：

①功能分析。分析工程项目满足社会和生产需要的各主要功能。

②功能评价。比较各项功能的重要程度，确定各项功能的重要性系数。目前，功能重要性系数一般通过打分法来确定。

③计算功能评价系数（F）。功能评价系数计算公式为：

功能评价系数＝某方案功能满足程度总分/所有参加评选方案功能满足程度总分之和 （6.2.1）

④计算成本系数（C）。成本系数参照下式计算：

成本系数＝某方案每平方米造价/所有评选方案每平方米造价之和 （6.2.2）

⑤求出价值系数（V）并对方案进行评价。按 $V=F/C$ 分别求出各方案的价值系数，价值系数最大的方案为最优方案。

价值工程在工程设计中的运用过程实际上是发现矛盾、分析矛盾和解决矛盾的过程。具体地说，就是分析功能与成本间的关系，以提高建设工程的价值系数。工程设计人员要以提高价值为目标，以功能分析为核心，以经济效益为出发点，从而真正实现对设计方案的优化。

（3）多因素评分法。多因素评分法是多指标法与单指标法相结合的一种方法。对需要进行分析评价的设计方案设定若干个评价指标，按其重要程度分配权重，然后按照评价标准给各指标打分，将各项指标所得分数与其权重采用综合方法整合，得出各设计方案的评价总分，以获总分最高者为最佳方案。多因素评分法综合了定量分析评价与定性分析评价的优点，可靠性高，应用较广泛。

4. 方案优化

方案优化是使设计质量不断提高的有效途径，可在设计招标或设计方案竞赛的基础上，将各设计方案的可取之处进行重新组合，吸收众多设计方案的优点，使设计更加完美。而对于具体方案，则应综合考虑工程质量、造价、工期、安全和环保五大目标，基于全要素造价管理进行优化。

工程项目五大目标之间的整体相关性，决定了设计方案优化必须考虑工程质量、造价、工期、安全和环保五大目标之间的最佳匹配，力求达到整体目标最优，而不能孤立、片面地考虑某一目标或强调某一目标而忽略其他目标。在保证工程质量和安全、保护环境的基础上，追求全寿命期成本最低的设计方案。

三、概预算文件审查

设计概预算文件是确定建设工程造价的文件，是工程建设全过程造价控制、考核工程项目经济合理性的重要依据，因此，审查概预算文件在工程造价管理中具有非常重要的作用。

1. 设计概算审查

设计概算审查是确定建设工程造价的一个重要环节。通过审查，能使概算更加完整、准确，促进工程设计的技术先进性和经济合理性。

（1）设计概算审查内容。包括：概算编制依据、概算编制深度及概算主要内容三个方面。

1）设计概算编制依据审查：

①审查编制依据的合法性。设计概算采用的编制依据必须经过国家和授权机关的批准，符合概算编制的有关规定。同时，不得擅自提高概算定额、指标或费用标准。

②审查编制依据的时效性。设计概算文件所使用的各类依据，如定额、指标、价格、取费标准等，都应根据国家有关部门的规定进行。

③审查编制依据的适用范围。各主管部门规定的各类专业定额及其取费标准，仅适用于该部门的专业工程；各地区规定的各种定额及其取费标准，只适用于该地区范围内，特别是地区的材料预算价格应按工程所在地区的具体规定执行。

2）设计概算编制深度审查：

①审查编制说明。审查设计概算的编制方法、深度和编制依据等重大原则性问题。

②审查设计概算编制的完整性。对于一般大中型项目的设计概算，审查是否具有完整

的编制说明和三级设计概算文件（总概算、综合概算、单位工程概算），是否达到规定的深度。

③审查设计概算的编制范围。包括：设计概算编制范围和内容是否与批准的工程项目范围相一致；各项费用应列的项目是否符合法律法规及工程建设标准；是否存在多列或遗漏的取费项目等。

3）设计概算主要内容审查：

①概算编制是否符合法律、法规及相关规定。

②概算所编制工程项目的建设规模和建设标准、配套工程等是否符合批准的可行性研究报告或立项批文。对总概算投资超过批准投资估算10%以上的，应进行技术经济论证，需重新上报进行审批。

③概算所采用的编制方法、计价依据和程序是否符合相关规定。

④概算工程量是否准确。应将工程量较大、造价较高、对整体造价影响较大的项目作为审查重点。

⑤概算中主要材料用量的正确性和材料价格是否符合工程所在地的价格水平，材料价差调整是否符合相关规定等。

⑥概算中设备规格、数量、配置是否符合设计要求，设备原价和运杂费是否正确；非标准设备原价的计价方法是否符合规定；进口设备的各项费用的组成及其计算程序、方法是否符合规定。

⑦概算中各项费用的计取程序和取费标准是否符合国家或地方有关部门的规定。

⑧总概算文件的组成内容是否完整地包括了工程项目从筹建至竣工投产的全部费用组成。

⑨综合概算、总概算的编制内容、方法是否符合国家相关规定和设计文件的要求。

⑩概算中工程建设其他费用中的费率和计取标准是否符合国家、行业有关规定。

⑪概算项目是否符合国家对于环境治理的要求和相关规定。

⑫概算中技术经济指标的计算方法和程序是否正确。

（2）设计概算审查方法。采用适当方法对设计概算进行审查，是确保审查质量、提高审查效率的关键。常用的审查方法有以下五种：

1）对比分析法。通过对比分析建设规模、建设标准、概算编制内容和编制方法、人材机单价等，发现设计概算存在的主要问题和偏差。

2）主要问题复核法。对审查中发现的主要问题以及有较大偏差的设计进行复核，对重要、关键设备和生产装置或投资较大的项目进行复查。

3）查询核实法。对一些关键设备和设施、重要装置以及图纸不全、难以核算的较大投资进行多方查询核对，逐项落实。

4）分类整理法。对审查中发现的问题和偏差，对照单项工程、单位工程的顺序目录分类整理，汇总核增或核减的项目及金额，最后汇总审核后的总投资及增减投资额。

5）联合会审法。在设计单位自审、承包单位初审、咨询单位评审、邀请专家预审、审批部门复审等层层把关后，由有关单位和专家共同审核。

2. 施工图预算审查

对施工图预算进行审查，有利于核实工程实际成本，更有针对性地控制工程造价。

（1）施工图预算审查内容。重点应审查：工程量的计算；定额的使用；设备材料及人工、机械价格的确定；相关费用的选取和确定。

1）工程量的审查。工程量计算是编制施工图预算的基础性工作之一，对施工图预算的审查，应首先从审查工程量开始。

2）定额使用的审查。应重点审查定额子目的套用是否正确。同时，对于补充的定额子目，要对其各项指标消耗量的合理性进行审查，并按程序进行报批，及时补充到定额当中。

3）设备材料及人工、机械价格的审查。设备材料及人工、机械价格受时间、资金和市场行情等因素的影响较大，且在工程总造价中所占比例较高，因此，应作为施工图预算审查的重点。

4）相关费用的审查。审查各项费用的选取是否符合国家和地方有关规定，审查费用的计算和计取基数是否正确、合理。

（2）施工图预算审查方法。通常可采用以下方法进行审查：

1）全面审查法。又称逐项审查法，是指按预算定额顺序或施工的先后顺序，逐一进行全部审查。其优点是全面、细致，审查的质量高；缺点是工作量大，审查时间较长。

2）标准预算审查法。是指对于利用标准图纸或通用图纸施工的工程，先集中力量编制标准预算，然后以此为标准对施工图预算进行审查。其优点是审查时间较短，审查效果好；缺点是应用范围较小。

3）分组计算审查法。是指将相邻且有一定内在联系的项目编为一组，审查某个分量，并利用不同量之间的相互关系判断其他几个分项工程量的准确性。其优点是可加快工程量审查的速度，缺点是审查的精度较差。

4）对比审查法。是指用已完工程的预结算或虽未建成但已审查修正的工程预结算对比审查拟建类似工程施工图预算。其优点是审查速度快，但同时需要具有较为丰富的相关工程数据库作为开展工作的基础。

5）筛选审查法。也属于一种对比方法。即对数据加以汇集、优选、归纳，建立基本值，并以基本值为准进行筛选，对于未被筛下去的，即不在基本值范围内的数据进行较为详尽的审查。其优点是便于掌握，审查速度较快；缺点是有局限性，较适用于住宅工程或不具备全面审查条件的工程项目。

6）重点抽查法。是指抓住工程预算中的重点环节和部分进行审查。其优点是重点突出，审查时间较短，审查效果较好；不足之处是对审查人员的专业素质要求较高，在审查人员经验不足或了解情况不够的情况下，极易造成判断失误，严重影响审查结论的准确性。

7）利用手册审查法。是指将工程常用的构配件事先整理成预算手册，按手册对照审查。

8）分解对比审查法。是将一个单位工程按直接费和间接费进行分解，然后再将直接费按工种和分部工程进行分解，分别与审定的标准预结算进行对比分析。

总之，设计概预算审查作为设计阶段造价管理的重要组成部分，需要有关各方积极配合，强化管理，从而实现基于建设工程全寿命期的全要素集成管理。

第三节　发承包阶段造价管理

根据《招标投标法》，对于规定范围和规模标准内的工程项目，建设单位须通过招标方式选择承包单位；对于不适于招标发包的工程项目，建设单位可以直接发包。本节主要阐述工程总承包及施工招标发包阶段的工程造价管理。

一、施工招标方式和程序

（一）施工招标方式

根据《招标投标法》，工程施工招标分公开招标和邀请招标两种方式。

1. 公开招标

公开招标又称无限竞争性招标，是指招标人按程序，通过报刊、广播、电视、网络等媒体发布招标公告，邀请具备条件的施工承包商投标竞争，然后从中确定中标者并与之签订施工合同的过程。

公开招标方式的优点：招标人可以在较广的范围内选择承包商，投标竞争激烈，择优率更高，有利于招标人将工程项目交予可靠的承包商实施，并获得有竞争性的商业报价，同时，也可在较大程度上避免招标过程中的贿标行为。因此，国际上政府采购通常采用这种方式。

公开招标方式的缺点：准备招标、对投标申请者进行资格预审和评标的工作量大，招标时间长、费用高。同时，参加竞争的投标者越多，中标的机会就越小；投标风险越大，损失的费用也就越多，而这种费用的损失必然会反映在标价中，最终会由招标人承担，故这种方式在一些国家较少采用。

2. 邀请招标

邀请招标也称有限竞争性招标，是指招标人以投标邀请书的形式邀请预先确定的若干家施工承包商投标竞争，然后从中确定中标者并与之签订施工合同的过程。

采用邀请招标方式时，邀请对象应以 5～10 家为宜，至少不应少于 3 家，否则就失去了竞争意义。与公开招标方式相比，邀请招标方式的优点是不发布招标公告，不进行资格预审，简化了招标程序，因而节约了招标费用、缩短了招标时间。而且由于招标人比较了解投标人以往的业绩和履约能力，从而减少了合同履行过程中承包商违约的风险。对于采购标的较小的工程项目，采用邀请招标方式比较有利。此外，有些工程项目的专业性强，有资格承接的潜在投标人较少或者需要在短时间内完成投标任务等，不宜采用公开招标方式的，也应采用邀请招标方式。值得注意的是，尽管采用邀请招标方式时不进行资格预审，但为了体现公平竞争和便于招标人对各投标人的综合能力进行比较，仍要求投标人按招标文件的有关要求，在投标文件中提供有关资质资料，在评标时以资格后审的形式作为评审内容之一。

邀请招标方式的缺点：由于投标竞争的激烈程度较差，有可能会提高中标合同价；也有可能排除某些在技术上或报价上有竞争力的承包商参与投标。

（二）施工招标程序

公开招标与邀请招标在程序上的主要差异：一是使施工承包商获得招标信息的方式不同；二是对投标人资格审查的方式不同。但是，公开招标与邀请招标均要经过招标准备、资格审查与投标、开标评标与授标三个阶段。

施工招标主要工作内容见表 6.3.1。

表 6.3.1 施工招标主要工作内容

阶段	主要工作步骤	主要工作内容	
		招标人	投标人
招标准备	申请审批、核准招标	将施工招标范围、招标方式、招标组织形式报项目审批、核准部门审批、核准	进行市场调研； 组成投标小组； 收集招标信息； 准备投标资料
	组建招标组织	自行建立招标组织或委托招标代理机构	
	策划招标方案	划分施工标段、确定承包模式、选择合同计价方式及合同类型	
	招标公告或投标邀请	发布招标公告或发出投标邀请函	
	编制标底或最高投标限价	编制标底或最高投标限价	
	准备招标文件	编制资格预审文件和招标文件	
招标过程	发售资格预审文件	发售资格预审文件	索购资格预审文件； 填报资格预审材料
	进行资格预审	分析资格预审材料； 确定合格投标单位名单； 发出资格预审结果通知	接收资格预审结果通知
	发售招标文件	发售招标文件	购买招标文件； 分析招标文件
	组织现场踏勘和标前会议	组织现场踏勘和标前会议，进行招标文件的澄清和补遗	参加现场踏勘和标前会议，对招标文件提出质疑
	递交和接收投标文件	接收投标文件（包括投标保函）	编制投标文件； 递交投标文件（包括投标保函）
决标成交	开标	组织开标会议	参加开标会议
	评标	初步评审投标文件； 详细评审投标文件； 必要时组织投标单位答辩； 编写评标报告	按要求进行答辩； 按要求提供证明材料
	授标	发出中标通知书（退回未中标者的投标保函）； 组织合同谈判； 签订施工合同	接收中标通知书； 参加合同谈判； 提交履约保函； 签订施工合同

二、施工招标策划

施工招标策划是指建设单位及其委托的招标代理机构在准备招标文件前，根据工程项目特点及潜在投标人情况等确定招标方案。招标策划的好坏，关系到招标的成败，直接影响投标人的投标报价乃至施工合同价。因此，招标策划对于施工招投标过程中的工程造价管理起着关键作用。施工招标策划主要包括施工标段划分及承包模式确定、合同计价方式及合同类型选择等内容。

（一）施工标段划分及承包模式确定

1. 施工标段划分

工程项目施工是一个复杂的系统工程，影响标段划分的因素有很多。应根据工程项目的内容、规模和专业复杂程度确定招标范围，合理划分标段。对于工程规模大、专业复杂的工程项目，建设单位的管理能力有限时，应考虑采用施工总承包的招标方式选择施工队伍。这样，有利于减少各专业之间因配合不当造成的窝工、返工、索赔风险。但采用这种承包方式，有可能使工程报价相对较高。对于工艺成熟的一般性项目，涉及专业不多时，可考虑采用平行承包的招标方式，分别选择各专业承包单位并签订施工合同。采用这种承包方式，建设单位一般可得到较为满意的报价，有利于控制工程造价。

划分施工标段时，应考虑的因素包括：工程特点、对工程造价的影响、承包单位专长的发挥、工地管理等。

（1）工程特点。如果工程场地集中、工程量不大、技术不太复杂，由一家承包单位总包易于管理，则一般不分标。但如果工地场面大、工程量大，有特殊技术要求，则应考虑划分为若干标段。

（2）对工程造价的影响。通常情况下，一项工程由一家施工单位总承包易于管理，同时便于劳动力、材料、设备的调配，因而可得到交底造价。但对于大型、复杂的工程项目，对承包单位的施工能力、施工经验、施工设备等有较高要求。在这种情况下，如果不划分标段，就可能使有资格参加投标的承包单位大幅减少。竞争对手的减少，必然会导致工程报价的上涨，反而得不到较为合理的报价。

（3）承包单位专长的发挥。工程项目是由单项工程、单位工程或专业工程组成，在考虑划分施工标段时，既要考虑不会产生各承包单位施工的交叉干扰，又要注意各承包单位之间在空间和时间上的衔接。

（4）工地管理。从工地管理角度看，分标时应考虑两方面问题：一是工程进度的衔接，二是工地现场的布置和干扰。工程进度的衔接很重要，特别是工程网络计划中关键线路上的项目一定要选择施工水平高、能力强、信誉好的承包单位，以防止影响其他承包单位的进度。从现场布置的角度看，承包单位越少越好。分标时要对几个承包单位在现场的施工场地进行细致周密的安排。

（5）其他因素。除上述因素外，还有许多其他因素影响施工标段的划分，如建设资金、设计图纸供应等。资金不足、图纸分期供应时，可先进行部分招标。

总之，标段的划分是选择招标方式和编制招标文件前的一项非常重要的工作，需要考虑上述因素综合分析后确定。

2. 承包模式确定

施工承包模式有施工总承包、平行承包、联合体承包、合作体承包等。在确定允许采取哪些承包模式的基础上，还需要结合工程特点和施工需求确定是否允许分包，以及哪些工程部位允许分包等。

(二) 合同计价方式及合同类型选择

1. 合同计价方式

施工合同中，计价方式可分为三种：总价方式、单价方式和成本加酬金方式。相应的施工合同也称为总价合同、单价合同和成本加酬金合同。其中，成本加酬金的计价方式又可根据酬金的计取方式不同，分为百分比酬金、固定酬金、浮动酬金和目标成本加奖罚四种计价方式。

不同计价方式合同的比较见表 6.3.2。

表 6.3.2 不同计价方式合同的比较

合同类型	总价合同	单价合同	成本加酬金合同			
			百分比酬金	固定酬金	浮动酬金	目标成本加奖罚
应用范围	广泛	广泛	有局限性			酌情
建设单位造价控制	易	较易	最难	难	不易	较易
施工承包单位风险	大	小	基本没有		不大	较大

2. 合同类型选择

施工合同有多种类型。合同类型不同，合同双方的义务和责任不同，各自承担的风险也不尽相同。建设单位应综合考虑以下因素来选择适合的合同类型：

(1) 工程项目复杂程度。建设规模大且技术复杂的工程项目，承包风险较大，各项费用不易准确估算，因而不宜采用固定总价合同。最好是对有把握的部分采用固定总价合同，估算不准的部分采用单价合同或成本加酬金合同。有时，在同一施工合同中采用不同的计价方式，是建设单位与施工承包单位合理分担施工风险的有效办法。

(2) 工程项目设计深度。工程项目的设计深度是选择合同类型的重要因素。如果已完成工程项目的施工图设计，施工图纸和工程量清单详细而明确，则可选择总价合同；如果实际工程量与预计工程量可能有较大出入时，应优先选择单价合同；如果只完成工程项目的初步设计，工程量清单不够明确时，则可选择单价合同或成本加酬金合同。

(3) 施工技术先进程度。如果在工程施工中有较大部分采用新技术、新工艺，建设单位和施工承包单位对此缺乏经验，又无国家标准时，为了避免投标单位盲目地提高承包价款，或由于对施工难度估计不足而导致承包亏损，不宜采用固定总价合同，而应选用成本加酬金合同。

(4) 施工工期紧迫程度。对于一些紧急工程（如灾后恢复工程等），要求尽快开工且工期较紧时，可能仅有实施方案，还没有施工图纸，施工承包单位不可能报出合理的价格，选择成本加酬金合同较为合适。

总之，对于一个工程项目而言，究竟采用何种合同类型不是固定不变的。在同一个工程项目中不同的工程部分或不同阶段，可以采用不同类型的合同。在进行招标策划时，必须依据实际情况，权衡各种利弊，然后作出最佳决策。

三、施工合同示范文本

鉴于施工合同的内容复杂、涉及面广，为避免施工合同双方遗漏某些重要条款，或约定的义务和责任不够公平合理，国家有关部门或行业通常会颁布施工合同示范文本，作为规范性、指导性合同文件供选用。

（一）国内工程施工合同示范文本

如前所述，我国工程施工合同示范文本有多种，这里仅介绍国家发展改革委等九部委联合发布的《标准施工招标文件》（2007 年版）和《标准设计施工总承包招标文件》（2012 年版）中的合同条款。

1.《标准施工招标文件》（2007 年版）中的合同条款

《标准施工招标文件》（2007 年版）适用于设计和施工不是由同一承包商承担的工程施工招标。其中第四章合同条款及格式中明确了通用合同条款同时适用于单价合同和总价合同。《标准施工招标文件》（2007 年版）合同条款及格式中有关工程价款的条款如下。

（1）合同价格和费用。

1）签约合同价。签约合同价是指签订合同时合同协议书中写明的，包括暂列金额、暂估价的合同总金额。

①暂列金额。暂列金额是指已标价工程量清单中所列的一笔款项，用于在签订协议书时尚未确定或不可预见变更的施工及其所需材料、工程设备、服务等的金额，包括以计日工方式支付的金额。

②暂估价。暂估价是指发包人在工程量清单中给定的用于支付必然发生但暂时不能确定价格的材料、工程设备以及专业工程的金额。

2）合同价格。合同价格是指承包人按合同约定完成包括缺陷责任期内的全部承包工作后，发包人应付给承包人的金额，包括在履行合同过程中按合同约定进行的变更、价款调整、通过索赔应予补偿的金额。合同价格也是承包人完成全部承包工作后的工程结算价格。

3）费用。费用是指为履行合同所发生的或将要发生的所有合理开支，包括管理费和应分摊的其他费用，但不包括利润。

（2）涉及费用的主要条款。

1）化石、文物。在施工场地发掘的所有文物、古迹以及具有地质研究或考古价值的其他遗迹、化石、钱币或物品属于国家所有。一旦发现上述文物，承包人应采取有效合理的保护措施，防止任何人员移动或损坏上述物品，并立即报告当地文物行政部门，同时通知监理人。发包人、监理人和承包人应按文物行政部门要求采取妥善保护措施，由此导致的费用增加和（或）工期延误由发包人承担。

2）专利技术。承包人在投标文件中采用专利技术的，专利技术的使用费包含在投标报价内。

3）不利物质条件。承包人遇到不利物质条件时，应采取适应不利物质条件的合理措施继续施工，并及时通知监理人。监理人应当及时发出指示，指示构成变更的，按合同约定的变更办理。监理人没有发出指示的，承包人因采取合理措施而增加的费用和（或）工期延误，由发包人承担。

4）材料和工程设备。

①承包人提供的材料和工程设备。对承包人提供的材料和工程设备，承包人应会同监理人进行检验和交货验收，查验材料合格证明和产品合格证书，并按合同约定和监理人指示，进行材料的抽样检验和工程设备的检验测试，检验和测试结果应提交监理人，所需费用由承包人承担。

②发包人提供的材料和工程设备。发包人要求向承包人提前交货的，承包人不得拒绝，但发包人应承担承包人由此增加的费用。承包人要求更改交货日期或地点的，应事先报请监理人批准。由于承包人要求更改交货时间或地点所增加的费用和（或）工期延误由承包人承担。发包人提供的材料和工程设备的规格、数量或质量不符合合同要求，或由于发包人原因发生交货日期延误及交货地点变更等情况的，发包人应承担由此增加的费用和（或）工程延误，并向承包人支付合理利润。

③禁止使用不合格的材料和工程设备。监理人有权拒绝承包人提供的不合格材料或工程设备，并要求承包人立即进行更换。监理人应在更换后再次进行检查和检验，由此增加的费用和（或）工期延误由承包人承担。发包人提供的材料或工程设备不符合合同要求的，承包人有权拒绝，并可要求发包人更换，由此增加的费用和（或）工期延误由发包人承担。

5）施工设备和临时设施。

①承包人提供的施工设备和临时设施。除专用合同条款另有约定外，承包人应自行承担修建临时设施的费用，需要临时占地的，应由发包人办理申请手续并承担相应费用。

②要求承包人增加或更换施工设备。承包人使用的施工设备不能满足合同进度计划和（或）质量要求时，监理人有权要求承包人增加或更换施工设备，承包人应及时增加或更换，由此增加的费用和（或）工期延误由承包人承担。

6）交通运输。

①场内施工道路。除专用合同条款另有约定外，承包人应负责修建、维修、养护和管理施工所需的临时道路和交通设施，包括维修、养护和管理发包人提供的道路和交通设施，并承担相应费用。

②场外交通。承包人车辆外出行驶所需费用由承包人承担。

③超大件和超重件的运输。由承包人负责运输的超大件或超重件，应由承包人负责向交通管理部门办理申请手续，发包人给予协助。运输超大件或超重件所需的道路和桥梁临时加固改造费用和其他有关费用，由承包人承担，但专用合同条款另有约定除外。

④道路和桥梁的损坏责任。因承包人运输造成施工场地内外公共道路和桥梁损坏的，由承包人承担修复损坏的全部费用和可能引起的赔偿。

7）测量放线。

①施工测量。监理人可以指示承包人进行抽样复测，当复测中发现错误或出现超过合同约定的误差时，承包人应按监理人指示进行修正或补测，并承担相应的复测费用。

②基准资料错误的责任。发包人应对其提供的测量基准点、基准线和水准点及其书面资料的真实性、准确性和完整性负责。发包人提供上述基准资料错误导致承包人测量放线工作的返工或造成工程损失的，发包人应当承担由此增加的费用和（或）工期延误，并向承包人支付合理利润。

③监理人使用施工控制网。监理人需要使用施工控制网的，承包人应提供必要的协助，发包人不再为此支付费用。

8）施工安全责任。

①发包人的施工安全责任。发包人应负责赔偿以下各种情况造成的第三者人身伤亡和财产损失：

a. 工程或工程的任何部分对土地的占用所造成的第三者财产损失；

b. 由于发包人原因在施工场地及其毗邻地带造成的第三者人身伤亡和财产损失。

②承包人的施工安全责任。由于承包人原因在施工场地及其毗邻地带造成的第三者人身伤亡和财产损失，由承包人负责赔偿。

9）工期延误。

①发包人的工期延误。在履行合同过程中，由于发包人的下列原因造成工期延误的，承包人有权要求发包人延长工期和（或）增加费用，并支付合理利润：

a. 增加合同工作内容；

b. 改变合同中任何一项工作的质量要求或其他特性；

c. 发包人迟延提供材料、工程设备或变更交货地点的；

d. 因发包人原因导致的暂停施工；

e. 提供图纸延误；

f. 未按合同约定及时支付预付款、进度款；

g. 发包人造成工期延误的其他原因。

②承包人的工期延误。由于承包人原因，未能按合同进度计划完成工作，或监理人认为承包人施工进度不能满足合同工期要求的，承包人应采取措施加快进度，并承担加快进度所增加的费用。由于承包人原因造成工期延误，承包人应支付逾期竣工违约金。承包人支付逾期竣工违约金，不免除承包人完成工程及修补缺陷的义务。

10）暂停施工。除发生不可抗力事件或其他客观原因必须暂停施工外，工程施工过程中，当一方违约使另一方受到严重损失的，受损方有权要求暂停施工。但暂停施工将会影响合同的正常履行，为此，合同双方应尽量避免采取暂停施工的手段。

①承包人暂停施工的责任。因下列暂停施工增加的费用和（或）工期延误由承包人承担：

a. 承包人违约引起的暂停施工；

b. 由于承包人原因为工程合理施工和安全保障所必需的暂停施工；

c. 承包人擅自暂停施工；

d. 承包人其他原因引起的暂停施工；

e. 专用合同条款约定由承包人承担的其他暂停施工。

②发包人暂停施工的责任。由于发包人原因引起的暂停施工造成工期延误的，承包人有权要求发包人延长工期和（或）增加费用，并支付合理利润。

③暂停施工后的复工。暂停施工后，监理人应与发包人和承包人协商，采取有效措施积极消除暂停施工的影响。当工程具备复工条件时，监理人应立即向承包人发出复工通知。承包人收到复工通知后，应在监理人指定的期限内复工。承包人无故拖延和拒绝复工的，由此增加的费用和工期延误由承包人承担；因发包人原因无法按时复工的，承包人有权要求发包人延长工期和（或）增加费用，并支付合理利润。

④暂停施工持续 56 天以上。监理人发出暂停施工指示后 56 天内未向承包人发出复工通知，除了该项停工属于承包人的责任外，承包人可向监理人提交书面通知，要求监理人在收到书面通知后 28 天内准许已暂停施工的工程或其中一部分工程继续施工。如监理人逾期不予批准，则承包人可以通知监理人，将工程受影响的部分按有关变更条款的约定视为可取消工作。如暂停施工影响到整个工程，可视为发包人违约，由发包人承担违约责任。由于承包人责任引起的暂停施工，如承包人在收到监理人暂停施工指示后 56 天内不认真采取有效的复工措施，造成工期延误，可视为承包人违约，由承包人承担违约责任。

11）工程质量。

①工程质量要求。因承包人原因造成工程质量达不到合同约定验收标准的，监理人有权要求承包人返工直至符合合同要求为止，由此造成的费用增加和（或）工期延误由承包人承担。因发包人原因造成工程质量达不到合同约定验收标准的，发包人应承担由于承包人返工造成的费用增加和（或）工期延误，并支付承包人合理利润。

②工程隐蔽部位覆盖前的检查。经承包人自检确认的工程隐蔽部位具备覆盖条件后，承包人应通知监理人在约定的期限内检查。承包人的通知应附有自检记录和必要的检查资料。监理人应按时到场检查。经监理人检查确认质量符合隐蔽要求，并在检查记录上签字后，承包人才能进行覆盖。监理人检查确认质量不合格的，承包人应在监理人指示的时间内修正返工后，由监理人重新检查。

a. 监理人重新检查。经监理人检查质量合格或监理人未按约定的时间进行检查的，承包人覆盖工程隐蔽部位后，监理人对质量有疑问的，可要求承包人对已覆盖的部位进行钻孔探测或揭开重新检验，承包人应遵照执行，并在检验后重新覆盖恢复原状。经检验证明工程质量符合合同要求的，由发包人承担由此增加的费用和（或）工期延误，并支付承包人合理利润；经检验证明工程质量不符合合同要求的，由此增加的费用和（或）工期延误由承包人承担。

b. 承包人私自覆盖。承包人未通知监理人到场检查，私自将工程隐蔽部位覆盖的，监理人有权指示承包人钻孔探测或揭开检查，由此增加的费用和（或）工期延误由承包人承担。

③清除不合格工程。承包人使用不合格材料、工程设备，或采用不适当的施工工艺，或施工不当，造成工程不合格的，监理人可以随时发出指示，要求承包人立即采取措施进行补救，直至达到合同要求的质量标准，由此增加的费用和（或）工期延误由承包人承担。由于发包人提供的材料或工程设备不合格造成的工程不合格，需要承包人采取措施补救的，发包人应承担由此增加的费用和（或）工期延误，并支付承包

人合理利润。

12）材料、工程设备和工程的试验和检验。承包人应按合同约定进行材料、工程设备和工程的试验和检验，并为监理人对上述材料、工程设备和工程的质量检查提供必要的试验资料和原始记录。按合同约定应由监理人与承包人共同进行试验和检验的，由承包人负责提供必要的试验资料和原始记录。监理人对承包人的试验和检验结果有疑问的，或为查清承包人试验和检验成果的可靠性要求承包人重新试验和检验的，可按合同约定由监理人与承包人共同进行。重新试验和检验的结果证明该项材料、工程设备或工程的质量不符合合同要求的，由此增加的费用和（或）工期延误由承包人承担；重新试验和检验结果证明该项材料、工程设备和工程符合合同要求，由发包人承担由此增加的费用和（或）工期延误，并支付承包人合理利润。

（3）竣工验收。是指承包人完成全部合同工作后，发包人按合同要求进行的验收。

1）竣工验收申请报告。当工程具备以下条件时，承包人即可向监理人报送竣工验收申请报告：

①除监理人同意列入缺陷责任期内完成的尾工（甩项）工程和缺陷修补工作外，合同范围内的全部单位工程以及有关工作，包括合同要求的试验、试运行以及检验和验收均已完成，并符合合同要求。

②已按合同约定的内容和份数备齐了符合要求的竣工资料。

③已按监理人的要求编制了在缺陷责任期内完成的尾工（甩项）工程和缺陷修补工作清单以及相应施工计划。

④监理人要求在竣工验收前应完成的其他工作。

⑤监理人要求提交的竣工验收资料清单。

2）竣工验收过程。监理人收到承包人提交的竣工验收申请报告后，应审查申请报告的各项内容，并按以下不同情况处理：

①监理人审查后认为尚不具备竣工验收条件的，应在收到竣工验收申请报告后的 28 天内通知承包人，指出在颁发接收证书前承包人还需进行的工作内容。承包人完成监理人通知的全部工作内容后，应再次提交竣工验收申请报告，直至监理人同意为止。

②监理人审查后认为已具备竣工验收条件的，应在收到竣工验收申请报告后的 28 天内提请发包人进行工程验收。

③发包人经过验收后同意接收工程的，应在监理人收到竣工验收申请报告后的 56 天内，由监理人向承包人出具经发包人签认的工程接收证书。发包人验收后同意接收工程但提出整修和完善要求的，限期修好，并缓发工程接收证书。整修和完善工作完成后，监理人复查达到要求的，经发包人同意后，再向承包人出具工程接收证书。

④发包人验收后不同意接收工程的，监理人应按发包人的验收意见发出指示，要求承包人对不合格工程认真返工重做或进行补救处理，并承担由此产生的费用。承包人在完成不合格工程的返工重做或补救工作后，应重新提交竣工验收申请报告。

除专用合同条款另有约定外，经验收合格工程的实际竣工日期，以提交竣工验收申请报告的日期为准，并在工程接收证书中写明。发包人在收到承包人竣工验收申请报告 56 天后未进行验收的，视为验收合格，实际竣工日期以提交竣工验收申请报告的日期为准，但发包人由于不可抗力不能进行验收的除外。

(4) 缺陷责任与保修责任。缺陷责任期自实际竣工日期起计算。在全部工程竣工验收前，已经发包人提前验收的单位工程，其缺陷责任期的起算日期相应提前。

1) 缺陷责任。承包人应在缺陷责任期内对已交付使用的工程承担缺陷责任。缺陷责任期内，发包人对已接收使用的工程负责日常维护工作。发包人在使用过程中，发现已接收的工程存在新的缺陷或已修复的缺陷部位或部件又遭损坏的，承包人应负责修复，直至检验合格为止。监理人和承包人应共同查清缺陷和（或）损坏的原因。经查明属于承包人原因造成的，应由承包人承担修复和查验的费用。经查验属于发包人原因造成的，发包人应承担修复和查验的费用，并支付承包人合理利润。承包人不能在合理时间内修复缺陷的，发包人可自行修复或委托其他人修复，所需费用和利润由缺陷责任方承担。

2) 缺陷责任期的延长。由于承包人原因造成某项缺陷或损坏使某项工程或工程设备不能按原定目标使用而需要再次检查、检验和修复的，发包人有权要求承包人相应延长缺陷责任期，但缺陷责任期最长不超过 2 年。在缺陷责任期（或延长的期限）终止后 14 天内，由监理人向承包人出具经发包人签认的缺陷责任期终止证书，并退还剩余的质量保证金。

3) 保修责任。合同当事人根据有关法律规定，在专用合同条款中约定工程质量保修范围、期限和责任。保修期自实际竣工日期起计算。在全部工程竣工验收前，已经发包人提前验收的单位工程，其保修期的起算日期相应提前。

(5) 不可抗力。不可抗力是指承包人和发包人在订立合同时不可预见，在工程施工过程中不可避免发生并不能克服的自然灾害和社会性突发事件，如地震、海啸、瘟疫、水灾、骚乱、暴动、战争和专用合同条款约定的其他情形。不可抗力发生后，发包人和承包人应及时认真统计所造成的损失，收集不可抗力造成损失的证据。合同双方对是否属于不可抗力或其损失的意见不一致的，由监理人商定或确定。发生争议时，按合同中关于争议解决条款的约定处理。

1) 不可抗力的通知。合同一方当事人遇到不可抗力事件，使其履行合同义务受到阻碍时，应立即通知合同另一方当事人和监理人，书面说明不可抗力和受阻碍的详细情况，并提供必要的证明。如不可抗力持续发生，合同一方当事人应及时向合同另一方当事人和监理人提交中间报告，说明不可抗力和履行合同受阻的情况，并于不可抗力事件结束后 28 天内提交最终报告及有关资料。

2) 不可抗力后果及其处理。除专用合同条款另有约定外，不可抗力导致的人员伤亡、财产损失、费用增加和（或）工期延误等后果，由合同双方按以下原则承担：

①永久工程，包括已运至施工场地的材料和工程设备的损害，以及因工程损害造成的第三者人员伤亡和财产损失由发包人承担。

②承包人设备的损坏由承包人承担。

③发包人和承包人各自承担其人员伤亡和其他财产损失及其相关费用。

④承包人的停工损失由承包人承担，但停工期间应监理人要求照管工程和清理、修复工程的金额由发包人承担。

⑤不能按期竣工的，应合理延长工期，承包人不需支付逾期竣工违约金。发包人要求赶工的，承包人应采取赶工措施，赶工费用由发包人承担。

合同一方当事人延迟履行，在延迟履行期间发生不可抗力的，不免除其责任。

不可抗力发生后，发包人和承包人均应采取措施尽量避免和减少损失的扩大，任何一方没有采取有效措施导致损失扩大的，应对扩大的损失承担责任。合同一方当事人因不可抗力不能履行合同的，应当及时通知对方解除合同。合同解除后，承包人应按合同约定撤离施工场地。已经订货的材料、设备由订货方负责退货或解除订货合同，不能退还的货款和因退货、解除订货合同发生的费用，由发包人承担，因未及时退货造成的损失由责任方承担。合同解除后的付款，参照合同有关条款的约定，由监理人商定或确定。

（6）争议解决。

1）争议解决方式。发包人和承包人在履行合同中发生争议的，可以友好协商解决或者提请争议评审组评审。合同当事人友好协商解决不成、不愿提请争议评审或者不接受争议评审组意见的，可在专用合同条款中约定下列一种方式解决：

①向约定的仲裁委员会申请仲裁；

②向有管辖权的人民法院提起诉讼。

2）争议评审。采用争议评审的，发包人和承包人应在开工日后的 28 天内或在争议发生后，协商成立争议评审组。争议评审组由有合同管理和工程实践经验的专家组成。

合同双方的争议，应首先由申请人向争议评审组提交一份详细的评审申请报告，并附必要的文件、图纸和证明材料，申请人还应将上述报告的副本同时提交给被申请人和监理人。被申请人在收到申请人评审申请报告副本后的 28 天内，向争议评审组提交一份答辩报告，并附证明材料。被申请人将答辩报告的副本同时提交给申请人和监理人。除专用合同条款另有约定外，争议评审组在收到合同双方报告后的 14 天内，邀请双方代表和有关人员举行调查会，向双方调查争议细节；必要时争议评审组可要求双方进一步提供补充材料。在调查会结束后的 14 天内，争议评审组应在不受任何干扰的情况下进行独立、公正的评审，作出书面评审意见，并说明理由。在争议评审期间，争议双方暂按总监理工程师的确定执行。

发包人和承包人接受评审意见的，由监理人根据评审意见拟定执行协议，经争议双方签字后作为合同的补充文件，并遵照执行。发包人或承包人不接受评审意见，并要求提交仲裁或提起诉讼的，应在收到评审意见后的 14 天内将仲裁或起诉意向书面通知另一方，并抄送监理人，但在仲裁或诉讼结束前应暂按总监理工程师的确定执行。

2.《中华人民共和国标准设计施工总承包招标文件》（2012 年版）中的合同条款

《中华人民共和国标准设计施工总承包招标文件》（2012 年版）合同条款及格式中有关工程价款的条款如下。

（1）合同价格和费用。

1）价格清单。价格清单是指构成合同文件组成部分的由承包人按规定格式和要求填写并标明价格的清单。

2）计日工。计日工是指对零星工作采取的一种计价方式，按合同中的计日工子目及其单价计价付款。

3）质量保证金。质量保证金是指按合同约定用于保证在缺陷责任期内履行缺陷修复义务的金额。

（2）涉及费用的主要条款。

1）材料和工程设备。

①承包人提供的材料和工程设备。对承包人提供的材料和工程设备，承包人应会同监

理人进行检验和交货验收，查验材料合格证明和产品合格证书，并按合同约定和监理人指示，进行材料的抽样检验和工程设备的检验测试，检验和测试结果应提交监理人，所需费用由承包人承担。

②发包人提供的材料和工程设备。发包人要求向承包人提前交货的，承包人不得拒绝，但发包人应承担承包人由此增加的费用。承包人要求更改交货日期或地点的，应事先报请监理人批准。由于承包人要求更改交货时间或地点所增加的费用和（或）工期延误由承包人承担。发包人提供的材料和工程设备的规格、数量或质量不符合合同要求，或由于发包人原因发生交货日期延误及交货地点变更等情况的，发包人应承担由此增加的费用和（或）工期延误，并向承包人支付合理利润。

③不合格材料和工程设备的处置。监理人有权拒绝承包人提供的不合格材料或工程设备，并要求承包人立即进行更换。监理人应在更换后再次进行检查和检验，由此增加的费用和（或）工期延误由承包人承担。发包人提供的材料或工程设备不符合合同要求的，承包人有权拒绝，并可要求发包人更换，由此增加的费用和（或）工期延误由发包人承担。

2）施工设备和临时设施。

①承包人提供的施工设备和临时设施。除专用合同条款另有约定外，承包人应自行承担修建临时设施的费用。需要临时占地的，应由发包人办理申请手续并承担相应费用。

②增加或更换施工设备。承包人使用的施工设备不能满足合同进度计划和（或）质量标准时，监理人有权要求承包人增加或更换施工设备，承包人应及时增加或更换，由此增加的费用和（或）工期延误由承包人承担。

3）测量放线。

①施工测量。监理人可以指示承包人进行抽样复测，当复测中发现错误或出现超过合同约定的误差时，承包人应按监理人指示进行修正或补测，并承担相应的复测费用。

②基准资料错误的责任。发包人应对其提供的测量基准点、基准线和水准点及其书面资料的真实性、准确性和完整性负责，对其提供上述基准资料错误导致承包人损失的，发包人应当承担由此增加的费用和（或）工期延误，并向承包人支付合理利润。

③监理人使用施工控制网。监理人需要使用施工控制网的，承包人应提供必要的协助，发包人不再为此支付费用。

4）开始工作和竣工。

①开始工作。除专用合同条款另有约定外，因发包人原因造成监理人未能在合同签订之日起 90 天内发出开始工作通知的，承包人有权提出价格调整要求，或者解除合同。发包人应当承担由此增加的费用和（或）工期延误，并向承包人支付合理利润。

②发包人引起的工期延误。在履行合同过程中，由于发包人的下列原因造成工期延误的，承包人有权要求发包人延长工期和（或）增加费用，并支付合理利润：

a. 变更；

b. 未能按照合同要求的期限对承包人文件进行审查；

c. 因发包人原因导致的暂停施工；

d. 未按合同约定及时支付预付款、进度款；

e. 发包人按合同约定提供的基准资料错误；

f. 发包人迟延提供材料、工程设备或变更交货地点的；

g. 发包人未及时按照“发包人要求”履行相关义务；

h. 发包人造成工期延误的其他原因。

③异常恶劣的气候条件。由于出现专用合同条款规定的异常恶劣气候的条件导致工期延误的，承包人有权要求发包人延长工期和（或）增加费用。

④承包人引起的工期延误。由于承包人原因，未能按合同进度计划完成工作，或监理人认为承包人工作进度不能满足合同工期要求的，承包人应采取措施加快进度，并承担加快进度所增加的费用。由于承包人原因造成工期延误，承包人应支付逾期竣工违约金。逾期竣工违约金的计算方法和最高限额在专用合同条款中约定。承包人支付逾期竣工违约金，不免除承包人完成工作及修补缺陷的义务。

⑤工期提前。发包人要求承包人提前竣工，或承包人提出提前竣工的建议能够给发包人带来效益的，应由监理人与承包人共同协商采取加快工程进度的措施和修订合同进度计划。发包人应承担承包人由此增加的费用，并向承包人支付专用合同条款约定的相应奖金。

⑥行政审批迟延。合同约定范围内的工作需国家有关部门审批的，发包人和（或）承包人应按照合同约定的职责分工完成行政审批报送。因国家有关部门审批迟延造成费用增加和（或）工期延误的，由发包人承担。

5）暂停工作。

①由发包人暂停工作。由于发包人原因引起的暂停工作造成工期延误的，承包人有权要求发包人延长工期和（或）增加费用，并支付合理利润。由于承包人下列原因造成发包人暂停工作的，由此造成费用的增加和（或）工期延误由承包人承担：

a. 承包人违约；

b. 承包人擅自暂停工作；

c. 合同约定由承包人承担责任的其他暂停工作。

②由承包人暂停工作。合同履行过程中发生下列情形之一的，承包人可向发包人发出通知，要求发包人采取有效措施予以纠正。发包人收到承包人通知后的 28 天内仍不履行合同义务，承包人有权暂停施工，并通知监理人，发包人应承担由此增加的费用和（或）工期延误责任，并支付承包人合理利润：

a. 发包人未能按合同约定支付价款，或拖延、拒绝批准付款申请和支付证书，导致付款延误的；

b. 监理人无正当理由没有在约定期限内发出复工指示，导致承包人无法复工的；

c. 发包人无法继续履行或明确表示不履行或实质上已停止履行合同的；

d. 发包人不履行合同约定其他义务的。

6）工程质量。

①工程质量要求。因承包人原因造成工程质量不符合法律的规定和合同约定的，监理人有权要求承包人返工直至符合合同要求为止，由此造成的费用增加和（或）工期延误由承包人承担。因发包人原因造成工程质量达不到合同约定验收标准的，发包人应承担由于承包人返工造成的费用增加和（或）工期延误，并支付承包人合理利润。

②监理人重新检查。承包人按合同约定覆盖工程隐蔽部位后，监理人对质量有疑问的，可要求承包人对已覆盖的部位进行钻孔探测或揭开重新检验，承包人应遵照执行，并

在检验后重新覆盖恢复原状。经检验证明工程质量符合合同要求的，由发包人承担由此增加的费用和（或）工期延误，并支付承包人合理利润；经检验证明工程质量不符合合同要求的，由此增加的费用和（或）工期延误由承包人承担。

③承包人私自覆盖。承包人未通知监理人到场检查，私自将工程隐蔽部位覆盖的，监理人有权指示承包人钻孔探测或揭开检查，由此增加的费用和（或）工期延误由承包人承担。

7）预付款。预付款的额度和支付在专用合同条款中约定。除专用合同条款另有约定外，承包人应在收到预付款的同时向发包人提交预付款保函，预付款保函的担保金额应与预付款金额相同。保函的担保金额可根据预付款扣回的金额相应递减。预付款在进度付款中扣回，扣回办法在专用合同条款中约定。在颁发工程接收证书前，由于不可抗力或其他原因解除合同时，预付款尚未扣清的，尚未扣清的预付款余额应作为承包人的到期应付款。

8）工程进度付款。除专用合同条款另有约定外，工程进度付款按月支付。工程进度付款时间如下：

①监理人在收到承包人进度付款申请单以及相应的支持性证明文件后的14天内完成审核，提出发包人到期应支付给承包人的金额以及相应的支持性材料，经发包人审批同意后，由监理人向承包人出具经发包人签认的进度付款证书。监理人未能在前述时间完成审核的，视为监理人同意承包人进度付款申请。监理人有权核减承包人未能按照合同要求履行任何工作或义务的相应金额。

②发包人最迟应在监理人收到进度付款申请单后的28天内，将进度应付款支付给承包人。发包人未能在前述时间内完成审批或不予答复的，视为发包人同意进度付款申请。发包人不按期支付的，按专用合同条款的约定支付逾期付款违约金。

③监理人出具进度付款证书，不应视为监理人已同意、批准或接受了承包人完成的该部分工作。

④进度付款涉及政府投资资金的，按照国库集中支付等国家相关规定和专用合同条款的约定执行。

9）竣工结算。

①竣工付款申请单。工程接收证书颁发后，承包人应按专用合同条款约定的份数和期限向监理人提交竣工付款申请单，并提供相关证明材料。除专用合同条款另有约定外，竣工付款申请单应包括下列内容：竣工结算合同总价、发包人已支付承包人的工程价款、应扣留的质量保证金、应支付的竣工付款金额。监理人对竣工付款申请单有异议的，有权要求承包人进行修正和提供补充资料。经监理人和承包人协商后，由承包人向监理人提交修正后的竣工付款申请单。

②竣工付款证书及支付时间。监理人在收到承包人提交的竣工付款申请单后的14天内完成核查，提出发包人到期应支付给承包人的价款送发包人审核并抄送承包人。发包人应在收到后14天内审核完毕，由监理人向承包人出具经发包人签认的竣工付款证书。监理人未在约定时间内核查，又未提出具体意见的，视为承包人提交的竣工付款申请单已经监理人核查同意；发包人未在约定时间内审核又未提出具体意见的，监理人提出发包人到期应支付给承包人的价款视为已经发包人同意。

发包人应在监理人出具竣工付款证书后的 14 天内，将应支付款支付给承包人。

10）最终结清。

①最终结清申请单。缺陷责任期终止证书签发后，承包人可按专用合同条款约定的份数和期限向监理人提交最终结清申请单，并提供相关证明材料。发包人对最终结清申请单内容有异议的，有权要求承包人进行修正和提供补充资料，由承包人向监理人提交修正后的最终结清申请单。

②最终结清证书和支付时间。监理人收到承包人提交的最终结清申请单后的 14 天内，提出发包人应支付给承包人的价款送发包人审核并抄送承包人。发包人应在收到后 14 天内审核完毕，由监理人向承包人出具经发包人签认的最终结清证书。监理人未在约定时间内核查，又未提出具体意见的，视为承包人提交的最终结清申请已经监理人核查同意；发包人未在约定时间内审核又未提出具体意见的，监理人提出应支付给承包人的价款视为已经发包人同意。发包人应在监理人出具最终结清证书后的 14 天内，将应支付款支付给承包人。

（二）国际工程施工合同示范文本

国际上常用的工程施工合同示范文本有：国际咨询工程师联合会（FIDIC）编制的各类合同条件；英国土木工程师学会的“ICE 土木工程施工合同条件”；英国皇家建筑师学会的“RIBA/JCT 合同条件”；美国建筑师学会的“AIA 合同条件”；美国承包商总会的“AGC 合同条件”；美国工程师合同文件联合会的“EJCDC 合同条件”；美国联邦政府发布的“SF－23A 合同条件”等。其中，以 FIDIC 编制的“土木工程施工合同条件”、英国土木工程师学会的“ICE 土木工程施工合同条件”和美国建筑师学会的“AIA 合同条件”最为流行。

FIDIC 自 1957 年发布《土木工程施工合同条件》（第 1 版）以来，陆续出版了一系列合同条件，如：《土木工程施工合同条件》（红皮书）、《生产设备和设计－建造合同条件》（黄皮书）、《土木工程施工分包合同条件》（与红皮书配套使用）、《设计－建造与交钥匙项目合同条件》（橘皮书）、《设计采购施工（EPC）/交钥匙工程合同条件》（银皮书）、《简明合同格式》（绿皮书）、《雇主/咨询工程师标准服务协议》等。2008 年，FIDIC 推出了《设计、建造及运营（DBO）合同条件》（金皮书）。2017 年，FIDIC 又推出了《施工合同条件》（*Conditions of Contract for Construction*）（红皮书）、《生产设备和设计－建造合同条件》（*Conditions of Contract for Plant and Design-Build*）（黄皮书）、《设计采购施工（EPC）/交钥匙项目合同条件》（*Conditions of Contract for EPC/Turnkey Projects*）（银皮书）第二版。这些合同条件及协议共同构成了 FIDIC 彩虹族系列合同文件，不仅应用于世界银行、亚洲开发银行、非洲开发银行等国际金融组织的贷款项目，一些国家的国际工程也常采用 FIDIC 合同条件。这里主要介绍 FIDIC《施工合同条件》（红皮书）的有关内容。

1. FIDIC《施工合同条件》的组成及解释顺序

FIDIC《施工合同条件》适用于土木工程施工的单价合同形式，由通用条件和专用条件两部分组成，并附有合同协议书、投标函和争端仲裁协议书格式。

（1）通用条件。通用条件包括 21 个方面，即：一般规定，业主，工程师，承包商，分包商，职员与劳工，生产设备、材料和工艺，开工、延误及暂停，竣工检验，业主接收，接收后缺陷，计量与估价，变更与调整，合同价格与支付，业主提出终止，承包商提出暂停与终止，工程照管与保障，例外事件，保险，业主和承包商索赔，争端和仲裁。通用条件适用于所有土木工程，条款也非常具体而明确。

（2）专用条件。专用条件将结合具体工程的特点和所在地区情况对通用条件进行补充、细化。FIDIC《施工合同条件》首次提出了专用条件起草的五项黄金原则：

1）合同所有参与方的职责、权利、义务、角色及责任一般都在通用条件中默示，并适应项目需求；

2）专用条件的起草必须明确和清晰；

3）专用条件不允许改变通用条件中风险与回报分配的平衡；

4）合同规定的各参与方履行义务的时间必须合理；

5）所有正式的争端在提交仲裁之前必须提交 DAAB（争端避免/裁决委员会）取得具有临时性约束力的决定。

（3）合同文件解释顺序。构成 FIDIC 施工合同文件的各个组成部分应能互相说明、互相补充，合同文件解释的优先顺序如下：

1）合同协议书；

2）中标函；

3）投标书；

4）专用条件；

5）通用条件；

6）规范；

7）图纸；

8）资料表和构成合同组成部分的其他文件。

2. FIDIC《施工合同条件》中的各方主体

FIDIC《施工合同条件》中，涉及的主体包括：业主、（咨询）工程师、承包商、指定分包商。

（1）业主。业主在合同履行过程中的义务和权利包括：

1）应在投标书附录中规定的时间内给予承包商进入现场、占有现场各部分的权利。此项进入和占有权不可为承包商独享。

2）应根据承包商的请求，提供以下合理协助：取得与合同有关但不易得到的工程所在国的法律文本；协助承包商申请工程所在国要求的许可、执照或批准。

3）应负责保证在现场的业主人员和其他承包商做到与承包商的各项努力进行合作。

4）应在收到承包商的任何要求 28 天内，提出其已做并将维持的资金安排的合理证明，说明业主能够按规定支付合同价格。

5）如果根据合同条款或合同有关的另外事项，业主认为有权得到任何支付，和（或）对缺陷通知期限的延长，业主或者咨询工程师应当向承包商发出通知，说明细节。通知应当在业主了解引起索赔的事项或者情况后尽快发出。关于缺陷通知期限任何延长的通知，应在该期限到期前发出。

（2）（咨询）工程师。（咨询）工程师是指由业主所聘请的咨询公司委派的、直接对业主负责的咨询机构。（咨询）工程师根据施工合同，对工程的质量、进度和费用进行控制和监督，力求工程施工满足合同要求。

FIDIC《施工合同条件》基于以（咨询）工程师为核心的管理模式，因此，在合同条款中明示的（咨询）工程师的权限较大。（咨询）工程师的权力可概括为以下几个方面：

1）工程质量控制。主要表现在：对运抵施工现场材料、设备质量进行检查和检验；对承包商施工过程中的工艺操作进行监督；对已完工程部位的质量进行确认或拒收；发布指令要求对不合格工程部位采取补救措施等。

2）工程进度控制。主要表现在：审查批准承包商的施工进度计划；指示承包商修改施工进度计划；发布开工令、暂停施工令、复工令和赶工令。

3）工程付款控制。主要表现在：确定变更工程的估价；批准使用暂定金额和计日工；签发各种付款证书等。

4）施工合同管理。主要表现在：解释合同文件中的矛盾和歧义；批准分包工程（除劳务分包、采购分包及合同中指定的分包商对工程的分包）；发布工程变更指令；签发工程接收证书和缺陷责任证书；审核承包商的索赔；行使合同内必然引申的权力等。

（3）承包商。承包商是指其投标书已被业主接受的当事人，以及取得该当事人资格的合法继承人。

1）承包商的一般义务包括：

①应按照合同约定及（咨询）工程师的指示，设计（在合同规定的范围内）、实施和完成工程，并修补工程中的任何缺陷。

②应提供合同规定的生产设备和承包商文件，以及此项设计、施工、竣工和修补缺陷所需的所有临时性或永久性的承包商人员、货物、消耗品及其他物品和服务。

③应对所有现场作业、所有施工方法和全部工程的完备性、稳定性和安全性承担责任。除非合同另有规定，承包商对所有承包文件、临时工程及按照合同要求的每项生产设备和材料的设计承担责任，不应对其他永久工程的设计或规范负责。

④当（咨询）工程师提出要求时，承包商应提交其建议采用的工程施工安排和方法的细节。

2）承包商提供履约担保。承包商应在收到中标函后 28 天内向业主提交履约担保，并向（咨询）工程师送副本一份。履约担保可分为企业法人提供的保证书和金融机构提供的保函两类。履约担保一般为不需承包商确认违约的无条件担保形式。履约保函应担保承包商圆满完成施工和保修的义务，而不是到（咨询）工程师颁发工程接收证书为止。但工程接收证书的颁发是对承包商按合同约定完满完成施工义务的证明，承包商还应承担的义务仅为保修义务，如果双方有约定的话，允许颁发整个工程的接收证书后将履约保函的担保金额减少一定的百分比。业主应在收到履约证书副本后 21 天内，将履约担保退还承包商。

在下列情况下，业主可凭履约担保索赔：

①专用条款约定的缺陷通知期满后仍未能解除承包商的保修义务时，承包商应延长履约保函有效期而未延长；

②按照业主索赔或争议、仲裁等决定，承包商未向业主支付相应款项；

③缺陷通知期内承包商接到业主修补缺陷通知后 42 天内未派人修补；

④由于承包商的严重违约行为业主终止合同。

（4）指定分包商。指定分包商是由业主指定，完成某项特定工作内容并与承包商签订分包合同的特殊分包商。业主有权将部分工程的施工任务或涉及提供材料、设备、服务等工作内容发包给指定分包商实施。由于指定分包商是与承包商签订分包合同，因而在合同关系方面与一般分包商处于同等地位，对其施工过程的监督、协调工作应纳入承包商的管理之中。

为了不损害承包商的利益，给指定分包商的付款应从暂定金额内开支。承包商在每个月末报送工程进度款支付报表时，（咨询）工程师有权要求其出示以前已按指定分包合同给指定分包商付款的证明。如果承包商没有合法理由而扣押指定分包商上个月应得工程款，业主有权按（咨询）工程师出具的证明从本月应得款中扣除相应金额直接付给指定分包商。

3. FIDIC《施工合同条件》中的争端解决

在FIDIC《施工合同条件》实施过程中，争端的解决方式有裁决、友好协商、仲裁等。

（1）裁决。FIDIC《施工合同条件》规定，争端避免/裁决委员会（Dispute Avoidance/Adjudication Board，DAAB）是一个常设机构，在项目开工后要尽快成立DAAB。DAAB要定期与各方会面并进行现场考察。合同争端应提交DAAB裁决。

1）DAAB的委任。DAAB是根据投标书附录中的规定由合同双方共同设立的。DAAB由1人或3人组成，如果投标书附录中没有注明成员的数目，且合同双方没有其他协议，则DAAB应包含3名成员。若DAAB成员为3人，则由合同双方各提名一位成员供对方认可，双方共同确定第三位成员作为主席。如果合同中有DAAB成员的意向性名单，则必须从该名单中进行选择，除非被选择的成员不能或不愿接受DAAB的委任。合同双方应当共同商定对DAAB成员的支付条件，并由双方各支付酬金的一半。

任何成员的委任只有在合同双方同意的情况下才能终止，业主或承包商各自的行动将不能终止此类委任。

2）DAAB对争端的裁决。DAAB可应合同双方的共同要求，非正式地参与或尝试进行合同双方潜在问题或分歧的处理。如果在合同双方之间产生起因于合同或实施过程或与之相关的任何争端（任何种类），包括对（咨询）工程师的任何证书的签发、决定、指示、意见或估价的任何争端，任何一方可以将此类争端事宜以书面形式提交DAAB，供其裁定，并将副本送交另一方和（咨询）工程师。

DAAB在收到书面报告后84天内对争端作出裁决，并说明理由。如果合同一方对DAAB的裁决不满，则应在收到裁决后的28天内向合同对方发出表示不满的通知，并说明理由，表明准备提请仲裁。如果DAAB未在84天内对争端作出裁决，则双方中的任何一方均有权在84天期满后的28天内向对方发出要求仲裁的通知。如果双方接受DAAB的裁决，或者没有按规定发出表示不满的通知，则该裁决将成为最终的决定并对合同双方均具有约束力。

DAAB的裁决作出后，在未通过友好解决或仲裁改变该裁决之前，双方应当执行该裁决。

（2）友好解决。在合同发生争端时，如果双方能通过协商达成一致，要比通过仲裁、诉讼程序解决争端好得多。这样，既能节省时间和费用，也不会伤害双方的感情，使双方的良好合作关系能够得以保持。事实上，在国际工程承包合同中产生的争端大都可通过友好协商得到解决。

合同当事人一方或双方发出表示对裁决不满的通知后，合同双方在仲裁开始前应尽力以友好的方式解决争端。除非合同双方另有协议，否则，仲裁将在表示不满的通知发出后第56天或此后开始，即使双方未曾做过友好解决的努力。

（3）仲裁。仲裁不仅在于寻找一条解决争端的途径和方法，更重要的是仲裁条款的出现使当事人双方失去了通过诉讼程序解决合同争端的权利。因为当事人在仲裁与诉讼中只能选择一种解决方法，因此，该规定实际决定了合同当事人只能将提交仲裁作为解决争端的最后办法。

除非通过友好解决，否则，如果 DAAB 有关争端的决定未能成为最终决定并具有约束力时，此类争端应由国际仲裁机构最终裁决。

仲裁人应有全权公开、审查和修改（咨询）工程师的任何证书的签发、决定、指示、意见或估价，以及任何 DAAB 有关争端事宜的裁决。（咨询）工程师有权作为证人向仲裁人提供任何与争端有关的证据。

合同双方的任一方在上述仲裁人的仲裁过程中均不受以前为取得争端裁决委员会的决定而提供的证据或论据或其不满意通知中提出的不满理由的限制。在仲裁过程中，可将 DAAB 的决定作为一项证据。

工程竣工之前或之后均可开始仲裁。但在工程进行过程中，合同双方、（咨询）工程师以及 DAAB 的各自义务不得因任何仲裁正在进行而改变。

仲裁裁决具有法律效力。但仲裁机构无权强制执行，如一方当事人不履行裁决，另一方当事人可向法院申请强制执行。

四、施工投标报价策略

投标报价策略是指投标单位在投标竞争中的系统工作部署及参与投标竞争的方式和手段。对投标单位而言，投标报价策略是投标取胜的重要方式、手段和艺术。投标报价策略可分为基本策略和报价技巧两个层面。

（一）基本策略

投标报价的基本策略主要是指投标单位应根据招标项目的不同特点，并考虑自身的优势和劣势，选择不同的报价。

1. 可选择报高价的情形

投标单位遇下列情形时，其报价可高一些：施工条件差的工程（如条件艰苦、场地狭小或地处交通要道等）；专业要求高的技术密集型工程且投标单位在这方面有专长，声望也较高；总价低的小工程，以及投标单位不愿做而被邀请投标，又不便不投标的工程；特殊工程，如港口码头、地下开挖工程等；投标对手少的工程；工期要求紧的工程；支付条件不理想的工程。

2. 可选择报低价的情形

投标单位遇下列情形时，其报价可低一些：施工条件好的工程，工作简单、工程量大而其他投标人都可以做的工程（如大量土方工程、一般房屋建筑工程等）；投标单位急于打入某一市场、某一地区，或虽已在某一地区经营多年，但即将面临没有工程的情况，机械设备无工地转移时；附近有工程而本项目可利用该工程的机械设备、劳务或有条件短期内突击完成的工程；投标对手多，竞争激烈的工程；非急需工程；支付条件好的工程。

（二）报价技巧

报价技巧是指投标中具体采用的对策和方法，常用的报价技巧有不平衡报价法、多方案报价法、保本竞标法和突然降价法等。此外，对于计日工、暂定金额、可供选择的项目等也有相应的报价技巧。

1. 不平衡报价法

不平衡报价法是指在不影响工程总报价的前提下，通过调整内部各个项目的报价，以达到既不提高总报价、不影响中标，又能在结算时得到更理想收益的报价方法。不平衡报价法适用于以下几种情况：

（1）能够早日结算的项目（如前期措施费、基础工程、土石方工程等）可以适当提高报价，以利资金周转，提高资金时间价值。后期工程项目（如设备安装、装饰工程等）的报价可适当降低。

（2）经过工程量核算，预计今后工程量会增加的项目，适当提高单价，这样在最终结算时可多盈利；而对于将来工程量有可能减少的项目，适当降低单价，这样在工程结算时不会有太大损失。

（3）设计图纸不明确、估计修改后工程量要增加的，可以提高单价；而工程内容说明不清楚的，则可降低一些单价，在工程实施阶段通过索赔再寻求提高单价的机会。

（4）对暂定项目要做具体分析。因这一类项目要在开工后由建设单位研究决定是否实施，以及由哪一家承包单位实施。如果工程不分标，不会另由一家承包单位施工，则其中肯定要施工的单价可报高些，不一定要施工的则应报低些。如果工程分标，该暂定项目也可能由其他承包单位施工时，则不宜报高价，以免抬高总报价。

（5）单价与包干混合制合同中，招标人要求有些项目采用包干报价时，宜报高价。一则这类项目多半有风险，二则这类项目在完成后可全部按报价结算。对于其余单价项目，则可适当降低报价。

（6）有时招标文件要求投标人对工程量大的项目报“综合单价分析表”，投标时可将单价分析表中的人工费及施工机具使用费报得高一些，而材料费报得低一些。这主要是为了在今后补充项目报价时，可以参考选用“综合单价分析表”中较高的人工费和施工机具使用费，而材料则往往采用市场价，因而可获得较高收益。

2. 多方案报价法

多方案报价法是指在投标文件中报两个价：一个是按招标文件的条件报一个价；另一个是加注解的报价，即：如果某条款做某些改动，报价可降低多少。这样，可降低总报价，以此吸引招标人。

多方案报价法适用于招标文件中的工程范围不很明确，条款不很清楚或很不公正，或技术规范要求过于苛刻的工程。采用多方案报价法，可降低投标风险，但投标工作量较大。

3. 保本竞标法

对于缺乏竞争优势的承包单位，在不得已时可采用根本不考虑利润的报价方法，以获得中标机会。保本竞标法通常在下列情形时采用：

（1）有可能在中标后，将大部分工程分包给索价较低的一些分包商。

（2）对于分期建设的工程项目，先以低价获得首期工程，而后赢得机会创造第二期工程中的竞争优势，并在以后的工程实施中获得盈利。

（3）较长时期内，投标单位没有在建工程项目，如果再不中标，就难以维持生存。因此，虽然本工程无利可图，但只要能有一定的管理费维持公司的日常运转，就可设法渡过暂时困难，以图将来东山再起。

4. 突然降价法

突然降价法是指先按一般情况报价或表现出自己对该工程兴趣不大，等快到投标截止时，再突然降价。采用突然降价法，可以迷惑对手，提高中标概率。但对投标单位的分析判断和决策能力要求很高，要求投标单位能全面掌握和分析信息，作出正确判断。

5. 其他报价技巧

（1）计日工单价的报价。如果是单纯报计日工单价，且不计入总报价中，则可报高些，以便在建设单位额外用工或使用施工机械时多盈利。但如果计日工单价要计入总报价时，则需具体分析是否报高价，以免抬高总报价。总之，要分析建设单位在开工后可能使用的计日工数量，再来确定报价策略。

（2）暂定金额的报价。暂定金额的报价有以下三种情形：

1）招标单位规定了暂定金额的分项内容和暂定总价款，并规定所有投标单位都必须在总报价中加入这笔固定金额，但由于分项工程量不很准确，允许将来按投标单位所报单价和实际完成的工程量付款。这种情况下，由于暂定总价款是固定的，对各投标单位的总报价水平竞争力没有任何影响，因此，投标时应适当提高暂定金额的单价。

2）招标单位列出了暂定金额的项目和数量，但并没有限制这些工程量的估算总价，要求投标单位既列出单价，也应按暂定项目的数量计算总价，当将来结算付款时可按实际完成的工程量和所报单价支付。这种情况下，投标单位必须慎重考虑。如果单价定得高，与其他工程量计价一样，将会增大总报价，影响投标报价的竞争力；如果单价定得低，将来这类工程量增大，会影响收益。一般来说，这类工程量可以采用正常价格。如果投标单位估计今后实际工程量肯定会增大，则可适当提高单价，以在将来增加额外收益。

3）只有暂定金额的一笔固定总金额，将来这笔金额做什么用，由招标单位确定。这种情况对投标竞争没有实际意义，按招标文件要求将规定的暂定金额列入总报价即可。

（3）可供选择项目的报价。有些工程项目的分项工程，招标单位可能要求按某一方案报价，而后再提供几种可供选择方案的比较报价。投标时，应对不同规格情况下的价格进行调查，对于将来有可能被选择使用的规格应适当提高其报价；对于技术难度大或其他原因导致的难以实现的规格，可将价格有意抬高得更多一些，以阻挠招标单位选用。但是，所谓“可供选择项目”，是招标单位进行选择，并非由投标单位任意选择。因此，虽然适当提高可供选择项目的报价，并不意味着肯定可以取得较好的利润，只是提供了一种可能性，一旦招标单位今后选用，投标单位才可得到额外利益。

（4）增加建议方案。招标文件中有时规定，可提一个建议方案，即可以修改原设计方案，提出投标单位的方案。这时，投标单位应抓住机会，组织一批有经验的设计和施工工程师，仔细研究招标文件中的设计和施工方案，提出更为合理的方案以吸引建设单位，促成自己的方案中标。这种新建议方案可以降低总造价或缩短工期，或使工程实施方案更为合理。但要注意，对原招标方案一定也要报价。建议方案不要写得太具体，要保留方案的技术关键，防止招标单位将此方案交给其他投标单位。同时要强调的是，建议方案一定要比较成熟，具有较强的可操作性。

（5）采用分包商的报价。总承包商通常应在投标前先取得分包商的报价，并增加总承包商摊入的管理费，将其作为自己投标总价的一个组成部分一并列入报价单中。应当注意，分包商在投标前可能同意接受总承包商压低其报价的要求，但等总承包商中标后，他们常以种种理由要求提高分包价格，这将使总承包商处于十分被动的地位。为此，总承包商应在投标前找几家分包商分别报价，然后选择其中一家信誉较好、实力较强和报价合理的分包商签订协议，同意该分包商作为分包工程的唯一合作者，并将分包商的姓名列到投标文件中，但要求该分包商相应地提交投标保函。如果该分包商认为总承包商确实有可能中标，也许愿意接受这一条件。这种将分包商的利益与投标单位捆在一起的做法，不但可以防止分包商事后反悔和涨价，还可能迫使分包商报出较合理的价格，以便共同争取中标。

（6）许诺优惠条件。投标报价中附带优惠条件是一种行之有效的手段。招标单位在评标时，除了主要考虑报价和技术方案外，还要分析其他条件，如工期、支付条件等。因此，在投标时主动提出提前竣工、低息贷款、赠给施工设备、免费转让新技术或某种技术专利、免费技术协作、代为培训人员等，均是吸引招标单位、利于中标的辅助手段。

五、施工评标与授标

（一）评标委员会及其组建

根据《评标委员会和评标方法暂行规定》，评标委员会由招标单位负责组建。评标委员会成员名单一般应于开标前确定，并应在中标结果确定前保密。

1. 评标委员会的组成

评标委员会由招标单位或其委托的招标代理机构熟悉相关业务的代表，以及有关技术、经济等方面的专家组成，成员人数为五人以上单数，其中，技术、经济等方面的专家不得少于成员总数的 2/3。评标委员会设负责人的，评标委员会负责人由评标委员会成员推举产生或者由招标单位确定。评标委员会负责人与评标委员会的其他成员有同等的表决权。

2. 评标委员会中专家成员的确定及要求

（1）评标专家的确定。评标委员会的专家成员应当从省级以上人民政府有关部门提供的专家名册或者招标代理机构专家库中的相关专家名单中确定。评标专家的确定，可采取随机抽取或直接确定的方式。一般项目，可采取随机抽取的方式；技术特别复杂、专业性强或国家有特殊要求的招标项目，采取随机抽取方式确定的专家难以胜任的，可由招标单位直接确定。

（2）评标专家的基本条件。评标专家应符合下列条件：

1）从事相关专业领域工作满 8 年并具有高级职称或者同等专业水平；

2）熟悉有关招标投标的法律法规，并具有与招标项目相关的实践经验；

3）能够认真、公正、诚实、廉洁地履行职责。

（3）不得担任评标委员会成员的情形。有下列情形之一的，不得担任评标委员会成员，应当回避：

1）招标单位或投标单位主要负责人的近亲属；

2）项目主管部门或者行政监督部门的人员；

3）与投标单位有经济利益关系，可能影响对投标公正评审的；

4）曾因在招标、评标以及其他与招标投标有关活动中从事违法行为而受过行政处罚或刑事处罚的。

（4）评标委员会成员应当客观、公正地履行职责，遵守职业道德，对所提出的评审意见承担个人责任。

1）评标委员会成员不得与任何投标单位或与招标结果有利害关系的人进行私下接触，不得收受投标单位、中介机构、其他利害关系人的财物或者其他好处。

2）评标委员会成员不得透露对投标文件的评审和比较、中标候选人的推荐情况以及与评标有关的其他情况。

（二）评标准备与初步评审

1. 评标准备

评标委员会成员应当编制供评标使用的相应表格，认真研究招标文件，至少应了解和熟悉以下内容：

（1）招标的目标；

（2）招标项目的范围和性质；

（3）招标文件中规定的主要技术要求、标准和商务条款；

（4）招标文件规定的评标标准、评标方法和在评标过程中考虑的相关因素。

招标单位或其委托的招标代理机构应当向评标委员会提供评标所需的重要信息和数据。招标项目设有标底的，标底应保密，并在开标时公布。评标时，标底仅作为参考，不得以投标报价是否接近标底作为中标条件，也不得以投标报价超过标底上下浮动范围作为否决投标的条件。

评标委员会应根据招标文件规定的评标标准和方法，对投标文件进行系统的评审和比较。招标文件没有规定的标准和方法不得作为评标的依据。因此，了解招标文件规定的评标标准和方法，也是评标委员会成员应完成的重要准备工作。

2. 初步评审

根据国家发展改革委等九部委颁布的《标准施工招标文件》（2007 年版），初步评审属于对投标文件的合格性审查，包括以下四个方面。

（1）投标文件的形式审查。包括：

1）提交的营业执照、资质证书、安全生产许可证是否与投标单位的名称一致；

2）投标函是否经法定代表人或其委托代理人签字并加盖单位章；

3）投标文件的格式是否符合招标文件的要求；

4）联合体投标人是否提交了联合体协议书；联合体的成员组成与资格预审的成员组成有无变化；联合体协议书的内容是否与招标文件要求一致；

5）报价的唯一性。不允许投标单位以优惠的方式，提出如果中标可将合同价降低多少的承诺。这种优惠属于一个投标两个报价。

（2）投标人的资格审查。对于未进行资格预审的，需要进行资格后审，资格审查的内容和方法与资格预审相同，包括：营业执照、资质证书、安全生产许可证等资格证明文件的有效性；企业财务状况；类似项目业绩；信誉；项目经理；正在施工和承接的项目情况；近年发生的诉讼及仲裁情况；联合体投标的申请人提交联合体协议书的情况等。

（3）投标文件对招标文件的响应性审查。包括：

1）投标内容是否与投标人须知中的工程或标段一致，不允许只投招标范围内的部分专业工程或单位工程的施工。

2）投标工期应满足投标人须知中的要求，承诺的工期可以比招标工期短，但不得超过要求的时间。

3）工程质量的承诺和质量管理体系应满足要求。

4）提交的投标保证金形式和金额是否符合投标须知的规定。

5）投标人是否完全接受招标文件中的合同条款，如果有修改建议的话，不得对双方的权利、义务有实质性背离且是否为招标单位所接受。

6）核查已标价的工程量清单。如果有计算错误，单价金额小数点有明显错误的除外，总价金额与依据单价计算出的结果不一致时，以单价金额为准修正总价；若是书写错误，当投标文件中的大写金额与小写金额不一致时，以大写金额为准。评标委员会对投标报价的错误予以修正后，请投标单位书面确认，作为投标报价的金额。投标单位不接受修正价格的，其投标作废标处理。

7）投标文件是否对招标文件中的技术标准和要求提出不同意见。

（4）施工组织设计和项目管理机构设置的合理性审查。包括：

1）施工组织的合理性。包括：施工方案与技术措施；质量管理体系与措施；安全生产管理体系与措施；环境保护管理体系与措施等的合理性和有效性。

2）施工进度计划的合理性。包括：总体工程进度计划和关键部位里程碑工期的合理性及施工措施的可靠性；机械和人力资源配备计划的有效性及均衡施工程度。

3）项目组织机构的合理性。包括：技术负责人的经验和组织管理能力；其他主要人员的配置是否满足实施招标工程的需要及技术和管理能力。

4）拟投入施工的机械和设备。包括：施工设备的数量、型号能否满足施工的需要；试验、检测仪器设备是否能够满足招标文件的要求等。

初步评审内容中，投标文件有一项不符合规定的评审标准时，即作废标处理。

3. 投标文件的澄清和说明

评标委员会可以书面方式要求投标单位对投标文件中含意不明确的内容做必要的澄清、说明或补正，但是澄清、说明或补正不得超出投标文件的范围或者改变投标文件的实质性内容。

投标人资格条件不符合国家有关规定和招标文件要求的，或者拒不按照要求对投标文件进行澄清、说明或者补正的，评标委员会可以否决其投标。

评标委员会发现投标单位的报价明显低于其他投标报价或者在设有标底时明显低于标底，使得其投标报价可能低于其个别成本的，应当要求该投标单位作出书面说明并提供相关证明材料。投标单位不能合理说明或者不能提供相关证明材料的，由评标委员会认定该投标单位以低于成本报价竞标，其投标应作废标处理。

4. 投标偏差及其处理

评标委员会应当根据招标文件，审查并逐项列出投标文件的全部投标偏差。投标偏差分为重大偏差和细微偏差。

（1）重大偏差。下列情况属于重大偏差：

1）没有按照招标文件要求提供投标担保或者所提供的投标担保有瑕疵；

2）投标文件没有投标单位授权代表签字和加盖公章；

3）投标文件载明的招标项目完成期限超过招标文件规定的期限；

4）明显不符合技术规格、技术标准的要求；

5）投标文件载明的货物包装方式、检验标准和方法等不符合招标文件的要求；

6）投标文件附有招标单位不能接受的条件；

7）不符合招标文件中规定的其他实质性要求。

投标文件有上述情形之一的，为未能对招标文件作出实质性响应，除招标文件对重大偏差另有规定外，应作废标处理。

(2) 细微偏差。细微偏差是指投标文件在实质上响应招标文件要求，但在个别地方存在漏项或者提供了不完整的技术信息和数据等情况，并且补正这些遗漏或者不完整不会对其他投标单位造成不公平的结果。细微偏差不影响投标文件的有效性。

评标委员会应当书面要求存在细微偏差的投标单位在评标结束前予以补正。拒不补正的，在详细评审时可以对细微偏差作不利于该投标单位的量化，量化标准应在招标文件中规定。

(三) 详细评审

经初步评审合格的投标文件，评标委员会应根据招标文件确定的评标标准和方法，对其技术部分和商务部分做进一步评审、比较。通常情况下，评标方法有两种，即经评审的最低投标价法和综合评估法。

1. 经评审的最低投标价法

经评审的最低投标价法一般适用于采用通用技术施工，项目的性能标准为规范中的一般水平，或者招标单位对施工没有特殊要求的招标项目。能够满足招标文件的实质性要求，并经评审的最低投标价的投标，应当推荐为中标候选人。

采用经评审的最低投标价法时，评标委员会应根据招标文件中规定的量化因素和标准进行价格折算，对所有投标单位的投标报价以及投标文件的商务部分做必要的价格调整。根据《标准施工招标文件》(2007 年版)，主要的量化因素包括单价遗漏和付款条件等，招标单位可根据工程项目的具体特点和实际需要，进一步删减、补充或细化量化因素和标准。另如世界银行贷款项目，采用经评审的最低投标价法时，通常考虑的量化因素和标准包括：一定条件下的优惠（借款国国内投标单位有 7.5%的评标优惠）；工期提前的效益对报价的修正；同时投多个标段的评标修正等。所有的这些修正因素都应在招标文件中有明确规定。对同时投多个标段的评标修正，一般的做法是，如果投标单位在某一个标段已中标，则在其他标段的评标中按照招标文件规定的百分比（通常为 4%）乘以总报价后，在评标价中扣减此值。

根据经评审的最低投标价法完成详细评审后，评标委员会应当拟定一份“价格比较一览表”，连同书面评标报告提交招标单位。“价格比较一览表”应当载明投标单位的投标报价、对商务偏差的价格调整和说明以及已评审的最终投标价。

评标委员会按照经评审的投标价由低到高的顺序推荐中标候选人，或根据招标单位授权直接确定中标单位。经评审的投标价相等时，投标报价低的优先；投标报价也相等的，由招标单位自行确定。

2. 综合评估法

不宜采用经评审的最低投标价法的招标项目，一般应当采取综合评估法进行评审。综合评估法适用于较复杂工程项目的评标，由于工程投资额大、工期长、技术复杂、涉及专业面广，施工过程中存在较多的不确定因素，因此，对投标文件评审比较的主导思想是选择价格功能比最好的投标单位，而不过分偏重于投标价格的高低。

综合评估法是指将各个评审因素（包括技术部分和商务部分）以折算为货币或打分的方法进行量化，并在招标文件中明确规定需量化的因素及其权重，然后由评标委员会计算出每一投标的综合评估价或综合评估分，并将最大限度地满足招标文件中规定的各项综合评价标准的投标，推荐为中标候选人。

采用打分法时，评标委员会按规定的评分标准进行打分，并按得分由高到低顺序推荐中标候选人，或根据招标单位授权直接确定中标单位。综合评分相等时，以投标报价低的优先；投标报价也相等的，由招标单位自行确定。

根据综合评估法完成评标后，评标委员会应当拟定一份“综合评估比较表”，连同书面评标报告提交招标单位。“综合评估比较表”应当载明投标单位的投标报价、所做的任何修正、对商务偏差的调整、对技术偏差的调整、对各评审因素的评估以及对每一投标的最终评审结果。

（四）评标报告

除招标单位授权直接确定中标单位外，评标委员会完成评标后，应当向招标单位提交书面评标报告，并抄送有关行政监督部门。评标报告应如实记载以下内容：

（1）基本情况和数据表；

（2）评标委员会成员名单；

（3）开标记录；

（4）符合要求的投标一览表；

（5）废标情况说明；

（6）评标标准、评标方法或者评标因素一览表；

（7）经评审的价格或者评分比较一览表；

（8）经评审的投标单位排序；

（9）推荐的中标候选人名单与签订合同前要处理的事宜；

（10）澄清、说明、补正事项纪要。

评标报告应由评标委员会全体成员签字。对评标结果有不同意见的评标委员会成员应以书面形式说明其不同意见和理由，评标报告应注明该不同意见。评标委员会成员拒绝在评标报告上签字又不书面说明其不同意见和理由的，视为同意评标结果。

（五）授标

1. 中标单位的确定

对使用国有资金投资或者国家融资的项目，招标单位应确定排名第一的中标候选人为中标单位。排名第一的中标候选人放弃中标、因不可抗力提出不能履行合同，或者招标文件规定应当提交履约保证金而在规定的期限内未能提交的，招标单位可确定排名第二的中标候选人为中标单位。排名第二的中标候选人因上述同样原因不能签订合同的，招标单位可以确定排名第三的中标候选人为中标单位。

招标单位也可授权评标委员会直接确定中标单位。

2. 中标通知

中标单位确定后，招标单位应向中标单位发出中标通知书，并同时将中标结果通知所有未中标的投标单位。中标通知书对招标单位和中标单位具有法律效力。中标通知书发出后，招标单位改变中标结果，或者中标单位放弃中标项目的，应当依法承担法律责任。

（六）签订施工合同

1. 履约担保

在签订合同前，中标单位以及联合体中标人应按招标文件规定的金额、担保形式和履约担保格式，向招标单位提交履约担保。履约担保一般采用银行保函和履约担保书的形式，履约担保金额一般为中标价的10%。中标单位不能按要求提交履约担保的，视为放弃中标，其投标保证金不予退还，给招标单位造成的损失超过投标保证金数额的，中标单位还应对超过部分予以赔偿。中标后的承包商应保证其履约担保在建设单位颁发工程接收证书前一直有效。建设单位应在工程接收证书颁发后28天内将履约担保退还给承包商。

2. 签订合同

招标单位与中标单位应自中标通知书发出之日起30天内，根据招标文件和中标单位的投标文件订立书面合同。一般情况下，中标价就是合同价。招标单位与中标单位不得再行订立背离合同实质性内容的其他协议。

为了在施工合同履行过程中对工程造价实施有效管理，合同双方应在合同条款中对涉及工程价款结算的下列事项进行约定：预付工程款的数额、支付时限及抵扣方式；工程进度款的支付方式、数额及时限；工程施工中发生变更时，工程价款的调整方法、索赔方式、时限要求及金额支付方式；发生工程价款纠纷的解决方法；约定承担风险的范围和幅度，以及超出约定范围和幅度的调整办法；工程竣工价款的结算与支付方式、数额及时限；工程质量保证（保修）金的数额、预扣方式及时限；安全措施和意外伤害保险费用；工期及工期提前或延后的奖惩办法；与履行合同、支付价款相关的担保事项等。

中标单位无正当理由拒签合同的，招标单位取消其中标资格，其投标保证金不予退还；给招标单位造成的损失超过投标保证金数额的，中标单位还应对超过部分予以赔偿。发出中标通知书后，招标单位无正当理由拒签合同的，招标单位向中标单位退还投标保证金；给中标单位造成损失的，还应当赔偿损失。招标单位与中标单位签订合同后5个工作日内，应当向中标单位和未中标的投标单位退还投标保证金。

六、工程总承包招标

工程总承包可按照国家发展改革委等九部委发布的《中华人民共和国标准设计施工总承包招标文件》（2012年版）进行。与传统的工程施工招标相比，工程总承包招标的主要差异体现在以下几方面。

（一）招标文件内容

工程总承包招标文件包括：①招标公告或投标邀请书；②投标人须知；③评标办法；④合同条款及格式；⑤发包人要求；⑥发包人提供的资料；⑦投标文件格式；⑧投标人须知前附表规定的其他材料。此外，招标人对招标文件的澄清、修改，也构成招标文件的组成部分。

与标准施工招标文件相比，投标人须知在设计方面提出了有关设计工作方面的要求：①质量标准：包括设计要求的质量标准；②投标人资格要求：项目经理应当具备工程设计类或者工程施工类注册执业资格，设计负责人应当具备工程设计类注册执业资格；③设计成果补偿：招标人对符合招标文件规定的未中标人的设计成果进行补偿的，按投标人须知前附表规定给予补偿，并有权免费使用未中标人设计成果等。

（二）价格清单

价格清单指构成合同文件组成部分的由承包人按规定的格式和要求填写并标明价格的清单，包括勘察设计费清单、工程设备费清单、必备的备品备件费清单、建筑安装工程费清单、技术服务费清单、暂估价清单、其他费用清单和投标报价汇总表。价格清单包含的内容与施工投标报价的内容有所不同，工程总承包招标编制的价格清单还包括有关勘察设计费等内容。

（三）资格审查

与施工招标相比，资格审查内容增加了“完成的类似设计施工总承包项目和近年完成的类似工程设计项目等”内容。

（四）开标与评标

与施工招标相比，评标办法前附表在设计方面增加了与设计有关的内容：①关于设计负责人的资格评审标准需符合投标人须知相应规定；②资信业绩评分标准新增设计负责人业绩；③增加了设计部分评审。

（五）其他差异

除以上差异外，工程总承包招标文件还包括发包人要求、发包人提供资料等内容，具体包括以下几方面：

（1）功能要求。包括工程目的、工程规模、性能保证指标（性能保证表）和产能保证指标等。

（2）工程范围。包括工作、工作界区、发包人提供的现场条件和发包人提供的技术文件等。

（3）工艺安排或要求。如有工艺安排或要求，发包人可以向承包人提出相应工艺安排或要求。

（4）技术要求。包括设计阶段和设计任务，设计标准和规范，技术标准和要求，质量标准，设计、施工和设备监造、试验（如有），样品和发包人提供的其他条件等。

（5）竣工试验和竣工后试验。包括各阶段试验：试验前准备，对联动试车、投料试车等的要求，对性能测试及其他竣工试验的要求等。

（6）文件要求。包括设计文件及其相关审批、核准和备案要求，沟通计划，风险管理计划，竣工文件和工程的其他记录，操作和维修手册，其他承包人文件等。

（7）工程项目管理规定。包括质量、进度（里程碑进度计划）、支付、HSE（健康、安全与环境管理体系）、沟通和变更等。

（8）其他要求。包括对承包人的主要人员资格要求，相关审批、核准和备案手续的办理，对项目业主人员的操作培训，分包，设备供应商和缺陷责任期的服务要求等。

（9）发包人要求附件清单。包括性能保证表，工作界区图，发包人需求任务书，发包人已完成的设计文件，承包人文件要求，承包人人员资格要求及审查规定，承包人设计文件审查规定，承包人采购审查与批准规定，材料、工程设备和工程试验规定，竣工试验规定，竣工验收规定，竣工后试验规定和工程项目管理规定等。

第四节 施工阶段造价管理

施工阶段是实现建设工程价值的主要阶段，也是资金投入量最大的阶段。在施工阶段，由于施工组织设计、工程变更、索赔、工程计量方式的差别以及工程实施中各种不可预见因素的存在，使得施工阶段的造价管理难度加大。

在施工阶段，建设单位应通过编制资金使用计划、及时进行工程计量与结算、预防并处理好工程变更与索赔，有效控制工程造价。施工承包单位也应做好成本计划及动态监控等工作，综合考虑建造成本、工期成本、质量成本、安全成本、环保成本等全要素，有效控制施工成本。

一、资金使用计划编制

资金使用计划编制是在工程项目结构分解的基础上，将工程造价的总目标值逐层分解到各个工作单元，形成各分目标值及各详细目标值，从而可以定期地将工程项目中各个子目标实际支出额与目标值进行比较，以便于及时发现偏差，找出偏差原因并及时采取纠正措施，将工程造价偏差控制在一定范围内。

资金使用计划编制与控制对工程造价水平有着重要影响。建设单位通过科学的编制资金使用计划，可以合理确定工程造价的总目标值和各阶段目标值，使工程造价控制有据可依。

依据项目结构分解方法不同，资金使用计划的编制方法也有所不同，常见的有按工程造价构成编制资金使用计划，按工程项目组成编制资金使用计划和按工程进度编制资金使用计划。这三种不同的编制方法可以有效地结合起来，组成一个详细完备的资金使用计划体系。

(一) 按工程造价构成编制资金使用计划

工程造价主要分为建筑安装工程费、设备工器具费和工程建设其他费三部分，按工程造价构成编制的资金使用计划也分为建筑安装工程费使用计划、设备工器具费使用计划和工程建设其他费使用计划。每部分费用比例根据以往经验或已建立的数据库确定，也可根据具体情况作出适当调整，每一部分还可以做进一步的划分。这种编制方法比较适合于有大量经验数据的工程项目。

(二) 按工程项目组成编制资金使用计划

大中型工程项目一般由多个单项工程组成，每个单项工程又可细分为不同的单位工程，进而分解为各个分部分项工程。设计概算、预算都是按单项工程和单位工程编制的，因此，这种编制方法比较简单，易于操作。

1. 按工程项目构成恰当分解资金使用计划总额

为了按不同子项划分资金的使用，首先必须对工程项目进行合理划分，划分的粗细程度根据实际需要而定。一般来说，将工程造价目标分解到各单项工程、单位工程比较容易，结果也比较合理可靠。按这种方式分解时，不仅要分解建筑安装工程费，而且要分解设备及工器具购置费以及工程建设其他费、预备费、建设期贷款利息等。

建筑安装工程费用中的人工费、材料费、施工机具使用费等直接费，可直接分解到各工程分项。而企业管理费、利润、税金则不宜直接进行分解。措施项目费应分析具体情况，将其中与各工程分项有关的费用（如二次搬运费、检验试验费等）分离出来，按一定比例分解到相应的工程分项；其他与单位工程、分部工程有关的费用（如临时设施费、保险费等），则不能分解到各工程分项。

2. 编制各工程分项的资金支出计划

在完成工程项目造价目标的分解之后，应确定各工程分项的资金支出预算。工程分项的资金支出预算一般可按下式计算：

$$\text{分项支出预算} = \text{核实的工程量} \times \text{单价} \tag{6.4.1}$$

在公式（6.4.1）中，核实的工程量可反映并消除实际与计划（如投标书）的差异，单价则在上述建筑安装工程费用分解的基础上确定。

3. 编制详细的资金使用计划表

各工程分项的详细资金使用计划表应包括：工程分项编号、工程内容、计量单位、工程数量、单价、工程分项总价等内容（见表 6.4.1）。

表 6.4.1 资金使用计划表

序号	工程分项编号	工程内容	计量单位	工程数量	单价	工程分项总价	备注

在编制资金使用计划时，应在主要的工程分项中考虑适当的不可预见费。此外，对于实际工程量与计划工程量（如工程量清单）的差异较大者，还应特殊标明，以便在实施中主动采取必要的造价控制措施。

（三）按工程进度编制资金使用计划

投入工程项目的资金是分阶段、分期支出的，资金使用是否合理与施工进度安排密切相关。为了编制资金使用计划，并据此筹集资金，尽可能减少资金占用和利息支付，有必要将工程项目的资金使用计划按施工进度进行分解，以确定各施工阶段具体的目标值。

1. 编制工程施工进度计划

应用工程网络计划技术，编制工程网络进度计划，计算相应的时间参数，并确定关键线路。

2. 计算单位时间的资金支出目标

根据单位时间（月、旬或周）拟完成的实物工程量、投入的资源数量，计算相应的资金支出额，并将其绘制在时标网络计划图中。

3. 计算规定时间内的累计资金支出额

若 q_n 为单位时间内的资金支出计划数额，t 为规定的计算时间，相应的累计资金支出数额 Q_t 可按公式（6.4.2）计算：

$$Q_t = \sum_{n=1}^{t} q_n \tag{6.4.2}$$

4. 绘制资金使用时间进度计划的 S 曲线

按规定的时间绘制资金使用与施工进度的 S 曲线。每一条 S 曲线都对应某一特定的工程进度计划。由于在工程网络进度计划的非关键线路中存在许多有时差的工作，因此，S曲线（投资计划值曲线）必然包括在由全部工作均按最早开始时间（*ES*）开始和全部工作均按最迟开始时间（*LS*）开始的曲线所组成的“香蕉图”内，如图6.4.1所示。

建设单位可以根据编制的投资支出预算来安排资金，同时，也可以根据筹措的建设资金来调整S曲线，即通过调整非关键路线上工作的开始时间，力争将实际投资支出控制在计划范围内。

一般而言，所有工作都按最迟开始时间开始，对节约建设单位的建设资金贷款利息是有利的，但同时也降低了工程按期竣工的保证率。因此，必须合理地确定投资支出计划，达到既节约投资支出，又保证工程按期完成的目的。

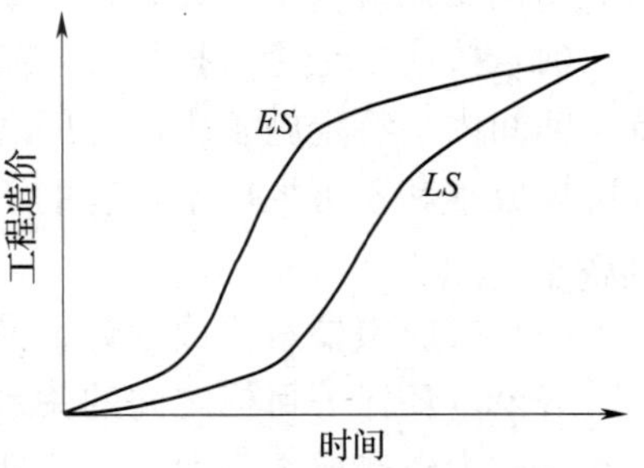

图6.4.1　工程造价“香蕉图”

二、施工成本管理

（一）施工成本分类及影响因素

施工成本是指工程项目施工过程中所发生的全部费用总和，包括所消耗的主辅材料费用、构配件费用、周转材料摊销或租赁费、施工机具使用费或租赁费，支付给生产工人的工资、奖金及施工项目经理部（工程项目经理部、分公司等）为组织和管理工程施工所发生的全部费用支出。施工成本不包括建筑企业所发生的包括管理费用、营业费用和财务费用在内的期间费用。

1. 施工成本分类

为了满足施工成本管理的不同需求，可从不同角度对施工成本进行分类。

（1）按成本核算科目划分，施工成本可分为直接成本和间接成本。直接成本是指施工过程中直接耗费的构成工程实体或有助于工程形成的各项支出，包括人工费、材料费、施工机具使用费和措施费。间接成本是指施工项目经理部为准备工程施工、组织和管理施工生产所发生的全部间接费支出，包括其管理人员的工资和工资性津贴、奖金、工资附加费，以及行政管理用固定资产折旧费及修理费、物料消耗、低值易耗品摊销、取暖费、水电费、办公费、差旅费、财产保险费、检验试验费、工程保修费、劳动保护费及其他费用。

（2）按成本计算依据划分，施工成本可分为计划成本和实际成本。计划成本也称目标成本，是指施工单位综合考虑工程项目工艺技术要求、自然社会环境、劳动力素质、设备情况及施工组织、企业承包管理规定等，在工程项目实际施工前预计的施工成本。计划成本是施工单位考虑成本降低措施后的预计成本，它是建立施工成本管理责任制，进行施工成本控制和核算的基础。实际成本是指在工程项目施工过程中报告期内实际发生的各项费用总和。将实际成本与计划成本进行比较，可揭示施工成本计划的节约或超支，考核施工项目经理部的成本管理绩效。

（3）按成本性态差异划分。由于工程量是造成施工成本变动的主要和直接因素，因而在施工成本管理中需要分析施工成本随工程量变化的规律，这种分析称为成本性态分析。根据施工成本与工程量的关系（即成本性态）不同，施工成本可分为固定成本和变动成本。

1）固定成本。固定成本是指在一定期间和工程量范围内，成本总额不受工程量变动影响的成本，如办公费、管理人员工资和按直线法计提的固定资产折旧等。

2）变动成本。变动成本是指在一定期间和工程量范围内，成本总额会随工程量变动而成比例变化的成本，如直接成本中的人工费、材料费等。

（4）按成本是否可控划分，施工成本可分为可控成本和不可控成本。可控成本是指在特定期间内，特定施工生产部门通过采取措施可以控制的成本，反之即为不可控成本。区分可控成本和不可控成本，有助于明确施工成本管理责任，为施工成本管理绩效考核提供依据。

（5）按成本要素构成划分。前述传统意义上的施工成本并未考虑施工成本与工期、质量、安全、环保等目标之间的关系。从建设工程全要素成本视角考虑，传统意义上的施工成本可称为建造成本，而不同工期、质量、安全、环保水平对应的成本可称为工期成本、质量成本、安全成本和环保成本。通过全要素成本权衡和优化，可以为确定施工计划成本和责任成本提供依据。

1）工期成本。工程项目施工工期与成本之间有着密切关系。在一般情况下，直接成本会随着工期缩短而增加，间接成本会随着工期缩短而减少。为了控制工期成本，需要比选各施工进度计划方案，从中找出施工总成本最低时的工期安排。为此，可采用工程网络计划技术中的工期-成本优化方法。

2）质量成本。质量成本是指为实现工程质量目标而采取的预防和控制措施所产生的费用，以及因不能达到质量水平而造成的各项损失费用之和。质量成本可分为控制成本和损失成本两部分。

①控制成本。控制成本又可分为预防成本和鉴定成本。预防成本是指为防止工程质量缺陷和偏差出现，保证工程质量达到质量标准所采取的各项预防措施所支出的费用，包括质量规划费、工序控制费、新工艺鉴定费、质量培训费、质量信息费等。鉴定成本是指为保证工程质量而对工程本身及材料、构配件、设备等进行质量鉴定所支出的费用，包括施工图纸审查费，施工文件审查费，原材料、外购件检验试验费，工序检验费，工程质量验收费等。

②损失成本。损失成本又分为内部损失成本和外部损失成本。内部损失成本是指在工程施工过程中因指挥决策失误、违反标准及操作规程、成品保护及机具设备保养不善等引起工程质量缺陷而造成的损失，以及为处理工程质量缺陷而发生的费用，包括返工损失、返修损失、停工损失、质量事故处理费用等。外部损失成本是指工程移交后，在使用过程中发现工程质量缺陷而需支付的费用总和，包括工程保修费、损失赔偿费等。

在通常情况下，质量控制成本增加，工程质量水平会随之提高，质量损失成本就会减少；反之，如果减少质量控制成本，工程质量水平就会下降，质量损失成本也会增加。根据上述特点，通过绘制质量成本曲线，即可寻求使质量成本最低时的工程质量水平或在质量成本与工程质量水平之间进行权衡。

3）安全成本。安全成本是指为保证安全生产而支出的费用和因安全事故而产生的损失费用之和。安全成本可分为安全生产保障成本和安全事故损失成本两部分。安全生产保障成本包括安全防护工程费用、安全防护措施费用、安全教育培训费用等。安全事故损失成本包括企业内部损失成本和企业外部损失成本。

通过分析安全成本与安全生产水平之间的关系，可以在保证安全生产的前提下，寻求安全成本控制点。

4）绿色成本。绿色成本是指按照绿色低碳发展要求，在工程施工中所采取的绿色施工措施成本，以及因环保事故造成的损失费用之和。与安全成本类似，绿色成本也可分为绿色施工措施成本和环保损失成本两部分。

同样地，通过分析绿色成本与绿色建造水平之间的关系，可以在保护环境、实现绿色施工的前提下，寻求绿色成本控制点。

2. 施工成本影响因素

施工成本的高低是由许多因素决定的。归纳起来，影响因素主要有以下几方面：

（1）工程范围。工程范围决定了工程施工所包含的工作内容，也决定了施工成本发生的范围。

（2）资源消耗。资源消耗对施工成本的影响体现在两个方面：一是资源消耗数量，即完成工程施工所需消耗的物资和活劳动数量，具体表现为人工、材料、施工机具消耗量；二是资源价格，即工程施工所消耗的物资和活劳动价格，具体表现为人工工日单价、材料价格和施工机具台班单价等。

（3）施工进度。施工进度对施工成本有着显著影响。若加速施工，工期会缩短，必然会引起人工费、施工机具台班费等直接成本增加。当然，过度追求缩短工期，还会影响工程质量和导致安全生产发生事故，进而引起施工成本增加。

（4）工程质量。在工程施工过程中，为了预防出现工程质量缺陷和事故，鉴定工程质量会产生质量控制成本。而一旦出现工程质量缺陷或事故，又会产生质量损失成本。由此可见，工程质量水平也会影响施工成本。类似地，采取不同的安全生产和环境保护措施，必然会支出不同的施工成本。但是，工程质量、施工安全、环境保护是刚性目标，施工中必须执行相关法规、政策及标准，不能为节约施工成本而降低工程质量、施工安全、环境保护要求。

（5）施工管理水平。工程施工管理涉及材料供应、劳动组织、机具设备利用等资源配置，也会在施工现场建立和实施质量管理体系、职业健康安全管理体系、环境管理体系。施工管理水平的高低会对资源消耗、施工进度、工程质量、安全生产和环境保护等产生重要影响，进而会影响施工成本。

（二）施工成本管理流程

施工成本管理是指施工单位以责任成本为主线，对施工成本进行计划、控制、分析，并进行施工成本管理绩效考核的过程。市场经济条件下以企业内部经济责任承包制为基础的施工成本管理，已不再是传统计划经济体制下的成本预测、成本计划、成本控制、成本核算、成本分析和成本考核流程。而且，施工成本控制也不再单纯考虑建造成本的降低，而是综合考虑建造成本、工期成本、质量成本、安全成本和绿色成本的全要素成本控制。施工成本管理流程如图 6.4.2 所示。

施工成本管理各环节是一个有机联系与相互制约的系统过程。其中，成本计划是开展成本控制和分析的基础，也是成本控制的主要依据；成本控制能对成本计划的实施进行监督，保证成本计划的实现；成本分析是对成本计划是否实现进行的检查，并为成本管理绩效考核提供依据；成本管理绩效考核是实现责任成本目标的保证和手段。

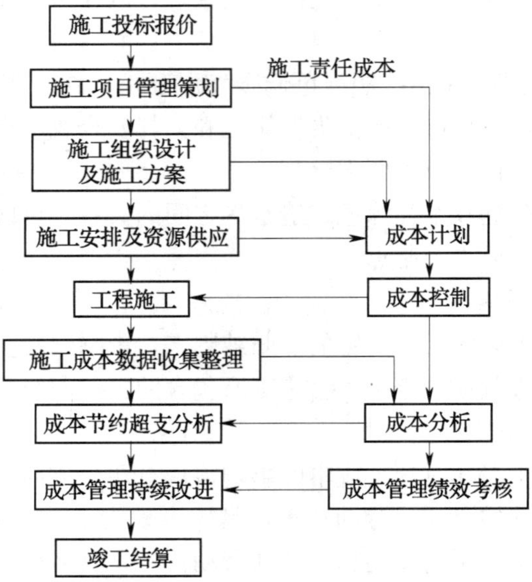

图 6.4.2　施工成本管理流程

(三) 施工成本计划

1. 施工责任成本构成及计算方法

(1) 劳务费用。为便于劳务分包管理，施工过程中发生的劳务费用包括人工费、小型机械费、辅助材料费及劳务队伍的管理费、利润等。消耗数量以施工组织设计和专项施工方案等形成的对应合同清单的施工图数量为基础，经现场量测、核实后确定。费用单价通常采用施工单位确定的劳务分包限价。

(2) 材料费用。材料费用是指施工过程中耗用的原材料、辅助材料、构配件周转材料的费用，不包含劳务费用中已包含的辅助材料费。消耗数量采用施工组织设计和专项施工方案等形成的应耗材料数量，并结合施工单位测定的材料损耗系数计算确定。费用单价分别按以下情形确定：

①施工承包合同中已明确调差的材料，采用合同约定的调整基准价；其他材料采用企业集中招标采购价或现场调查单价。

②复合材料（混凝土、级配碎石等）按规定的配合比测算综合单价。

③主要周转材料按施工单位的规定计算摊销费或租赁费。

(3) 机械设备费用。机械设备费用是指在施工过程中发生的未包含在劳务费用中的大型机械使用费，包括机械折旧费、检修费、维护费、安装拆卸费、人工费、燃料动力费、其他费等。消耗数量按施工项目管理策划确定的主要机械设备配置标准或核算后的工程数量计算。费用单价则采用施工单位发布的限价或根据企业的相关管理办法确定。

(4) 临时设施费。临时设施费是指根据施工组织设计确定的所需临时建筑物修建及拆除所发生的费用，包括小型构件预制场、混凝土拌和站、便道、便桥、电力线、给水管道、钢筋加工场、试验室、驻地建设等费用。应依据所确定的临时工程施工方案和企业规定的临时工程标准进行费用测算。

(5) 专项费用。专项费用是指施工过程中必须支出且由施工项目承担的各项费用，包含安全生产费、检测测量费、工程保险费、冬季施工增加费、委外监控量测费、外部单位配合费、临时占地费、复垦及青苗补偿费、不可预见费等。其中，除安全生产费、工程保险费需按施工承包合同清单所列金额或约定比例计列外，其他专项费用通常需按企业的规定计列或通过测算确定。

(6) 现场经费。现场经费是指为组织施工生产和经营管理所需的费用。包括施工项目经理部人员的工资、“五险一金”、工会经费、职工教育经费、办公设备及生活用品购置费、日常办公费、生产指挥车辆费、差旅费、通信费、固定资产折旧和使用费、业务招待费、财务费用、水电费等。现场经费需按企业制定的项目定编定员标准、项目实际配置人员情况及施工组织设计明确的工期进行测算。

2. 施工成本计划编制

施工成本计划是以施工组织设计、施工责任成本和有关施工成本资料为基础，对施工项目在计划期（年、季、月等）内的生产费用、成本水平、成本降低率，以及为降低成本采取的主要措施进行的筹划。

(1) 施工成本计划的内容。施工成本计划一般由直接成本计划和间接成本计划组成。

1) 直接成本计划。直接成本计划主要反映施工项目直接成本的预算值、计划降低额及计划降低率。主要包括施工成本目标及核算原则、降低成本计划表或总控制方案、对施工成本估算过程的说明及对降低成本途径的分析等。

2) 间接成本计划。间接成本计划主要反映施工项目间接成本的计划值及降低额。在编制计划时，成本项目应与会计核算中间接成本项目的内容一致。

此外，施工成本计划还应包括项目经理对可控责任成本进行分解后形成的各个实施性计划成本。责任成本计划可包括年度、季度和月度责任成本计划。

(2) 施工成本计划编制方法。

1) 目标利润法。目标利润法是指将施工项目合同价格扣除目标利润后得到目标成本的方法。在采用正确的投标策略和方法以最理想的合同价中标后，从标价中扣除预期利润、税金、应上缴的管理费等后的余额，即为工程项目实施中所能支出的最大限额。

2) 技术进步法。技术进步法是指以工程项目计划采取的技术组织措施和节约措施所能取得的经济效果为项目成本降低额，求得项目目标成本的方法，即：

$$\text{项目目标成本}=\text{项目成本估算值}-\text{技术节约措施计划节约额（或降低成本额）} \tag{6.4.3}$$

3) 按实计算法。按实计算法是指以工程项目实际资源消耗测算为基础，根据所需资源的实际价格，详细计算各项活动或各项成本形成目标成本的方法，即：

$$\text{人工费}=\sum\text{各类人员计划用工量}\times\text{实际工资标准} \tag{6.4.4}$$

$$\text{材料费}=\sum\text{各类材料的计划用量}\times\text{实际材料基价} \tag{6.4.5}$$

$$\text{施工机具使用费}=\sum\text{各类机具的计划台班量}\times\text{实际台班单价} \tag{6.4.6}$$

在此基础上，结合施工技术和管理方案等测算措施费、施工项目经理部管理费等，最后形成施工项目目标成本。

4）定率估算法（历史资料法）。当工程项目非常庞大和复杂而需要分为几个部分时采用的方法。首先将工程项目分为若干子项目，参照同类项目的历史数据，采用算术平均法计算子项目目标成本降低率和降低额，然后汇总整个工程项目的目标成本降低率、降低额。在确定子项目成本降低率时，可采用加权平均法或三点估算法。

（四）施工成本控制

施工成本控制是指在施工项目实施过程中，对影响施工成本的各项要素，即施工生产所耗费的人力、物力和各项费用开支，采取一定措施进行监督、分析和调节，及时预防、发现和纠正偏差，保证施工成本目标实现的过程。施工成本控制是施工成本管理的核心内容，也是施工成本管理中不确定因素最多、最复杂、最基础的工作内容。

1．施工成本控制过程

施工成本控制包括计划预控、过程控制和纠偏控制三个重要环节。

（1）计划预控。计划预控是指运用计划管理手段事先做好各项施工活动的成本安排，使施工项目预期成本目标的实现建立在有充分技术和管理措施保障的基础上，为施工项目技术与资源的合理配置和消耗控制提供依据。计划预控的重点是优化施工项目实施方案、合理配置资源和控制生产要素的采购价格。

（2）过程控制。过程控制是指控制实际成本的发生，包括实际采购费用发生过程的控制，劳动力和生产资料使用过程的消耗控制，工期成本、质量成本、安全成本、环保成本及管理费用的支出控制。应充分发挥施工项目成本责任体系的约束和激励机制，提高施工过程的成本控制能力。

（3）纠偏控制。纠偏控制是指在施工项目实施过程中，对各项成本进行动态跟踪核算，发现实际成本与目标成本产生偏差时，分析原因，采取有效措施予以纠偏。

2．施工成本控制方法

（1）成本分析表法。成本分析表法是指利用各种表格进行成本分析和控制的方法。应用成本分析表法可以清晰地进行成本比较研究。常见的成本分析表有月成本分析表、成本日报或周报表、月成本计算及最终预测报告表。

（2）工期-成本同步分析法。由于施工成本是伴随着工程进展而发生的，因此，施工成本与施工进度之间有着必然的同步关系。如果施工成本支出与施工进度不对应，说明施工项目进展中出现虚盈或虚亏的不正常现象。

引起施工成本实际支出与计划不相符的原因有两方面：一是某道工序的实际成本超出计划；二是某道工序的施工进度与计划不符。因此，要想找出成本变化的真正原因，实施有效的成本控制，必须与进度计划的适时更新相结合。

（3）挣值分析法。挣值分析法（The Earned Value Method，EVM）是对施工成本/进度进行综合分析的一种方法。通过比较已完工程预算成本（Budget Cost of the Work Performed，BCWP）（即挣值 *EV*）与已完工程实际成本（Actual Cost of the Work Performed，ACWP）之间的差值，可以分析由于实际价格的变化而引起的累计成本偏差；通过比较已完工程预算成本（*BCWP*）与拟完工程预算成本（Budget Cost of the Work Scheduled，BCWS）之间的差值，可以分析由于进度偏差而引起的累计成本偏差。通过计算后续未完工程的计划成本余额，预测其尚需的成本数额，从而为后续工程施工成本、进度控制及寻求降低成本挖潜途径指明方向。

(4) 价值工程方法。价值工程方法是对施工成本进行事前控制的重要方法。在工程设计阶段，研究工程设计的技术合理性，探索有无改进的可能性，在提高功能的条件下，降低成本。在工程施工阶段，也可通过价值工程活动，进行施工方案的技术经济分析，确定最佳施工方案，降低施工成本。

(五) 施工成本分析与管理绩效考核

1. 施工成本分析

成本分析是揭示施工成本变化情况及变化原因的过程。施工成本分析需要利用施工成本资料，将实际成本与计划成本及类似工程实际成本等进行比较，分析施工成本变动情况，同时分析主要技术经济指标对施工成本的影响，系统研究影响施工成本变动的因素，揭示施工成本变动规律，寻求施工成本降低途径，以便有效地进行施工成本控制。

(1) 施工成本分析内容：

1) 随着施工进展而进行的成本分析，包括分部、分项工程施工成本、月（季）度施工成本、年度施工成本、竣工成本等。

2) 按成本项目进行的成本分析，包括人工费、材料费、施工机具使用费、其他直接费、间接费等。

3) 针对特定问题和有关事项进行的成本分析，如分包工程成本、工期成本、质量成本、安全成本、环保成本、资金成本、技术组织措施节约效果等。

(2) 施工成本分析方法。施工成本分析常用的方法有：对比分析法、因素分析法、差额计算法和比率分析法等。

1) 对比分析法。对比分析法是指通过施工成本指标对比，检查施工成本目标完成情况，分析施工成本产生差异的原因，进而提出改进措施的方法。其特点是通俗易懂、简单易行、便于掌握，因而得到广泛应用。进行对比分析通常有下列形式：

①本期实际施工成本与目标成本对比。以此检查目标成本完成情况，分析影响目标成本完成的积极因素和消极因素，以便及时采取有效措施，保证目标成本的实现。

②本期实际施工成本与上期实际施工成本对比。通过这种对比，可以看出施工成本的变动情况，在一定程度上反映施工成本管理水平的变化。

③本期实际施工成本与同类工程施工成本平均水平、先进水平对比。通过这种对比，可以反映本项目施工成本管理水平与同类工程施工成本管理平均水平和先进水平的差异。对于有差距的，可采取有效措施赶超先进水平。

采用对比分析法时，可采取绝对数对比、增减差额对比或相对数对比等多种形式。

2) 因素分析法。因素分析法又称连环置换法。这种方法可用来分析各种因素对成本的影响程度。在进行分析时，首先要假定众多因素中的一个因素发生了变化，而其他因素则不变，在前一个因素变动的基础上分析第二个因素的变动，然后逐个替换，分别比较其计算结果，以确定各个因素的变化对成本的影响程度。并据此对企业的成本计划执行情况进行评价，并提出进一步的改进措施。因素分析法的计算步骤如下：

①以各个因素的计划数为基础，计算出一个总数；

②逐项以各个因素的实际数替换计划数；

③每次替换后，实际数就保留下来，直到所有计划数都被替换成实际数为止；

④每次替换后，都应求出新的计算结果；

⑤最后将每次替换所得结果，与其相邻的前一个计算结果比较，其差额即为替换的那个因素对总差异的影响程度。

【例 6.4.1】 某施工单位承包一工程，计划砌砖工程量 1 200m³，经测算，每立方米耗用空心砖 510 块，每块空心砖计划价格为 0.12 元；而实际砌砖工程量却达1 500m³，每立方米实耗空心砖 500 块，每块空心砖实际购入价为 0.18 元。试用因素分析法进行成本分析。

解： 砌砖工程的空心砖成本计算公式为：

空心砖成本＝砌砖工程量×每立方米空心砖消耗量×空心砖价格

采用因素分析法对上述三个因素分别对空心砖成本的影响进行分析。计算过程和结果见表 6.4.2。

表 6.4.2 砌砖工程空心砖成本分析表

计算顺序	砌砖工程量	每立方米空心砖消耗量	空心砖价格/元	空心砖成本/元	差异数/元	差异原因
计划数	1 200	510	0.12	73 440		
第一次代替	1 500	510	0.12	91 800	18 360	由于工程量增加
第二次代替	1 500	500	0.12	90 000	—1 800	由于空心砖节约
第三次代替	1 500	500	0.18	135 000	45 000	由于价格提高
合计					61 560	

以上分析结果表明，实际空心砖成本比计划超出 61 560 元，主要是由于工程量增加和空心砖价格提高引起的；另外，由于节约空心砖消耗，使空心砖成本节约了 1 800 元，这是好现象，应该总结经验，继续发扬。

3）差额计算法。差额计算法是因素分析法的一种简化形式，它利用各个因素的目标值与实际值的差额来计算其对成本的影响程度。

【例 6.4.2】 以例 6.4.1 的成本分析资料为基础，利用差额计算法分析各因素对成本的影响程度。

工程量的增加对成本的影响额＝(1 500－1 200)×510×0.12＝18 360（元）

材料消耗量变动对成本的影响额＝1 500×(500－510)×0.12＝－1 800（元）

材料单价变动对成本的影响额＝1 500×500×(0.18－0.12)＝45 000（元）

各因素变动对材料费用的影响＝18 360－1 800＋45 000＝61 560（元）

两种方法的计算结果相同，但采用差额计算法显然要比第一种方法简单。

4）比率分析法。比率分析法是指用两个以上的指标的比例进行分析的方法。其基本特点是：先把对比分析的数值变成相对数，再观察其相互之间的关系。常用的比率分析法有以下几种：

①相关比率分析法。通过将两个性质不同而相关的指标加以对比，求出比率，并以此来考察经营成果的好坏。例如：将成本指标与反映生产、销售等经营成果的产值、销售收入、利润指标相比较，就可以反映项目经济效益的好坏。

②构成比率分析法。构成比率分析法又称比重分析法或结构对比分析法，是通过计算某技术经济指标中各组成部分占总体比重进行数量分析的方法。通过构成比率，可以考察项目成本的构成情况，将不同时期的成本构成比率相比较，可以观察成本构成的变动情况，同时也可看出量、本、利的比例关系（即目标成本、实际成本和降低成本的比例关系），从而为寻求降低成本的途径指明方向。

③动态比率分析法。动态比率分析法是将同类指标不同时期的数值进行对比，求出比率，以分析该项指标的发展方向和发展速度的方法。动态比率的计算通常采用定基指数和环比指数两种方法。

(3) 综合成本分析。所谓综合成本，是指涉及多种生产要素，并受多种因素影响的成本费用，如分部分项工程成本，月（季）度成本、年度成本等。由于这些成本都是随着工程施工进展而逐步形成的，与生产经营有着密切的关系。因此，做好上述成本分析工作，无疑将促进工程项目的生产经营管理，提高工程项目的经济效益。

1) 分部分项工程成本分析。分部分项工程成本分析是施工项目成本分析的基础。分部分项工程成本分析的对象为主要的已完分部分项工程。分析的方法是：进行预算成本、目标成本和实际成本的“三算”对比，分别计算实际成本与预算成本、实际成本与目标成本的偏差，分析偏差产生的原因，为今后的分部分项工程成本寻求节约途径。

分部分项工程成本分析的资料来源是：预算成本是以施工图和定额为依据编制的施工图预算成本，目标成本为分解到该分部分项工程上的计划成本，实际成本来自施工任务单的实际工程量、实耗人工和限额领料单的实耗材料。

对分部分项工程进行成本分析，要做到从开工到竣工进行系统的成本分析。因为通过主要分部分项工程成本的系统分析，可以基本了解工程项目成本形成的全过程，为竣工成本分析和今后的工程项目成本管理提供宝贵的参考资料。

分部分项工程成本分析表的格式见表 6.4.3。

表 6.4.3 分部分项工程成本分析

单位工程：__________

分部分项工程名称：__________工程量：__________施工班组：__________施工日期：__________

<table>
<tr><td rowspan="2">工料名称</td><td rowspan="2">规格</td><td rowspan="2">单位</td><td rowspan="2">单价</td><td colspan="2">预算成本</td><td colspan="2">目标成本</td><td colspan="2">实际成本</td><td colspan="2">实际与预算比较</td><td colspan="2">实际与目标比较</td></tr>
<tr><td>数量</td><td>金额</td><td>数量</td><td>金额</td><td>数量</td><td>金额</td><td>数量</td><td>金额</td><td>数量</td><td>金额</td></tr>
<tr><td></td><td></td><td></td><td></td><td></td><td></td><td></td><td></td><td></td><td></td><td></td><td></td><td></td><td></td></tr>
<tr><td></td><td></td><td></td><td></td><td></td><td></td><td></td><td></td><td></td><td></td><td></td><td></td><td></td><td></td></tr>
<tr><td></td><td></td><td></td><td></td><td></td><td></td><td></td><td></td><td></td><td></td><td></td><td></td><td></td><td></td></tr>
<tr><td colspan="4">合计</td><td></td><td></td><td></td><td></td><td></td><td></td><td></td><td></td><td></td><td></td></tr>
<tr><td colspan="10">实际与预算比较（%）=实际成本合计/预算成本合计×100%</td><td colspan="4"></td></tr>
<tr><td colspan="10">实际与目标比较（%）=实际成本合计/目标成本合计×100%</td><td colspan="4"></td></tr>
<tr><td colspan="2">节超原因说明</td><td colspan="12"></td></tr>
</table>

编制单位： 编制人员： 编制日期：

2）月（季）度成本分析。月（季）度成本分析，是项目定期的、经常性的中间成本分析。通过月（季）度成本分析，可以及时发现问题，以便按照成本目标指定的方向进行监督和控制，保证工程项目成本目标的实现。

月（季）度成本分析的依据是当月（季）的成本报表。分析的方法通常包括：

①通过实际成本与预算成本的对比，分析当月（季）的成本降低水平；通过累计实际成本与累计预算成本的对比，分析累计的成本降低水平，预测实现工程项目成本目标的前景。

②通过实际成本与目标成本的对比，分析目标成本的落实情况，以及目标管理中的问题和不足，进而采取措施，加强成本管理，保证工程成本目标的落实。

③通过对各成本项目的成本分析，可以了解成本总量的构成比例和成本管理的薄弱环节。对超支幅度大的成本项目，应深入分析超支原因，并采取对应的增收节支措施，防止今后再超支。

④通过主要技术经济指标的实际与目标对比，分析产量、工期、质量、“三材”节约率、机械利用率等对成本的影响。

⑤通过对技术组织措施执行效果的分析，寻求更加有效的节约途径。

⑥分析其他有利条件和不利条件对成本的影响。

3）年度成本分析。由于工程项目的施工周期一般较长，除进行月（季）度成本核算和分析外，还要进行年度成本的核算和分析。因为通过年度成本的综合分析，可以总结一年来成本管理的成绩和不足，为今后的成本管理提供经验和教训。

年度成本分析的依据是年度成本报表。年度成本分析的内容，除月（季）度成本分析的6个方面外，重点是针对下一年度的施工进展情况规划切实可行的成本管理措施，以保证工程项目施工成本目标的实现。

4）竣工成本综合分析。凡是有几个单位工程而且是单独进行成本核算的项目，其竣工成本分析应以各单位工程竣工成本分析资料为基础，再加上项目经理部的经营效益（如资金调度、对外分包等所产生的效益）进行综合分析。如果施工项目只有一个成本核算对象（单位工程），就以该成本核算对象的竣工成本资料作为成本分析的依据。单位工程竣工成本分析应包括：竣工成本分析；主要资源节超对比分析；主要技术节约措施及经济效果分析。

通过以上分析，可以全面了解单位工程的成本构成和降低成本的来源，对今后同类工程施工成本管理很有参考价值。

2. 施工成本管理绩效考核

施工成本管理绩效考核是在施工项目完成后，按企业施工成本目标责任制有关规定，对施工成本管理绩效进行总结、评价并给予相应奖惩的过程。

施工成本管理绩效考核可分为三个层次：企业对项目施工成本的考核；企业对项目经理部可控责任成本的考核；项目经理对所属各部门、各施工队施工成本的考核。

（1）企业对项目施工成本的考核。包括项目施工成本目标完成情况和施工成本管理工作绩效的考核。主要考核指标包括项目施工成本降低额、项目施工成本降低率。

$$\text{项目施工成本降低额}=\text{项目施工合同成本}-\text{项目实际施工成本} \tag{6.4.7}$$

$$\text{项目施工成本降低率}=\text{项目施工成本降低额}/\text{项目施工合同成本}\times 100\% \tag{6.4.8}$$

（2）企业对项目经理部可控责任成本的考核。考核内容包括：项目成本目标和阶段成本目标完成情况；以项目经理为核心的成本管理责任制落实情况；成本计划编制和落实情况；成本管理中责权利相结合原则的贯彻执行情况。主要考核指标包括：

1）项目经理责任目标总成本降低额和降低率：

目标总成本降低额＝项目经理责任目标总成本－项目竣工结算总成本　（6.4.9）

目标总成本降低率＝目标总成本降低额/项目经理责任目标总成本×100%　（6.4.10）

2）施工责任目标成本实际降低额和降低率：

施工责任目标成本实际降低额＝施工责任目标总成本－工程竣工结算总成本　（6.4.11）

施工责任目标成本实际降低率＝施工责任目标成本实际降低额/施工责任目标总成本×100%　（6.4.12）

3）施工计划成本实际降低额和降低率：

施工计划成本实际降低额＝施工计划总成本－工程竣工结算总成本　（6.4.13）

施工计划成本实际降低率＝施工计划成本实际降低额/施工计划总成本×100%　（6.4.14）

（3）项目经理对所属各部门、各施工队施工成本的考核。为层层落实项目施工成本管理责任制，项目经理需要对所属各部门、各施工队和班组施工责任成本进行检查和考核。对各部门考核内容主要包括该部门责任成本完成情况、成本管理责任落实情况等；对各施工队考核内容主要包括劳务合同规定的承包内容执行情况、对班组施工任务单的管理情况及班组完成施工任务后的考核情况。在对各部门、各施工队责任成本考核的基础上，也要根据施工成本管理责任制相关规定或劳务分包合同兑现奖惩措施。

三、工程变更与索赔管理

（一）工程变更管理

工程变更是指施工合同履行过程中出现与签订合同时的预计条件不一致的情况，而需要改变原定施工承包范围内的某些工作内容。工程变更是影响工程价款结算的重要因素，因此，也是施工阶段造价管理的重要内容。

1. 工程变更范围和内容

工程变更包括工程量变更、工程项目变更（如建设单位提出增加或者删减工程项目内容）、进度计划变更、施工条件变更等。根据《标准施工招标文件》（2007年版）中的通用合同条款，工程变更包括以下五个方面：

（1）取消合同中任何一项工作，但被取消的工作不能转由建设单位或其他单位实施。

（2）改变合同中任何一项工作的质量或其他特性。

（3）改变合同工程的基线、标高、位置或尺寸。

（4）改变合同中任何一项工作的施工时间或改变已批准的施工工艺或顺序。

（5）为完成工程需要追加的额外工作。

2. 工程变更程序

工程施工过程中出现的工程变更可分为监理人指示的工程变更和施工承包单位申请的工程变更两类。

（1）监理人指示的工程变更。监理人根据工程施工的实际需要或建设单位要求实施的工程变更，可以进一步划分为直接指示的工程变更和通过与施工承包单位协商后确定的工程变更两种情况。

1）监理人直接指示的工程变更。监理人直接指示的工程变更属于必需的变更，如按照建设单位的要求提高质量标准、设计错误需要进行的设计修改、协调施工中的交叉干扰等情况。此时不需征求施工承包单位意见，监理人经过建设单位同意后发出变更指示要求施工承包单位完成工程变更工作。

2）与施工承包单位协商后确定的工程变更。此类情况属于可能发生的变更，与施工承包单位协商后再确定是否实施变更，如增加承包范围外的某项新工作等。此时，工程变更程序如下：

①监理人首先向施工承包单位发出变更意向书，说明变更的具体内容和建设单位对变更的时间要求等，并附必要的图纸和相关资料。

②施工承包单位收到监理人的变更意向书后，如果同意实施变更，则向监理人提出书面变更建议。建议书的内容包括提交包括拟实施变更工作的计划、措施、竣工时间等内容的实施方案以及费用要求。若施工承包单位收到监理人的变更意向书后认为难以实施此项变更，也应立即通知监理人，说明原因并附详细依据。如不具备实施变更项目的施工资质、无相应的施工机具等原因或其他理由。

③监理人审查施工承包单位的建议书，施工承包单位根据变更意向书要求提交的变更实施方案可行并经建设单位同意后，发出变更指示。如果施工承包单位不同意变更，监理人与施工承包单位和建设单位协商后确定撤销、改变或不改变原变更意向书。

④变更建议应阐明要求变更的依据，并附必要的图纸和说明。监理人收到施工承包单位书面建议后，应与建设单位共同研究，确认存在变更的，应在收到施工承包单位书面建议后的 14 天内作出变更指示。经研究后不同意作为变更的，应由监理人书面答复施工承包单位。

（2）施工承包单位提出的工程变更。施工承包单位提出的工程变更可能涉及建议变更和要求变更两类。

1）施工承包单位建议的变更。施工承包单位对建设单位提供的图纸、技术要求等，提出了可能降低合同价格、缩短工期或提高工程经济效益的合理化建议，均应以书面形式提交监理人。合理化建议书的内容应包括建议工作的详细说明、进度计划和效益以及与其他工作的协调等，并附必要的设计文件。

监理人与建设单位协商是否采纳施工承包单位提出的建议。建议被采纳并构成变更的，监理人向施工承包单位发出工程变更指示。

施工承包单位提出的合理化建议使建设单位获得工程造价降低、工期缩短、工程运行效益提高等实际利益，应按专用合同条款中的约定给予奖励。

2）施工承包单位要求的变更。施工承包单位收到监理人按合同约定发出的图纸和文件，经检查认为其中存在属于变更范围的情形，如提高工程质量标准、增加工作内容、改变工程的位置或尺寸等，可向监理人提出书面变更建议。变更建议应阐明要求变更的依据，并附必要的图纸和说明。

监理人收到施工承包单位的书面建议后，应与建设单位共同研究，确认存在变更的，应在收到施工承包单位书面建议后的 14 天内作出变更指示。经研究后不同意作为变更的，应由监理人书面答复施工承包单位。

（二）工程索赔管理

工程索赔是在工程合同履行中，当事人一方由于另一方未履行合同所规定的义务或者出现了应当由对方承担的风险而遭受损失时，向另一方提出赔偿要求的行为。通常，索赔是双向的，《标准施工招标文件》（2007 年版）通用合同条款中的索赔就是双向的，既包括施工承包单位向建设单位的索赔，也包括建设单位向施工承包单位的索赔。但在工程实践中，建设单位索赔数量较小，而且可通过冲账、扣拨工程款、扣保证金等实现对施工承包单位的索赔；而施工承包单位对建设单位的索赔则比较困难一些。通常情况下，索赔是指施工承包单位在合同实施过程中，对非自身原因造成的工程延期、费用增加而要求建设单位给予补偿损失的一种权利要求。

1. 工程索赔产生的原因

工程索赔是由于发生了施工过程中有关方面不能控制的干扰事件。这些干扰事件影响了合同的正常履行，造成了工期延长、费用增加，成为工程索赔的理由。

（1）业主方（包括建设单位和监理人）违约。在工程实施过程中，由于建设单位或监理人没有尽到合同义务，导致索赔事件发生，如：未按合同规定提供设计资料、图纸，未及时下达指令、答复请示等，使工程延期；未按合同规定的日期交付施工场地和行驶道路、提供水电、提供应由建设单位提供的材料和设备，使施工承包单位不能及时开工或造成工程中断；下达错误指令，提供错误信息；建设单位或监理人协调工作不力等。

（2）合同缺陷。合同缺陷表现为合同文件规定不严谨甚至矛盾、合同条款遗漏或错误，设计图纸错误造成设计修改、工程返工、窝工等。

（3）合同变更。合同变更也有可能导致索赔事件发生，如：建设单位指令增加、减少工作量，增加新的工程，提高设计标准、质量标准；由于非施工承包单位原因，建设单位指令中止工程施工；建设单位要求施工承包单位采取加速措施，其原因是非施工承包单位责任的工程拖延，或建设单位希望在合同工期前交付工程；建设单位要求修改施工方案，打乱施工顺序；建设单位要求施工承包单位完成合同规定以外的义务或工作。

（4）工程环境的变化。如材料价格和人工工日单价的大幅上涨，国家法令的修改，货币贬值，外汇汇率变化等。

（5）不可抗力或不利的物质条件。不可抗力又可以分为自然事件和社会事件。自然事件主要是工程施工过程中不可避免发生并且不能克服的自然灾害，包括地震、海啸、瘟疫、水灾等；社会事件则包括国家政策、法律、法令的变更，战争、罢工等。不利的物质条件通常是指承包人在施工现场遇到的不可预见的自然物质条件、非自然的物质障碍和污染物，包括地下和水文条件。

2. 工程索赔分类

按不同的划分标准，工程索赔可分为不同类型。

（1）按索赔的合同依据分类。工程索赔可分为合同中明示的索赔和合同中默示的索赔。

1）合同中明示的索赔。施工承包单位所提出的索赔要求，在该工程项目施工合同文件中有文字依据。这些在合同文件中有文字规定的合同条款，称为明示条款。

2）合同中默示的索赔。施工承包单位所提出的索赔要求，虽然在工程项目施工合同条款中没有专门的文字叙述，但可根据该合同中某些条款的含义，推论出施工承包单位有索赔权。这种索赔要求，同样有法律效力，施工承包单位有权得到相应的经济补偿。这种有经济补偿含义的条款，被称为“默示条款”或“隐含条款”。

（2）按索赔的目的分类。工程索赔可分为工期索赔和费用索赔。

1）工期索赔。由于非施工承包单位的原因导致施工进度拖延，要求批准延长合同工期的索赔，称为工期索赔。工期索赔形式上是对权利的要求，以避免在原定合同竣工日不能完工时，被建设单位追究拖期违约责任。一旦获得批准合同工期延长后，施工承包单位不仅可免除承担拖期违约赔偿费的严重风险，而且可因提前交工获得奖励，最终仍反映在经济收益上。

2）费用索赔。费用索赔是施工承包单位要求建设单位补偿其经济损失。当施工的客观条件改变导致施工承包单位增加开支时，要求对超出计划成本的附加开支给予补偿，以挽回不应由其承担的经济损失。

（3）按索赔事件的性质分类。工程索赔可分为工程延期索赔、工程变更索赔、合同被迫终止索赔、工程加速索赔、意外风险和不可预见因素索赔和其他索赔。

1）工程延期索赔。因建设单位未按合同要求提供施工条件，如未及时交付设计图纸、施工现场、道路等，或因建设单位指令工程暂停或不可抗力事件等原因造成工期拖延的，施工承包单位对此提出索赔。这是工程实施中常见的一类索赔。

2）工程变更索赔。由于建设单位或监理人指令增加或减少工程量或增加附加工程、修改设计、变更工程顺序等，造成工期延长和费用增加，施工承包单位对此提出索赔。

3）合同被迫终止索赔。由于建设单位违约及不可抗力事件等原因造成合同非正常终止，施工承包单位因其蒙受经济损失而向建设单位提出索赔。

4）工程加速索赔。由于建设单位或监理人指令施工承包单位加快施工速度，缩短工期，引起施工承包单位人、财、物的额外开支而提出的索赔。

5）意外风险和不可预见因素索赔。在工程实施过程中，因人力不可抗拒的自然灾害、特殊风险以及一个有经验的施工承包单位通常不能合理预见的不利施工条件或外界障碍，如地下水、地质断层、溶洞、地下障碍物等引起的索赔。

6）其他索赔。如因货币贬值、汇率变化、物价上涨、政策法令变化等原因引起的索赔。

3. 工程索赔处理程序

（1）施工承包单位的索赔程序。根据《标准施工招标文件》（2007 年版），施工承包单位认为有权得到追加付款和（或）延长工期的，应按以下程序向建设单位提出索赔：

1）施工承包单位应在知道或应当知道索赔事件发生后 28 天内，向监理人递交索赔意向通知书，并说明发生索赔事件的事由。施工承包单位未在前述 28 天内发出索赔意向通知书的，丧失要求追加付款和（或）延长工期的权利。

2）施工承包单位应在发出索赔意向通知书后 28 天内，向监理人正式递交索赔通知书。索赔通知书应详细说明索赔理由以及要求追加的付款金额和（或）延长的工期，并附必要的记录和证明材料。

3）索赔事件具有连续影响的，施工承包单位应按合理时间间隔继续递交延续索赔通知，说明连续影响的实际情况和记录，列出累计的追加付款金额和（或）工期延长天数。在索赔事件影响结束后的 28 天内，施工承包单位应向监理人递交最终索赔通知书，说明最终要求索赔的追加付款金额和延长的工期，并附必要的记录和证明材料。

（2）监理人处理索赔的程序。监理人收到施工承包单位提交的索赔通知书后，应按以下程序进行处理：

1）监理人收到施工承包单位提交的索赔通知书后，应及时审查索赔通知书的内容、查验施工承包单位的记录和证明材料，必要时监理人可要求施工承包单位提交全部原始记录副本。

2）监理人应商定或确定追加的付款和（或）延长的工期，并在收到上述索赔通知书或有关索赔的进一步证明材料后的 42 天内，将索赔处理结果答复施工承包单位。

3）施工承包单位接受索赔处理结果的，建设单位应在作出索赔处理结果答复后 28 天内完成赔付。施工承包单位不接受索赔处理结果的，按合同中争议解决条款的约定处理。

（3）施工承包单位提出索赔的期限。施工承包单位接受竣工付款证书后，应被认为已无权再提出在合同工程接收证书颁发前所发生的任何索赔。施工承包单位提交的最终结清申请单中，只限于提出工程接收证书颁发后发生的索赔。提出索赔的期限自接受最终结清证书时终止。

四、工程费用动态监控

在工程施工阶段，无论是建设单位还是施工承包单位，均需要进行实际费用（实际投资或成本）与计划费用（计划投资或成本）的动态比较，分析费用偏差产生的原因，并采取有效措施控制费用偏差。

（一）费用偏差及其表示方法

费用偏差是指工程项目投资或成本的实际值与计划值之间的差额。进度偏差与费用偏差密切相关，如果不考虑进度偏差，就不能正确反映费用偏差的实际情况，因此，有必要引入进度偏差的概念。对费用偏差和进度偏差的分析可以利用拟完工程计划费用（Budget Cost of Work Scheduled，BCWS）、已完工程实际费用（Actual Cost of Work Performed，ACWP）、已完工程计划费用（Budget Cost of Work Performed，BCWP）三个参数完成，通过三个参数间的差额（或比值）测算相关费用偏差指标值，并进一步分析偏差产生的原因，从而采取措施纠正偏差。费用偏差分析方法既可以用于业主方的投资偏差分析，也可以用于施工承包单位的成本偏差分析。

1. 偏差表示方法

（1）费用偏差（Cost Variance，CV）。

$$\text{费用偏差}\ (CV)=\text{已完工程计划费用}\ (BCWP)-\text{已完工程实际费用}\ (ACWP) \tag{6.4.15}$$

其中：

$$\text{已完工程计划费用}\ (BCWP)=\sum\text{已完工程量（实际工程量）}\times\text{计划单价} \tag{6.4.16}$$

$$\text{已完工程实际费用}\ (ACWP)=\sum\text{已完工程量（实际工程量）}\times\text{实际单价} \tag{6.4.17}$$

当 $CV>0$ 时，说明工程费用节约；当 $CV<0$ 时，说明工程费用超支。

（2）进度偏差（Schedule Variance，SV）。

$$\text{进度偏差}\ (SV)=\text{已完工程计划费用}\ (BCWP)-\text{拟完工程计划费用}\ (BCWS) \tag{6.4.18}$$

其中：

$$拟完工程计划费用（BCWS）=\sum 拟完工程量（计划工程量）\times 计划单价 \tag{6.4.19}$$

当 $SV>0$ 时，说明工程进度超前；当 $SV<0$ 时，说明工程进度拖后。

【例 6.4.3】 某工程施工至 2022 年 9 月底，经统计分析得：已完工程计划费用为 1 500 万元，已完工程实际费用为 1 800 万元，拟完工程计划费用为 1 600 万元，则该工程此时的费用偏差和进度偏差各为多少？

解：（1）费用偏差＝1 500－1 800＝－300（万元）

说明工程费用超支 300 万元。

（2）进度偏差＝1 500－1 600＝－100（万元）

说明工程进度拖后 100 万元。

2. 偏差参数

（1）局部偏差与累计偏差。局部偏差有两层含义：一是对于整个工程项目而言，指各单项工程、单位工程和分部分项工程的偏差；二是相对于工程项目实施的时间而言，指每一控制周期所发生的偏差。累计偏差是指在工程项目已经实施的时间内累计发生的偏差。累计偏差是一个动态的概念，其数值总是与具体时间联系在一起，第一个累计偏差在数值上等于局部偏差，最终的累计偏差就是整个工程项目的偏差。

在进行费用偏差分析时，对局部偏差和累计偏差都要进行分析。在每一控制周期内，发生局部偏差的工程内容及原因一般都比较明确，分析结果比较可靠，而累计偏差所涉及的工程内容较多、范围较大，且原因也较复杂。因此，累计偏差的分析必须以局部偏差分析为基础。但是，累计偏差分析并不是对局部偏差分析的简单汇总，需要对局部偏差的分析结果进行综合分析，其结果更能显示代表性和规律性，对费用控制工作在较大范围内具有指导作用。

（2）绝对偏差与相对偏差。绝对偏差是指实际值与计划值比较所得到的差额。相对偏差则是指偏差的相对数或比例数，通常是用绝对偏差与费用计划值的比值来表示：

$$费用相对偏差=\frac{绝对偏差}{费用计划值}=\frac{费用计划值-费用实际值}{费用计划值} \tag{6.4.20}$$

与绝对偏差一样，相对偏差可正可负，且两者符号相同。正值表示费用节约，负值表示费用超支。两者都只涉及费用的计划值和实际值，既不受工程项目层次的限制，也不受工程项目实施时间的限制，因而在各种费用比较中均可采用。

（3）绩效指数。

1）费用绩效指数（Cost Performance Index，CPI）。

$$费用绩效指数（CPI）=\frac{已完工程计划费用（BCWP）}{已完工程实际费用（ACWP）} \tag{6.4.21}$$

$CPI>1$，表示实际费用节约；$CPI<1$，表示实际费用超支。

2）进度绩效指数（Schedule Performance Index，SPI）。

$$进度绩效指数（SPI）=\frac{已完工程计划费用（BCWP）}{拟完工程计划费用（BCWS）} \tag{6.4.22}$$

$SPI>1$，表示实际进度超前；$SPI<1$，表示实际进度拖后。

这里的绩效指数是相对值，既可用于工程项目内部的偏差分析，也可用于不同工程项目之间的偏差比较。而前述的偏差（费用偏差和进度偏差）主要适用于工程项目内部的偏差分析。

（二）常用偏差分析方法

常用偏差分析方法有横道图法、时标网络图法、表格法和曲线法。

1. 横道图法

应用横道图法进行费用偏差分析，是用不同的横道线标识已完工程计划费用、拟完工程计划费用和已完工程实际费用，横道线的长度与其数值成正比。然后，再根据上述数据分析费用偏差和进度偏差。

横道图法具有简单直观的优点，便于掌握工程费用的全貌。但这种方法反映的信息量少，因而其应用具有一定的局限性。

2. 时标网络图法

应用时标网络图法进行费用偏差分析，是根据时标网络图得到每一时间段拟完工程计划费用，然后根据实际工作完成情况测得已完工程实际费用，并通过分析时标网络图中的实际进度前锋线，得出每一时间段已完工程计划费用，这样，即可分析费用偏差和进度偏差。

实际进度前锋线表示整个工程项目目前实际完成的工作面情况，将某一确定时点下时标网络图中各项工作的实际进度点相连就可得到实际进度前锋线。

时标网络图法具有简单、直观的优点，可用来反映累计偏差和局部偏差，但实际进度前锋线的绘制需要有工程网络计划为基础。

3. 表格法

表格法是一种进行偏差分析的最常用方法。应用表格法分析偏差，是将项目编号、名称、各个费用参数及费用偏差值等综合纳入一张表格中，可在表格中直接进行偏差的比较分析。例如，某基础工程在一周内费用偏差和进度偏差分析见表 6.4.4（举例）。

表 6.4.4　费用偏差和进度偏差分析表

项目编码		021		022		023	
项目名称		土方开挖工程		打桩工程		混凝土基础工程	
费用及偏差	代码或计算式	单位	数量	单位	数量	单位	数量
计划单价	(1)	元/m^3	6	元/m	8	元/m^3	10
拟完工程量	(2)	m^3	500	m	80	m^3	200
拟完工程计划费用	(3)=(1)×(2)	元	3 000	元	640	元	2 000
已完工程量	(4)	m^3	600	m	90	m^3	180
已完工程计划费用	(5)=(1)×(4)	元	3 600	元	720	元	1 800
实际单价	(6)	元/m^3	7	元/m	7	元/m^3	9
已完工程实际费用	(7)=(4)×(6)	元	4 200	元	630	元	1 620
费用偏差	(8)=(5)－(7)	元	−600	元	90	元	180
费用绩效指数	(9)=(5)/(7)	—	0.857	—	1.143	—	1.111
进度偏差	(10)=(5)－(3)	元	600	元	80	元	−200
进度绩效指数	(11)=(5)/(3)	—	1.2	—	1.125	—	0.9

应用表格法进行偏差分析具有如下优点：灵活、适用性强，可根据实际需要设计表格；信息量大，可反映偏差分析所需的资料，从而有利于工程造价管理人员及时采取针对措施，加强控制；表格处理可借助于电子计算机，从而节约大量人力，并提高数据处理速度。

4. 曲线法

曲线法是用费用累计曲线（S 曲线）来分析费用偏差和进度偏差的一种方法。用曲线法进行偏差分析时，通常有三条曲线，即已完工程实际费用曲线 a、已完工程计划费用曲线 b 和拟完工程计划费用曲线 p，如图 6.4.3 所示。图中曲线 a 和曲线 b 的竖向距离表示费用偏差，曲线 b 和曲线 p 的水平距离表示进度偏差。

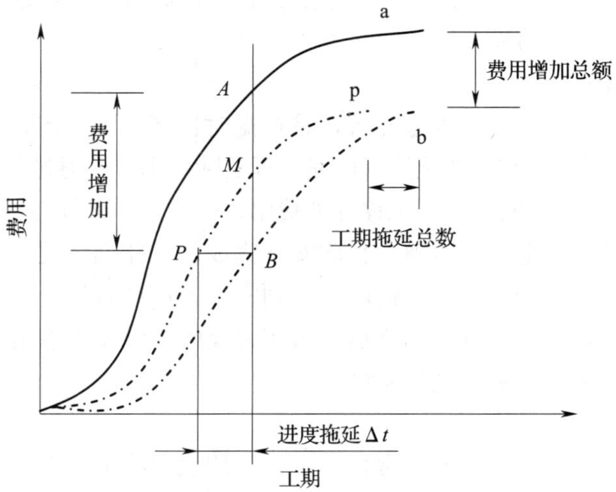

图 6.4.3 费用参数曲线

图 6.4.3 反映出的偏差为累计偏差。用曲线法进行偏差分析同样具有形象、直观的特点，但这种方法很难用于局部偏差分析。

(三) 偏差产生原因及控制措施

1. 偏差产生原因

偏差分析的一个重要目的就是要找出引起偏差的原因，从而有可能采取有针对性的措施，减少或避免相同原因再次发生。一般来说，产生费用偏差的原因包括：

(1) 客观原因。包括人工费涨价、材料涨价、设备涨价、利率及汇率变化、自然因素、地基因素、交通原因、社会原因、法规变化等。

(2) 建设单位原因。包括增加工程内容、投资规划不当、组织不落实、建设手续不健全、未按时付款、协调出现问题等。

(3) 设计原因。设计错误或漏项、设计标准变更、设计保守、图纸提供不及时、结构变更等。

(4) 施工原因。施工组织设计不合理、质量事故、进度安排不当、施工技术措施不当、与外单位关系协调不当等。

从偏差产生原因的角度，由于客观原因是无法避免的，施工原因造成的损失由施工承包单位自己负责，因此，建设单位纠偏的主要对象是自己原因及设计原因造成的费用偏差。

2. 费用偏差纠正措施

对偏差原因进行分析的目的是有针对性地采取纠偏措施，从而实现费用的动态控制和主动控制。费用偏差的纠正措施通常包括以下四个方面：

（1）组织措施。组织措施是指从费用控制的组织管理方面采取的措施，包括：落实费用控制的组织机构和人员，明确各级费用控制人员的任务、职责分工，改善费用控制工作流程等。组织措施是其他措施的前提和保障。

（2）经济措施。经济措施主要是指审核工程量和签发支付证书，包括：检查费用目标分解是否合理，检查资金使用计划有无保障，是否与进度计划发生冲突，工程变更有无必要，是否超标等。

（3）技术措施。技术措施主要是指对工程方案进行技术经济比较，包括：制定合理的技术方案，进行技术分析，针对偏差进行技术改正等。

（4）合同措施。合同措施在纠偏方面主要是指索赔管理。在施工过程中常出现索赔事件，要认真审查有关索赔依据是否符合合同规定，索赔计算是否合理等，从主动控制的角度，加强日常的合同管理，落实合同规定的责任。

第五节　竣工阶段造价管理

在工程竣工阶段，建设单位应与施工承包单位在验收工程质量的基础上进行工程合同价款结算。同时，应按承包合同约定预留工程质量保证金，待缺陷责任期满时，建设单位再与施工承包单位结清工程质量保证金。

一、工程结算及其审查

（一）工程结算的主要方式和内容

工程结算是指发承包双方依据合同约定，进行工程预付款、工程进度款、工程竣工价款结算的活动。

1. 工程结算方式

工程结算方式主要有以下两种：

（1）按月结算。实行按月支付进度款，竣工后清算的办法。合同工期在两个年度以上的工程，在年终进行工程盘点，办理年度结算。

（2）分段结算。对于当年开工、当年不能竣工的工程，按照工程形象进度，划分不同阶段支付工程进度款。具体划分应在施工合同中明确。

除上述两种主要方式外，发承包双方还可约定其他结算方式。

2. 工程结算主要内容

工程结算主要包括竣工结算、分阶段结算、专业分包结算和合同中止结算。

（1）竣工结算。工程项目完工并经验收合格后，对所完成的工程项目进行的全面结算。

（2）分阶段结算。按施工合同约定，工程项目按工程特征划分为不同阶段实施和结算。每一阶段合同工作内容完成后，经建设单位或监理人中间验收合格后，由施工承包单位在原合同分阶段价格的基础上编制调整价格并提交监理人审核签认。分阶段结算是一种工程价款的中间结算。

2022 年 6 月，财政部、住房城乡建设部联合印发的《关于完善建设工程价款结算有关办法的通知》（财建〔2022〕183 号）规定，政府机关、事业单位、国有企业建设工程进度款支付应不低于已完成工程价款的 80%。当年开工、当年不能竣工的新开工项目可以推行过程结算。发承包双方通过合同约定，将施工过程按时间或进度节点划分施工周期，对周期内已完成且无争议的工程量（含变更、索赔等）进行价款计算、确认和支付，支付金额不得超出已完工部分对应的批复概（预）算。经双方确认的过程结算文件作为竣工结算文件的组成部分，竣工后原则上不再重复审核。

（3）专业分包结算。按分包合同约定，分包合同工作内容完成后，经总承包单位、监理人对专业分包工作内容验收合格后，由分包单位在原分包合同价格基础上编制调整价格并提交总承包单位、监理人审核签认。专业分包结算也是一种工程价款的中间结算。

（4）合同中止结算。工程实施过程中合同中止时，需要对已完成且经验收合格的合同工程内容进行结算。施工合同中止时已完成的合同工程内容，经监理人验收合格后，由施工承包单位按原合同价格或合同约定的定价条款，参照有关计价规定编制合同中止价格，提交监理人审核签认。合同中止结算有时也是一种工程价款的中间结算，除非施工合同不再继续履行。

（二）工程竣工结算审查

工程竣工结算是指施工承包单位按施工合同并经验收合格后，与建设单位进行的最终工程结算。工程竣工结算分为单位工程竣工结算、单项工程竣工结算和工程项目竣工总结算，其中，单位工程竣工结算和单项工程竣工结算可看作是分阶段结算。单位工程竣工结算由施工承包单位编制，建设单位审查；实行总承包的工程，由具体承包单位编制单位工程竣工结算，在总承包单位审查的基础上，由建设单位审查。单项工程竣工结算、工程项目竣工总结算由总承包单位编制，建设单位可直接进行审查，也可委托工程造价咨询机构进行审查。政府投资项目，由同级财政部门进行审查。

工程竣工结算的审查应依据施工合同约定的结算方法进行，根据不同的施工合同类型，应采用不同的审查方法。对于采用工程量清单计价方式签订的单价合同，应审查施工图以内的各个分部分项工程量，依据合同约定的方式审查分部分项工程价格，并对设计变更、工程洽商、工程索赔等调整内容进行审查。

1. 施工承包单位内部审查

施工承包单位内部审查工程竣工结算的主要内容包括：

（1）审查结算的项目范围、内容与合同约定的项目范围、内容的一致性。

（2）审查工程量计算的准确性、工程量计算规则与计价标准的一致性。

（3）审查执行合同约定或现行的计价原则、方法的严格性。对于工程量清单缺项以及采用新材料、新工艺的，应根据施工过程中的合理消耗和市场价格审核结算单价。

（4）审查变更签证凭据的真实性、合法性、有效性，核准变更工程费用。

（5）审查索赔是否依据合同约定的索赔处理原则、程序和计算方法以及索赔费用的真实性、合法性、准确性。

（6）审查取费标准执行的严格性，并审查取费依据的时效性、相符性。

2. 建设单位审查

建设单位审查工程竣工结算的内容包括：

(1) 审查工程竣工结算的递交程序和资料的完备性：

1) 审查结算资料递交手续、程序的合法性，以及结算资料具有的法律效力；

2) 审查结算资料的完整性、真实性和相符性。

(2) 审查与工程竣工结算有关的各项内容：

1) 工程施工合同的合法性和有效性；

2) 工程施工合同范围以外调整的工程价款；

3) 分部分项工程、措施项目、其他项目的工程量及单价；

4) 建设单位单独分包工程项目的界面划分和总承包单位的配合费用；

5) 工程变更、索赔、奖励及违约费用；

6) 取费、税金、政策性调整以及材料价差计算；

7) 实际施工工期与合同工期产生差异的原因和责任，以及对工程造价的影响程度；

8) 其他涉及工程造价的内容。

3. 工程竣工结算审查时限

根据《建设工程价款结算暂行办法》(财建〔2004〕369号)，单项工程竣工后，施工承包单位应按规定程序向建设单位递交竣工结算报告及完整的结算资料，建设单位应按表6.5.1规定的时限进行核对、审查，并提出审查意见。

表6.5.1　工程竣工结算审查时限

工程竣工结算报告金额	审查时限 (从接到竣工结算报告和完整的竣工结算资料之日起)
500万元以下	20天
500万元～2 000万元	30天
2 000万元～5 000万元	45天
5 000万元以上	60天

工程竣工总结算在最后一个单项工程竣工结算审查确认后15天内汇总，送建设单位后30天内审查完成。

二、工程质量保证金预留与返还

工程质量保证金（有时也称工程质量保修金）是指建设单位与施工承包单位在工程承包合同中约定，从应付工程款中预留、用以保证施工承包单位在缺陷责任期内对建设工程出现的缺陷进行维修的资金。这里的缺陷是指建设工程质量不符合工程建设强制性标准、设计文件及工程承包合同的约定。

(一) 缺陷责任期起算时间及延长

缺陷责任期是指施工承包单位对已交付使用的工程承担合同约定的缺陷修复责任的期限。缺陷责任期一般为1年，最长不超过2年，具体可由发承包双方在合同中约定。缺陷责任期与工程保修期既有区别又有联系。缺陷责任期实质上是预留工程质量保证金的一个期限，而工程保修期是发承包双方按《建设工程质量管理条例》在工程质量保修书中约定的保修期限。《建设工程质量管理条例》规定，在正常使用条件下，地基基础工程和主体结构工程的保修期限为设计文件规定的合理使用年限。显然，缺陷责任期不能等同于工程保修期。

1. 缺陷责任期起算时间

根据住房城乡建设部、财政部发布的《建设工程质量保证金管理办法》（建质〔2017〕138号），缺陷责任期从工程通过竣工验收之日起计。由于承包人原因导致工程无法按规定期限进行竣工验收的，缺陷责任期从实际通过竣工验收之日起计。由于发包人原因导致工程无法按规定期限进行竣工验收的，在承包人提交竣工验收报告90天后，工程自动进入缺陷责任期。

2. 缺陷责任期延长

根据《标准施工招标文件》（2007年版）中的通用合同条款，由于施工承包单位原因造成某项缺陷或损坏使某项工程或工程设备不能按原定目标使用而需要再次检查、检验和修复的，建设单位有权要求施工承包单位相应延长缺陷责任期，但缺陷责任期最长不超过2年。

（二）工程质量保证金预留

根据住房城乡建设部、财政部发布的《建设工程质量保证金管理办法》（建质〔2017〕138号），发包人应当在招标文件中明确保证金预留、返还等内容，并与承包人在合同条款中对涉及保证金的下列事项进行约定：

（1）保证金预留、返还方式；

（2）保证金预留比例、期限；

（3）保证金是否计付利息，如计付利息，利息的计算方式；

（4）缺陷责任期的期限及计算方式；

（5）保证金预留、返还及工程维修质量、费用等争议的处理程序；

（6）缺陷责任期内出现缺陷的索赔方式；

（7）逾期返还保证金的违约金支付办法及违约责任。

发包人应按合同约定方式预留保证金，保证金总预留比例不得高于工程价款结算总额的3%。合同约定由承包人以银行保函替代预留保证金的，保函金额不得高于工程价款结算总额的3%。

在工程项目竣工前，已经缴纳履约保证金的，发包人不得同时预留工程质量保证金。采用工程质量保证担保、工程质量保险等其他保证方式的，发包人不得再预留保证金。

根据《标准施工招标文件》（2007年版）中的通用合同条款，项目监理机构应从第一个付款周期开始，在工程进度付款中，按工程承包合同约定预留工程质量保证金，直至预留的工程质量保证金总额达到工程承包合同约定的金额或比例为止。工程质量保证金的计算额度不包括预付款的支付、扣回及价格调整的金额。

（三）工程质量保证金的使用和返还

1. 工程质量保证金的使用

施工承包单位应在缺陷责任期内对已交付使用的工程承担缺陷责任。在工程使用过程中发现已由建设单位接收的工程存在新的缺陷部位或部件又遭损坏的，施工承包单位应负责修复，直至检验合格为止。因施工承包单位原因造成的缺陷，施工承包单位应承担修复和查验费用。施工承包单位不能在合理时间内修复缺陷的，建设单位可自行修复或委托其他人修复，所需费用和利润应由施工承包单位承担。因建设单位原因造成的缺陷，建设单位应承担修复和查验费用，并支付施工承包单位合理利润。因他人或不可抗力原因造成的缺陷，施工承包单位不承担修复和查验费用，建设单位不得从工程质量保证金中扣除费用。建设单位委托施工承包单位修复的，建设单位应支付施工承包单位相应的修复和查验费用。

2. 工程质量保证金的返还

缺陷责任期满时，施工承包单位向建设单位申请返还工程质量保证金。发包人在接到承包人返还保证金申请后，应于 14 天内会同承包人按照合同约定的内容进行核实。如无异议，发包人应当按照约定将保证金返还给承包人。对返还期限没有约定或约定不明确的，发包人应当在核实后 14 天内将保证金返还给承包人，逾期未返还的，依法承担违约责任。发包人在接到承包人返还保证金申请后 14 天内不予答复，经催告后 14 天内仍不予答复，视同认可承包人的返还保证金申请。

缺陷责任期满时，承包人没有完成缺陷责任的，发包人有权扣留与未履行责任剩余工作所需金额相应的工程质量保证金，并有权根据合同约定要求延长缺陷责任期，直至完成剩余工作为止。

参 考 文 献

[1] 全国造价工程师职业资格考试培训教材编审委员会. 建设工程造价管理 [M]. 3 版. 北京：中国计划出版社，2023.
[2] 刘伊生. 建设工程项目管理理论与实务 [M]. 3 版. 北京：中国建筑工业出版社，2025.